后浪

名椅图典

名作椅子の由来図典

年表＆系統図付き
增補改訂

［日］西川荣明　著
张春艳　译

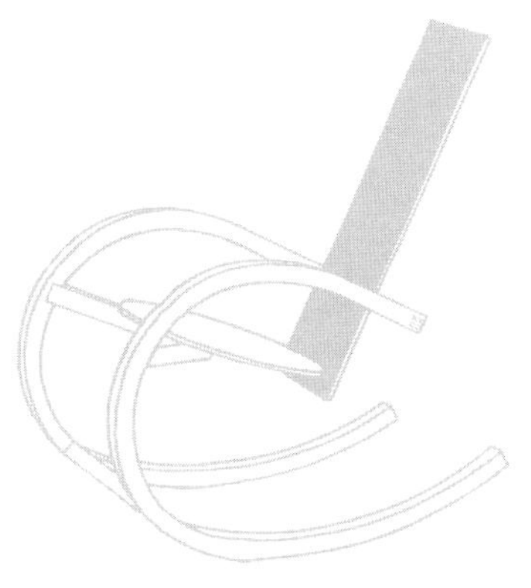

上海人民美術出版社

序

本书主要介绍从古代到现代被称为“名作”的椅子，以及在某个时代发挥了重要作用的椅子。本书既选取了一些知名建筑师设计的椅子，也收录了一些寂寂无闻的家具工匠制造的椅子，范围甚广。

本书名为《名椅图典》，不但关注椅子名称的由来和诞生的契机，而且包含以下内容。

1. 各种椅子的特点（外形、制作技术、材料、用途等）。

2. 该椅子对后世的影响及受到过去哪些作品的影响。

3. 该椅子或其设计师为什么十分受欢迎？该椅子是否具有划时代的意义？（对此，亦请研究者和设计师给予评价。）

4. 该椅子诞生的背景、过程，以及其设计师和工匠的逸事等。

本书在介绍以上事项的同时，也梳理了椅子的历史沿革。说明虽然并不高深，但是作者拿出了自己的全部学识，同时配合300多幅插图进行解说。请阅读到最后。

＊关于本书内容，请注意以下两点：

· 椅子说明中介绍的年份为制作或发表的年份，有时也可能是推测的年份。

· 人名和椅子名采用相对常用的写法，因此可能无法完全忠实再现原语言的发音和写法。

前言

关于人类出现在地球上的时间虽然说法不一，但一般认为人类祖先出现在大约500万年前。人类最大的特征之一就是能够直立行走。但是，人类无法一直在站立的状态下生活，也不会持续不断地行走。

与现代人相比，几万年前的人类腿部和腰部的肌肉更为强健，但一直站立的话也会感到劳累，也会想坐下休息吧。他们会蹲下来或躺在地上，而且不仅是平地，当有坐起来舒适且大小适中的石头或倒下的树木时，相信他们也会坐下来，并发出满足的感叹。

随着不断进化，人类拥有了更多智慧，开始用工具制造物品，比如将倒下的树木加工成能够坐下的台子，或许还利用打制的石器削木头，将接触屁股的部分打磨成平面。这可以说是没有靠背的椅子或凳子的雏形吧。

随后，因为石材或木材过于沉重，人们开始设法制作容易移动的轻型坐具，从而演变出坐面下以椅腿支撑的形态。最初人们是挖空原材料并雕出形状，后来逐渐转变为以组装的形式连接椅座和椅腿。人们为了让椅子更加稳固，加上了横木；而为了坐起来更加舒服，又添加了椅背和扶手。到了这一步，这种坐具几乎已经与现代的椅子的结构相同了。大体来说，椅子诞生的经过就是这样的。

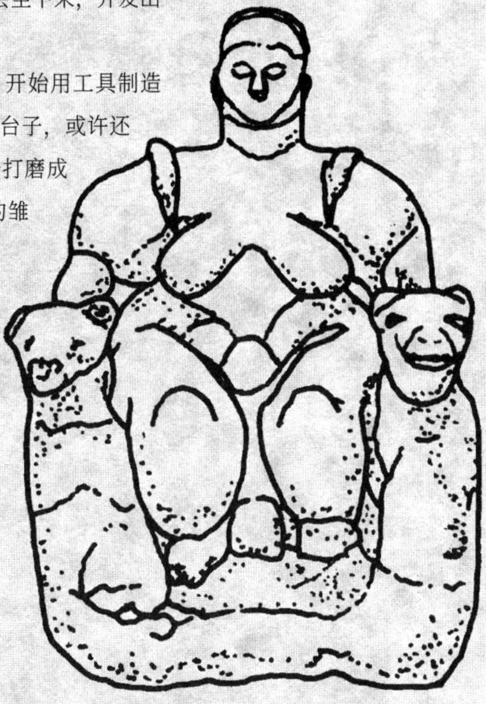

土耳其加泰土丘遗址出土的大地女神像

除了供人坐这一物理性的功能之外，椅子还有一个重要的作用，那就是象征权力和地位。历史上的掌权者总是坐在椅子上，高高在上地俯视众人，彰显自己的权力，国王所坐的华丽王座便是典型的代表。在远古时代，掌权者就懂得占据位置较高的石头，向弱小者展示自己的强大和威严。即便在现代，法官和首相的椅子都还延续着这一传统。

现在，以椅子形态留存下来的最古老的坐具是在公元前

7000—前5500年（约为新石器时代）完成的。使用这把椅子的并非人类，而是体态丰满的大地女神，那是一尊坐在有着狮子形扶手的椅子上的小雕像。这尊雕像是在土耳其安纳托利亚南部的加泰土丘遗址出土的。

或许很少有人知道，在加泰土丘曾经有一座人口不足一万的城市，其出现时间远早于美索不达米亚文明和古埃及文明。在旧石器时代，那里的人们以狩猎为主要生活手段，而到了新石器时代，繁荣的加泰土丘已发展出了农业和畜牧业。当时祈祷丰收的人们，会对坐于气派椅子上的大地女神的雕像许下自己的愿望。

由此可见，从远古时代开始，人类和椅子的关系就十分密切。就让我们来一同追寻从公元前的古埃及到现代的各个时期有代表性的椅子以及它们背后的故事吧。

目录

椅子风格年表 *1—21 代表出现的章节

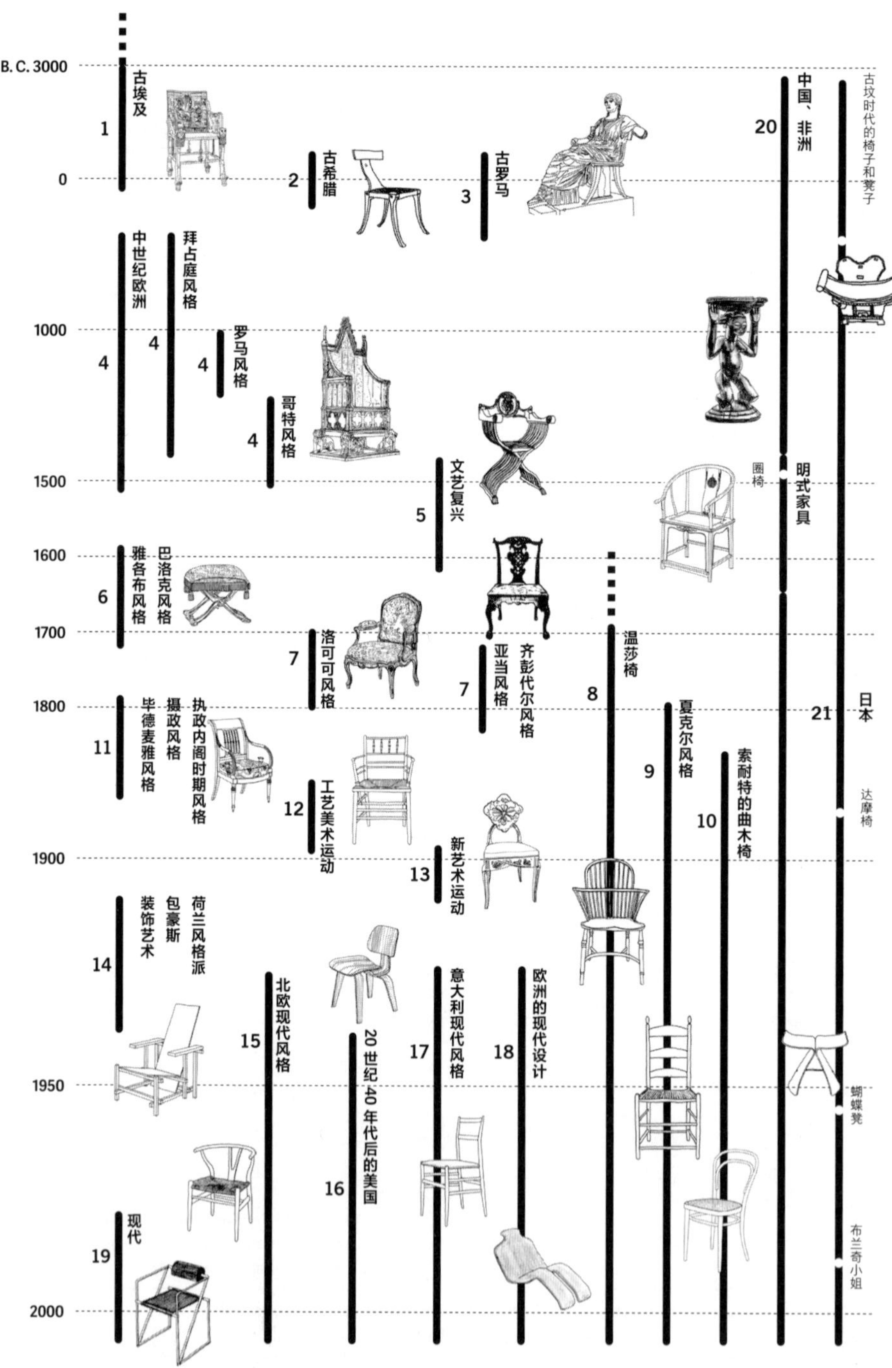

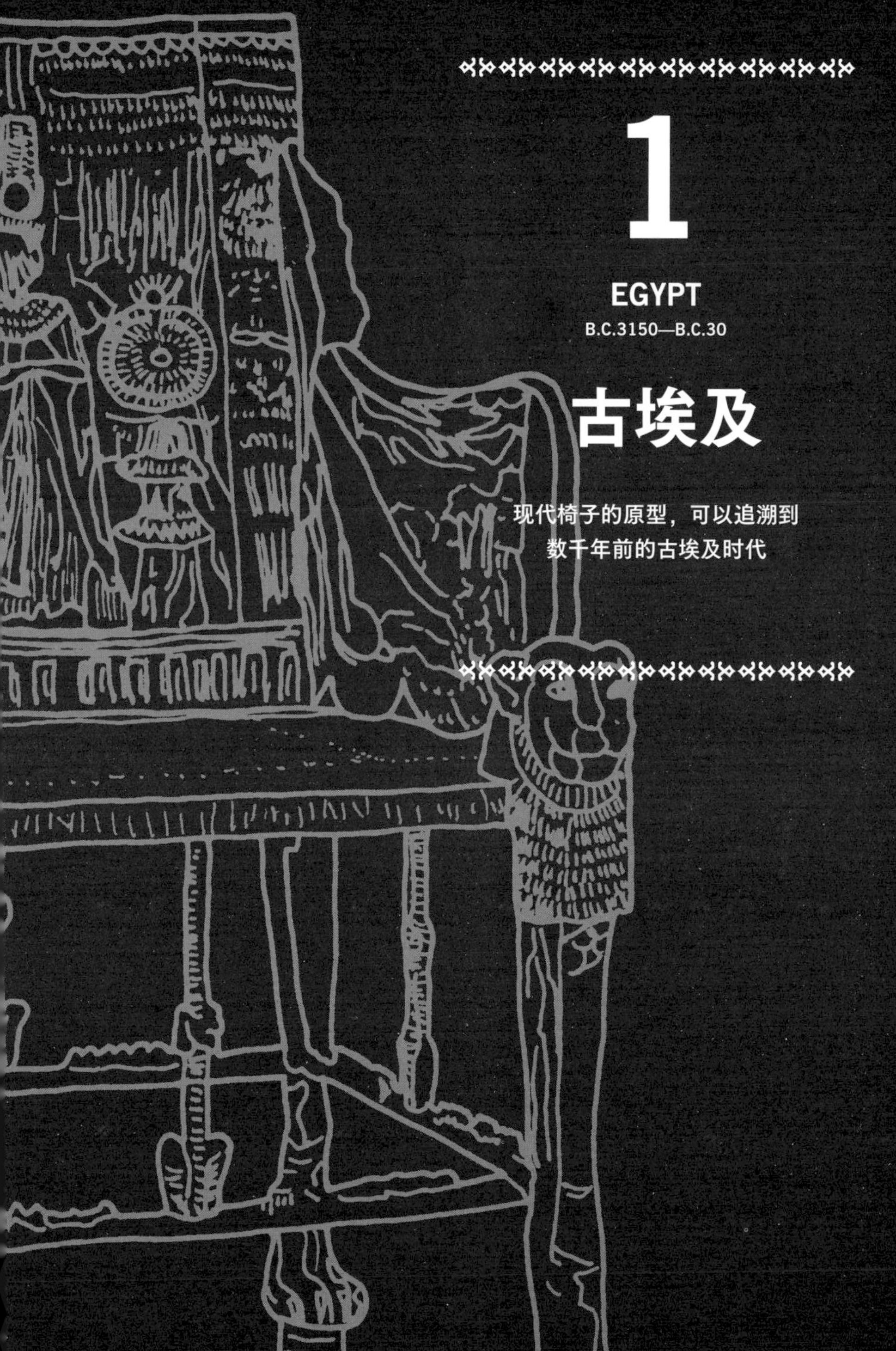

1

EGYPT

B.C.3150—B.C.30

古埃及

现代椅子的原型，可以追溯到
数千年前的古埃及时代

古埃及有数千年的历史。公元前4000年左右，尼罗河流域存在着一些由使用古埃及语言的人所组成的小部落国家。约公元前3100年，初代法老那尔迈统一了这些小国家，之后约3000年，经历了王朝的不断更迭，刻画出今天埃及的历史。

或许是因为当地气候干燥，很多文物得以保存下来。考古学家在尼罗河沿岸的遗迹和墓穴中发现了大量的木制品。法老的陵墓中经常埋藏有王室成员生前使用的日常用品。虽然很多陵墓被盗，但也有像图坦卡蒙墓那样不曾遭到破坏的陵墓。

其中有几把椅子保存较为完整，在陵墓壁画中也能看到椅子的踪迹。由此，我们得以了解古埃及人是如何使用椅子的，以及当时的椅子给现代的椅子带来了怎样的影响。

例如，一般认为古埃及上层阶级经常使用的X形折叠凳，可以被看作是古希腊时代“地夫罗斯·奥克拉地阿斯凳”（Diphros okladias）和古罗马时代“折叠凳”（Sella curulis）等椅子的原型。并且，这也是20世纪30年代凯尔·柯林特（Kaare Klint）制作的“折叠凳”（Propeller stool）（参见第146页）的原型。

1-1
约 5000 年前制作的木制三脚凳

或许是用树根制作的，一条腿缺失了一半。坐面背面有用工具（可能是磨制石器）雕刻的痕迹。出土于阿拜多斯早王朝时期（约公元前3100—前 2686 年）的古墓群。

（1）约5000年前制作的木制三脚凳

这张三脚凳（1-1）的一条腿缺了一半，外形称不上完整。其制作时间大约在5000年前，为木质，目前收藏于英国伦敦的皮特里埃及考古博物馆。

这张三脚凳高约31厘米，坐面直径约25厘米，从坐面延伸出来的凳腿之间的距离较宽，是一张标准的三脚凳。它由一根木材雕刻而成，还清晰地留有利刃的痕迹。据曾拿起这张凳子的博物馆研究员说，凳子比看上去重一些，而所使用的木材目前尚未查明。

奠定埃及学基础的考古学家弗林德斯·皮特里（*1）从遗迹挖掘出的文物有不少都被保存在皮特里博物馆。这位考古学家在尼罗河沿岸的阿拜多斯遗址，对早王朝时期（约公元前3100—前2686年）的王陵进行了挖掘调查。虽然这张三脚凳的确切制作年代不详，但由于其出土地点为阿拜多斯，所以推

*1
弗林德斯·皮特里（Flinders Petrie，1853—1942）

出生于英国查尔顿。确立了考古学的体系性方法，是一位埃及学权威，1923年获得爵士勋位。

测它制作于早王朝时期。这样看来，如果按照最久远的年代推算，它大约距今5200年，即使按照最近的年代推算也有4800年的历史。从外观来看，这张三脚凳可能为工匠所使用，而非王室成员所坐的凳子。

当时的人可能使用磨制石器来削砍树根部分，方便人们坐下。

虽然没有黄金宝座的华丽，但是散发着生活的气息，这张三脚凳可以说是现代三脚凳的原型。由此可见，尽管经过了5000年的时光，人类构想出来的坐具并没有太大的变化。

（2）现存于世的最古老的椅子——赫特弗瑞丝的椅子

现存于世且保存完好的最古老的椅子，是在埃及第四王朝（约公元前2613—前2494年）赫特弗瑞丝一世墓中发现的带有黄金扶手的椅子（1-2）。赫特弗瑞丝一世是埃及第四王朝的首位法老斯尼夫鲁的王妃，也是建造大金字塔的胡夫法老的母亲。

1925年，由美国的埃及学者莱斯纳博士（*2）率领的哈佛大学和波士顿美术馆的联合调查队，在赫特弗瑞丝一世的陵墓中偶然发现了这把椅子（关于发现过程说法不一，一说是骆驼踩进了墓穴的台阶，还有一说是调查队的摄影师架设脚架时，脚架下的地面塌陷了）。该陵墓位于吉萨金字塔附近。墓室中不仅有椅子，还有饰以银环的床与挂帐等物品。

*2
莱斯纳博士
乔治·安德鲁·莱斯纳（George Andrew Reisner，1867—1942），出生于美国印第安纳波利斯。

斯尼夫鲁在位的时间为公元前2600年左右，作为其王妃的赫特弗瑞丝自然也是同一时代的人。也就是说，在陵墓中发现的这把椅子是约4600年前制作的。

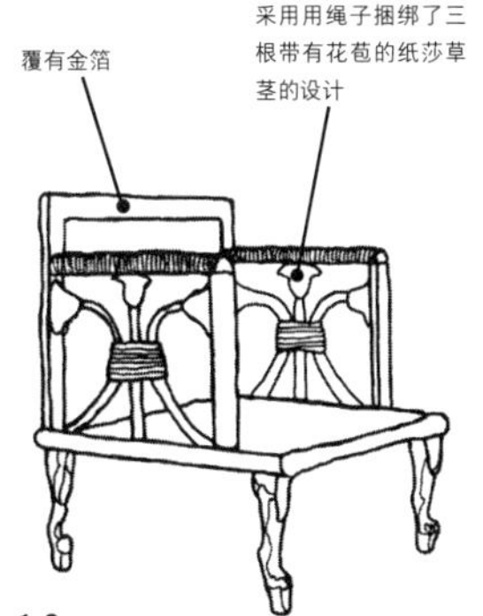

1-2
赫特弗瑞丝的椅子
现存于世且保存完好的最古老的椅子。诞生于距今约4600年的埃及第四王朝时期。

这把椅子目前收藏于开罗博物馆，从设计来看，即便在现代使用，也不会有丝毫突兀。椅座、靠背和扶手都是四方形的，整体的直线线条十分醒目。扶手的内侧则是采用用绳子捆绑了纸莎草茎的设计，呈现出柔和的氛围。用榫接方式与椅座相连的四条椅腿，则是以狮子的脚爪为原型。椅座和靠背覆有金箔。在古埃及，该工艺一般是先在木材上涂灰泥，然后涂树脂或兽脂，最后再覆上金箔。在出土时，椅子的木头部分已经被严重损毁。莱斯纳博士等人以留存的金箔部分为基础修复了椅子。

调查队从陵墓中还发现了辇。辇，英语被称为“carrying

赫特弗瑞丝一世坐在由四名奴隶抬着的辇上（示意图）。

chair”，形似轿子，是在两根长长的木棒上架设靠背、扶手做成的能够伸展腿脚的大型椅座。当时，赫特弗瑞丝应该就是坐在上面，由四名奴隶抬着移动的吧。椅背上记载着胡夫给母亲的话，由此推测这是胡夫送给年迈母亲的礼物。

（3）莱克米尔宰相陵墓壁画中的劳作用椅凳

在埃及第十八王朝的图特摩斯三世时期（约公元前16世纪后期—前15世纪）担任宰相的是莱克米尔，其墓穴位于新王国时期的都城底比斯。这座陵墓的墙壁上描绘了工匠们工作时的场景（1-3）。他们用像是斧头的工具削砍木材，用凿子凿挖榫眼，还将椅腿雕刻成动物脚爪的形状，可见那是制作日常用品的过程。法老的王座正是由这些能工巧匠分工协作制成的。

部分工匠是坐在较小的凳子上进行劳作的。从壁画中描绘的人物大小推测，工匠们实际使用的是高约10厘米的小凳子和长30多厘米的箱形凳子。提到埃及的椅凳，很多人都会将目光聚集在图坦卡蒙的王座上，但当时也有工匠们劳作时使用的凳子。

日本弥生时代遗址中也出土了织布时坐的凳子。无论东方还是西方，劳作用椅凳都是为了提升工作效率而诞生的，具有必然性，与用于彰显权力或放松休闲的椅子完全不同，自古代

1–3
莱克米尔宰相陵墓的壁画
可以看见公元前16世纪后期—前15世纪古埃及工匠劳作时的场景。画中描绘了他们坐在小凳子上劳作的样子。

起即为人使用。虽然有人认为古代的庶民和椅子无缘，只能坐在地上，但这幅壁画向我们展示了古代平民使用椅子的场面。

（4）图坦卡蒙的王座和椅子

图坦卡蒙法老（公元前1334—前1323年在位）的王座（1-4）正是权力的象征，上覆金箔，镶嵌有玻璃、方解石等装饰。四条椅腿设计成写实的狮腿，前腿和椅座的接合处还有狮子面朝前方的半身像。椅座很高，因此前面摆放着脚踏。这张王座成为后世彰显权威和地位的座椅的雏形。

1-4

图坦卡蒙的王座

由椅座、靠背、扶手、四条椅腿、横木构成，基本构造和现代的椅子相同。由此我们可以知道，椅子的构造在数千年前就已经确立了。靠背上甚至描绘了图坦卡蒙法老和王妃在日常生活中的样貌。

在法老入座时，奴隶会准备好脚踏，脚踏上画有六个人物图样，象征埃及所征服的周边部族，以彰显法老的权威。

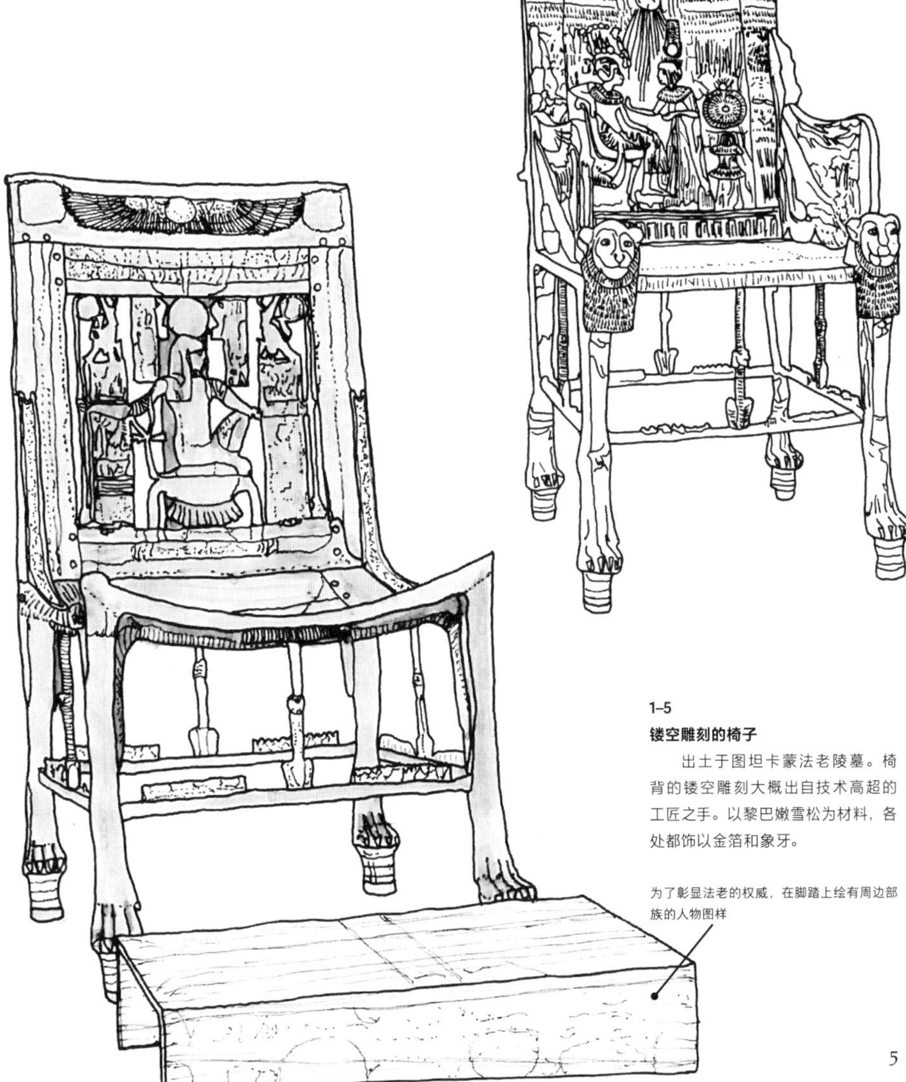

1-5

镂空雕刻的椅子

出土于图坦卡蒙法老陵墓。椅背的镂空雕刻大概出自技术高超的工匠之手。以黎巴嫩雪松为材料，各处都饰以金箔和象牙。

为了彰显法老的权威，在脚踏上绘有周边部族的人物图样

1-6

图坦卡蒙法老的祭祀用椅子

图坦卡蒙法老在神殿祭祀时所使用的椅子。高102厘米，宽70厘米，进深44厘米，是由X形凳与有着豪华装饰的椅背组合而成的。椅腿的设计以鸭头为原型。材料为黑檀木，镶嵌有象牙和彩色玻璃。

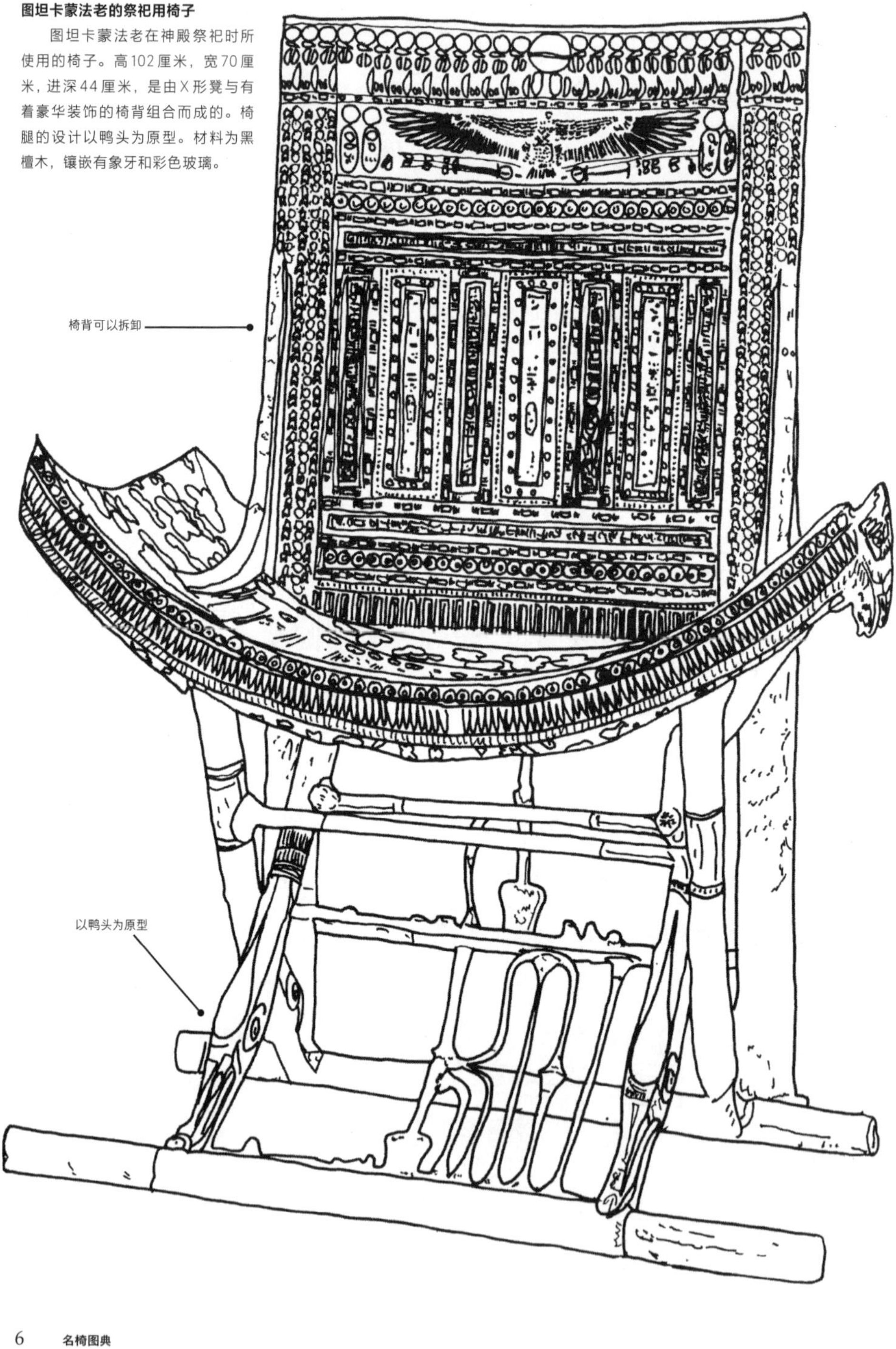

椅背可以拆卸

以鸭头为原型

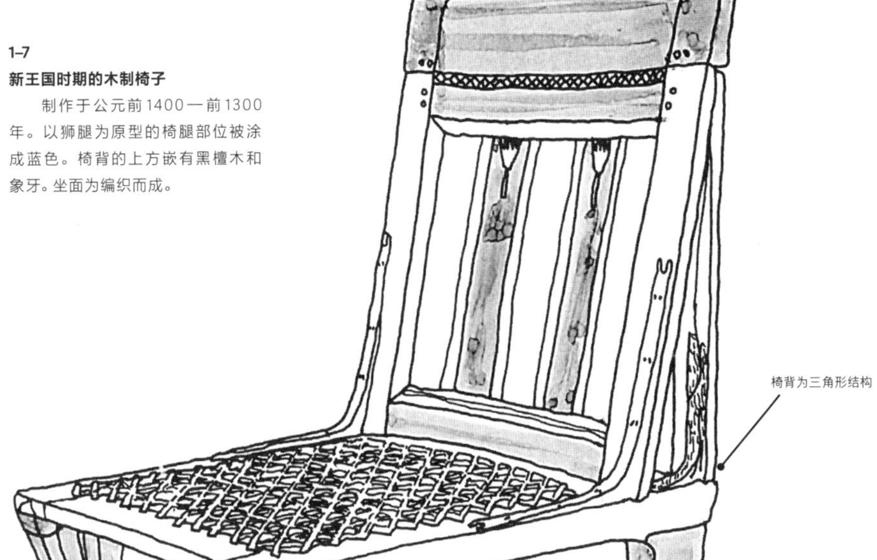

1–7
新王国时期的木制椅子

制作于公元前1400—前1300年。以狮腿为原型的椅腿部位被涂成蓝色。椅背的上方嵌有黑檀木和象牙。坐面为编织而成。

在图坦卡蒙法老陵墓中，除了王座外还发现了几张椅凳：带扶手的儿童椅、没有扶手的椅子（1–5、1–6、1–7）、折叠式X形凳（1–11）、坐面为四方形的凳子（有四条凳腿，四根横木）、三脚凳（1–10）等。

每张椅凳的坐面都呈凹陷状（王座主要为平面）。由于出土了很多椅凳，可见这一时期的上层阶级也广泛使用椅凳。这几张椅凳的形制一般为：四条椅凳腿支撑着长方形的坐面，在椅凳腿靠近地面处架设横木，并在坐面和横木之间加上纵、斜的支撑木条加固。相同类型的凳子目前收藏于大英博物馆中，但那张凳子被涂成了白色（1–8）。

（5）沙漠地带较多的埃及如何调运木材？

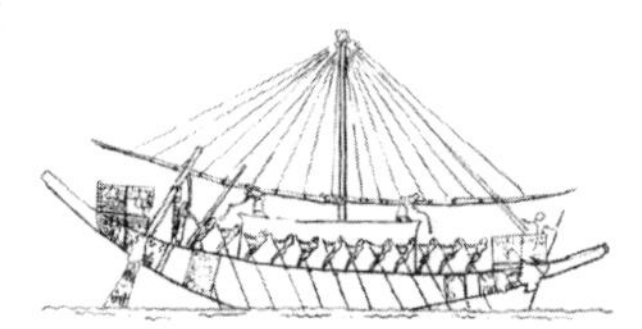

当时应该是使用这样的船只从黎巴嫩运回木材。

古埃及遗址中出土了大量的木制品。其中，被称为“黄金椅”的椅子，并非用金块制作，而是在木材上覆了金箔，原本为木制座椅。

提起埃及，很多人都会想到沙漠。沙漠中不可能生长出用于制造椅子等家具的树木。因此木制品的主要材料大多依赖进口。

一般认为使用最为广泛的材料——黎巴嫩雪松，是从黎巴嫩和叙利亚等地运来的。刻有埃及早期法老大事年表的“帕勒莫石碑”，便记载了斯尼夫鲁法老将木材装满40艘船，从比布鲁斯（黎巴嫩北部的城市）运回埃及一事。

黑檀木运自埃塞俄比亚，黄杨木则运自安纳托利亚。在埃及本地生长的树木中，金合欢木因为坚固且耐用而备受重视，但其数量较少，所以极为珍贵。此外，耐旱的柽柳和埃及无花果树也作为木材使用。

古埃及的凳子

1–10

法老专用的三脚凳

出土于图坦卡蒙法老陵墓。前面两条凳腿的中间刻有“Sema-tawy”（意为“统一南北埃及”）图样的浮雕，由此可以推测这张三脚凳为法老专用。上面留有整体被涂成白色的痕迹。

1–8

木制凳子

制作于新王国时期第十八王朝时代（公元前16—前14世纪）。为高级官僚所使用。特征为坐面呈凹陷状，以及坐面和横木间使用木条加固。整体被涂成白色。

1–9

皮制四脚凳

制作于新国王时期第十八王朝时代。虽然只留存下来一部分，但坐面覆有皮革，凳腿和横木应该经过旋床加工，上面还镶有象牙。横木的加固材料也为象牙。

1–11

折叠式 X 形凳

出土于图坦卡蒙法老陵墓，是为图坦卡蒙陪葬而特别制作的。材料为黑檀木，并嵌有象牙。凳腿形似鸭头，坐面为豹皮。凳腿交叉部分覆盖有金箔。高 34.5 厘米，宽 46.5 厘米，进深 30 厘米。

撤掉坐面的样子。

1–12

简单的折叠式 X 形凳

年代不详，为军人或官吏旅行时使用的折叠凳。该设计到了现代仍然颇具功能性。

1–13

狮头木凳

制作于公元前 600 年左右（可能是第二十六至第二十七王朝时代）。凳腿和框架部分设计成狮子的形象，很有特色，影响了后来的希腊风格。坐面由皮革编织而成。举行官方仪式时，会在坐面上放置垫子，供身份尊贵之人使用。

注意王座的椅腿！

这两幅画的完成年代估计相差 600—800 年。第四王朝时期的椅腿以圣牛的腿为原型，第十二王朝时期的椅腿则以狮腿为原型。

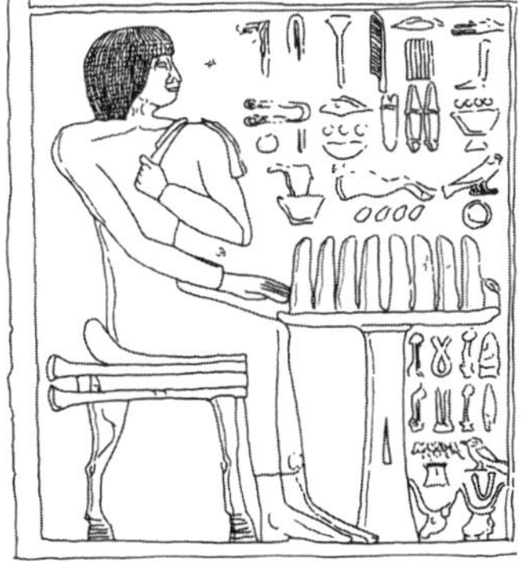

1–14

第四王朝的王座

第四王朝时期（公元前 2600—前 2500 年）的陵墓上所绘的王座。没有靠背，坐面上放有类似垫子的东西。这个时期的椅腿多以圣牛的腿为原型。

1–15

第十二王朝的王座

第十二王朝时期（公元前 1990—前 1780 年）的石灰岩浮雕上所刻的王座，有很低的靠背。这个时期的椅腿多以狮腿为原型。

向椅子研究者提问

在椅子的历史中，具有划时代意义的是哪一把？

织田宪嗣＊的回答：

图坦卡蒙的王座

“完成度满分的椅子”

如果纵观从古至今的椅子，那绝不能忽略埃及的三脚凳和椅子。X形的折叠凳或无法折叠的三脚凳，都和现代的椅子有一定的联系。凯尔·柯林特、奥莱·旺彻、保罗·克耶霍尔姆等丹麦设计师都重新设计出了完成度较高的椅凳。

“图坦卡蒙的王座”已经是出色的完整的椅子，有四条腿，带有扶手，靠背为三角形结构。虽然带有不必要的装饰，但它已完全具备椅子的基本雏形，也就是说，3000多年前，椅子的结构已经基本定型了。目前，世界上最古老的椅子为埃及第四王朝的“赫特弗瑞丝的椅子”。该椅子为参考出土后残余的金箔，将木制部分复原并保留下来的。与图坦卡蒙的王座相比，完成度稍逊。

从古埃及到现代，各个时代和地区都有具有划时代意义的椅子。后世的设计师们经常会重新设计，因此经典名椅不断诞生。在当代的椅子中，留存下来的又会有哪些呢？

＊织田宪嗣

生于1946年。日本东海大学名誉教授，椅子研究者。著有《汉斯·瓦格纳的椅子100》（平凡社）、《图解名作椅子大全》（新潮社）等与椅子相关的著作。

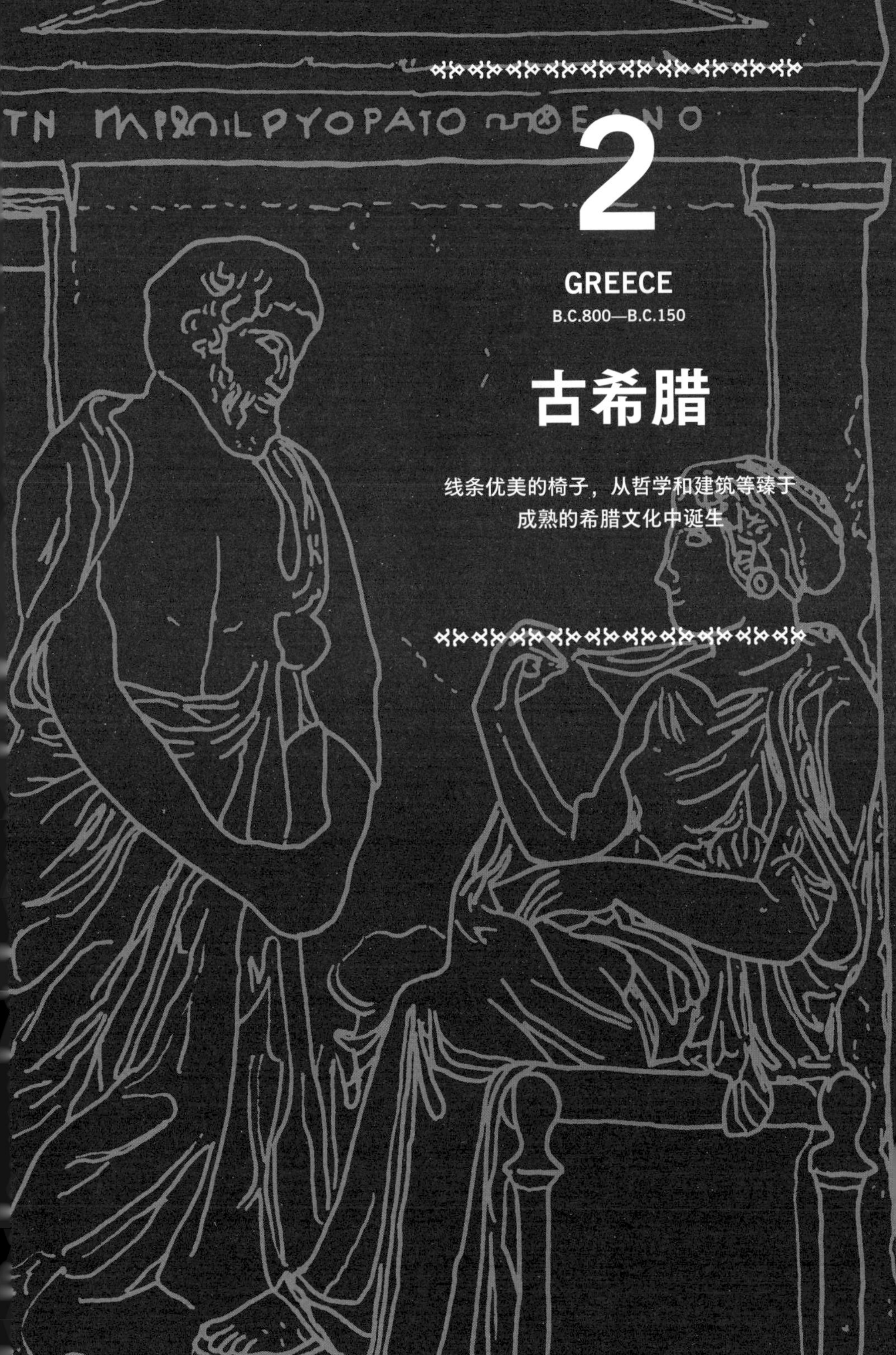

2

GREECE

B.C.800—B.C.150

古希腊

线条优美的椅子，从哲学和建筑等臻于
成熟的希腊文化中诞生

公元前20世纪左右，希腊人的祖先开始在巴尔干半岛南部或伯罗奔尼撒半岛定居。各地形成了迈锡尼等小王国，青铜器文化随之出现。随后，由于欧洲民族大迁徙等原因，希腊历经王国的衰落，进入铁器时代。约公元前8世纪，由贵族统治的城邦（Polis）在各地出现。公元前6世纪的僭主制时代过后，公元前5世纪时，在民主主义思潮下，希腊奠定了以雅典为中心的民主政体，迎来了希腊古典文化的黄金时代。

狄奥尼索斯剧场和帕特农神庙的修建，提倡真理相对性的苏格拉底和柏拉图等哲学家的活动，以及希罗多德、修昔底德等历史学家的存在，表明这是一个以民主政治为基础的精神文化形成的时代。这一时期在历史、文学、哲学、建筑、美术等领域均取得了卓越的成就，对后世影响深远。

在这样的时代背景下所诞生的椅子中出现了不少杰作，在椅子领域中也充分展现了精密、明快的希腊艺术特征，极大地影响了后来的设计。但是，和古埃及的椅子有所不同，古希腊时代的椅子几乎没有保存完好的。大理石材料的椅子虽然留下少量，但木制椅子完全没有保留下来。我们只能以墓碑上的浮雕、陶器上的图画和文艺作品中有关椅子的描述为线索，想象古希腊时代的椅子。

2-1

墓碑上描绘的克里莫斯椅

制作于约公元前5世纪。特征为腿部曲线优美、靠背较高。

和现代审美相通的设计

古希腊人所使用的椅子主要有单人使用的“克里莫斯椅”（Klismos，2-1、2-2）、带有靠背和扶手的王座（Thronos，2-3、2-4）、四条腿的“地夫罗斯凳”（Diphros，2-6、2-7），以及折叠式“地夫罗斯·奥克拉地阿斯凳”（2-8）等类型。材料多使用橄榄木。

古希腊时代的椅子造型优美，给后世带来莫大影响。近代的家具设计师甚至以克里莫斯椅和地夫罗斯凳为原型设计作品。

（1）比例完美的克里莫斯椅

克里莫斯椅可以说是古希腊时代椅凳中的杰作。从靠背到椅腿末端呈流线型，样式优雅。它具备了椅子的基本条件，即功能性和美感，简单的曲线和直线的组合到了现代也依然实用，尤其是没有装饰的四条椅腿更是意义重大。虽然古希腊时代的椅子大多受到古埃及的影响，但克里莫斯椅是希腊的原创作品。这类椅子常为女性所使用，但也留有男性使用这类椅子的画作，因此这并非女性专用的椅子。

在制作方面，克里莫斯椅使用了曲木技法（*1）。材料使用了橄榄木、杉树木及黑檀木等。坐面基本由皮绳和麻编织而成。

19世纪前叶，英国流行摄政风格（Regency style）的椅子，其特征为椅腿从坐面开始弯曲延长，且坐面多为藤编，这正是受到了克里莫斯椅的影响。1933年，由从奥地利移居瑞典的约瑟夫·弗兰克设计的椅子，就被命名为“克里莫斯B300”（参见第142页）。

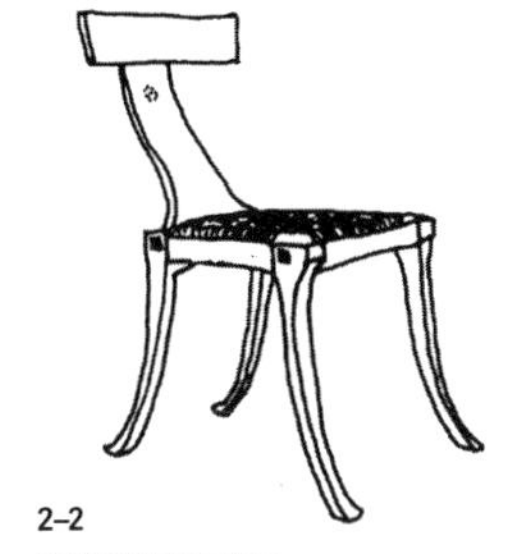

2–2
克里莫斯椅复制品
参照壁画中的克里莫斯椅复制的椅子。

*1
虽然没有实物留存下来，无法具体展示，但推测当时使用了削刨加稍稍弯曲的方法。无论如何，靠背的曲线并不只是为了好看，也考虑了舒适度。

（2）带有扶手的王座

结合了古埃及时期王座线条设计的王座是带有靠背的扶手椅。在施行民主政治之前的君主制时期，国王所坐的椅子被称为“王座”。英语中具有“王座”和“王权”含义的单词throne，其语源即thronos。公元前5世纪，民主改革完成后，这种座椅逐渐为达官显贵们所使用，苏格拉底等哲学家也坐在上面讨论哲学。从陶器上所绘的场景来看，当时不仅贵族，比较富裕的平民家中也使用这种椅子。人们坐在较高的“王座”上时，一般需要将脚放在踏板上。

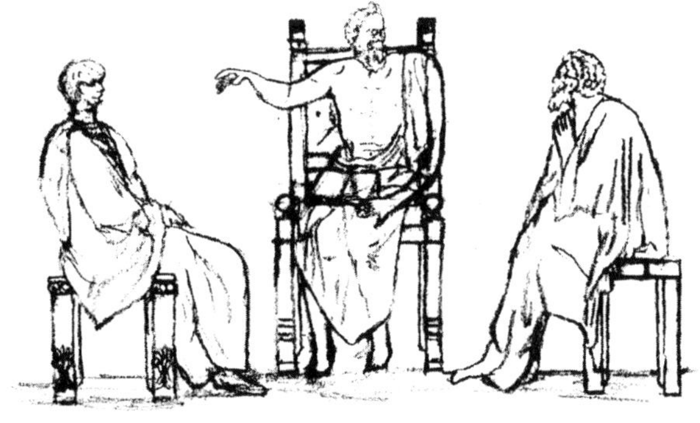

苏格拉底坐在“王座”上和弟子们讨论的场景。看起来像是苏格拉底的人物坐在“王座”上，听其讲话的弟子们坐在凳子上。

就特点看，我们可以发现有几种不同类型的椅腿：动物造型的、旋床加工的、四角形的等。自古希腊时代开始使用的四

2–3

浮雕上刻的“王座”

制作于约公元前6世纪。刻画于大理石上的浮雕。当中的人物将脚放在踏板上。

2–4

大理石“王座”

埃尔金的王座。使用伊米托斯山中挖掘的大理石制造而成。年代为公元前4世纪左右。

2–5

狄奥尼索斯剧场的贵宾席

狄奥尼索斯剧场的贵宾席由大理石制成，位于剧场的正中央，是高官和祭司所坐的席位，坐下时会放置坐垫。贵宾席的后方是没有靠背的长椅式普通观众席。年代约为公元前4世纪（剧场建造于公元前6世纪，公元前4世纪改建成现在的样式）。

狄奥尼索斯剧场位于雅典卫城南麓，上演过希腊的悲喜剧，可同时容纳15000人左右。

角形椅腿尤其受欢迎。

当时还有用大理石制造的沉稳的王座，靠背和扶手连成一体，可能用于举行宗教仪式和官方活动。

（3）轻便实用的地夫罗斯凳

地夫罗斯凳没有靠背，四条凳腿垂直连接在四角形坐面上。凳腿有采用旋床加工的圆柱形和四角形。坐面由植物纤维或皮绳编织而成，为了坐起来更加舒适，会铺上皮革。由于它轻便实用，不止上层阶级，平民在家中和工作场所也都会广泛使用。顺带一提，地夫罗斯凳可以被看作现在的坐式马桶（toilet stool）的原型。

2–6

绘于墓碑上的地夫罗斯凳

大理石墓碑上绘有一对夫妇，妻子坐在带有踏板的地夫罗斯凳上。年代约为公元前375年。

名为“地夫罗斯·奥克拉地阿斯”的折叠凳用起来也十分方便。凳腿为X形，坐面为柔软的皮革或布。主人在外出时，为了在任何地方都能坐下来，由随身的奴隶负责携带它。这张凳子虽然明显受到古埃及折叠凳的影响，但传到罗马后演变为一种被称为“Sella curulis”的坐具，以供高官们在工作时使用。

2–7
地夫罗斯凳

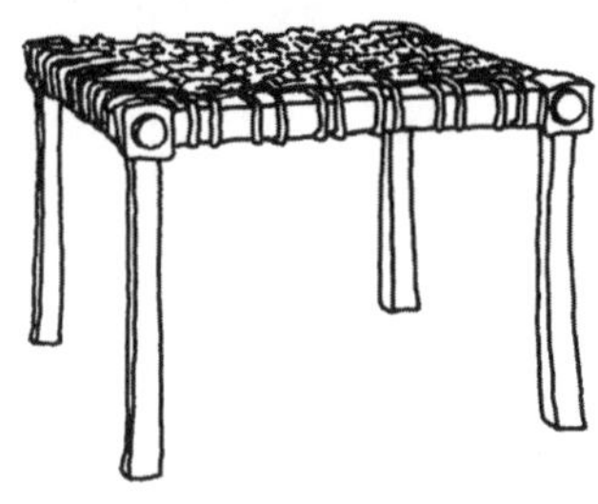

2–8
地夫罗斯·奥克拉地阿斯凳

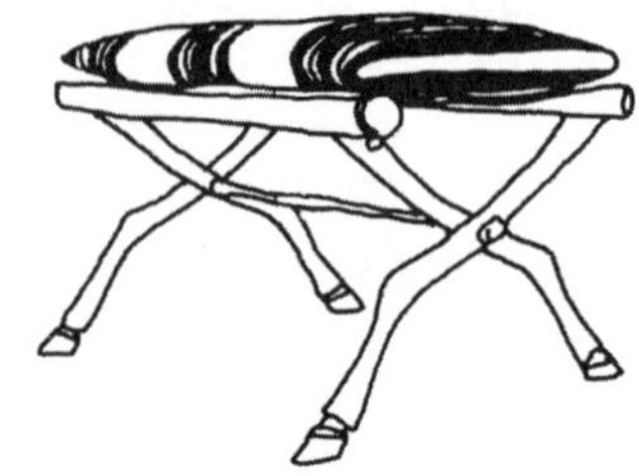

2–9
绘于陶器上的地夫罗斯·奥克拉地阿斯凳

右侧的女性坐在地夫罗斯·奥克拉地阿斯凳上。年代为公元前4世纪。

2–10
描绘古希腊时代生活的墓碑

大理石墓碑。年代约为公元前5世纪。正中间的男性躺在克里奈躺椅上。右侧为坐在王座上的女性（可能是该男性之妻）。站立在左侧的人物正用酒壶取酒，或许是家中的奴隶。

（4）可以睡觉、喝水、进餐、交谈的椅子——克里奈躺椅

“克里奈”（Kline）是从希腊语“klinein”（意为“横躺”）中衍生出来的，是有四条腿的躺椅。希腊市民阶层的男性会在克里奈躺椅（2–10）上铺设垫褥，横躺在上面饮酒、进餐、交谈。这张躺椅可以说是具备床、餐椅、安乐椅等功能的万用家具。

3

ROME

B.C.750—A.D.395

古罗马

古罗马的艺术文化传承自古希腊，
椅子也深受古希腊影响

3

ROME

B.C.750—A.D.395

古罗马

公元前8世纪，作为古意大利人一支的拉丁人在亚平宁半岛中部建立了罗马城邦。虽然当时实行君主制，但是公元前6世纪时，贵族赶走了国王，将国家转变为共和制。随后，罗马征服了希腊等地中海沿岸地区，在公元前1世纪后半叶进入帝政时期。因从征服的土地上获得了大量财富和奴隶，罗马逐渐发展为大帝国。

古罗马时代的艺术文化深受其统治下的古希腊的影响，椅子也延续了古希腊时代的风格。不过，或许是因为过着奢华生活的贵族们的喜好，上层阶级所使用的椅子多采用装饰过度的设计。这与古希腊时代优雅、简洁的样式稍有不同。

椅子的材料除木材外，还采用了大理石和青铜。虽然木制椅子没有留存下来，但是石制和青铜制的椅子有数把留存至今，现存于那不勒斯等地的博物馆中。当时的椅子多使用山毛榉木、橡木、柳木、柠檬木等木材。

比起古希腊时代的椅子，装饰有增加的倾向

罗马人使用的椅子主要有带靠背、无扶手的主教椅（Cathedra，3-1）、王座形态的罗马高背椅（Solium，3-2）、四脚凳——“比赛利凳”（Bisellium，3-4、3-5）、古罗马折叠凳（3-6、3-7）等。无论哪一种，都与古希腊时代的椅子相对应。而在平民之间，简单的圆形凳子开始出现。

（1）更加沉稳的克里莫斯椅——主教椅

主教椅改良自堪称古希腊时代杰作的克里莫斯椅，与现代的无扶手椅相似。但是，相较于古希腊时代，椅子整体散发的优雅感已经消失，甚至失去了腿部优美的曲线。椅座上放有皮革或软垫，提升了舒适度。最初主教椅常为女性所使用，到后来男性也开始使用。虽然这类椅子并没有实物留存下来，但可以通过一幅坐在主教椅上的妇人画像（收藏于佛罗伦萨的乌菲齐美术馆）一窥椅子的样式。

作为搬运手段之一，古罗马时代的上流阶级曾使用像轿子

一样的轿椅（Sedan chair）——在两根木棒上放置主教椅，几人分别在前后抬起，与古埃及赫特弗瑞丝陵墓中发现的辇（参见第3页）具有相同的用途，但是没有扶手。

另外，主教椅的英文cathedra在现代为“主教座位”之意，而cathedral指大教堂。

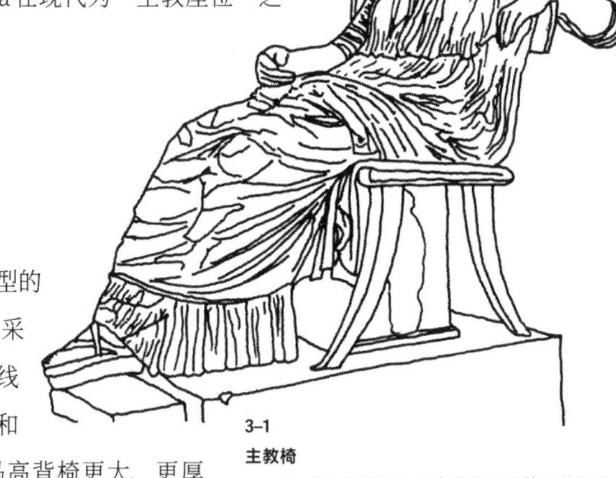

3–1

主教椅

❶ 坐在主教椅上的古罗马上流阶级的妇人雕像。主教椅与古希腊时代的克里莫斯椅相比，在椅腿的粗细和曲线方面都有细微的差别。

❷ 主教椅侧面

（2）贵族使用的豪华座椅
——罗马高背椅

这是以古希腊时代的王座为原型的带有靠背和扶手的座椅。当中也有采用坐面为圆形，靠背配合坐面呈曲线形的设计。椅腿则多采用旋床加工和侧封板的设计。与王座相比，罗马高背椅更大、更厚重，装饰也更加华丽，主要为贵族或一家之主所使用。

虽然一般认为罗马高背椅对后世的王座有着极大的影响，但这类椅子原本就是以古埃及的王座为原型的。我们从基督教的主教座位上也能够窥见大理石制的罗马高背椅的影子。

3–2

大理石制的罗马高背椅

前面的椅腿采用狮身人面的设计，这或许是受到了古埃及的影响。法国拿破仑时代的帝政风格也借鉴了这种样式。

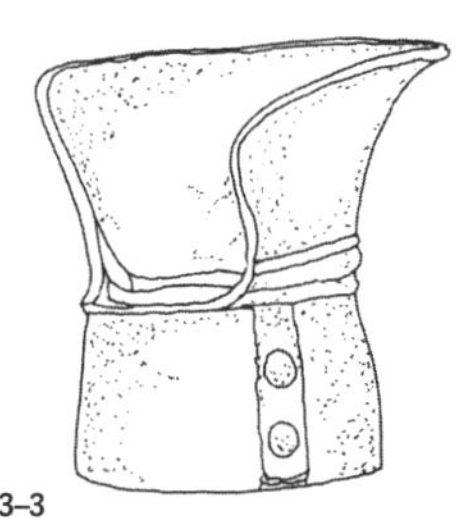

3–3

伊特鲁里亚人使用的桶形椅子

这种椅子为罗马高背椅的一种。材料为粗陶（Terra cotta，意大利语，意为“烧过的土”）。

伊特鲁里亚位于意大利半岛中部（现在的托斯卡纳一带），为存在于公元前8—前1世纪的城邦国家，公元前4世纪左右与罗马帝国合并，公元前1世纪时，伊特鲁里亚人获得了罗马的公民权。

3–4

金属制比赛利凳

出土于庞贝遗址。79年，维苏威火山喷发，庞贝城被岩浆掩埋，直到18世纪才被挖掘出来，出土了大量能够一窥当时罗马人生活方式的家具和工具。

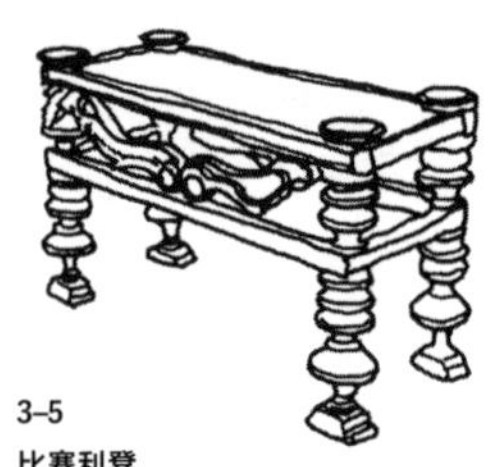

3–5

比赛利凳

椅腿采用旋床加工。这类椅子多在椅座和横木之间施有精致的装饰。

（3）带有精致装饰的凳子——比赛利凳

比赛利凳与古希腊时代的地夫罗斯凳一样，有四条腿，并且装饰更加精美，为元老院议员和执政官等人所使用，是象征权威的椅子。坐面的高度因使用者的地位而异。它是一种多为可容纳两人的大型凳子。

（4）执政官使用的折叠凳——古罗马折叠凳

古罗马折叠凳从古希腊时代的地夫罗斯·奥克拉地阿斯凳演变而来，凳腿为X形，且能折叠。和比赛利凳一样，为执政

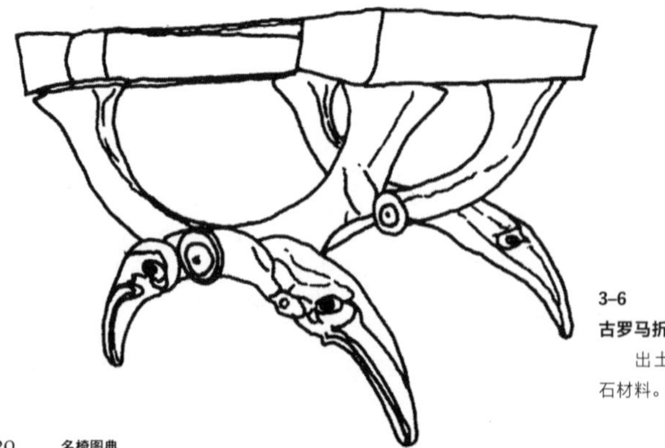

3–6

古罗马折叠凳

出土于庞贝遗址。椅腿为大理石材料。

官等人所使用。在帝政时期，由于皇帝也喜爱使用这种椅子，所以它也被称为“皇帝的椅子”(Sella imperatoria)。大理石和青铜制的古罗马折叠凳出土于庞贝遗址，保存至今。

曾任德国包豪斯学院院长的密斯·凡·德·罗设计的名作“巴塞罗那椅”(参见第120页)，相传是在地夫罗斯·奥克拉地阿斯凳或古罗马折叠凳的基础上重新设计的。X形框架结构在约3000年前的古埃及图坦卡蒙法老时代也能见到。

3–7
古罗马折叠凳
制作于4世纪初期，为罗马法院的法官所使用。铁制的腿用金银装饰。腿的交叉部分，以及坐面和腿相接部位的狮头装饰为贴有银箔的大理石。

（5）睡觉、进餐时也使用的躺椅——“列克塔斯”（lectus）

古罗马时代使用的家具中最具特色的是名为“列克塔斯”(3–8, 3–9) 的躺椅 (Couch)。在古希腊时代也有被称为“克里奈”的躺椅，但相较之下罗马人更加爱用这种椅子。其外形类似现代的床，在采用旋床加工的椅腿上放置长方形的台子，铺有靠垫，多半作为就寝和用餐的重要家具。其中一端(或两端) 带有兼具枕头和扶手功能的装饰。

3–8
躺椅和脚踏
出土于庞贝遗址的豪华躺椅。以象牙雕刻和玻璃为装饰。

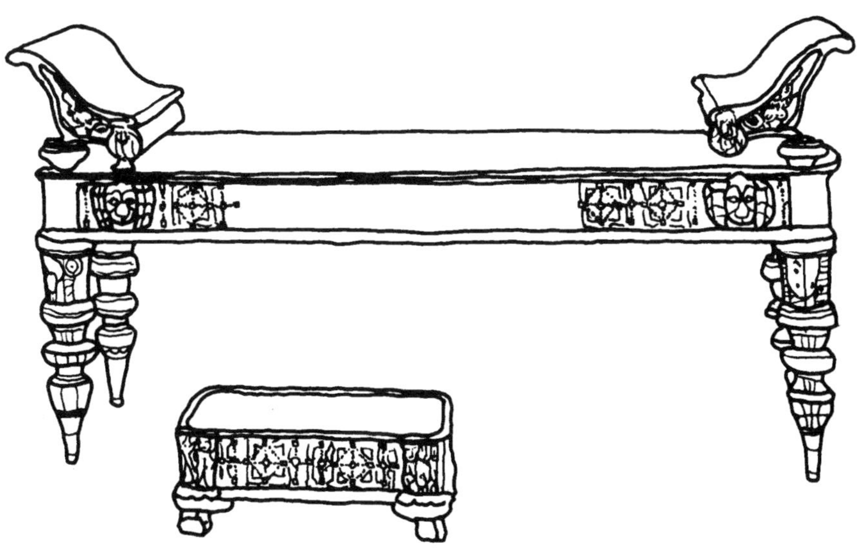

3–9

横躺在“列克塔斯”上的人

台子上铺有靠垫，可以在上面睡觉、饮酒、就餐、休息等，罗马人在各种场合中都使用这种躺椅。

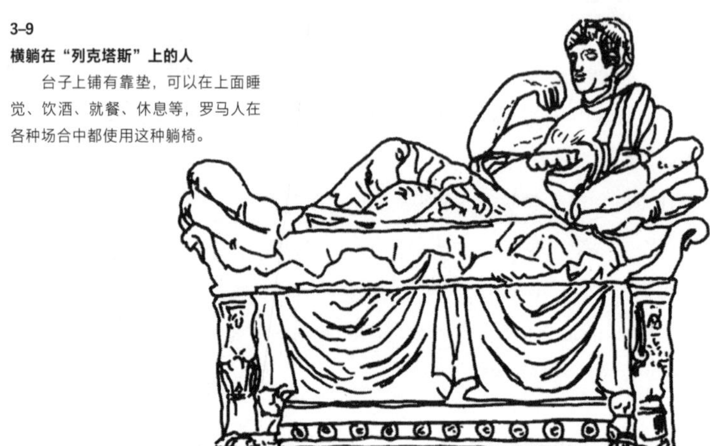

古希腊和古罗马的椅子对照表

古罗马的椅子传承自古希腊，两者的外形和用途基本相同。

外观	古希腊	古罗马	特征等	基本构造
四条腿的单人椅	克里莫斯椅	主教椅	椅背和椅腿曲线优美	
带有靠背的椅子（椅腿有四条腿型、侧封板型等，扶手则时有时无）	王座	罗马高背椅	传承自古埃及王座，使用者主要为贵族，也有富裕的平民家庭用它来待客	
椅凳	地夫罗斯凳	比赛利凳	凳腿有采用旋床加工的，也有四角形的	
折叠凳	地夫罗斯·奥克拉地阿斯凳	古罗马折叠凳	凳腿为 X 形，流传至现代	
躺椅	克里奈	列克塔斯	用于就寝、进餐，具有多种功能	

4

MEDIEVAL EUROPE

拜占庭风格
罗马风格
哥特风格
400—1500

中世纪欧洲

在封建社会的中世纪，
国王和神职人员使用带有象征权威的
椅背和座位较高的椅子

辉煌的罗马帝国，在395年狄奥多西大帝死后分裂为东、西两个部分，分别是以君士坦丁堡（现在的伊斯坦布尔）为首都的东罗马帝国与以米兰为首都（后迁都至拉韦纳）的西罗马帝国。几乎在同一时期，日耳曼民族开始了大迁徙。5世纪后期，西罗马帝国被日耳曼人征服。

中世纪是指从西罗马帝国灭亡的5世纪开始，到东罗马帝国灭亡、英法百年战争终结的15世纪中期这段时间。这个时代处于古希腊和古罗马等古代与文艺复兴之后的近现代之间，社会以封建制度为基础。

这个时代的背景也体现在椅子的样式上。贵族和领主们为了彰显自己的权威，会坐在靠背和椅座较高的椅子上。中世纪也是基督教开始普及的时代，因此出现了罗马教皇或主教在弥撒时所坐的庄严的主教座位。

带有背板的箱式座椅以及折叠凳

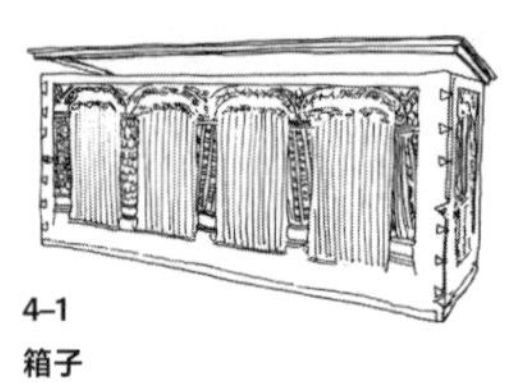

4–1
箱子
采用鸠尾榫（dovetail）组装的箱子（chest，本来指用铰链连接箱盖的箱子）。中世纪的家庭通常将其放置在墙边，作为椅子的替代品使用。

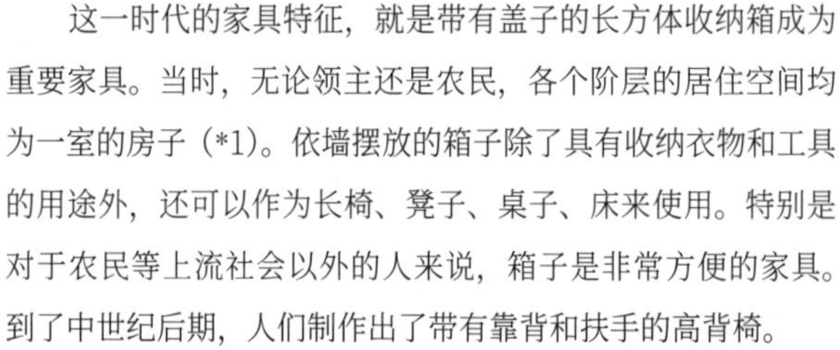

这一时代的家具特征，就是带有盖子的长方体收纳箱成为重要家具。当时，无论领主还是农民，各个阶层的居住空间均为一室的房子（*1）。依墙摆放的箱子除了具有收纳衣物和工具的用途外，还可以作为长椅、凳子、桌子、床来使用。特别是对于农民等上流社会以外的人来说，箱子是非常方便的家具。到了中世纪后期，人们制作出了带有靠背和扶手的高背椅。

外出时便于携带的折叠凳，延续了古埃及或古希腊时代的椅凳样式，到中世纪时仍被广泛使用。战士踏上战场或领

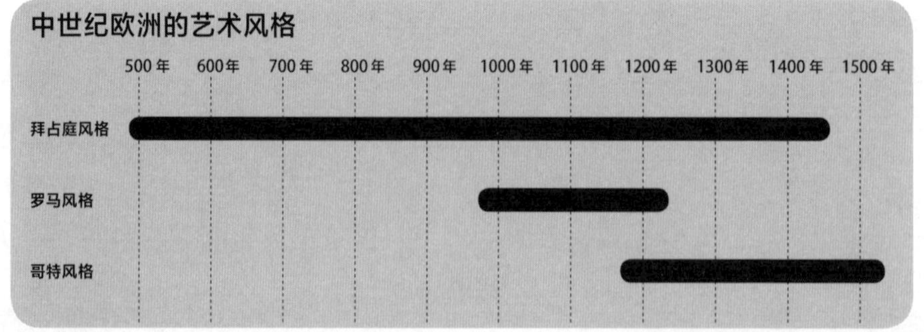

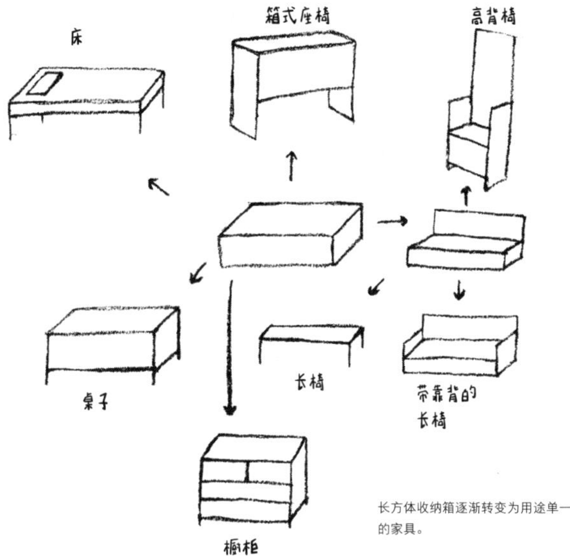

长方体收纳箱逐渐转变为用途单一的家具。

*1

居住的房子基本为一室

无论领主还是农民，中世纪欧洲的住宅几乎都为只有一个房间的无隔间式。就餐、就寝、工作，基本在同一个空间进行。

房间的墙壁旁会摆放长方体收纳箱。打开带有铰链的箱盖即可取放物品，并且，带有盖子的箱子可以坐可以睡。因此在这个时代，箱子兼具坐具和床的功能。箱子以外的坐具主要为凳子，一般家庭中不会使用带有扶手的椅子。

主视察领地时都会使用这种凳子。国王和贵族则使用非常豪华的椅凳。例如，在创作于11世纪的史诗《罗兰之歌》（*La Chanson de Roland*）中，有“前往比利牛斯山的查理大帝，坐在松树下的纯金折叠椅上”的描述。由此可见，在椅子的演变过程中，即便样式有所改变，折叠椅凳仍被广为使用，是必备款坐具。

在各地建造的教堂中，置有神职人员座位（Stall，4–2）或固定的座椅（教堂长椅，Pew），上面往往施有精美的雕刻。神职人员座位沿墙壁排列，以铰链固定，可以抬起或放下。不使用时，椅座可收起靠于椅背，和现代的剧场或演奏厅设置的座椅的设计原理相同。教堂长椅则是摆脱固定在建筑物上的形态，演变出的带有椅背和扶手的长椅（Settle）。

拥有上千年历史、涵盖欧洲广阔地域的中世纪，经历了封建制度社会的形成、基督教的普及、领土的争夺、十字军东征等历史事件。当然，根据年代和地区的不同，文化、建筑的风格也有所差异。接下来我们从椅子的角度切入，观察三种不同的艺术风格。

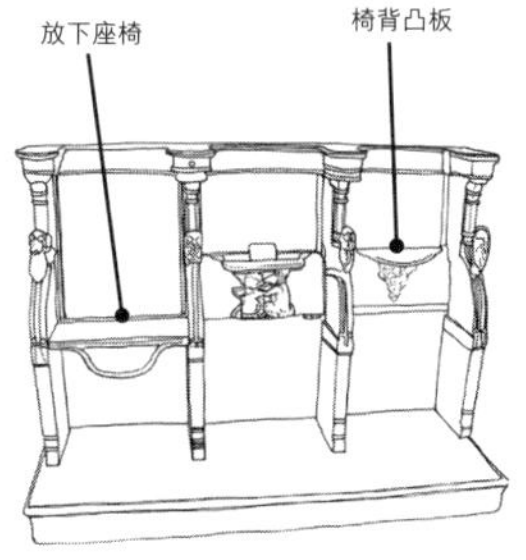

4–2

神职人员座位（15世纪末期）

神父或修道士使用的椅子，材料为橡木，通常排列在教堂内侧（有唱诗班席位）的两旁。座位带有铰链，能够抬起、放下。

座位的背面带有椅背突板（Misericord），举行弥撒等需要长时间站立的活动时，能够支撑身体。在椅背突板的下方施有展现平民日常生活的浮雕，从中可以看见理发师、烤肉师、土木工作者生动的姿态。

拜占庭风格

采用亚洲风格的精巧镶嵌和雕刻技法，但不够优雅

拜占庭风格是以东罗马帝国（395—1453）为中心普及的风格。4世纪后半叶，罗马帝国分裂为东、西两个帝国，东罗马帝国即拜占庭帝国，这一时期基督教在欧洲被广泛传播。在这样的时代背景下，基督教神职人员的严谨和传承自古希腊文明的高贵洗练的风格相结合，诞生了拜占庭风格。

但是，就整体家具而言，直线仍然被广为使用，曲线相对少见，看起来缺乏古希腊时代的优雅（也有历史学家严厉批评其为“崩坏的罗马风格”）。由于地理位置靠近中东，拜占庭风格的家具在精巧的嵌饰和雕刻中添加了东方元素。

根据制作人员的不同，家具可分为两类，一类是木卡榫工匠所做的家具。虽然这类家具几乎没有实物留存下来，但一般认为是由木材组合而成的结构单一的家具。

另一类则是高级家具工匠所做的完成度较高的家具，例如神职人员或国王所坐的王座。这类椅子通常较大，且具有建筑物的风情，较为沉重，表面镶嵌有饰物。比起实用性，这类家具更加注重彰显权威和地位。

当时的一般家庭几乎不使用椅子，但从那时开始，箱子已不仅仅是收纳物品的家具，有时也承担坐具的功能。

4-3

象牙浮雕《坐在王座上的耶稣》

制作于约10世纪。这是哈巴维尔三联象牙屏风的其中一块。耶稣所坐的王座上有古罗马风格的装饰，放有较厚的坐垫，配有脚凳。身份尊贵的人坐在椅座较高的椅子上时，一般会放有脚凳。

4-4

象牙浮雕《圣母玛利亚的座椅》

制作于10—11世纪。圣母玛利亚坐在象牙雕刻的兼具东方特色和拜占庭风格的椅子上。椅背处雕有花朵。圣母玛利亚将脚放在脚凳上。

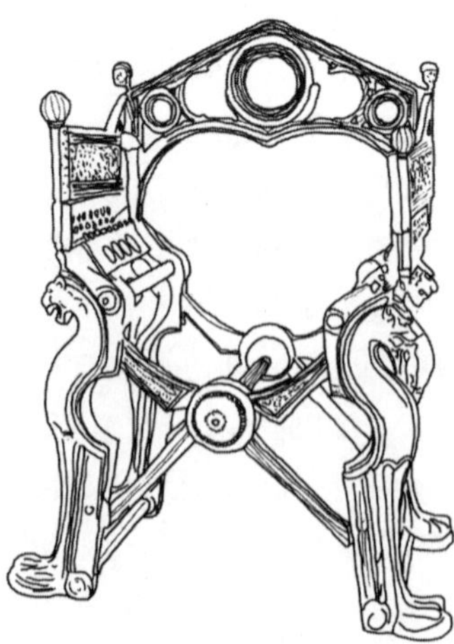

4-5

达戈贝尔特一世的椅子

制作于7世纪前期—中期。青铜制折叠椅。7世纪后期为法兰克国王达戈贝尔特一世（Dagobert Ⅰ）所使用。采用兽腿等古埃及风格的装饰理念。扶手和椅背为12世纪时添加。目前收藏于巴黎国家图书馆。

4-6

马克西米安的主教椅

制作于6世纪中期。拜占庭风格的代表椅子。框架为木制，并覆以象牙雕饰。椅背偏大，椅座较高。整体施有东方风格的动物、鸟、葡萄藤蔓等雕刻，座位正面有圣者的浮雕。

比起功能性，这把椅子更加注重展现仪式的庄严感。目前收藏于意大利拉韦纳大主教博物馆。

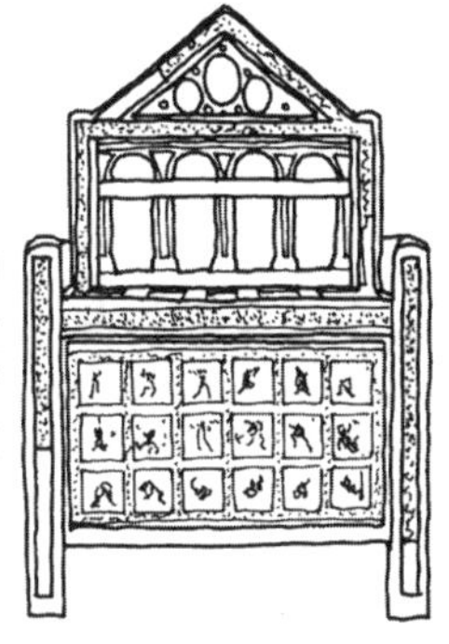

4-7

圣彼得大教堂（梵蒂冈）的主教椅

制作于9世纪。木制的框架皆为直线构成，整体看起来较为方正，是一张偏大的椅子。表面施有象牙雕刻，属于典型的拜占庭风格。

罗马风格

虽以罗马风格为范本，
但是这个时代各地战争频发，
生活不安定，
无法制作出好椅子

从10世纪末到12世纪，罗马风格（*2）在西欧逐渐发展起来。此时正值日本的平安时代。在罗马教皇的统治下，基督教在欧洲各地被广泛传播，基督教文化逐渐形成。当时的建筑（特别是宗教建筑）使用了古罗马时代的圆形拱门或圆柱技术，这也对包括椅子在内的家具（4-8）产生了影响。椅腿采用旋床加工的扶手椅随之诞生。

这一时期的欧洲，各国纷争

*2

罗马风格

虽称为“罗马风格”，但也受到日耳曼民族和东方文化的影响。

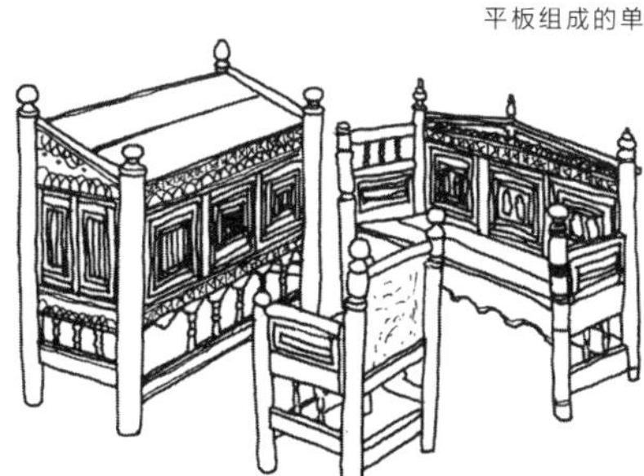

4-8

罗马风格的斯堪的纳维亚半岛的椅子、长椅、桌子

制作于1200年左右。在瑞典的瓦尔思泰纳教堂中使用。是由圆柱和平板组成的单一结构。椅背和侧板上施有直线纹路的雕刻。长椅的椅背上部为简单的拱廊造型。

不断，时而发生战乱，社会动荡导致人民生活无法安定，生活水准十分低下。在这样的时代背景下，很难制作出优秀的家具。古希腊和古罗马时代相对富足稳定，因而能够诞生功能较强的椅子，和这一时期正好形成鲜明对比。

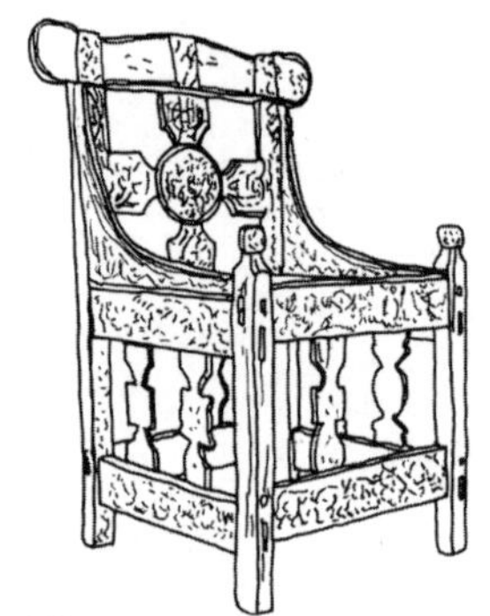

4–10

挪威的椅子

制作于12世纪。表面细致雕刻出动物和叶子的纹样。

4–9

罗达·德·伊萨贝纳大教堂的折叠凳

制作于12世纪。材料为黄杨木（boxwood）。凳腿上部雕刻有狮子咬住东西的图案，下部的雕刻则以狮爪为原型。X形交叉部位稍粗，整条凳腿雕有植物图案，略呈弧形。

4–11

沙特尔大教堂浮雕上刻画的扶手椅

制作于13世纪左右。由采用旋床加工的圆形部件组成，坐在椅子上的正是圣马太。在扶手和椅座之间有古罗马风格特有的拱廊装饰。

4–12

浮雕《众人崇拜的圣母玛利亚的坐像》

完成于12世纪。圣母玛利亚所坐的椅子承袭了古罗马风格。椅腿较长，为圆柱形，椅背微弯，侧板有圆形的镂空花纹，侧面镂空的脚凳上放有踏垫。

哥特风格

将大教堂中的雕刻装饰用于椅子上，也有平民在家中是坐在稻草束上的

哥特风格（*3）在12世纪前半叶发端于法国，15—16世纪初期于欧洲各地普及。该时期的建筑以有着高耸尖塔的巴黎圣母院和德国科隆大教堂为代表，这些建筑中所使用的尖顶拱和十字拱的设计，以及花窗、折巾样式的雕刻装饰也被充分运用到椅子设计（4-13）中。当时的家具倾向于高耸的设计风格，象征着权威的高背座椅也是哥特时期诞生的。

这个时代的椅子多为箱子（4-1）的进化版，例如椅座下面能够收纳物品的带扶手的箱式座椅（4-15、4-16、4-17），垂直的椅背是其特征。当时出现了木制框板（用木材组成骨架，再嵌入木板，多用于收纳箱）技术。得益于各地不断建造大教堂等建筑，木工技术有了飞跃性的进步，具备精湛手艺的榫接匠人和木雕匠人也随之增多。材料主要使用橡木、栗木、胡桃木、橄榄木等。

尽管到了13世纪，木匠的技术水平已经有所提升，但仍旧有很多家庭没有专门的座椅，顶多使用简易座椅或工作用的坐具。当有客人到访时，他们就用稻草束或用布包裹稻草代替椅子，供客人使用。

哥特式建筑的特征之一就是高耸的尖塔。这一特征于椅子设计中也能窥见一二。

*3
哥特风格

“哥特”原本指居住于欧洲北部的日耳曼民族哥特人。

实际上，“哥特风格”一词是从文艺复兴时期开始出现的。当时的意大利人爱好古希腊、古罗马时代的文化，对于12世纪左右至文艺复兴时期之前的中世纪文化的评价较低。因此，“哥特风格”这一称呼方式逐渐定型。此风格并非指哥特人的文化和艺术风格。

意大利的文艺复兴发端于14世纪，因此意大利哥特时期的结束时间也较欧洲其他地区早。虽然法国是哥特风格之发源地，但15世纪中后期也开始渗入文艺复兴的风格。英国和十字拱盛行的德国受到文艺复兴的影响较迟，直到16世纪前期都可称为哥特时期。

4-13
阿拉贡国王马丁的王座

制作于14世纪中期，1410年国王去世后便收藏于巴塞罗那大教堂。这把椅子令人联想到大教堂建筑的尖顶拱，是典型的哥特风格，也是典型的象征权威的座椅。银制的王座上有金箔装饰。

英国国王即位时使用的座椅——“加冕椅”

（13世纪末—14世纪初）

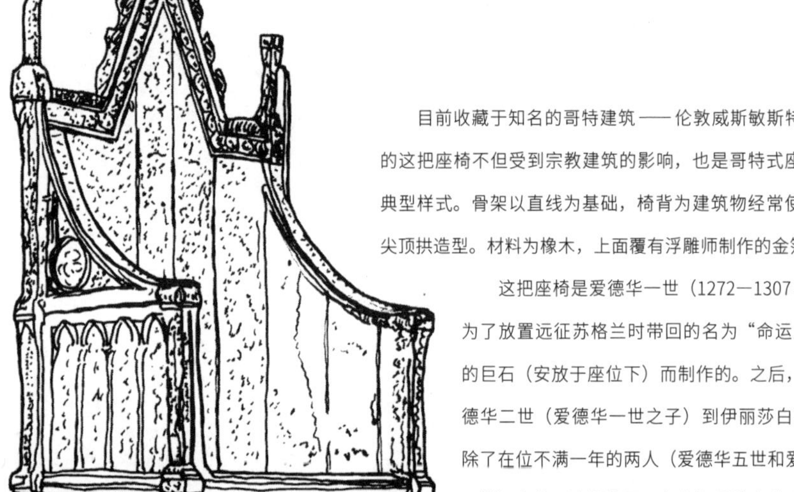

目前收藏于知名的哥特建筑——伦敦威斯敏斯特宫内的这把座椅不但受到宗教建筑的影响，也是哥特式座椅的典型样式。骨架以直线为基础，椅背为建筑物经常使用的尖顶拱造型。材料为橡木，上面覆有浮雕师制作的金箔。

这把座椅是爱德华一世（1272—1307在位）为了放置远征苏格兰时带回的名为“命运之石”的巨石（安放于座位下）而制作的。之后，从爱德华二世（爱德华一世之子）到伊丽莎白二世，除了在位不满一年的两人（爱德华五世和爱德华八世）之外，这把椅子一直在加冕礼中做“加冕椅”之用。历经漫长的岁月，椅腿部位的狮子雕刻也几经修整。

2011年获得第83届奥斯卡金像奖最佳影片奖的电影《国王的演讲》（*The King's Speech*）中，就出现过加冕椅。主人公乔治六世饱受口吃之苦，在举行加冕仪式之前，语言治疗师莱昂纳尔·罗格（杰弗里·拉什饰）来到威斯敏斯特宫，并坐在加冕椅上和乔治六世谈话。虽然据说乔治六世和罗格后来成为一生的挚友，但是在现实中普通人是无法坐上加冕椅的。

4-14
加冕椅

英国国王在威斯敏斯特宫举行加冕仪式。

4–15

高背椅（法国）

制作于1480年左右。教会在布道时使用的椅子。座位下面的箱子可以上锁，椅座亦是箱盖。箱子的前面和侧板雕刻出布料的褶皱，椅背处有吊钟形的尖塔拱形雕刻，充分展示了哥特风格的特征。椅背高198厘米，宽78厘米，进深50厘米。

4–16

恩里克家族的椅子（西班牙）

制作于15世纪前半叶。刻有恩里克家族的家徽。材料为胡桃木。这是桶背椅（Barrel Chair，barrel意为“圆桶”）的古老形式，由圆桶加工而成。

4–17

胡桃木椅（法国）

制作于15世纪。椅座带有铰链，兼具箱盖的功能。椅座下为收纳箱。

4–18

箱式座凳（英格兰）

制作于16世纪前半叶。嵌有描绘罗马民众形象的圆形装饰，结构简单。带有箱子，兼具收纳功能。材料为橡木。

4–19

厚板椅（Slab-ended stool）

制作于15世纪。带有厚木板（slab意为厚板，作为加固材料使用）的椅子。尽管结构简单，但木板上切割出的黑桃形状，添加了一些设计感。

4–20

北欧的椅子

4–21

橡木制三脚椅

❶ 从哥特时代末期到文艺复兴时期（16世纪左右）制作于英格兰和威尔士的椅子。有三条采用旋床加工的椅腿和三角形的椅座。

❷18世纪中期，美国哈佛大学校长爱德华·郝莱欧克（Edward Holyoke）购入这类椅子，在校长室使用（购入品的材料为水曲柳）。据说，三脚椅在中世纪主要为一家之长使用，他认为这类椅子比较符合校长的身份，从而购买。虽然现在收藏于博物馆，但在毕业典礼等仪式上，仍会取出供校长使用。因此这类椅子也因“哈佛校长的椅子”（Harvard President's Chair）之名而为人所知。

4–21❶

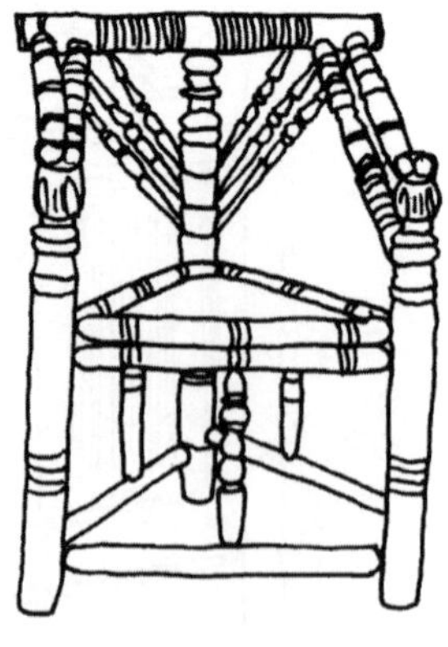

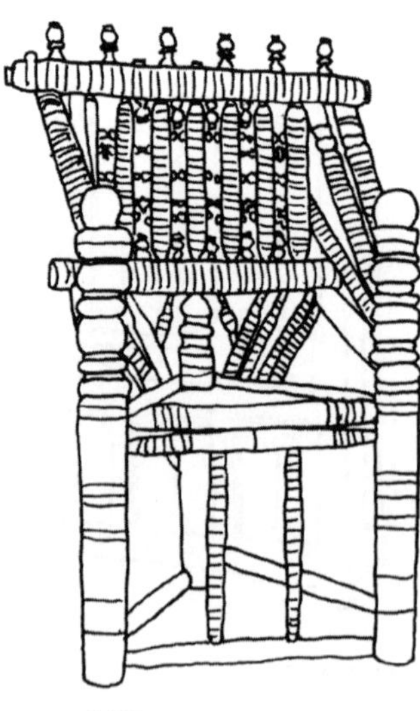

4–21❷

5

RENAISSANCE

Late 1300s—Early 1600s

文艺复兴

（14 世纪后期 — 17 世纪初期）

椅子不再是权力的象征，
而是以方便使用为出发点

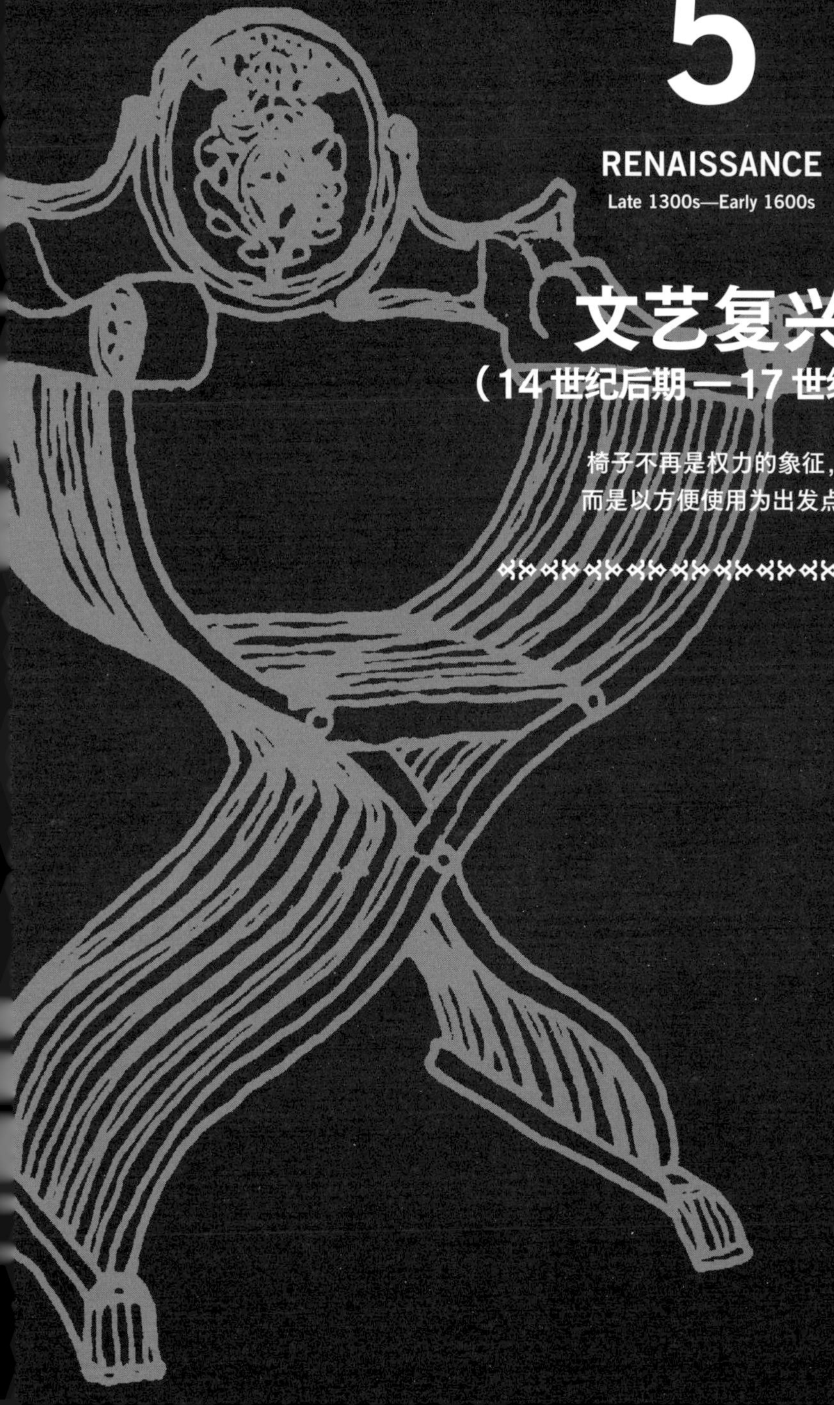

始于14世纪后期的文艺复兴（*1），在法语中意为“重生”，是直到17世纪初期，影响欧洲各地艺术和思想的革新运动，旨在抵抗教会的传统权威，肯定现世，从合理且现实的角度进行思考，注重每个人的个性，也出现了自由表达人类自然情感等活动。以古希腊、古罗马时代的古典文化为范本，文艺复兴的目标是复兴古代文化。文艺复兴发端于意大利，接着扩散到法国、西班牙、德国、英国等地，同时和哥特式风格相融合，发展出符合各地生活习惯的风格。

在建筑和家具领域，观念开始由彰显权威转变为日常使用，于是诞生了能够贴合服装、便于携带的轻便椅子。不过装饰过度的作品仍然不少。即便是同款设计，也会因地域不同而有不同的名称，外形也会有些许差异。

接下来，我们来看看这个时期具有代表性的椅子。

（1）以人名命名的但丁椅（Dantesca）、萨伏那罗拉椅（Savonarola）

文艺复兴运动的发源地是意大利的佛罗伦萨，该地区以毛纺织业为中心的制造业和金融业相当繁盛。有两款椅子是以该地区知名人士的名字来命名的，它们皆有被称为“curule legs”（*2）的椅腿，是一眼便能看出传承自古罗马时代的折叠凳。

“但丁椅”（5-1）因《神曲》的作者、诗人但丁·阿利吉耶里（*3）喜爱在书斋中使用它而得名。X形交叉的椅腿前后

*1
文艺复兴（Renaissance）
“文艺复兴”一词开始普及是在19世纪之后，意大利语为“rinascimento”。各地区文艺复兴普及的时间不尽相同。意大利是从14世纪开始，而西班牙、德国则从16世纪开始。

*2
curule legs
curule具有“身份尊贵”“有资格坐上古罗马高官座椅”的意思。古罗马时代的X形折叠凳是高级官僚等身份尊贵的人才能使用的坐具。因此，X形椅腿也被称为“curule legs”。

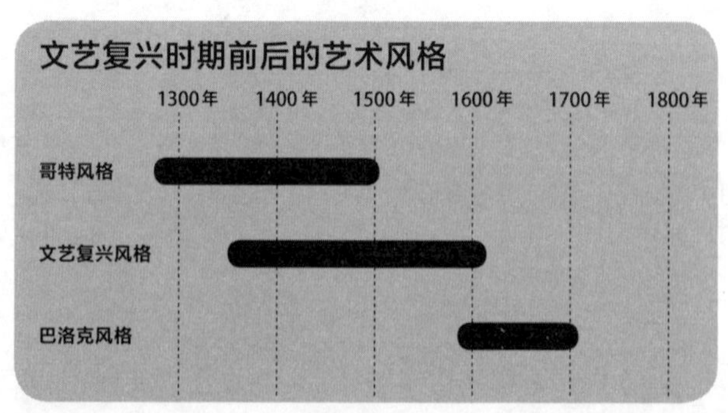

各有两条，共四条，施有雕刻的椅腿上方与扶手相连。这类椅子有多种样式，但最为常见的是皮革椅背、天鹅绒坐面的类型。当时这类椅子多用作主教座位，很多高级官僚也会使用。

“萨伏那罗拉椅”（5-2）是以多明我会的吉洛拉谟·萨伏那罗拉（*4）的名字命名的。他致力于佛罗伦萨改革，但遭到罗马教皇等反对派的怨恨，被处以火刑。后世的人们赞颂他具有殉教精神，并用他的名字命名了他爱用的椅子。这款椅子的X形椅腿多达十几、二十条，在较细的部位采用了精巧的加工技术。只要拆除镶嵌饰物的椅背就能将其折叠，便于携带。萨伏那罗拉椅主要流行于上流阶层，材料使用便于加工的胡桃木。

在这类椅子出现之前，意大利的上流社会主要使用椅背较高、带有扶手的椅子。由于坚固且厚重，所以当时的人想到了日常生活中便于使用的折叠凳。我们无从得知但丁和萨伏那罗拉是否真的爱用这类椅凳。或许是后世的人们为了向二位先人的功绩表达敬意，才用他们的名字来给椅子命名的吧。

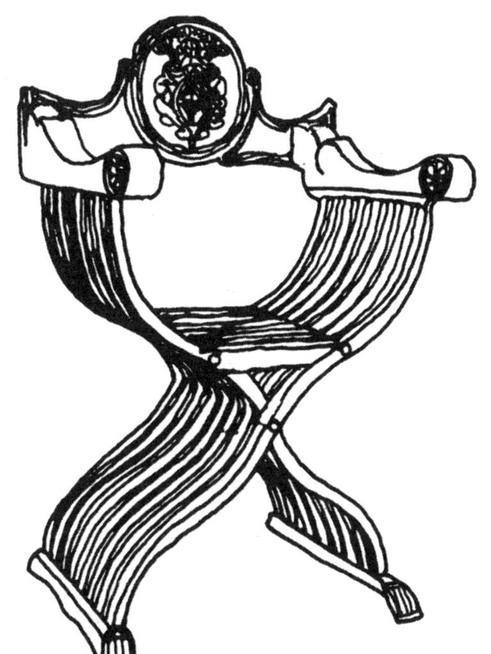

5-2
萨伏那罗拉椅

*3
但丁·阿利吉耶里
（Dante Alighieri，1265—1321）

出生于佛罗伦萨。因卷入罗马教皇和神圣罗马帝国之间的政治斗争，30多岁就被逐出佛罗伦萨，流浪到北意大利，晚年居住在拉韦纳，并写出了史诗《神曲》。

目前位于佛罗伦萨的“但丁之家”是20世纪在但丁的出生地重建的。在佛罗伦萨时代，但丁是否真的用过但丁椅已经无从考证。

*4
吉洛拉谟·萨伏那罗拉
（Girolamo Savonarola，1452—1498）

出生于费拉拉（Ferrara，位于佛罗伦萨北部120千米处），被称为宗教革命的先驱者。从15世纪80年代开始在佛罗伦萨的圣马可修道院生活。现在，修道院中也摆放着萨伏那罗拉过去使用的桌椅。

如果但丁真的曾坐在但丁椅上，或许是这样的场景。

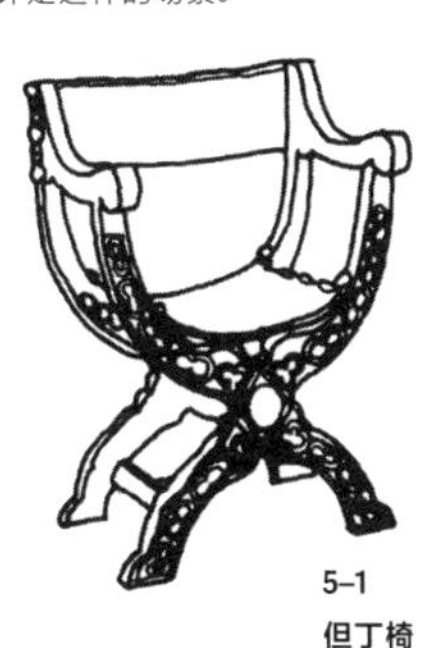

5-1
但丁椅

（2）现代无扶手椅的原型——意式单人椅（Sgabello）

15世纪初期，意大利开始流行小椅子（5-3）。倒三角形靠背稍微向后倾斜，前后置有雕刻的板腿，八角形的椅座下方带有抽屉。这类椅子可能是从中世纪的收纳箱演变而来，材料主要为胡桃木。

到了16世纪，这类椅子在意大利以外的地区也开始流行起来，并经由各地工匠改良。造型上除八角形椅座外，还出现了四角形椅座和圆形椅座的款式，或是椅座和椅腿直接连接、没有抽屉的款式（5-4）。此外，还出现了用三条或四条椅腿代替板腿的设计，椅背的设计也多种多样。

这类椅子和古希腊的克里莫斯椅一同演变为现代的无扶手单人椅。

5-3
意式单人椅
制作于1500年左右。材料为胡桃木。椅座下为抽屉。

（3）座位下方带有收纳空间的箱式长椅

这是一种座位下方有收纳箱，且带有椅背、扶手的长椅（5-5）。意大利语cassone（箱子）和panca（长椅）两个词的名称和功能组合起来，便诞生了casspanca（箱式长椅）这种家具。它是以中世纪的收纳箱为基础演变而来的一种椅子，流行于15世纪中期到16世纪。椅子的表面有豪华的雕刻，材料为橡木（主要在15世纪）或胡桃木（主要在16世纪）。

5-4
名为“Penchetto”的小椅子
出现于15世纪后期。这类椅子虽然是意式单人椅的一种，但没有抽屉。由八角形的椅座、细长的椅背和三条椅腿组成。一般认为是从哥特风格发展而来的椅子。

（4）聊天用的小椅子——卡克托瑞椅（Caquetoire）

法国上流社会女性使用的带有扶手和椅背的椅子（5-6），出现于亨利二世（*5）在位的16世纪中期，非常适合宫廷妇女在社交场合聊天时使用。在法语中，caqueter意为“闲聊”，卡克托瑞椅的名称正是来源于此；在英语中，这类椅子则被叫作“gossip chair”（gossip意为“闲聊”）。当时流行用裙撑来凸显腰部线条的裙子[让这类裙子风靡法国的是亨利二世的妻子凯瑟琳·德·美第奇（*6）]。为了便于身着这类裙子的女性使用，卡克托瑞椅在设计上花了不少心思。

施有雕刻的椅背轻薄、细长。椅座为梯形，靠近椅背一侧的边较短，前侧的边较长。四条椅腿从梯形椅座的四角延伸到地面，再由四根横木加固。这类椅子整体给人以小巧、轻便之感，但因椅座前侧较宽，使女性身着裙摆蓬松的裙子时也便于落座。椅子移动起来也十分方便。由于比例适中，坐起来舒适，这款椅子为文艺复兴之后的家具带去了很大的影响。

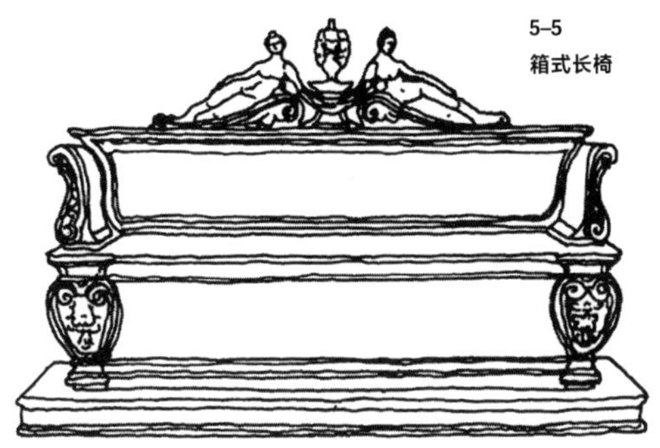

5–5
箱式长椅

*5
亨利二世（1519—1559，1547—1559在位）

和王后凯瑟琳·德·美第奇育有10个孩子，但他真正宠爱的却是年长他20岁的黛安·德·波迪耶。他因在骑马长枪比武中被苏格兰护卫队队长刺中右眼而逝世。

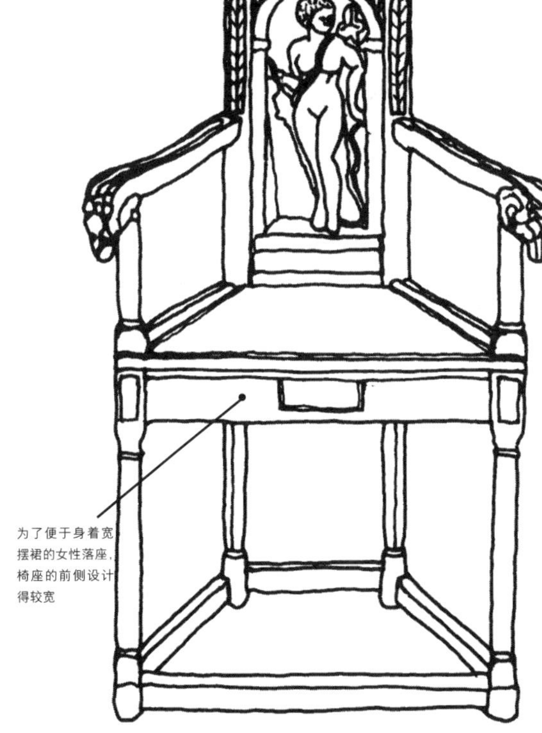

5–6
卡克托瑞椅

为了便于身着宽摆裙的女性落座，椅座的前侧设计得较宽

*6
凯瑟琳·德·美第奇（1519—1589）

出身于佛罗伦萨的美第奇家族。亨利二世去世后，三个儿子相继成为法国国王，但实际由凯瑟琳掌权。一般认为她是“圣巴托洛缪大屠杀”的主谋（真相不明），后世的人们也多将她视为阴险歹毒之人。

她将意大利文化带进法国，在提升法国文化艺术方面有所贡献。例如，在此之前法国人多用手就餐，是她掀起了使用餐具的风潮。因参与政治和文化活动，她每天十分繁忙，是否有时间坐在卡克托瑞椅上聊天，现已无从得知。

贵妇们坐在卡克托瑞椅上聊天。

5–7
靠凳椅

（5）穿着宽摆裙也能落座的椅子——百褶裙式椅(Farthingale chair)、靠凳椅（Chaise à vertugadin）

和卡克托瑞椅相同，这两种椅子也是身着宽摆裙的宫廷贵妇使用的椅子。这类椅子不带扶手，因此方便落座。椅座包有布料，四条椅腿以横木连接，以增加强度。

在法国，被称为“Vertugadin”的宽摆裙，于16世纪后期、伊丽莎白一世统治时期传入英国，被英国人称为“Farthingale”。英国人将其稍加改动，利用铁丝增加裙子的蓬度，因此，百褶裙式椅在英国宫廷中被广为使用。在法国，这类椅子被称为“靠凳椅”（5–7）。

（6）各地制造的扶手椅

16世纪，欧洲各地开始制造坐起来舒适的扶手椅。虽然基本设计相同，但是能看出样式上的细微差别。

在意大利，有一种名为“Grand poltrona”（5–8）的扶手椅，椅背或椅座上放置有用天鹅绒包裹的羽毛或稻草填充软垫。比起中世纪棱角分明的高背椅，这类椅子坐起来更为舒适。

5–8
名为“Grand poltrona”的扶手椅

在法国，诞生了名为“Chaise à bras”（5–9）的轻便扶手椅。这类椅子或许是从意式单人椅发展而来，但不带抽屉，方便移动。

“Sillón frailero”（5–10）是西班牙的扶手椅，意为“僧侣的椅子”。椅背和椅座覆有皮革或布，固定皮革或布的星形装饰钉也成了设计的重点。四条椅腿和扶手为胡桃木材料，不带装饰，十分简朴。

在旋床加工技术高超的荷兰和弗兰德斯地区，不止保留了哥特风格的痕迹，椅腿和椅背处还添加了球根状的装饰（5–11）。弗兰德斯地区的装饰风格对德国和英国的家具也产生了一定的影响。

英国的文艺复兴时期，是从亨利八世（1509—1547在位）到伊丽莎白一世（1558—1603在位）执政的这段时期。伊丽莎白一世在位时期，法国发生了宗教战争（1562—1598），许多胡格诺派教徒逃亡到英国，其中的一些家具工匠在那里制作了精

5–9
名为“Chaise à bras”的扶手椅

巧的家具。他们将名为“瓜球”（*7）的装饰物运用到椅腿上。由于传承自哥特风格，其中可以见到折巾样式（布纹图样）和象征玫瑰饰章的设计。

大约从16世纪中期开始英国便制作出将坐面、采用旋床加工的椅腿和横木以榫接方式简单接合的凳子（5-12），并于17世纪流行开来。此时，中产阶级家庭开始使用有椅背和扶手的餐椅，在此之前则多以墙为靠背。

*7

瓜球（melon bulb）

采用旋床加工技术的木制装饰物。bulb有“球状物、球茎”之意，多用于桌腿装饰。

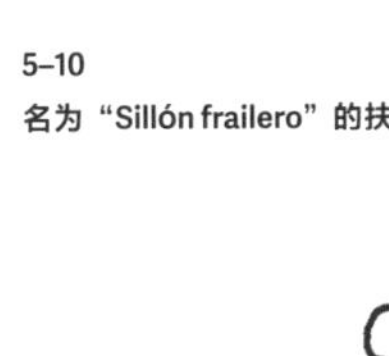

5–10

名为“Sillón frailero”的扶手椅

5–11

17世纪前期在荷兰北部制造的椅子

椅背和椅腿处的球根状装饰采用旋床加工。

5–12

榫接凳

制作于1600年左右。

＊＊＊＊＊＊＊＊＊＊＊＊＊＊＊＊＊＊＊＊＊＊＊＊＊＊＊＊＊＊＊＊＊

中世纪农民的生活和家具

中世纪的欧洲农民几乎不使用椅子等家具，家中顶多有一些箱子（收纳箱）和简单的凳子或长椅。

本书引用了讲解当时房间样貌的《中世纪欧洲的农村生活》（约瑟夫 · 吉斯、弗朗西斯 · 吉斯著，青岛淑子译，讲谈社）一书中的部分内容（*8）。该书描述了位于英国伦敦北部100千米处的一个名为埃尔顿的村庄在13—14世纪时的生活样貌。

> 大家坐在长椅或没有椅背的凳子上，在组合式桌子上吃饭。晚上会将桌子收起。当时有像样椅子的家庭十分少见。餐柜或大型的箱子中塞满了木制和陶制的钵、水壶等容器，以及木勺等物。腌猪肉、包、筐等都挂在椽子上，以免遭到老鼠啃咬。衣服、寝具、毛巾、桌布等被放在收纳箱中。富裕的农民家中则有银勺子、铜壶、锡盘等物品。

描述法国中世纪生活的《中世纪欧洲生活》（吉纳维芙 · 道库尔著，大岛诚译，白水社）一书也记录了收纳箱的使用方法（*9）。

> 在中世纪，家中的家具和居住环境一样简单，仅有用斧头劈开的厚重木材制作而成的床和带盖的长方形箱子。
>
> 长方形箱子兼具衣橱和凳子两种用途。部分农村至今仍保留着这样的习惯，仔细折叠衣服，将其收进箱内。另外，（中略）还会将内衣、羊皮纸（账本、收据等）以及装有钱币的皮革或布制钱包放入其中。

由此可见，在中世纪的欧洲家庭中，长方体收纳箱扮演着万能家具的角色。即便到了文艺复兴时期，平民的生活方式也没有发生太大变化。

*8 第五章 村民的生活

*9 第一章“物质生活” 三 家具

＊＊＊＊＊＊＊＊＊＊＊＊＊＊＊＊＊＊＊＊＊＊＊＊＊＊＊＊＊＊＊＊＊

6

17—Early 18 Century Europe

1601—Early 1700s

17—18 世纪初的欧洲

巴洛克时代

上流社会使用的椅子，
注重彰显权威的装饰层面

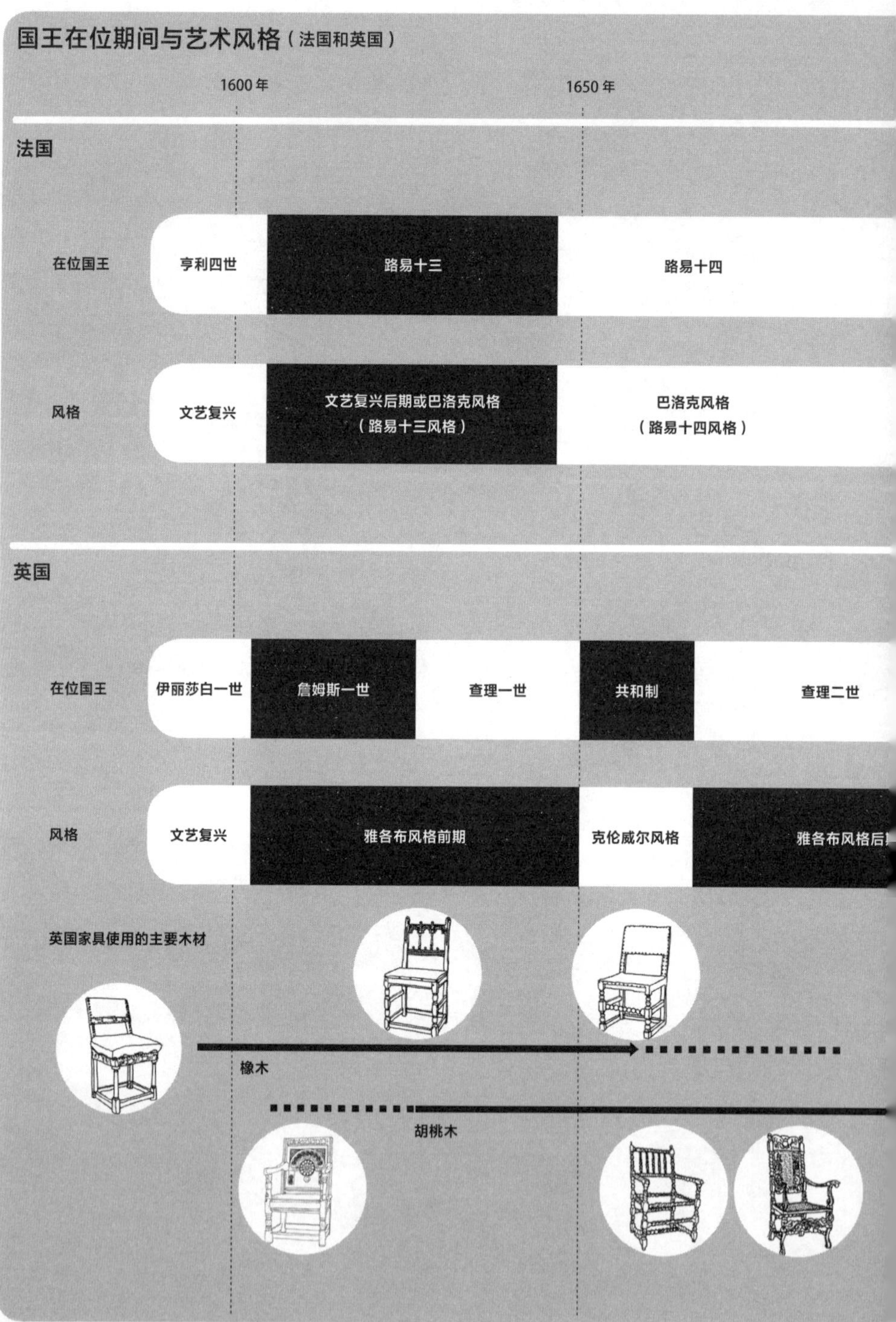

国王在位期间与艺术风格（法国和英国）
1600年
1650年
法国
在位国王
亨利四世
路易十三
路易十四
风格
文艺复兴
文艺复兴后期或巴洛克风格
（路易十三风格）
巴洛克风格
（路易十四风格）
英国
在位国王
伊丽莎白一世
詹姆斯一世
查理一世
共和制
查理二世
风格
文艺复兴
雅各布风格前期
克伦威尔风格
雅各布风格后
英国家具使用的主要木材
橡木
胡桃木

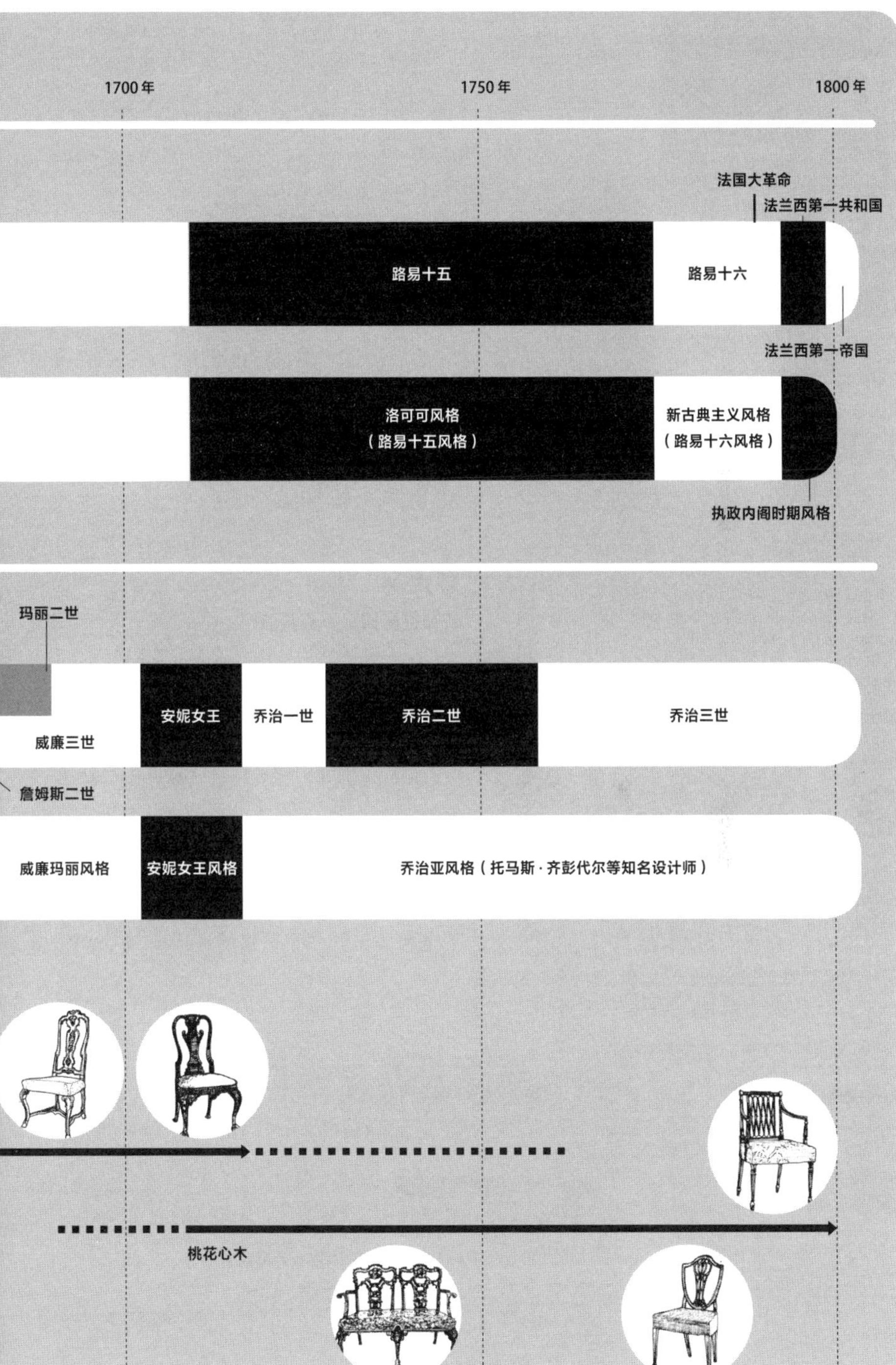
1700年
1750年
1800年
法国大革命
法兰西第一共和国
路易十五
路易十六
法兰西第一帝国
洛可可风格
（路易十五风格）
新古典主义风格
（路易十六风格）
执政内阁时期风格
玛丽二世
安妮女王
乔治一世
乔治二世
乔治三世
威廉三世
詹姆斯二世
威廉玛丽风格
安妮女王风格
乔治亚风格（托马斯·齐彭代尔等知名设计师）
桃花心木

在17世纪到18世纪上半叶的欧洲，巴洛克（Baroque）风格普及于艺术、文化层面。Baroque在葡萄牙语和西班牙语中意为“形状不规则的珍珠”。这一时期从之前注重平衡与谐调的风格转向自由奔放、过度装饰、多用曲线的风格，比起实用性，更加注重权威和社会地位的彰显。

这种风格源于罗马，最具代表性的建筑就是梵蒂冈的圣彼得大教堂。随后，巴洛克风格传到法国，路易十四时期建造的凡尔赛宫便是华丽绚烂的巴洛克风格。

椅子在设计上，也能看出和建筑物相似的风格，包括室内装潢以及其他的家具皆有巴洛克风格的特征。因地域特点和君主的喜好不同，欧洲各地出现了各种类型的椅子。下面选取意大利、法国、英国的椅子进行介绍。

6-1

圣彼得的椅子

贝尼尼作品。青铜制，放置于圣彼得大教堂（梵蒂冈）带有天盖的祭坛深处。构图为圣者支撑椅腿，天使在椅背上捧着王冠。

意大利

装饰过度的巴洛克风格

在巴洛克风格的发源地意大利，从建筑物到椅子等家具都带有巴洛克风格的装饰过度的倾向，例如大胆改变动物和叶子形状的雕刻、象征非洲摩尔人的椅腿等。当时的上流社会和教会似乎偏爱装饰豪华的椅子，而不太重视实用性。制造这类椅子的人往往不是家具工匠，而是建筑师或雕刻家。例

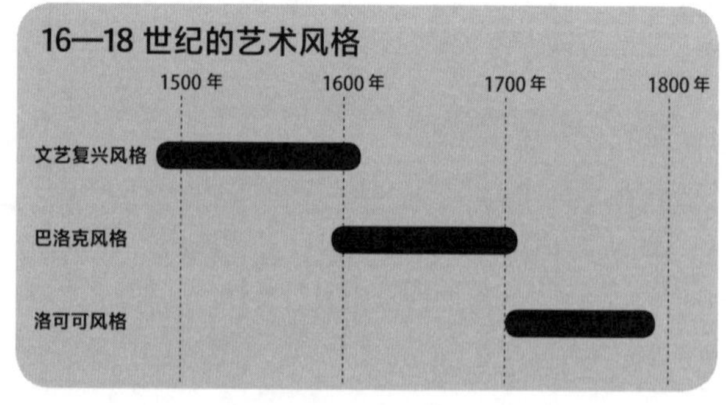

如，被称为“木雕界的米开朗琪罗”的安德·布卢斯特伦（1662—1732）、制造圣彼得大教堂中圣彼得的椅子的贝尼尼（1598—1680）等人。座椅的材料主要为胡桃木、黄杨木、黑檀木等。

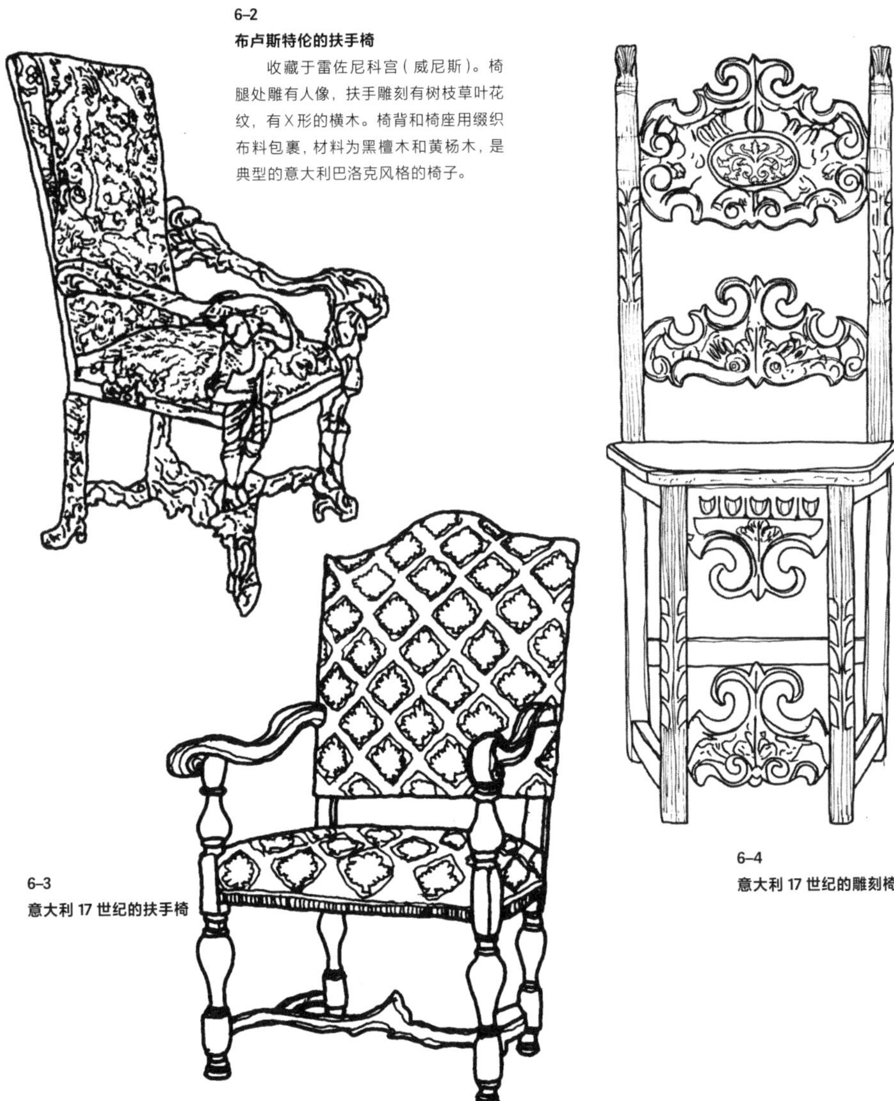

6–2
布卢斯特伦的扶手椅

收藏于雷佐尼科宫（威尼斯）。椅腿处雕有人像，扶手雕刻有树枝草叶花纹，有X形的横木。椅背和椅座用缀织布料包裹，材料为黑檀木和黄杨木，是典型的意大利巴洛克风格的椅子。

6–3
意大利 17 世纪的扶手椅

6–4
意大利 17 世纪的雕刻椅

法国

奢华的路易十四风格

6–5

法式折叠凳（Ployant）

宫廷贵妇经常使用的折叠凳。带有流苏的坐面能够取下。X形的椅腿施有精美雕刻并覆有金箔。

在法语中，"折叠"被称为"pliant"，亦指折叠凳。特别豪华的凳子叫作ployant。不过ployant为古法语，现代已不再使用。

巴洛克时期的法国正逢路易十三（1601—1643）和路易十四（1638—1715）执政的时期。路易十三在位33年，而路易十四则在位72年，加起来有105年之久。

但是，17世纪前期可以看作是文艺复兴到巴洛克的过渡期，此时也被称为"法国后期的文艺复兴"。虽然风格有所差别，但并非王朝更迭就会产生明显的分界线，只是一种大概的标准而已。这个时期，法国受到意大利、尼德兰（荷兰）、西班牙的影响，开始出现采用螺旋旋床加工和漩涡状的椅腿。

"太阳王"路易十四执政时期，迎来了法国巴洛克风格的鼎盛期。这个时代的艺术文化也被冠以"路易十四风格"，其象征是凡尔赛宫。从建筑物到室内装潢，再到日用器具，皆极尽奢华。椅子也多使用曲线，H形和X形的横木带有大量复杂雕刻，椅背和椅座会用带花朵图样的缀织布料包裹。

宫廷家具工匠安德烈·查尔斯·布尔（1642—1732）会在黑檀木上镶嵌龟壳等物，将黄金镀在铜制品表面上，较有独创性。这种风格也被称为"布尔风格"。

还有一位这个时期无法不被提及的宫廷画师——夏尔·勒布伦（1619—1690）。他深受路易十四的赏识，被任命为凡尔赛宫的室内装饰官，负责家居用品类的统筹，甚至兼任巴黎哥白林染织厂的总管。

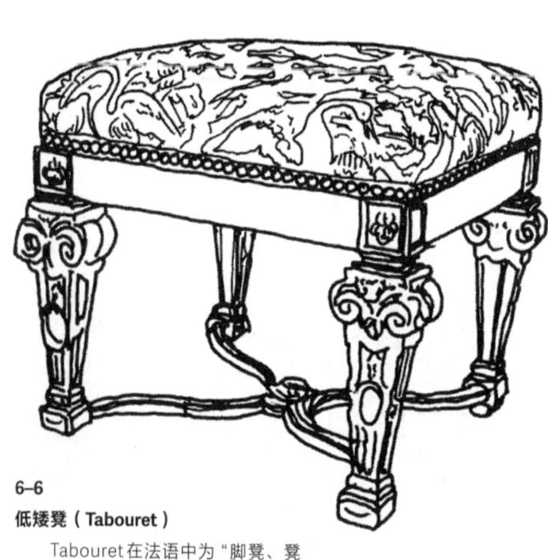

6–6

低矮凳（Tabouret）

Tabouret在法语中为"脚凳、凳子"的意思，特指椅腿固定（非折叠式）的椅凳。在当时的宫殿中，多使用这种布包椅座、带有装饰的四条椅腿、X形横木的凳子。宫廷贵妇间流行宽摆裙，所以没有扶手、方便使用的法式折叠凳和低矮凳深受她们喜爱。

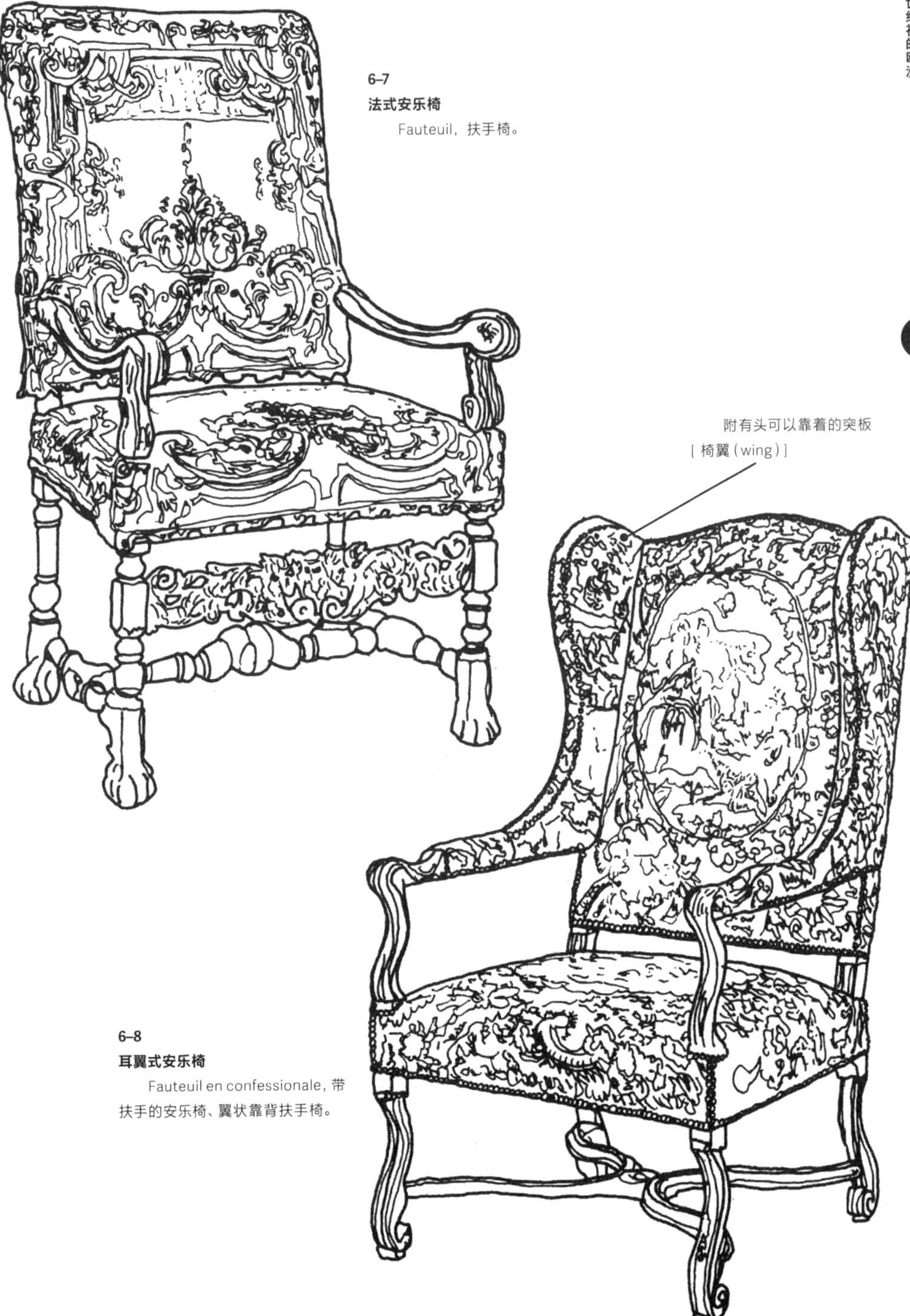

6–7

法式安乐椅

Fauteuil，扶手椅。

6–8

耳翼式安乐椅

Fauteuil en confessionale，带扶手的安乐椅、翼状靠背扶手椅。

6-9

百褶裙式椅

基本为女性使用的椅子。它的设计能让穿着带有裙撑的蓬裙的人也能舒适地坐下。椅座为长方形，表面用布包裹，椅座较高，椅背偏低。椅腿为四角形或圆柱形，四条椅腿下方带有横木。

英国

每当统治者更迭，椅子的风格就会发生变化

17世纪的英国发生了清教徒革命和光荣革命，不同类型的统治者也随之更迭。不同统治者在位时期，家具的风格会稍有变化，并且风格的名称也各有不同。17世纪上半叶的雅各布风格前期，可以看到哥特、文艺复兴、巴洛克风格混合形成的样式；在此之后，经历过共和制清教徒的简朴风格；17世纪中叶以后，受到巴洛克风格的影响较大。以下将标明不同时期的风格名称和统治者的在位时间一一列出，以便观察不同时代下椅子的特征。

（1）雅各布风格前期（1603—1649）詹姆斯一世、查理一世

整体而言，家具仍留有哥特风格和文艺复兴风格的样貌。这一时期具有代表性的椅子为不带扶手的百褶裙式椅（6-9）、椅背施有雕刻的壁板椅（6-10）等。使用的材料主要为橡木，

6-11

克伦威尔椅（Cromwellian chair）

以简单的直线线条为主体的椅子。前腿和横木采用旋床加工，多为螺旋状样式。椅座和椅背覆有皮革或布。黄铜铆钉排成一排，突出了椅子的设计感。材料为橡木。上图为单人椅，也有扶手椅的款式。

6-10

壁板椅（Wainscot chair）

沿袭哥特风格和文艺复兴风格的扶手椅。椅背处刻有家徽，偶尔施有镶嵌工艺。Wainscot 意为“壁板”。

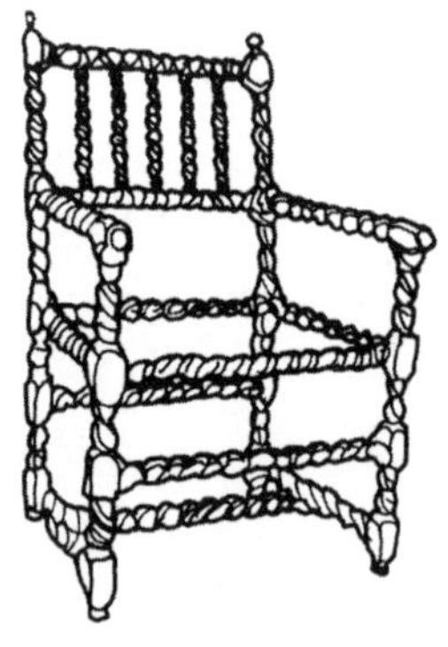

6-12

螺旋状配件点缀的胡桃木扶手椅（Walnut arm chair）

使用螺旋状配件的扶手椅。材料为胡桃木。椅座上放有垫子（图中只展示框架）。

但后来逐渐开始采用西班牙或法国南部产的胡桃木。

（2）克伦威尔风格（1649—1660）

护国公克伦威尔，共和国时期

清教徒革命后，国王查理一世被处死，激进派清教徒克伦威尔建立了共和政府。推崇禁欲思想的清教徒认为在家具上饰以雕刻违反神的意志，因此，这个时期的椅子（6-11）没有不必要的装饰，更加注重功能性。移民到美洲大陆的清教徒带去了欧洲的家具风格，产生了早期美国风格（又叫作殖民时期美国风格）。

6-13
雅各布风格后期的胡桃木扶手椅
椅背高且直的椅子。椅背和椅座采用镂空雕刻和藤编工艺。如带有皇冠雕刻的话，则被称为“复辟王权椅”（或查理二世椅）。

（3）雅各布风格后期（查理风格、王政复辟风格，1660—1688）

查理二世、詹姆斯二世

克伦威尔死后，英国恢复了君主制。登基的是极具艺术造诣的查理二世。除共和制时期质朴的室内装饰以外，法国（巴洛克）、荷兰（后文艺复兴）、西班牙等欧洲各地的家具设计也给英国带去了一定影响。椅子设计方面，多在椅背和横木施有镂空雕刻，也采用藤编工艺。从材料来看，胡桃木的使用频率增加。从这个时期开始，椅座高度降低、结构更加坚固、坐上去舒适的椅子（6-12、6-13）逐渐受到重视。

（4）威廉玛丽风格（1689—1702）

威廉三世，玛丽二世

光荣革命后，詹姆斯二世的女儿玛丽二世和其丈夫威廉三世一同登基为王。来自荷兰的威廉三世携优秀的家具工匠一同迁住英国，因此，这个时期的英国家具受荷兰影响很大。流亡荷兰后又来到英国的法国人——丹尼尔·马罗特（*1）的影响尤其重大，他以路易十四的宫廷家具工匠的身份而广为人知，并将巴洛克风格带到英国。这一时期与接下来的安妮女王风格时期被合称为“英荷期”（6-15、6-16）。

*1
丹尼尔·马罗特
（Daniel Marot，1661—1752）
出生于法国巴黎，为路易十四的宫廷家具工匠。由于他是胡格诺派教徒，在承认胡格诺派信仰自由的《南特敕令》被废止（1685）后，他逃亡荷兰，并在奥兰治亲王威廉处制作家具。威廉三世登基为英国国王后，他受邀于1694年前往英国，在皇室的保护下制作家具。

6–14

约克德比椅（Yorkshire - Derbyshire chair）

制作于17世纪。英格兰北部的约克郡和德比郡周边制作的轻量小椅子。拱形的椅背是受到荷兰椅子的影响（原本为意大利文艺复兴时期的风格）。材料主要为橡木。

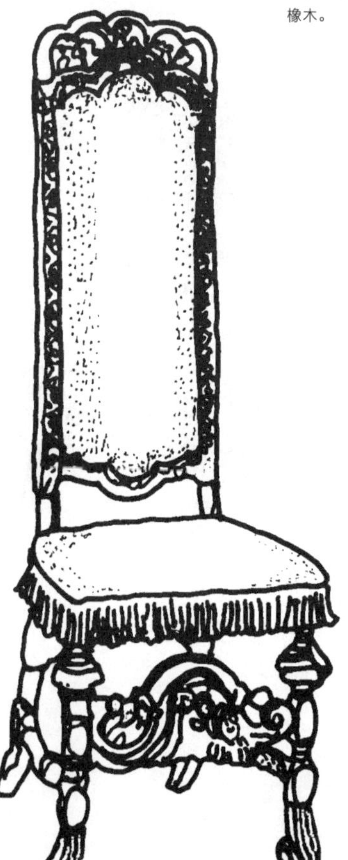

6–15

假发椅（Periwig chair）

椅背高且窄的胡桃木椅。椅座大多覆有天鹅绒且饰有荷叶边。Periwig意为“假发”，如同当时以精致的假发和发型来彰显美观一样，高高的椅背上多施有精巧的雕刻装饰。

6–16

胡桃木椅

从1700年左右起，曲线代替了直线，开始大量应用于设计中。仿照人体背部曲线（汤匙形）的椅背也变得十分常见。椅腿为洛可可风格特有的弯腿（猫腿）形。

7

18 Century EUROPE

1701—1800

18 世纪的欧洲

从巴洛克到洛可可，接着迈向新古典主义

在英国，出现了齐彭代尔式椅子和温莎椅，
面向中产阶层的舒适座椅诞生

7

18 Century EUROPE

1701—1800

18 世纪的欧洲

进入18世纪后，椅子的设计出现了很多巨大的变化，不仅注重装饰，也将坐起来是否舒适等功能性纳入考量。

18世纪的核心风格为继巴洛克风格后在法国出现的洛可可风格。因为这是路易十五在位期间（1715—1774）的艺术文化风格，所以也被称为“路易十五风格”，对欧洲各地都产生了很大影响。这种风格的特点为曲线较多或采用弯腿（猫腿）设计。接着，进入回归古希腊、古罗马艺术风格的“新古典主义”（Neoclassicism）时期，诞生了大量采用四角形和直线设计的椅子。

在英国，齐彭代尔和罗伯特·亚当等家具设计师设计出面向中产阶层的实用型椅子。此外，还出现了将山毛榉等易于取得的材料进行旋床加工后制作的实用的温莎椅（Windsor chair）。温莎椅也传到了美国，设计与英国稍有不同的美式温莎椅在当地广为流传。

洛可可文化的核心人物——蓬帕杜夫人。当时贵妇们的沙龙文化能够发展，也与开发出舒适度较高的椅子有着极大的关系。

路易十五和蓬帕杜夫人

路易十五是路易十四的曾孙。路易十四十分长寿，但儿孙先亡，曾孙在5岁时便继承了王位。路易十五的叔父奥尔良公爵腓力二世成为摄政王（摄政时期为1715—1723），代替年幼的路易十五掌管朝政。腓力二世摄政时期正是巴洛克风格转向洛可可风格的过渡期，为了方便区分，有时也将这段时期的风格称为“摄政风格”（French Régence）。

路易十五因一头金发和英俊的面庞被称为“俊美国王”。比起政治，他更爱女色。他将政事交给大臣处理，逃离礼仪烦琐的宫廷，沉迷于狩猎。除王后外，他还有数位情人，但提起路易十五，便必须要提蓬帕杜夫人。

洛可可风格的兴起，与在艺术文化方面有着极深造诣的蓬帕杜夫人密不可分。她主持建立了皇家瓷器制造厂，并给予建筑师很大帮助。在政治方面，她也取代路易十五，有着积极的表现。其美丽的容貌和优雅的举止，人们在留存至今的肖像画中也能感受到。她所坐的椅子或许是优雅的法式安乐椅或法式翼遮扶手椅。据说，她尤其喜爱属于法式翼遮扶手椅的“法式双人椅”。

法国

（1）洛可可风格（路易十五风格）

洛可可（rococo）为法语rocaille（意为“贝壳工艺”）和意大利语coquille（意为“贝壳”）合并而来。在宫殿等建筑的庭院中，用贝壳和小石子装饰的假山，以及挖掘的洞窟，都被称为“rocaille”。从路易十五时期开始，厚重的巴洛克风格逐渐转向多使用带有轻盈装饰和富有变化的曲线风格。

出现这种风格的背景，是贵族得以从路易十四时代僵化的宫廷生活中解放，开始发展自由和享乐主义的沙龙文化。从坐姿上也能够看出这一变化，大家从挺直背部变成自由随意，因此贴合这种坐姿的椅子也应运而生。例如，椅背和扶手稍稍后倾，坐垫内填充有羽毛并覆以哥布林织物的款式（7-1，7-2），坐起来十分舒适。

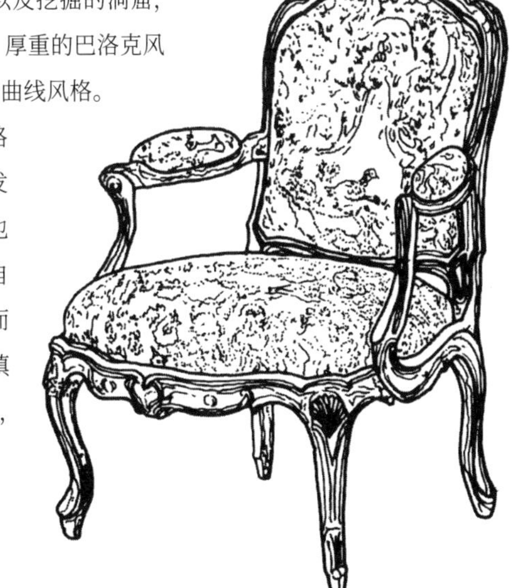

7-1

法式安乐椅

法语fauteuil意为“带有扶手的座椅”。这一时期的安乐椅整体由曲线构成。

椅腿为弯腿（猫腿），不带横木。施有雕刻的椅背和椅座的框架为木制，带有柔和的曲线。椅座前端较宽，呈扇形。椅座和椅背均带有羽毛填充的哥布林织物靠垫。扶手稍微向后倾斜，肘部靠着的地方也带有布织靠垫，外观十分优雅，坐起来也能十分放松。

7-2

法式翼遮扶手椅

布面扶手椅。椅背和扶手连成一体，椅背为半圆形，带有靠垫，坐起来十分舒适。和法式安乐椅相同，椅座前端较宽，扶手稍微后倾。这个时代的上流社会女性多穿带有裙撑的宽摆裙，因此设计出了这类椅子。为了与奢华的沙龙生活相称，椅子框架上带有装饰并覆以美丽的布料。从使用者的角度而言，这类椅子在外观和舒适度上都十分令人满意。

弯腿（cabriole leg，猫腿形椅腿）

以动物的膝盖到趾尖为原型设计的椅腿或桌腿，有着舒缓的S形曲线，多见于洛可可时期的椅子设计，也是洛可可风格的一大特征，但之后也在英国和意大利等国被广泛使用。

其语源为西班牙语“cabra”（山羊）。因为与山羊跳跃腾空之际的腿相似，这种椅腿被称为“cabriola”（跳跃），在法语中则被称为“cabriolet”。而在日本，不知什么原因，从很早以前便称其为“猫腿形椅腿”。

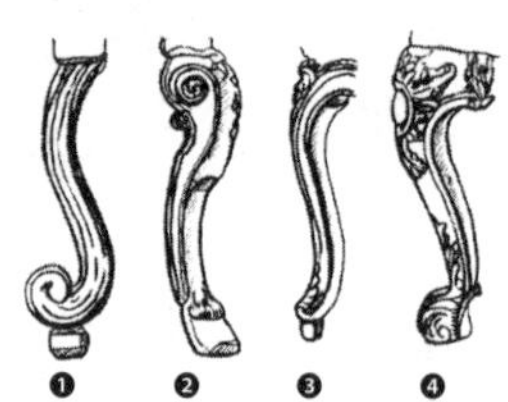

各种类型的弯腿

❶ 1700年左右，路易十四风格的椅子

❷ 1710年左右，丹尼尔·马罗特制作的椅子

❸ 18世纪50年代，路易十五风格的椅子

❹ 18世纪50年代，英国乔治风格的椅子

*1

乔治·雅各布

（George Jacob，1739—1814）

新古典主义风格椅子的制作者，活跃于该领域，木雕技术也十分高超，是法国最先使用桃花心木材料的人。

（2）新古典主义风格（路易十六风格）

路易十六在位时期（1774—1792）的装饰和建筑风格，称为“路易十六风格”，亦被称为“新古典主义”，从路易十五时期多使用曲线的华丽的洛可可风格，转向采用直线为主体、注重平衡的设计。以庞贝遗址的发掘为契机，古罗马、古希腊时代的古典风格得以复兴。

将这一时期的椅子与路易十五时期的相比较，我们就能够发现设计上的变化。洛可可风格特有的弯腿（7–3、7–4）变为垂直且前端较细的直线造型（7–5、7–6），整体比例让人感觉轻便利落。

此外，路易十六的王后是大名鼎鼎的玛丽·安托瓦内特（1755—1793），她曾让乔治·雅各布（*1）等家具工匠制造了一些自己喜爱的椅子（7–7）和日用品。

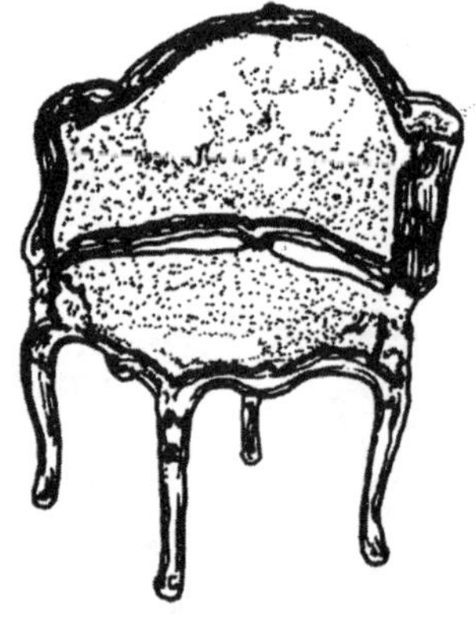

7–3

法式办公椅（Chaise à bureau）

办公时使用的安乐椅，也被称为“法式办公安乐椅”（Fauteuil de bureau）。“bureau”一词在法语中意为“办公室、办公桌”。椅座和椅背皆由藤和皮革包裹。四条椅腿分别位于椅座的前后和左右两端，造型独特。从大腿根到膝盖后侧接触椅座的面积较少，坐起来舒适，还能够保持良好坐姿。这也是一款考虑使用者舒适度的椅子。

坐在法式低座位椅上玩游戏的人与观战的人。

7–4

法式低座位椅（Chaise voyeuse）

直译为“窥视之椅”。在贵族参加的沙龙中，盛行扑克牌等赌博类游戏。这类椅子正是为了方便他人观战所设计的，在椅背的上方添加了能够搁置手或手肘的平板。

7–5

法式安乐椅（路易十六风格）

与洛可可时期的安乐椅相比，这类椅子的骨架较为方正。椅腿也由弯腿转变为前端较细的直线形。

可以注意到椅腿为直线形，而非弯腿

7–6

法式翼遮扶手椅

7–7

玛丽·安托瓦内特的椅子

乔治·雅各布制作。在特里亚农宫（凡尔赛宫的离宫）中使用。

英国

（1）安妮女王风格

安妮女王（1665—1714）在位期间（1702—1714）的英国洛可可风格被称为“安妮女王风格”。由于受到荷兰的强烈影响，这一时期与之前的威廉玛丽风格时代也被合称为“英荷期”。

在这一时期，英国开始向海外拓展，国内经济增长，处于稳定期。在此背景下，中产阶级的生活水平有所提升，舒适度高、外形美观的椅子（7–8）也随之普及。花瓶形状的优美椅背经过曲面加工，更加贴合使用者的背部曲线。这一时期的椅子设计不仅注重装饰，也开始考虑人体的坐姿。椅腿呈柔和S形曲线，为弯腿。椅座大多前端较宽、后端较窄，材料主要为胡桃木。

7–8

安妮女王风格的椅子

典型的安妮女王风格。椅腿为弯腿且不带横木。椅腿和椅座连接处的面积较大，施有爵床叶饰雕刻。花瓶形的椅背上也施有雕刻。椅座前端较宽，后端较窄。

光荣革命（1688—1689）发生后，詹姆斯二世流亡法国。由于威廉三世和玛丽二世无子嗣，玛丽二世的妹妹——嫁到丹麦王室的安妮继承了王位（1702）。

安妮女王在位时期，虽然与西班牙、法国为争夺海上霸权和殖民地发生了多次战争，但最终英国占据了上风。英格兰和苏格兰合并，组成大不列颠王国，即现在的英国，安妮女王成为初代国王。安妮女王为人直率、坦诚，受到民众爱戴（她喜爱饮酒，晚年体形较胖）。安妮女王统治下的英国安稳、富足，也正是在这样的背景下，才诞生了舒适的椅子等家具。

7–9

翼椅（Wing chair）

整体由纹样华丽的织物包裹，多与室内的壁画和挂毯搭配。椅座上多放有舒适的坐垫。

（2）乔治风格

安妮女王没有子嗣，在她去世后，德国的汉诺威选帝侯路德维希继位，成为乔治一世（1714—1727在位）。之后，截至乔治二世（1727—1760在位）、乔治三世（1760—1820在位）时期的建筑和家具风格被统称为“乔治风格”。有时也将乔治四世（1820—1830在位）时期的风格包含在内，具体的时间并不确定。这种风格的初期，即18世纪中叶之前，受到洛可可风格的强烈影响，之后变为以新古典主义为主（也有哥特风格和中国风）。

17世纪后半叶发生光荣革命之后，英国开始大力发展对外贸易和工商业，商人势力因此纷纷抬头。高级官僚和律师等知识分子阶层的生活水准也有所提升。地主开始大肆圈地，掀起了提高生产力的农业革命。18世纪后期又展开了第一次工业革命。进入这样的时代后，上流阶级和中产阶级的生活风格开始逐渐趋同。伴随着生活水平的提升，国民对椅子等家具的需求也大幅度增加。

在乔治风格时期，托马斯·齐彭代尔和罗伯特·亚当等家具设计师和工匠纷纷登场。因此，在家具领域，很少以乔治风格归类，而是以齐彭代尔风格或赫普怀特风格来区分，这样更容易理解。下面将按照家具设计师（制作者）的风格来介绍。

（3）家具设计师的风格

❶ 托马斯·齐彭代尔（1718—1779）：齐彭代尔风格

齐彭代尔是18世纪英国极具代表性的家具设计师，更是室内装潢史和家具史上不得不提的人物。

7–10

缎带背椅（Ribbon back chair，双人椅）

完美展现出齐彭代尔风格的洛可可式座椅。椅背带有缎带蝴蝶结造型的镂空雕刻装饰。前椅腿为弯腿，后椅腿与椅背框架相连，多为四角形。不带横木。椅座覆有花纹布料，材料主要为桃花心木。

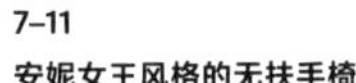

7–11

安妮女王风格的无扶手椅

椅背为花瓶形，带有叶饰等镂空雕刻。椅腿为弯腿。

7–13

中国风的无扶手椅

在齐彭代尔后期的作品中，中国风的椅子居多。椅背的设计采用格纹和回纹样式。在四角形的椅腿处也施有竹子或中式花纹。

7–12

哥特风格的无扶手椅

椅背的镂空雕刻为哥特风格的拱形。椅腿为四角形，前方的椅腿与椅座垂直。带横木。

*2
The Gentleman and Cabinet-Maker's Director（《绅士与家具师指南》）

齐彭代尔的功绩之一，是出版了与室内装饰、家具相关的设计类书（*2）。该书1754年发行了第一版，随后发行了第二版（1755）、第三版（1762）等修订版。书中以优美的线条如实地呈现出各式各样的椅子等家具。在此之前从未出现过这样的专业书籍，因此，不仅家具工匠，就连雕刻师和画家也竞相购买，参考书中的插图。

在实际的家具设计领域中，齐彭代尔并非面向贵族，而是面向中产阶级，将便于使用的椅子等家具以洛可可、哥特、中国风等风格呈现。洛可可风格的缎带背椅（7–10）是其中的代表作。安妮女王风格的无扶手椅虽然采用洛可可风格的弯腿，却有一种英式韵味（7–11）。在垂直的椅背上，有的还加上了哥特风格（7–12）或中国风（7–13）的回纹装饰。材料则多使用桃花心木。

❷ 罗伯特·亚当（1728—1792）：亚当风格

这是在齐彭代尔风格之后流行的风格，鼎盛时期为18世纪60年代到90年代。罗伯特·亚当为建筑师，是亚当家族四兄弟中的老二。在意大利进行遗迹考查时，他也会研究古代建筑，因而开始设计受古罗马、古希腊影响较大的新古典主义建筑，同时也设计椅子等家具。他所设计的椅子具有轻盈感，特征为椅背处有蛋形和心形装饰。他不采用洛可可风格的弯腿设计，而是将其设计成末端为圆形或四角形、整体较细的造型（7–14）。材料主要使用桃花心木。虽然亚当和齐彭代尔相差10岁，但他们似乎在工作上有所交流。

7–14
亚当风格的椅子
展现了亚当风格的椅子。椅腿并不是洛可可风格的弯腿，而是较细的直线形，末端为圆形。材料为桃花心木。

❸ 乔治·赫普怀特（？—1786）：赫普怀特风格

这是将亚当风格进行简化并加入洛可可风格的设计。亚当风格的家具主要面向上流阶级，而赫普怀特风格的家具在18世纪后期已为中产阶级广泛使用。赫普怀特椅子的特点是优雅小巧，制作方便，具有实用性。椅背多采用心形、圆形等独特设计，盾形椅背的盾背椅（7-15）为其中的代表作。

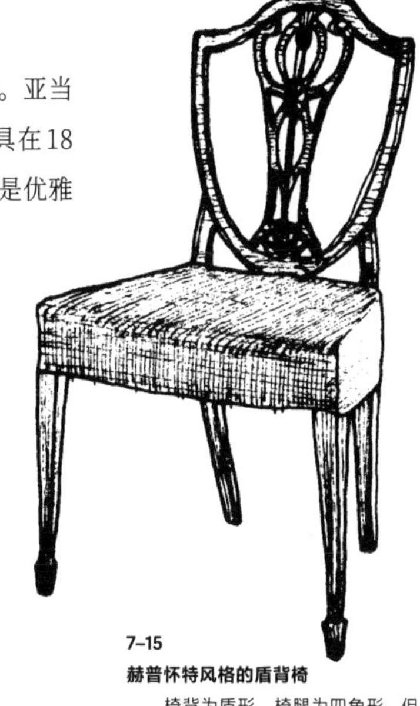

7-15
赫普怀特风格的盾背椅
椅背为盾形。椅腿为四角形，但末端较细，且做了突出加工，被称为“铲形脚”（spade foot）。

让赫普怀特名声大噪的则是其去世后的1788年出版的一本设计书（*3）。这本书收录了300种用线条呈现的家具设计，广受好评，甚至还出版了第二版（1789）和第三版（1794）等修订版。

材料多使用桃花心木，也曾使用英国国产山毛榉等材料生产价格更为低廉、面向平民的椅子。

***3**
***The Cabinet-Maker and Upholsterer's Guide*（《家具制造师和软包师指南》）**

❹ 托马斯·谢拉顿（1751—1806）：谢拉顿风格

这是传承了亚当风格、赫普怀特风格，再加入路易十六风格的设计风格。这种风格的关键之处在于多使用直线，注重功能性和实用性，不过扶手和椅腿处的设计仍然十分精巧。椅子的特色在于坚固的方形结构、末端较细的垂直椅腿，以及椅背处的竖琴形镂空雕刻（7-16）。

谢拉顿原本为牧师，也是一位作家。他热衷于家具研究，还出版了数本有关家具的书籍。

材料多使用桃花心木，也使用纹理美观的椴木（satin wood，产于西印度群岛）。

7-16
谢拉顿风格的扶手椅
坚固的方形椅子，具有典型的谢拉顿风格。椅背处有钻石形格纹。材料为桃花心木。

18 世纪英国具有代表性的家具设计师

家具设计师	流行时期	特征、代表性设计	使用材料	著作
托马斯 · 齐彭代尔（1718—1779）	18 世纪 30 年代后期至 60 年代后期	融入洛可可、哥特、中国风等风格。缎带背椅。推动了面向中产阶级的功能性家具的普及。	桃花心木	《绅士与家具师指南》（*4）
罗伯特 · 亚当（1728—1792）	18 世纪 60 至 90 年代	受古罗马风格影响的新古典风格。蛋形或心形的椅背。因身为宫廷建筑师，所以作品主要面向上流阶层。多使用桃花心木、椴木。	桃花心木、椴木	《建筑学作品》（*5）
乔治 · 赫普怀特（？—1786）	18 世纪 70 年代后期至 90 年代	继承了亚当风格，也受到洛可可风格的影响。作品大多制作方便且具有实用性。盾形椅背。制作高级家具及面向中产阶级的家具。	桃花心木、椴木，面向中产阶级的作品使用国产山毛榉	《家具制造师和软包师指南》（*6）
托马斯 · 谢拉顿（1751—1806）	18 世纪 90 年代至 19 世纪初期	继承了亚当、赫普怀特的风格，也受到路易十六风格的影响。作品多使用直线，兼具功能性和实用性，且造型优雅。使高级家具和面向中产阶级的家具得以普及。	桃花心木、椴木、紫檀木、山毛榉	《家具师与装饰师绘图册》（*7） 《柜类词典》（*8） 《家具制造师、软包师和综合艺术家百科全书》（*9）

*4 *The Gentleman and Cabinet-Maker's Director*
*5 *Works in Architecture*
*6 *The Cabinet-Maker and Upholsterer's Guide*
*7 *The Cabinet-Maker and Upholsterer's Drawing-Book*
*8 *Cabinet Dictionary*
*9 *The Cabinet-Maker,Upholsterer and General Artist's Encyclopaedia*

8

WINDSOR CHAIR

Late 1600s—

温莎椅

坚固且注重功能性，
利用分工提高生产效率，在各方面
都可以称得上是近代椅子的起源

17世纪后期，英国农民使用人力脚踏车床（pole lathe）将山毛榉等木材加工成椅腿和横木，制作出带有椅背的木制椅子（*1）。一般认为这是温莎椅的原型。但是，各地的旋床工人和车匠早在这个时代之前便开始制造简单的旋床椅子了，温莎椅的起源或许可以追溯到更早以前。

经过了数百年，温莎椅如今仍被广泛使用，并且相当受人喜爱。此外，温莎椅也给汉斯·瓦格纳等北欧或日本的家具设计师带去了莫大的影响。

这类椅子有着厚实的木制椅座，且座板上有配合臀部形状的凹陷，同一块座板上直接插入采用旋床加工的椅腿和木条（又叫纺锤、轮辐，即椅背上的细木条）。以这种结构为基础，后来又演变出许多不同样式的温莎椅。

*1
这种方法被称为"绿色木工"（green woodwork）。夏克尔式家具也多使用这种制造方法。即便到了现在，仍有工匠和团体使用脚踏车床加工原木。英国的麦克·阿伯特（Mike Abott）、美国的德鲁·兰斯纳（Drew Langsner）都十分出名，在日本则由NPO法人绿色木工协会（本部位于岐阜市）进行相关推广活动。

特点

温莎椅的特点整理如下：

① 样式因时代和地区而异；
② 分工制作；
③ 使用当地方便获取的木材；
④ 是农民使用的实用性较强的椅子，价格合理，不同于上流阶级使用的椅子；
⑤ 最大的生产地是位于伦敦郊外、森林资源丰富的海威科姆（High Wycombe）；
⑥ 对近代椅子的设计影响深远。

接下来将详细介绍以上特点。

（1）样式因时代和地区而异

18世纪初期的温莎椅，椅背为梳子形（comb-back，8–1）。椅背上方的横木和座板之间由数根木条连接。早期的设计，椅背只有木条，后来受到安妮女王风格的影响，椅背中间逐渐出现了壶形或小提琴形的背板（splat）。这种椅背被称为

8–1
梳背形扶手椅
18世纪初期。木条和椅腿都呈直线形，是简朴的温莎椅早期风格。

小提琴形背板（fiddle-back splat，8–2），此外还有齐彭代尔的洛可可风格的镂空椅背（齐彭代尔背板）。椅腿则从直线形逐渐演变成弯腿形。18世纪中期，出现了梳背的变化形式——扇形椅背（fan-back，8–3），这是木条如同从椅座处向外散开一样连接到椅背上横木的样式。

8–3

扇形椅背的扶手椅

制作于18世纪后期。木条由椅座处稍向外倾斜，有部分连接到椅背的上横木。背板为齐彭代尔风格。

8–2

梳子式小提琴形背板椅

带有小提琴形的背板。椅腿为弯腿（猫腿），上部的弯曲部分有贝壳图样。

8–5

带有背板的弓背扶手椅

制作于1825年左右，英格兰东部的约克夏或诺丁汉等地区，比一般的温莎椅坚固厚重。椅背的弓形上部较厚，而连接弓形的部位则较细。不同地区生产的温莎椅在外形上也稍有不同。

8–4

弓背（bow-back）扶手椅

制作于1800年左右。框架和椅腿的材料为曲柳，椅座的材料则为榆木。

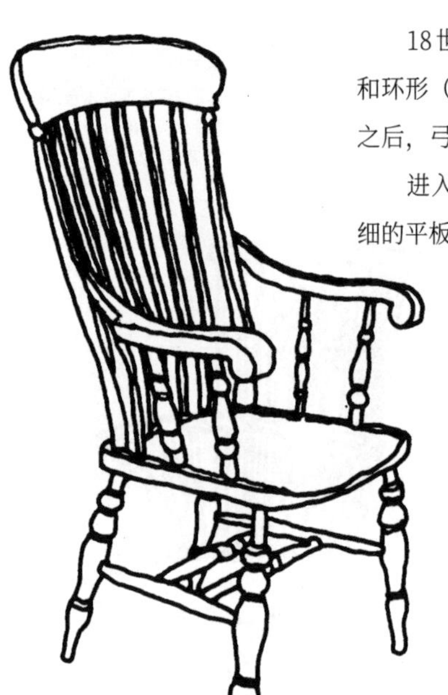

8–6
板条椅背的扶手椅

制作于1890年左右。椅背处使用数片平板。椅腿则被加工成蘑菇或郁金香的形状。使用双H形的横木加固。

18世纪中期出现并广受欢迎的则是弓背扶手椅（8–4、8–5）和环形（hoop-back）椅。椅背呈弓或环状的圆弧形。继梳背之后，弓背成为主流。

进入19世纪后，出现了板条椅背（lath-back，椅背使用细的平板，8–6）、横轴椅背（scroll-back）、低椅背（low-back）等样式。板条椅背不使用圆杆，而使用贴合人体背部曲线的平板状的木材。横轴椅背没有直木杆，而安装上了横向连接两侧骨架的背板。

低椅背有几种样式，特别热门的为“烟枪椅”（smoker's bow，8–7）。在酒吧或咖啡馆，很多人坐在这类椅子上一边吸烟，一边喝啤酒或咖啡，从而得名。除此以外，这类椅子也被用于办公室或普通家庭。第一次工业革命后，这类椅子得以机械化量产。价格实惠大概是这类椅子得以普及的主要原因吧。当然，坚固、稳定也是它的一大特点。

此外，随着时代的变迁，横木也有所变化。早期的温莎椅并无横木，进入18世纪后，出现了曲线优美的裙撑形[crinoline，带有裙撑的裙子，也有“牛角（cow-horn）形”之意）]和H形的横木，甚至出现了利用两根横向的支撑横木加强H形的做法。

8–7
烟枪椅

19世纪中期到20世纪30年代流行的低椅背椅。

（2）分工制作

在制作温莎椅时，每项工程都会由专门的工匠分工完成。19世纪初期，作为温莎椅最大生产地而发展起来的海威科姆，不仅有车工（bodger），还有负责制作椅座、组装椅子、涂饰打磨的工匠。

车工负责在森林中建造小屋，用脚踏车床加工山毛榉等木头，制作椅腿和椅背的木条。材料基本取自小屋周边的树木，车工会先用锯子或柴刀将木料制成可用旋床加工的大小。利用这种现场加工的方式，车工可以节省搬运大型圆木的时间。另外，刚砍伐的木头较软，加工方便。如果树木减少了，车工就迁往森林中树木较多的地方，继续建造小屋，砍伐树木，利用旋床进行加工，不断重复。这和从前日本的木地师（*2）为寻求木材在日本各地辗转是一样的道理。

加工完成的椅子部件会被运往海威科姆的加工厂。那里不仅有用斧子削砍榆木、制作椅座的工匠，还有专人负责将椅腿和椅背上的木条连接到椅座上，最后再进行涂饰和打磨。每位工匠都发挥了各自的专业技能。

*2

木地师（木工车床师傅）

用车床加工木材，制作碗和盆等器皿，木地师的历史可以追溯到很早以前。祖师爷是日本文德天皇的长子惟乔亲王（844—897）。

当时亲王遭到迫害，被软禁在近江国小椋谷（现在的日本滋贺县东近江市永源寺的蛭谷、君畑附近）。那里是被树木环绕的山区。亲王的众多仰慕者聚集在周围砍伐、加工木材。但是，过度砍伐导致树木急剧减少。因此，他们开始到日本各地的山中寻找木材。现在，日本的木地师中也有人使用“小椋”这个姓。

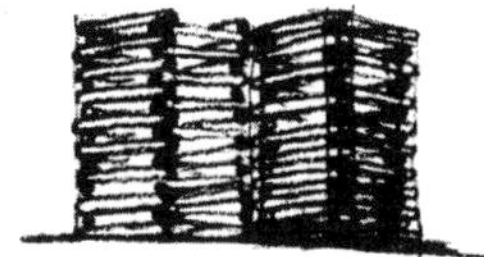

车工的工作

❶ 切割圆木。
❷ 用柴刀剥掉树皮，切取木料。
❸ 在刨工台上固定木材，使用刨刀削砍。
❹ 用脚踏车床加工，制作椅腿和横木。
❺ 干燥木材。之后送往加工厂进行组装。

8–8
三脚凳

制作于1860年左右。由三条椅腿和裙撑形横木组成。

（3）使用当地方便获取的木材

善用附近森林中的树木。在温莎椅的产地海威科姆周边，旋床加工的部件采用山毛榉，椅座采用榆木，而制作曲木时则会采用水曲柳或红豆杉等木材。

一把椅子由多种木材制作而成，因此颜色有所不同。为了保证整体的统一性，最后椅子会被涂上黑色或深褐色的漆。

（4）价格合理

分工作业大幅度提升了生产效率，进而提高了产量。原材料为本地出产，并没有使用进口桃花心木或椴木，因此价格更为实惠，中产阶级也能够买得起。

（5）最大的生产地——海威科姆

距离温莎地区较近的海威科姆（*3）位于奇尔特恩丘陵地带，那里盛产山毛榉、橡木、榆木等木材。因海威科姆位于伦敦西北方约50千米的地方，将制作好的椅子运输到大的消费地区也非常方便。或许当时的人们是利用泰晤士河运输的吧。有着这样得天独厚的地理位置，从18世纪下半叶开始，温莎椅制造业日渐兴盛。到19世纪初，海威科姆已是英国最大的温莎椅生产地。据说，到了1875年，海威科姆一天可以生产4700把椅子。在人口方面，19世纪80年代，该地区有13000人左右，到20世纪20年代后期，已增加到29000人。

*3
介绍海威科姆时，大多会说位于温莎，但这种说法并不准确。虽然在温莎附近，但按照现在的行政区域划分是属于白金汉郡，并不属于温莎。

现在海威科姆的城镇内已经没有制造温莎椅的家具厂商了（在海威科姆近郊，知名家具厂商Erol仍在制造温莎椅类型的椅子）。从伦敦乘坐电车30～45分钟即可到达的海威科姆拥有大型商场，市区人口约12万，是一座近郊型城市，类似于东京近郊的八王子和所泽。

8–9
儿童专用椅（Potty chair）

制作于1880年左右。potty为儿童专用的马桶。虽说这是马桶，但也是由横木和椅腿组成的货真价实的温莎椅。

（6）对近代椅子的设计影响深远

18世纪20年代，温莎椅被引进至还处于殖民地时期的美国，之后美式温莎椅开始普及。

近代的家具设计师和工匠也深受影响，纷纷开始制作带有木条椅背的椅子。例如，汉斯·瓦格纳的孔雀椅（Peacock

chair)、乔治·中岛的休闲椅（Lounge chair）和圆锥椅（Conoid chair）等。在日本，松本民艺家具曾用拭漆的方法制作具有民艺风格的温莎椅，而丰口克平的轮辐椅（Spoke chair，参见第235页）和渡边力的力温莎椅（Riki Windsor Chair）也发表问世。在木工工匠中，村上富朗（参见第71页）长年制作具有个人特色的美式温莎椅。

****

温莎椅名称的由来

关于温莎椅这个名称的最初记载可追溯到18世纪初期，但温莎椅首次出现的时间则众说纷纭。例如1709年，在记录某人财产的遗嘱中提到了温莎椅。还有1724年，帕西瓦尔男爵记载了“妻子在白金汉郡的别墅庭院中使用了温莎椅”这段文字。

关于温莎椅的名称来源也有很多说法，但普遍认为是因在温莎生产而得名。但是，英国各地都制造温莎椅。温莎位于伦敦西北部的奇尔特恩丘陵地带，那里森林资源十分丰富，距离伦敦也很近，因此椅子制造业十分兴盛。据说，温莎椅在被运往伦敦之时，那些用桃花心木等高级木材制造椅子的人会用轻蔑的口吻说“温莎地区运来的椅子”。这句话被简化为“温莎椅”，进而广为流传。

除此之外还有一种说法。据说，乔治二世以及乔治三世在猎狐时，看到农家在使用这种椅子，十分中意，之后便在温莎城堡使用，因此得名。这种说法作为故事或许很有趣，或许国王真的使用过温莎椅，但由此推测温莎椅的名称来源则不妥，因为在年代上不太吻合。

****

美式温莎椅

18世纪20年代，温莎椅被传到了尚处于殖民地时期的美国。将周边地区的木材进行旋床加工后便可立即组装，并且十分结实，因此，东海岸北部的新英格兰地区、纽约、宾夕法尼亚等地皆开始制作温莎椅。特别是到了18世纪60年代以后，温莎椅在美国的公共场所和家庭中被广泛使用。

（1）改造成有特色的美式风格

美式温莎椅的基本骨架和英式温莎椅的相同，但外形稍有改变，具有独特的风格。椅座（*4）通常较厚，椅腿稍微向外扩（8–10）。椅背处没有背板，只有较细的木条。椅腿是直条形而非猫腿形，带有花瓶玉米形（vase and corn）的装饰，结构简单，注重实用性。

*4

椅座使用的材料主要是松木和白杨木，较为柔软，便于加工，但是，在椅座边缘用榫接的方式连接椅腿的话，椅腿容易断裂。为了防止这种情况发生，工匠将榫接位置移到椅座内侧，使椅腿向外延伸。英式温莎椅多使用较为结实的榆木，可以将榫接位置设在椅座边缘，因此椅腿不用向外扩。

美式温莎椅十分有地域特色。在纽约，工匠制作出了弓背椅的变形版——连续扶手椅（8–11），即弯曲的椅背和扶手连在一起的椅子。在罗得岛州（位于新英格兰地区），椅腿的前端变得较细（short taper）。在宾夕法尼亚的费城一带，工匠则制作出了高椅背和低椅背等梳子式椅背的椅子。

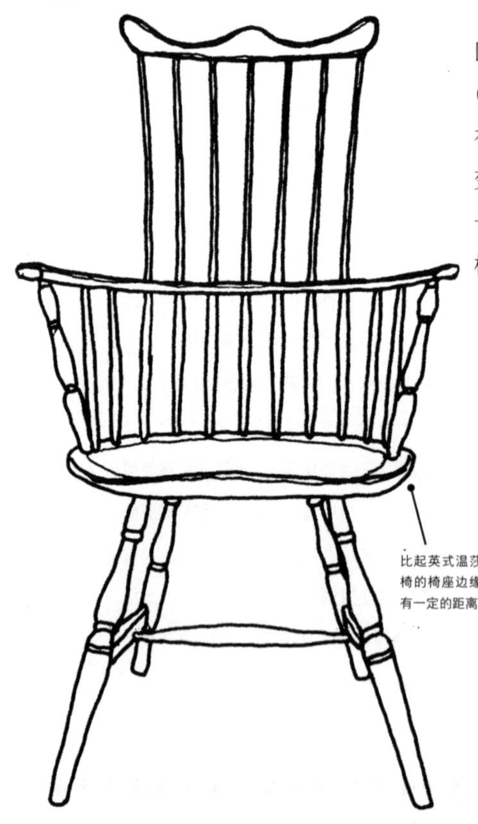

比起英式温莎椅，美式温莎椅的椅座边缘与椅腿接合处有一定的距离

8–10

美式梳背扶手椅

注意和英式温莎椅不同的地方。椅腿连接椅座的接口靠近中央，椅腿向外扩。椅背的木条较细。

之所以能做出和英式温莎椅不同类型的设计，是因为美国当时没有同业公会，工匠能够不受限制地造椅子。另外，新天地自由的氛围或许也是影响要素之一。

顺带一提，在美国多将弓背称为“袋背”(sack back)。这是因为在寒冷的冬季，人们会在椅背上套上袋子一样的套子，防止寒风钻过椅背。

(2) 费城是最大的生产地

虽然美国各地都制造温莎椅，但费城才是最大的生产地。费城港口面向德拉瓦河，与美国南部地区和加勒比海沿岸多有贸易往来，船只运来棉花和砂糖，返回时则载满了椅子。而费城是一个物流据点，这也是此地温莎椅产量增加的一大原因。有记录显示，1797—1800年，从费城运往哈瓦那的椅子多达10000把。

(3) 官方场合与家庭皆适用

在美国，温莎椅出现在许多场合。1776年，托马斯·杰斐逊正是坐在温莎椅上起草了《独立宣言》。并且，同年7月4日签署《独立宣言》之际，签名者所坐的椅子同样是温莎椅。美国首任总统乔治·华盛顿也钟爱温莎椅，在他弗农山庄的家中放有27把温莎椅。

(4) 材料也为美国风格

美式温莎椅的椅座采用松木和白杨木，椅腿横木和支撑扶手采用的是坚硬且有黏性的枫木，曲木则采用山核桃木和橡木。费城产的椅座多采用白杨木。而英式温莎椅的椅座则多采用榆木，旋床加工的部件多采用山毛榉。

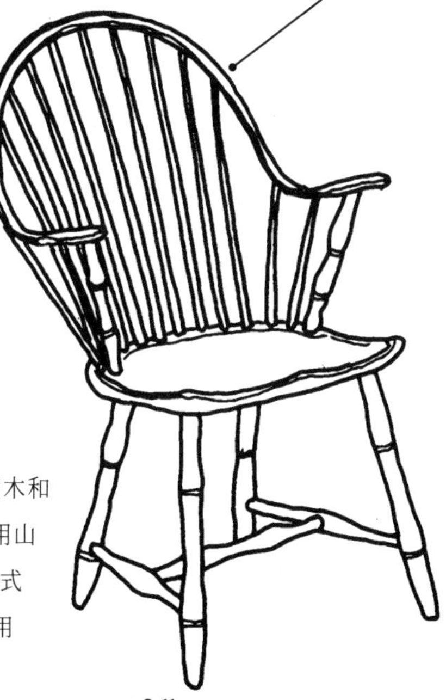

8–11

连续扶手椅（Continuous armchair）

纽约及周边地区制作的椅背和扶手连为一体的弓背椅。continuous意为“连续，不断开”。

（5）摇椅的流行

在美国，19世纪中期开始流行名为“波士顿摇椅”（8–12）的温莎椅样式的摇椅。1840年左右，波士顿一带开始制作这类椅子，“波士顿摇椅”的名称因此而来。这款摇椅可以说是最早利用机械大量生产的摇椅。

外形以梳背椅的纺锤形椅背为基本结构。

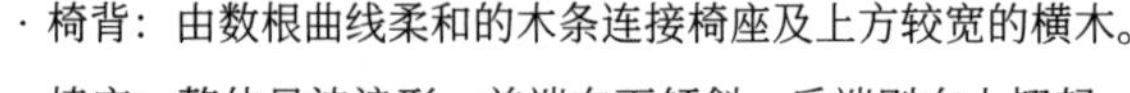

· 椅背：由数根曲线柔和的木条连接椅座及上方较宽的横木。
· 椅座：整体呈波浪形。前端向下倾斜，后端则向上翘起，各有曲线。木材厚约5厘米，厚重且结实。
· 材料：椅座采用松木，骨架和椅腿采用枫木，下方的弧形板则采用山胡桃木，不过木材因产地而异，基本使用当地方便取得的木材。

这类摇椅因坐起来舒适而广受好评，多在旅馆和酒吧等地方放置；在家庭中也会长年使用，并不断翻新、修理，代代传承下去。

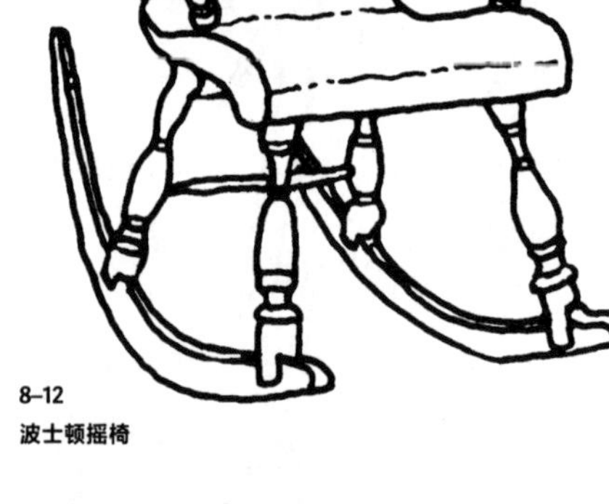

8–12
波士顿摇椅

温莎椅的名称对应表

基本形状	别名	主要衍生类型
梳背形扶手椅（8-1）		·扇形椅背的扶手椅（8-3） ·板条椅背的扶手椅（8-6） ·气球形椅背的扶手椅 ·波士顿摇椅（8-12）
弓背扶手椅（8-4）	·环形椅 ·袋背（美式叫法，套有袋子状套子）椅	·连续扶手椅（8-11） ·轮背（wheel-back，椅背处带有以车轮为原型的装饰）椅

村上富朗的温莎椅

在日本，制作温莎椅的人有好几位，当中的权威可以说是村上富朗。

身为细木工行第四代的村上，和温莎椅的首次相遇是在美国费城的木匠厅。当他看到那里展示的大约200多年前制作的温莎椅时，感叹道：“世间竟有如此美观的椅子！”当时的村上因一些机缘巧合在美国制作家具，自从在费城见到温莎椅之后，便开始不断收集温莎椅的相关资料和文献。回到日本后，他就开始制作温莎椅和尝试采用曲木技法，最终造出了自己的温莎椅。

村上制作的温莎椅虽带有美式风格，但椅子的轮廓总让人感觉像是制作者本人。村上体形微胖，个性直爽，追随者也很多。椅子所散发的氛围也是在美感中飘散着让人喜爱的气息。

2011年6月，一场为期一天的展览展出了村上制作的120把椅子。据说，他一个人就做了约200把温莎椅，在展出的椅子中半数以上是从椅子主人处借来参加展览的。袋背椅、扇形椅背扶手椅、儿童椅、摇椅……琳琅满目，十分壮观。

2010年5月，摄于自家客厅
（摄影：山口祐康）

在会场中，村上喃喃自语道：“果然还是温莎椅的外形最好。”在展览的一年前遇到他时，他曾说过这样一段话：“即便过了60岁，也有想做的事。那就是找到木制椅子的极致。我制作的椅子仍缺乏美感。我想要制作出更美、更舒适的椅子。”

在展览结束的两周后，村上尚未实现理想便与世长辞，享年62岁。真希望他仍旧能够活跃在制作椅子的第一线啊！

村上富朗（1949—2011）

出生于日本长野县。中学毕业后，从事家里的木工工作。从1975年起，每隔几年便会赴美一次，在纽约的家具公司制作家具。2003年，他的作品于“现代木工家具展”（东京国立近代美术馆）展出。在日本长野县御代田町开有个人工坊。

向椅子研究者提问

在椅子的历史中，具有划时代意义的是哪一把？

键和田务＊的回答：

温莎椅和洛可可时代的椅子

数百年后的今天仍不会令人感到过时

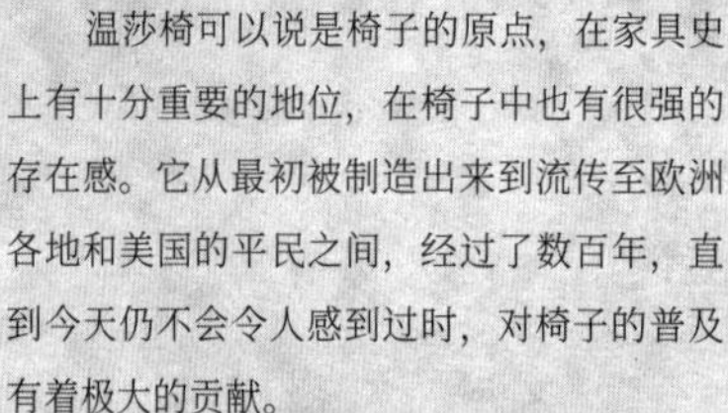

温莎椅可以说是椅子的原点，在家具史上有十分重要的地位，在椅子中也有很强的存在感。它从最初被制造出来到流传至欧洲各地和美国的平民之间，经过了数百年，直到今天仍不会令人感到过时，对椅子的普及有着极大的贡献。

从实用性这一点来说，它利用周边便宜的木材，通过简单的榫接组装而成，非常结实，几乎不带装饰，贯彻简单的风格。制作的分工部门有20～30个，十分合理。不仅成本低廉，造型也颇美观。

在日本制作温莎椅的松本民艺家具的池田三四郎生前曾评价过它“真是非常厉害，是顶极的椅子”，让人印象深刻。

洛可可时代的椅子坐起来最为舒适

洛可可时代的18世纪的欧洲，除贵族外，中产阶级（非贵族，如地主阶级）也开始在日常生活中使用椅子。那是椅子迈向大众化的时代。

当时的椅子坐起来格外舒适，特别是法国路易十五到路易十六时期的椅子。这是因为当时沙龙文化在上层阶级中流行，人们需要长时间坐在椅子上打牌、进餐、聊天，如果坐在不舒适的椅子上，就会无法忍受。因此，比起外形，制作者更加注重舒适度。他们会亲自坐在椅子上，检查腰部靠在椅子上时是否舒适。椅垫的填充物也不能过软，以坐下去或靠着时稍有凹陷为宜。即便不研究人体工学，当时的人们也用亲身体验来摸索恰当的做法。

在设计方面，法国洛可可时代的曲线延续至今。首先，英国的齐彭代尔受到洛可可风格的影响，之后的谢拉顿则受路易十六时期的古典风格的影响较大，而出自这些设计师之手的风格为现代古典风格。一些历史悠久的高级酒店中会使用这类椅子。

查尔斯·伊姆斯也曾研究过洛可可时代的家具，据说他经常去美术馆画草图。国外的当代设计师对古典风格都有相当研究，并超越古典，不断创造出新的设计。即便在古典风格中，洛可可风格考虑曲线和舒适度的方法也适用于所有椅子。

＊键和田务

1925年出生。家具历史研究者。曾任静冈女子大学（现为静冈县立大学）教授、实践女子大学教授，也是生活文化研究所负责人。著有《家具的历史（西洋）》（近藤出版社）、《西洋家具集成》（讲谈社）等作品。

9

SHAKER

Late 1700s—

夏克尔风格

在“美建立于实用性”
的价值观下创造出质朴的椅子，
是现代椅子的根源之一

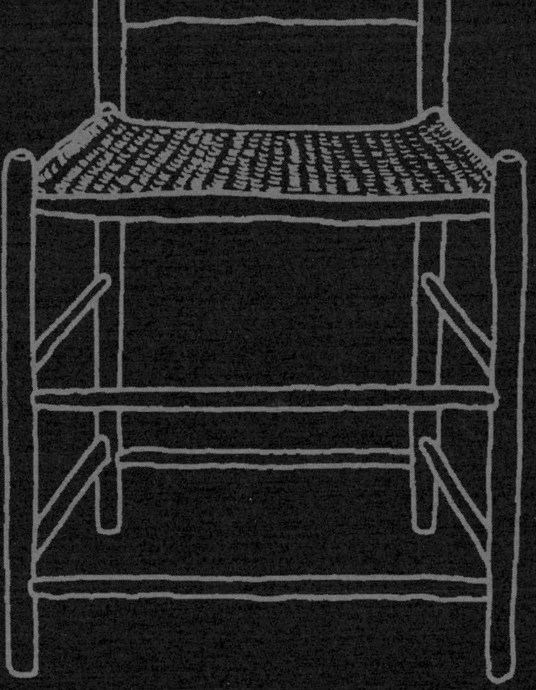

简朴轻便，具有实用性；以直线为主体，不带任何装饰。夏克尔风格的椅子摒除了一切不必要的装饰，却创造出独特的存在感。这类椅子给家具设计师和木工工匠带来了深远的影响，重新设计的椅子中也诞生了诸多名作。不仅是椅子，夏克尔风格的其他家具和椭圆形木盒（oval box）等工艺品至今也仍广受欢迎。

震教徒制作的椅子

夏克尔椅是指震教徒制作的椅子。震教（*1）是基督教清教一派的贵格会的分支。

1774年，以一位名为安·李的女性为首，9名震教徒从英国利物浦来到美国纽约，随后在新英格兰地区和纽约州创建了多个社区，耕种田地，开始了自给自足的生活。他们远离一般社会，严格遵守和平主义、财产共有、独身主义的教义，每天过着只有祈祷和劳作的日子。在这样的生活中，诞生了夏克尔风格的椅子。

*1

震教（Shakers）正式名称为The United Society of Believers in Christ's Second Appearing（基督再现信徒联合会）。教徒会呈恍惚的状态，一边唱歌、叫喊、跳舞、晃动身体，一边祈祷，因而最初被称为“震颤贵格会”（Shaking Quakers）。

英语中的shake意为“晃动、震动”，因此他们被称为“震教徒”（shakers）。一边晃动一边祈祷的姿势，和夏克尔家具的质朴形象有些不同，但震教徒们平日的确过着只有劳作和祈祷的规律、质朴的生活。

1774年虽然只有九名教徒登上美国大陆，但通过传教，1850年便发展为6000人以上的教团。这些教徒分布在18个社区中。但是，随着老龄化的加剧，以及对外宣称独身主义的教义无法获得教徒们的支持，再加上没能出现可以成为教徒精神支柱的强大领袖，教团人数逐渐减少。1900年左右，教徒减少到1000人，1965年教团宣布废止（停止新成员的加入和宣誓）。至2023年，在格洛斯特（缅因州）的社区还生活着2名震教徒。

夏克尔椅的特色

即便到了现在，仍有很多人喜爱夏克尔风格的椅子。18世纪70年代后期开始，震教徒开始制作自己使用的家具，之后也对外贩卖，并使之成为教团的收入来源。1876年，夏克尔椅在费城举办的美国独立100周年的纪念博览会中展出，受到好评。当时是椅子生产的巅峰时期。

下面列出夏克尔椅的几个特点。

（1）简单实用

整体而言，夏克尔家具样式简单且具有实用性。这表现出震教徒以朴素节俭和清洁为信条的禁欲观念和生活态度。“美建立于实用性”“制作简朴且单纯的物品”等教义已根植于制作者的心中。

轻便也是夏克尔椅的一大特色。如果追求简单实用，我们就要考虑物品的重量，需要尽量让其轻便。夏克尔椅的轻便表现在能够挂到墙壁的挂钩上。这是考虑到扫除或开会时需要宽敞的空间而做出的实用性设计。因为只有重视日常生活中需要的功能，才能在考虑椅子的舒适度和结实度的同时，尽量减轻椅子的重量。椅子的每个部件都尽可能被削薄削细，椅座多使用植物或羊毛编织物，而非木材，因此这是一款站在使用者的立场上设计的实用的椅子。

墙壁的挂钩上倒挂着椅子，扩大了房间内部的使用空间。

（2）具有代表性的梯背椅

最初去往美国的震教徒只有九名，且其中并没有制造家具的工匠。他们从头开始盖房子和造家具，慢慢地有木匠加入他们，其制作技术才得以提升。

在夏克尔椅中，最有代表性的为椅背由横木组成的梯背（ladder-back，梯形椅背，也被称为“slat-back”）样式的椅子（9-1）。这是美国早期的荷兰风格家具中常见的款式。17—18世纪的新英格兰地区，梯背椅广为使用。在这样的环境中，震教徒在椅子中注入了自身的信仰并加以改良。

椅腿和连接横木是采用旋床加工的圆杆，装有三片稍稍经过曲木加工的背板。椅座多由蔺草搓成的绳子或手织的羊毛带编织而成。这是最基本的构造。由于结构简单，所以制作工程一点也不复杂。轻便、结实，且具有实用性，这是完全展现震教徒思想的椅子。

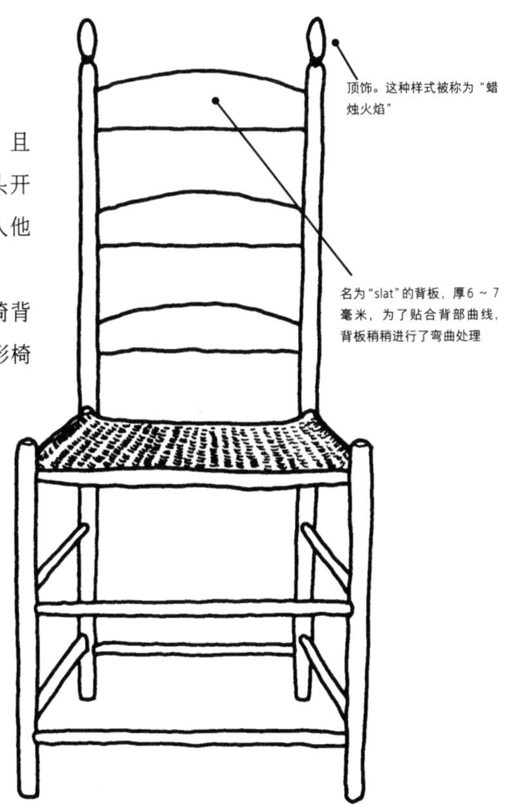

9–1

梯背无扶手椅

制作于1850年左右。是具有代表性的夏克尔椅样式。材料为桦木，坐面由藤编织而成。

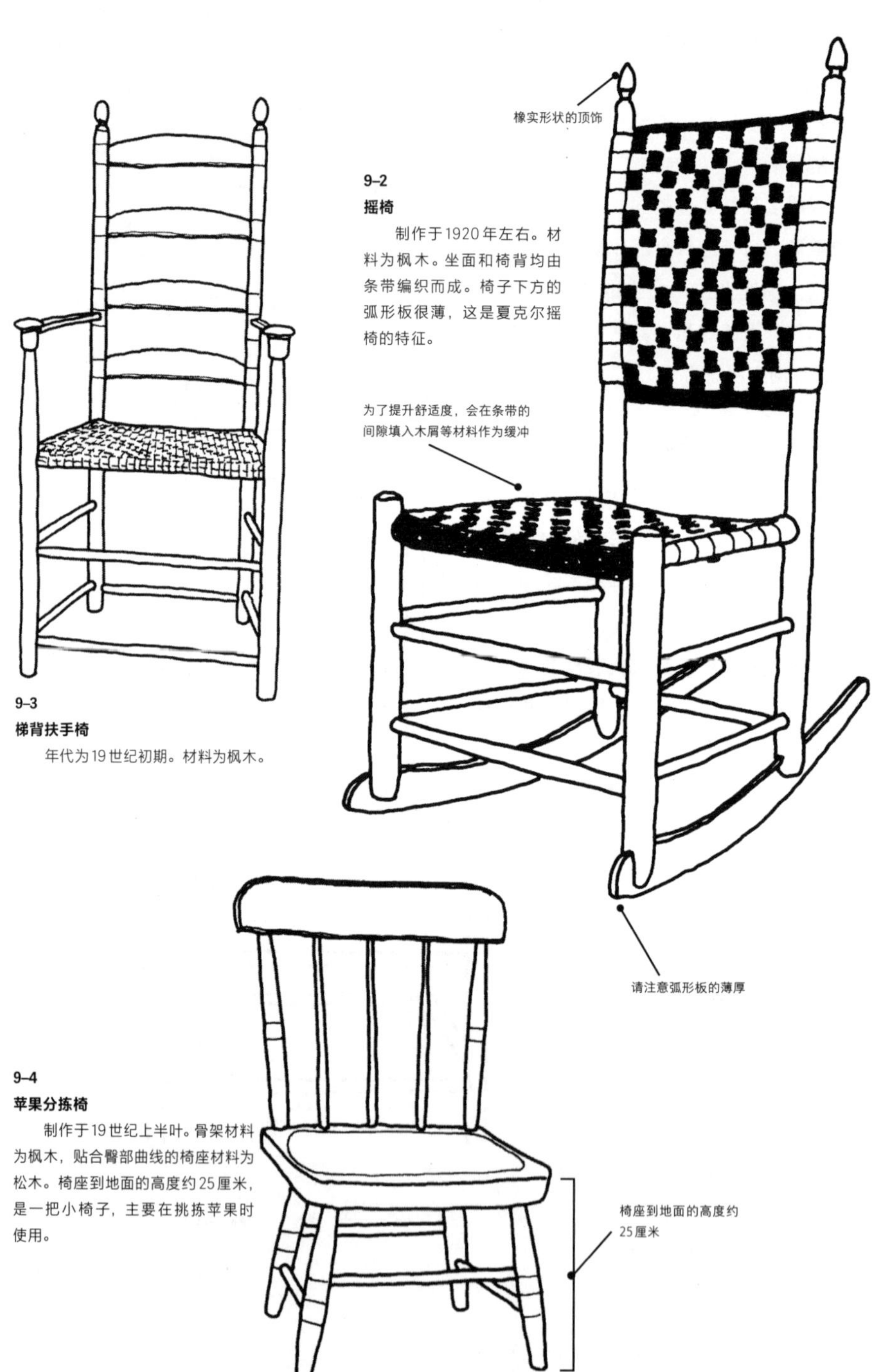

9–2

摇椅

制作于1920年左右。材料为枫木。坐面和椅背均由条带编织而成。椅子下方的弧形板很薄，这是夏克尔摇椅的特征。

9–3

梯背扶手椅

年代为19世纪初期。材料为枫木。

9–4

苹果分拣椅

制作于19世纪上半叶。骨架材料为枫木，贴合臀部曲线的椅座材料为松木。椅座到地面的高度约25厘米，是一把小椅子，主要在挑拣苹果时使用。

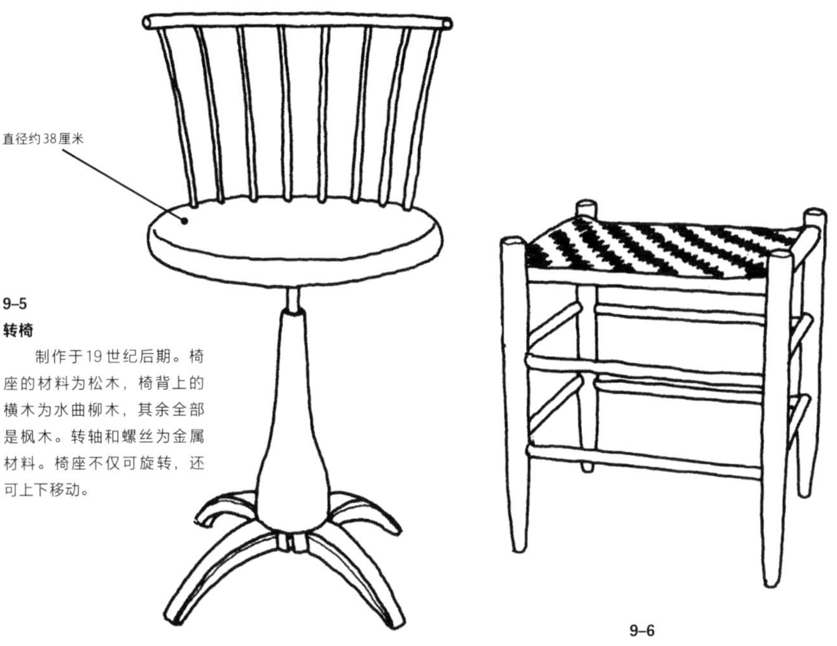

9–5
转椅

制作于19世纪后期。椅座的材料为松木，椅背上的横木为水曲柳木，其余全部是枫木。转轴和螺丝为金属材料。椅座不仅可旋转，还可上下移动。

9–6
凳子

制作于20世纪上半叶。材料为枫木。坐面由条带编织而成。高度约40厘米。

除梯背无扶手椅外，震教徒还制作了大量椅凳，包括摇椅（9–2）、梯背扶手椅（9–3）、转椅（9–5）、儿童椅、苹果分拣椅（9–4）、长凳、凳子（9–6）等。这些椅凳样式齐全，能适应不同生活场景。在夏克尔椅产量增加的19世纪70年代，人们还会根据椅子大小进行编号。最小的尺寸为0号，最大的尺寸为7号。

此外，转椅和苹果分拣椅与温莎椅结构相同。由此可知，18世纪后期，震教徒在制造家具时受到了在美国流行的温莎椅的影响。

（3）顶饰为少量装饰

几乎所有的梯背椅都会在后侧椅腿上方添加顶饰。虽然夏克尔椅没有装饰，但在椅背上留有为数较少的顶饰，有橡实形、蜡烛火焰形等，因为制作时间和制作椅子的社区的不同，样式也有所差异。因此，顶饰也是了解椅子的制作地点和制作时间的线索。

但是，在实用性方面顶饰其实也发挥了重要的作用。制作夏克尔家具的木匠宇纳正幸说：“如果放置圆杆的切口（断面）不管的话，水汽会从断面进入。因此，将其设计成蜡烛火焰那样顶端较细的形状，可以减少湿气。”如此，夏克尔家具中所有的结构和设计都有其存在的合理性，这贯彻了将家具作为工具的原则。

（4）材料多为枫木和桦木

夏克尔家具的材料通常为松木，但由于松木质地柔软，除椅座之外的部分几乎用不上。椅腿和横木多使用较硬的阔叶木，尤其是旋床加工的部分（椅腿、横木）多采用枫木。除此之外，夏克尔家具还会使用桦木、山毛榉、橡木、水曲柳木、山胡桃木等。

另外，几乎所有的椅子都会涂上亮光漆和着色剂。

（5）对后世产生莫大影响

夏克尔风格的原则即简单、实用、轻便，这和现代设计理念也十分吻合。因此，诸多家具设计师和木工工匠受到夏克尔风格的影响，夏克尔椅也和温莎椅、索耐特椅并列为现代椅子的起源。

其中的代表性人物便是丹麦的布吉·莫根森。他制造了名为“J39”的椅子。莫根森的朋友汉斯·瓦格纳也制作了“夏克尔摇椅”。在日本，也有很多制作夏克尔家具和椭圆形木盒（*2）的木匠。

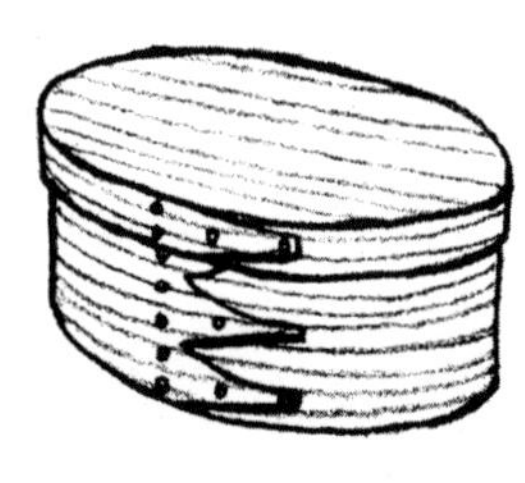

*2

椭圆形木盒

椭圆形的木盒工艺品。侧板使用曲木加工，有各种尺寸，用于摆放小物件或作为裁缝盒等。在日本，宇纳正幸（京都市）、井藤昌志（长野县松本市）、山本美文（冈山县冈山市）、狐崎裕子（长野县饭岛町）等工匠制作过这种工艺品。

10

THONET

Early 1800s —

索耐特的曲木椅

开发出效率较高的曲木技术，
掀起椅子制造的革命

10
THONET
Early 1800s —
索耐特的曲木椅

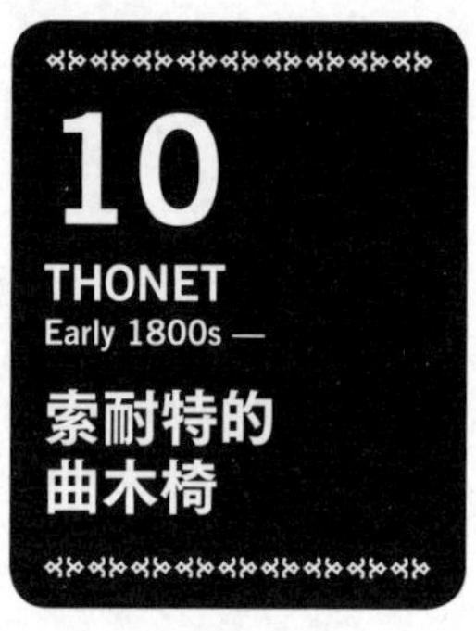

在椅子的漫长历史中，出现过几种划时代的风格与作品。其中，索耐特的曲木椅在技术、设计、生产体制、营销等方面推陈出新，对近代椅子的设计和制造工序产生了不可估量的影响。德国人迈克尔·索耐特（1796—1871）在19世纪中后期制作的曲木椅，即使在一百多年后的现代也广受欢迎。就算是不了解索耐特的人，也应该在某些地方使用过椅背框架为弧形的曲木椅。

10–1
索耐特的曲木椅1号原型
制作于1850年左右。1号椅的原型。椅背为胶合板，前侧椅腿为曲木。

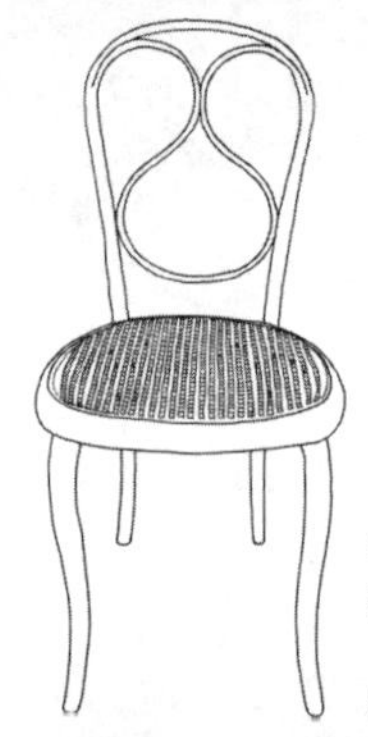

轻便结实、美观平价

索耐特的曲木椅（10–1）的特征，直截了当地说，就是“轻便结实、美观平价”。在兼顾这些特点的基础上，人们不断制造出不同类型的椅子并大量生产，销往世界各国。那么，我们来看一下索耐特的曲木椅值得关注的特点吧。

迈克尔·索耐特年表

1790年
1800年
1810年
1820年
1830年
迈克尔·索耐特的一生
1796年出生
1819年
在博帕德建立木工工厂 结婚
1830年
开发弯曲胶合板技术
执政内阁时期风格（法国）
帝政风格（法国）
毕德麦雅风格（德国、奥地利）
夏克尔风格（美国）
温莎椅（英国、美国）
摄政风格（英国）
1789年
法国大革命
1804年
拿破仑登基（—1814）
1814年—1815年
维也纳会议

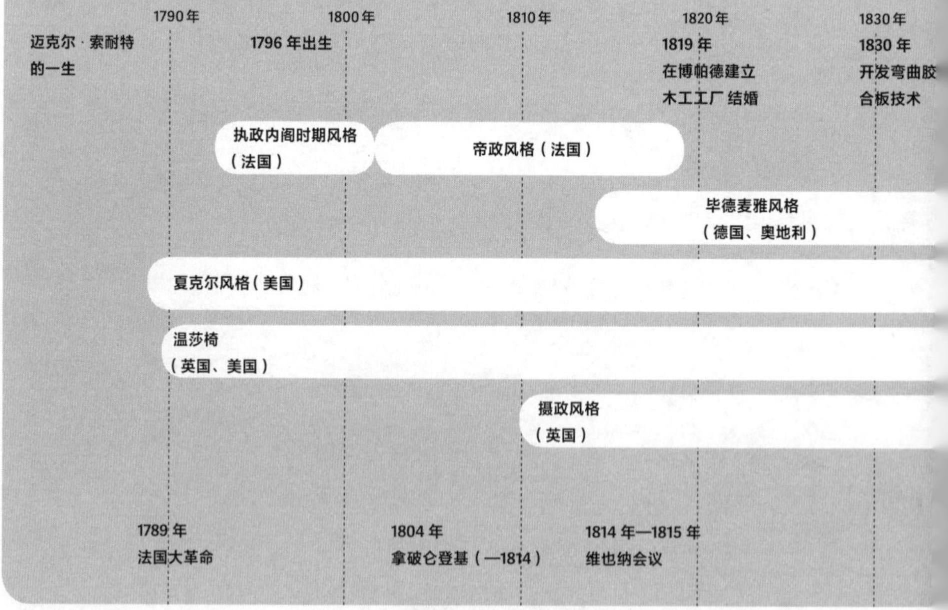

(1)曲木技术的开发

索耐特原本是制作毕德麦雅风格(参见第92页)家具的工匠。为了更加高效地制作出家具的曲线和曲面,开发出曲木技术,索耐特做了不少尝试。最初,他是将薄木板放入溶解了动物胶(*1)的沸水中煮,然后将几块渗入动物胶的木板叠加,放入呈曲面的模具中弯曲、干燥。这种弯曲的胶合板就是现在的成型胶合板的原型。之后,他不断钻研,开发出蒸煮原木并使其弯曲的技术。

因为这些技术的开发,设计的可能性变得更广,得以成功制作出仅依靠削砍木材无法做到的框架,由曲线组合而成的美观椅子接连问世。因为能够制造出贴合人体线条的曲面,这项技术在性能方面也有着极大的贡献。并且,由于能够弯曲原木,量产得以实现,保证了价格的稳定。使用这项技术的木材多为木质纤维较长且适合制成曲木的山毛榉。因为原材料价格低廉,还能压缩成本。

*1
动物胶

以动物性蛋白质为主要成分的黏合剂。长时间熬煮动物的骨头和皮,让胶原蛋白凝结成果冻状,并干燥凝固。在使用时,放入水中加热(60℃以下),做成有黏性的液体并涂抹。

据说,从古埃及时代便开始使用。在日本也用于木卡榫和乐器。

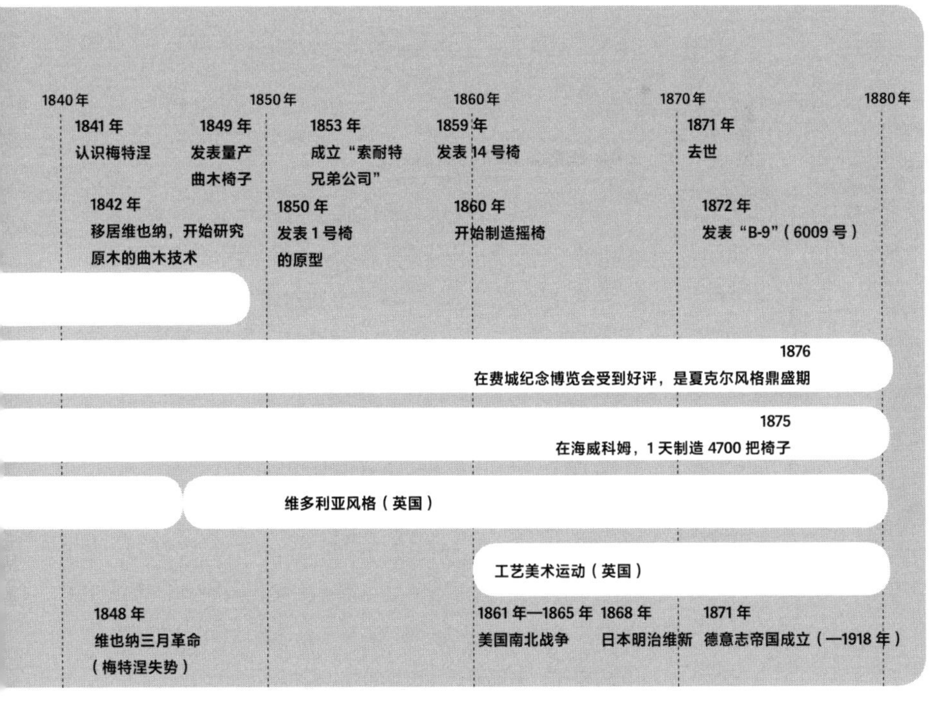

*2

1立方米的箱子中，可装入36把14号椅的零件。

14 号椅的六个零件

❶ 从后椅腿连接椅背的大U形
❷ 放入大U形内部的小U形
❸ 椅座
❹ 环状横木（初期样式没有该部分）
❺ ❻ 两根前椅腿

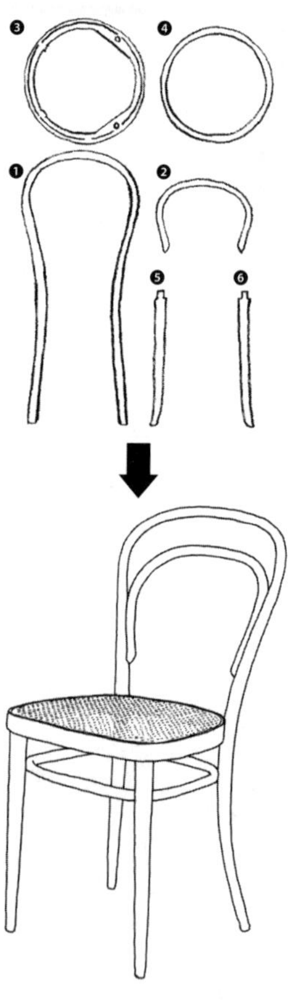

（2）零件较少的简单结构

为了让椅子更加轻便，必须用较少的零件完成一把椅子。例如，索耐特的代表作之一14号椅，仅由六个零件组成。人们在组合零件时使用铁制螺栓。在制作阶段，人们分别加工各个零件，然后收集零件进行组装。采用这种方法能够降低运输成本。将零件装入小包裹，运往使用的场地（销售点），在现场进行组装（*2），这就是来件装配的方式。当需要修理时，替换磨损的零件也十分方便。

索耐特的曲木椅虽然有上千种，但基本结构相同，只是椅背部分的设计稍有变化。因此，不同款式间可以通用的零件较多，从这一点来说也使生产变得十分高效。

（3）在木材产地建立工厂

起初，索耐特在现在的德国莱茵河畔的城市博帕德制作家具，之后移居维也纳，并在现在的捷克、匈牙利、波兰等地的山间建立起椅子工厂。工厂的选址皆为方便获取作为椅子材料的山毛榉的地方。为了提升品质，人们需要在采伐适合制作曲木的山毛榉后立刻进行加工。比起原木，运输加工后的零件成本更加低廉。

（4）销售体制和促销活动

人们运用上述的来件装配的方式，即可在各个消费区设立销售点；在销售点中将零件组装成产品，即可交给顾客。

在促销方面，索耐特则是在积极参与博览会或展览会的同时，制作并有偿发放设计精美的海报和各国语言版本的商品目录。

（5）活用人才

*3

现在的德国索耐特公司，由迈克尔·索耐特的第五个儿子雅各布的玄孙克劳斯、皮特和菲利普等人运营。

迈克尔·索耐特夫妇共有14个孩子，其中五个儿子继承了父亲的事业（*3）。长子负责经营，次子负责生产管理，三子负责设计等，兄弟们在各自负责的业务中发挥作用，扩大了索耐特兄弟公司的规模。特别是兼具设计灵感和技术知识的三子奥古斯托，据说他开发出了2000多种商品。

工厂的工人是以低廉的薪资被雇佣的周边住民，他们不具备木工经验，因此索耐特设立了分工协作的生产模式，简化制作流程。此外，索耐特还开发了初学者也能掌握的加工机械。

由此可见，索耐特在椅子历史上成为划时代的存在，并不仅仅因为其利用曲木制作商品。他在当时就已经开展了十分先进的营销活动，这是企业经营中十分重要的一环。

对后世的巨大影响

索耐特曲木椅的诞生，给家具制造界和设计师们带来了很大的震撼，对后世影响深远。

(1) 技术

除了将原木加工成曲木外，索耐特还开发了成型胶合板技术。他能将多层木板弯曲，十分了不起。弯曲技术的开发还带动了由弯曲铁等金属制成的椅子的诞生，例如马塞尔·布劳耶的瓦西里椅（参见第122页）。并且，这款椅子在20世纪20年代中期是由索耐特公司生产的（*4）。

*4
后来的瓦西里椅由Standard Möbel公司生产。密斯·凡·德·罗的钢管悬臂椅——先生椅也由索耐特公司参与开发。

(2) 设计

索耐特的出现，一改过去主要面向上层阶级的家具的主流，使其拥有设计简单、实用且优雅的特点。索耐特的曲木椅直至今日仍被广泛使用，正是因为它那容易令人接受的、有普遍性的设计吧。

近代的椅子设计也逐渐向索耐特的基本设计理念——轻便结实、美观平价——转变。

（3）企业战略

索耐特在企业战略上推出不少举措，如采取分工制度，分开制作各个零件，用来件装配的方式组装；在原材料的产地设立工厂，获得廉价的劳动力；通过发放商品目录和海报来促进销售。这种让后来的家具厂商能够作为参考的经营战略，在19世纪中后期业已建立。

迈克尔·索耐特的故事

（简要介绍其生平）

不是成功弯曲，就是折断。

创造出弯曲木材的方法

1796年，迈克尔·索耐特出生于现在的德国莱茵河西岸的博帕德（*5）。其父亲是一名皮革师傅，但他在索耐特10岁时让他去当家具工匠的学徒。当时，法国上流社会中流行帝政风格的家具，德国尽管也受到帝政风格的影响，但简单且实用的毕德麦雅风格的家具仍在中产阶级间流行。在家具工匠的门下习得技术的索耐特获得“师匠”（Meister）资格后，于23岁时独立开业。在博帕德老城区的工作室中，他开始专心制作毕德麦雅风格的家具。

毕德麦雅风格的家具多采用曲线。而打造曲线的方法一般是先将廉价木材削出曲线，一片片贴合后再贴上桃花心木等高级木材。索耐特认为这种方法过于费时费力，为了提升效率，创造出弯曲胶合板（现在的成型胶合板的原型）的方法。

*5
博帕德是东京都青梅市的姐妹城市。

弯曲胶合板的制作方法

准备材料

· 厚2～4厘米的山毛榉薄板
· 动物胶（从牛皮或牛骨中提取的黏合剂）
· 热水
· 用于加热的容器
· 弯曲的模具

将山毛榉薄板浸入溶解了动物胶的开水中煮软。将数片煮好的木板重叠并放入模具中直至干燥。渗入动物胶的木板在干燥后就牢牢粘在一起了。这是一种能够同时完成弯曲加工和黏合木材的方法，十分高效。1830年左右，这种制作方法就几乎已经成形。

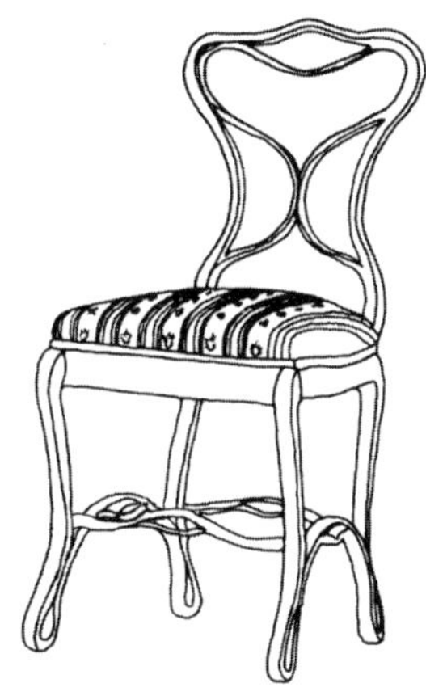

10–2
由成型弯曲胶合板制作的椅子
制作于1835年。

开发出这项技术后，作业的效率大幅度提升，在设计方面，也能够展现前所未有的线条（10–2）。1841年，这项技术在奥地利、法国、英国等地申请专利。

通过在博览会展出获得机会

从1839年的维也纳博览会开始，索耐特积极参加展览会或博览会，借此获得巨大回报。1841年，在科布伦茨（博帕德北部约20千米处）举办的博览会中，他结识了到访会场的奥地利与匈牙利的首相梅特涅（维也纳会议主席）。梅特涅对索耐特的技术很有兴趣，推荐他去维也纳工作。于是1842年，索耐特一家搬去维也纳居住，并着手制作了列支敦士登宫殿的木片拼花的地板和椅子。

此时，索耐特也专注于开发新的曲木技术。在经过各种试错后，他收获了弯曲较厚原木的方法：用高温将木材蒸软，然后将其放入铁制的模具中定型并干燥。这种方法虽然看似简单，但弯曲原木时，拉应力会导致有弧度的外侧部分的纤维折断，压应力会导致内侧部分的纤维弯曲。为了解决这个问题，索耐特一定耗费了不少心血（*6）。

*6

弯曲较厚原木的制法原理（示意图）

❶ 弯曲原木时，在木材中会形成中轴面，外侧会因拉应力导致木材纤维折断，内侧会因压应力导致木材纤维翘曲变形。

❷ 为了防止出现❶这种情况，应组合使用铁板和模具，使木材弯曲。在铁板的两端，会有倒钩顶住木材的截面。

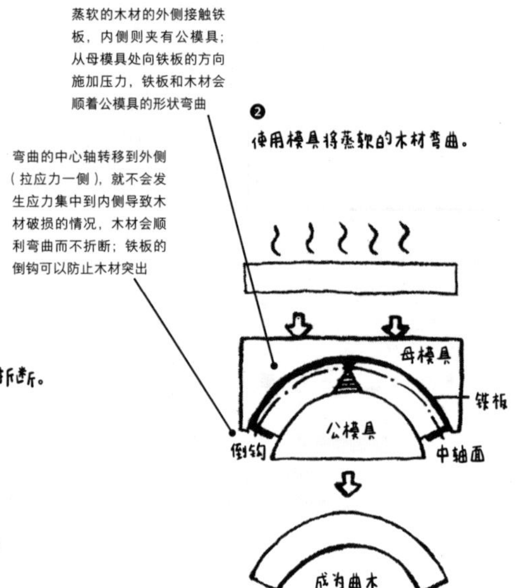

❶
木材
正常弯曲时 木材纤维会折断。
中轴面
裂开！

最初使用这种技术完成的作品是达姆咖啡椅（Cafe Daum chair）。这是1849年索耐特收到来自维也纳市区的达姆咖啡馆的订单后制造的椅子。这把椅子轻便结实，线条优雅，充满美感。这把椅子因只使用六个零件，制作成本也得以控制。这样，索耐特的曲木椅的基本构造就形成了。这类椅子后来成为经典的4号椅（10–3）。

1851年于伦敦世界博览会展出的椅子和桌子获得了铜奖。以此为契机，索耐特的椅子收获好评，名声大噪。1853年，索耐特的五个儿子共同创立了“索耐特兄弟公司”。兄弟们分工合作，使公司不断壮大。他们在方便获取山毛榉的各地山区建立工厂，增加产量，同时还将销售渠道拓展到全世界。1859年，他们发表了不朽的名作14号椅（10–4、10–5），同时也创造出了许多款椅子（10–8、10–9、10–10）。不仅作为家具工匠，也作为经营者发挥才能的迈克尔·索耐特，在1871年75岁时走完了他的一生。

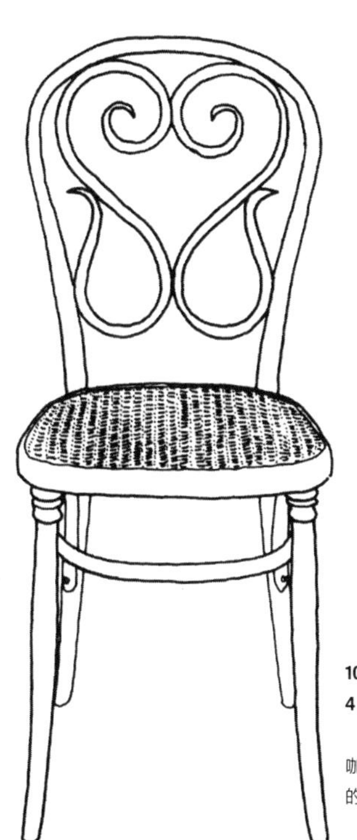

10–4

14 号椅

自1859年发售以来，至今已经生产2亿余把，是超级畅销的商品。材料为山毛榉。坐面由藤编织而成。

❶初期的样式

椅腿上没有圆环横木，椅背仍使用胶合板。

10–3

4 号椅

制作于1859年。达姆咖啡椅的原型，是最初量产的椅子。

10–5

❷ 14 号椅普及款

椅腿处带有圆环横木，更加结实。

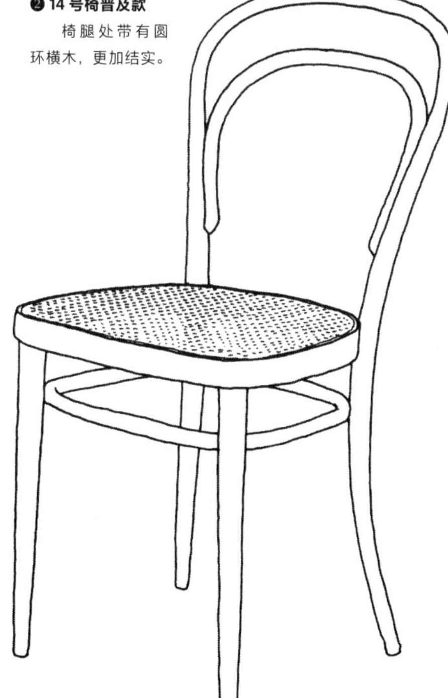

受14号椅影响的椅子

10–6

哥德堡椅

设计师：埃里克·古纳·阿斯普伦德（瑞典）

制作于1934年。为瑞典港湾城市哥德堡的法院制作的椅子。后椅腿连接椅背的曲线十分优美。椅背上方的横木为弯曲的钢材，并覆有皮革。

10–7

咖啡椅

设计师：拉德·太格森（丹麦）和约翰尼·索伦森（丹麦）

制作于1981年。一开始就是以14号椅为原型制成的。材料使用山毛榉的成型胶合板，和真正的14号椅一样，轻便、结实、美观且舒适度高。

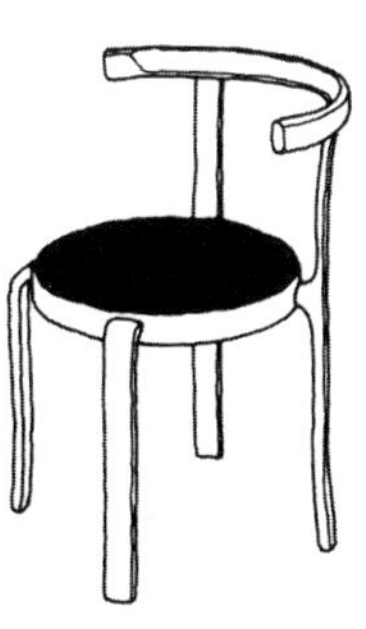

10–8

和 14 号椅齐名的曲木椅名作

维也纳椅

（扶手椅 6009 号，现为 209 号）

原型为1872年发表的“B-9”。迈克尔·索耐特的第三个儿子奥古斯托主导设计的椅子，也是索耐特公司具有代表性的产品之一。

框架为山毛榉，坐面由藤编织而成，和14号椅相同，只使用六个零件。遵循索耐特的基本理念，利用少量零件制作了这款轻便（3.5千克）的可以量产的椅子。拥有从扶手一直绕到椅背的长曲线，设计也十分优美。

柯布西耶（法国建筑家，参见第129页）十分喜爱这款实用且优雅的椅子。在1925年举办的巴黎国际现代化工业装饰艺术展览会中，他就在自己设计的“新精神馆”中放置了维也纳椅。就连在自己的工作室中，他也使用维也纳椅。因此，也有人将维也纳椅称为“柯布西耶椅”“新精神椅”。

很多建筑家和设计师都喜爱这款椅子。据说，在第二次世界大战前，在柯布西耶工作室工作的建筑家前川国男在办公室也使用这款椅子。此外，丹麦建筑家兼照明设计师保尔·汉宁森（1894—1967）在1927年发表了重新设计的维也纳椅。

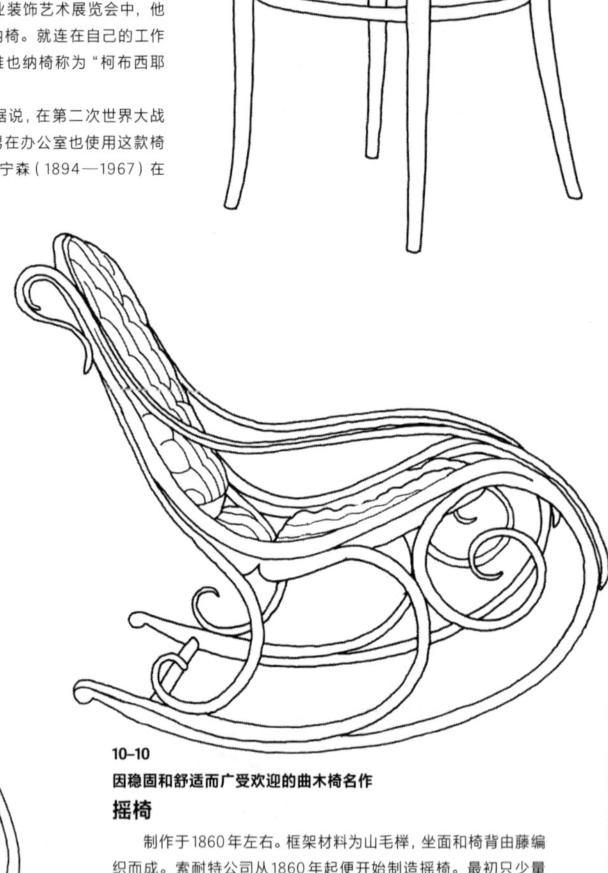

10–9

仿佛编织而成的曲木椅名作

无尽椅（Endless chair）

制作于1866年。因在巴黎世界博览会（1867）中展出并荣获金奖而得到世人的关注。这把椅子不具备实用性，只是为了证明曲木能够达到这样的境界。由两根像编织物品般弯曲的木材制成。

10–10

因稳固和舒适而广受欢迎的曲木椅名作

摇椅

制作于1860年左右。框架材料为山毛榉，坐面和椅背由藤编织而成。索耐特公司从1860年起便开始制造摇椅。最初只少量生产，但因其稳固和舒适而逐渐获得好评。19世纪后期，摇椅成为英国等地的热门商品。并且，从19世纪前期开始，“波士顿摇椅”在美国流行开来。

画家巴勃罗·毕加索（1881—1973）在工作室中也经常使用索耐特公司的摇椅。摇椅也出现在他的作品中，例如《裸体坐在摇椅上》（*Nude in a Rocking Chair*, 1956年，新南威尔士州艺术画廊馆藏）和《摇椅》（*Rocking Chair*, 1943年，蓬皮杜艺术中心馆藏）等。

11

19 Century EUROPE

1801 — 1900

19世纪欧洲各国的风格家具

迎来尾声的风格家具开始
流行复古风潮

11

19 Century EUROPE
1801—1900

19世纪欧洲各国的风格家具

中世纪以来，由君主的喜好或社会风潮引领的欧洲家具风格在19世纪迎来尾声。18世纪的工业革命开启了机械化量产；法国大革命后，奢华的宫廷生活落幕（拿破仑时期一度恢复），工会解散；英国的齐彭代尔等设计师的出现，使面向中产阶级的家具和温莎椅开始流行……许多时代的潮流成了要因。

从19世纪中期到后半期，索耐特曲木椅的商品化、威廉·莫里斯开创的工艺美术运动、法国的新艺术运动、美国的质朴且实用的夏克尔风格家具的流行，都和近代设计有所关联。

接下来，我们来看一看法国、英国、德国、奥地利和东欧地区具有代表性的19世纪风格家具。从这个时代的家具风格中，我们能够看出回归古埃及、古希腊、古罗马风格的痕迹。

法国

（1）执政内阁时期风格

法国大革命（1789）后，从1795年（*1）开始持续到1804年拿破仑一世登基为止的风格被称为执政内阁时期风格。

这一时期是路易十六风格到帝政风格的过渡期，也持续受到路易十六风格的特征——带有古希腊、古罗马时代的印迹——的影响。例如，拥有古希腊风格、造型优美的克里莫斯椅就是执政内阁时期风格的代表。执政内阁时期的椅腿也采用了优雅的曲线（11-1、11-2）。

*1
1795年，在《1795年宪法》的规定下，被称为“督政府”（Le Directoire）的由五名执政官组成的政府成立。

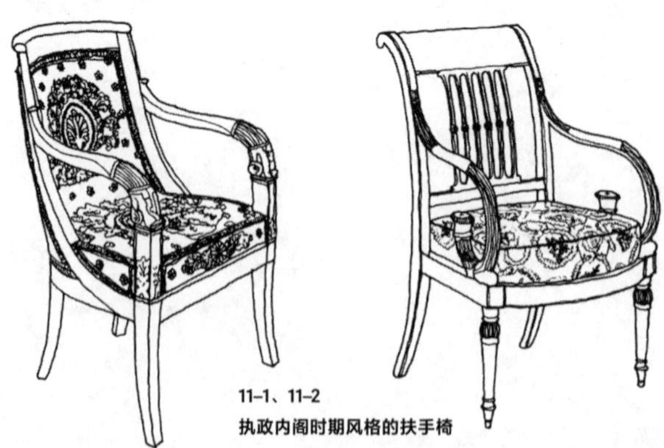

11-1、11-2
执政内阁时期风格的扶手椅

(2)帝政风格

1804—1815年拿破仑一世时期的帝政(*2)风格,采纳了古埃及和古罗马的装饰风格。据说,这是拿破仑远征埃及和意大利后,看到这些国家的古代风格而难以忘怀的缘故。

*2

帝政(Empire),意为“帝国”或“皇帝的统治”,在英语和法语中有不同的发音。在法国,提起Le Empire(Le即英语中的The),通常指拿破仑一世的帝政时期。

这一时期有两位活跃的建筑家和室内设计师:皮埃尔·方丹(1762—1853)和佩西耶(1764—1838)。在罗马研究古代建筑和艺术的两人回到巴黎后受命于拿破仑,着手建筑设计和室内装潢。其中较为有名的案例是马尔梅松城堡的室内装饰和家具设计。马尔梅松城堡是拿破仑第一任妻子约瑟芬的一处住所,里面摆放着古罗马风格的家具,这也成了帝政风格的先驱之作。之后,凡尔赛宫和特里亚农宫也被摆放了帝政风格的家具。

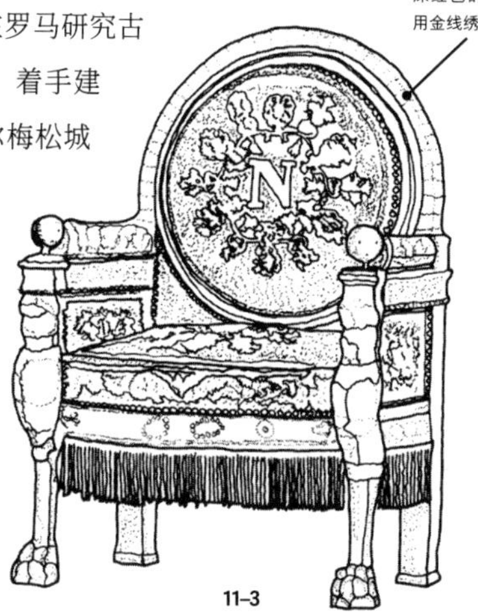

11–3

拿破仑一世的王座

制作于1805年左右。由方丹和佩西耶设计。椅背处有字母N装饰。

这一时期的椅子为左右对称的造型,给人一种厚重且粗俗的感觉,但椅腿采用了古希腊、古罗马的平缓曲线(11-4)。材料多使用桃花心木。为了彰显皇帝的权威,代表拿破仑的字母N装饰(11-3)也常出现在家具上。

随着拿破仑势力的扩大,欧洲各地掀起了帝政风格热潮。但是,随着拿破仑的失势,这种风格也逐渐走向终结。

(3)帝政风格后到新艺术风格前

从拿破仑失势到新艺术风格出现前的这段时期,每当统治者更替,就会出现风格上的变化。这个时期的法国,王政复辟和革命反复,政局很不稳定。仿佛是为了呼应时代背景,该时期的椅子风格也毫无设计感可言。在制作层面,因为机械化面向中产阶级的家具开始被大量生产。

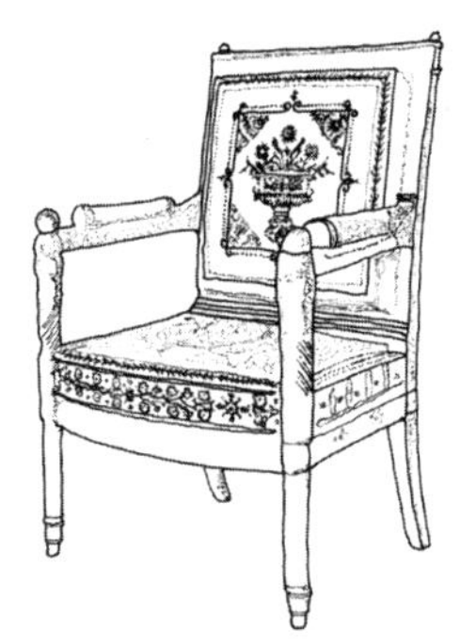

11–4

法式安乐椅(扶手椅)

帝政风格的椅背多为四方形。桃花心木上覆有金色的青铜装饰。后椅腿呈平缓的曲线。

· 王政复辟风格(也被称为路易十八风格,1815—1824)
→洛可可氛围(洛可可复兴风格)
· 查理十世风格(1824—1830)
→哥特氛围(哥特复兴风格)
· 路易·菲利普风格(1830—1852)

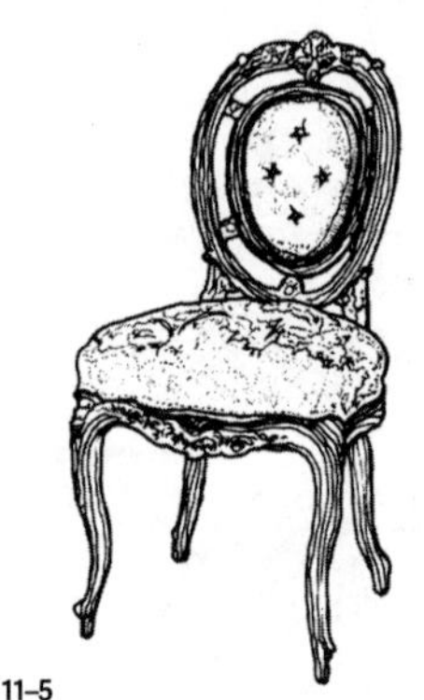

11–5
延续了路易十五风格的椅子

→哥特氛围、洛可可氛围的路易十五风格（11–5）

· 拿破仑三世风格（1852—1870）

→以路易十六风格为首的各类风格混杂，也受到中国和日本的影响

于是，19世纪后半期开始了新艺术运动。

德国、奥地利和东欧

毕德麦雅风格

帝政风格也给德国和奥地利带来了影响，从19世纪前期到中期，更名为毕德麦雅风格（*3）并广为流传。但是，该风格并没有法国那样的贵族趣味，整体而言简洁且实用（11–6），是以中产阶级为对象而普及的。

除了帝政风格外，毕德麦雅风格也深受英国的影响。德国的工匠参考了谢拉顿等人设计的椅子或摄政风格。在俄罗斯等东欧国家、意大利北部、北欧等地，也纷纷制作了毕德麦雅风格的家具，并在市民生活中普及。这种状况与19世纪末到20世纪前期德国和奥地利掀起的分离派和包豪斯（Bauhaus）的活动有关。

毕德麦雅风格在各国的普及也与1814—1815年间召开的维也纳会议（因电影《国会舞曲》而知名）有着莫大的关系。欧洲列强出席的会议厅所使用的正是毕德麦雅风格的椅子。

在当时的家具设计师中最为知名的是以维也纳为工作地点的奥地利设计师约瑟夫·丹豪瑟（Joseph Danhauser，1780—1826）。原本为雕刻家的丹豪瑟参考帝政风格，制作出结实且舒适的原创椅子（11–7、11–8）。材料主要使用枫木、樱木、桦木等坚硬的木材。

*3

毕德麦雅（Biedermeier）原意为“过于正直的麦雅先生”。德语bieder意为“正直、幼稚”，Meier为常见的德国人名。将其组合起来，表示“过于正直的人”。

这个词的出现，是因为19世纪前期的一首讽刺小资产阶级社会的德国诗歌中出现了“毕德麦雅”这一杜撰的人物。

因此，中产阶级广为喜爱的19世纪前期（1814—1815年的维也纳会议时期，以及1848年法国二月革命和维也纳三月革命时期）的实用家具风格被称为毕德麦雅风格。

11–6
毕德麦雅风格的椅子

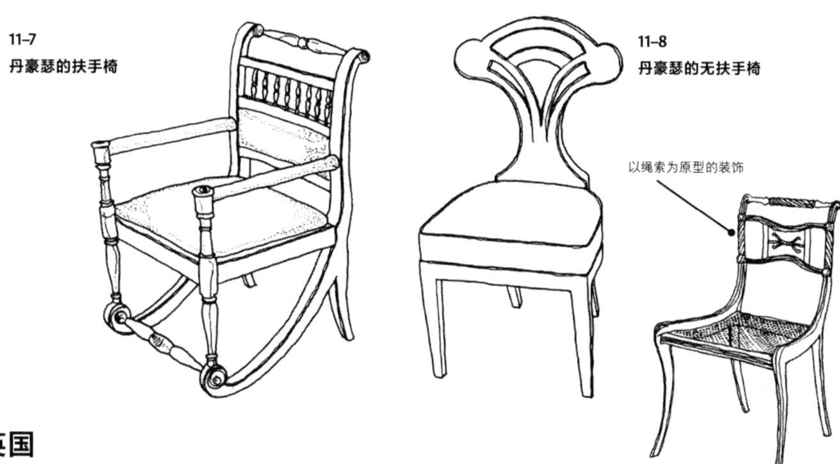

11–7
丹豪瑟的扶手椅

11–8
丹豪瑟的无扶手椅

11–9
特拉法加椅（Trafalgal chair）

因英国海军中将纳尔逊攻破法国的“特拉法加海战”(1805)而得名。中将十分受人爱戴，因此椅子中使用了象征海军胜利的锚和绳索的元素。椅子结构根据克里莫斯椅重新设计。

英国

（1）摄政风格

乔治三世虽然在位长达60年，但最后的九年因身患疾病无法掌管政务，遂由其子（后来的乔治四世）代替父亲摄政。这一时期（1811—1820）的家具和室内装饰风格，被称为摄政风格。从1800年左右到1830年乔治四世去世的这段时间制作的家具，也被归为摄政风格。

这种风格受到法国的执政内阁时期风格和帝政风格的影响。带有古埃及和古希腊情趣的椅子等家具皆为19世纪前期制作（11–9、11–10）。这一时期的家具设计师有托马斯·霍普（Thomas Hope，1769—1831）、乔治·史密斯（George Smith，1786—1826）等。身为小说家兼艺术品收藏家的霍

11–10
以克里莫斯椅为原型的扶手椅

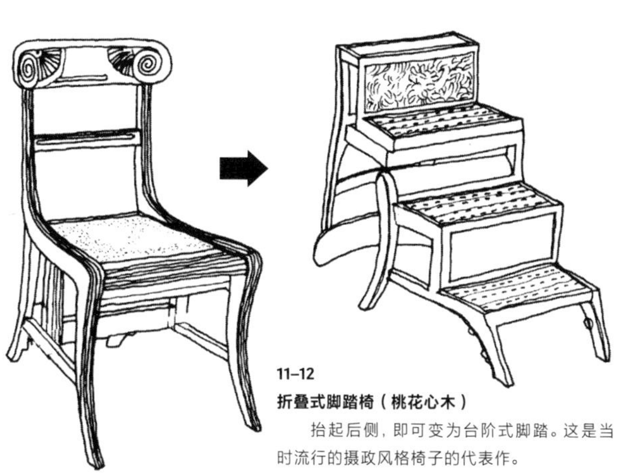

11–12
折叠式脚踏椅（桃花心木）

抬起后侧，即可变为台阶式脚踏。这是当时流行的摄政风格椅子的代表作。

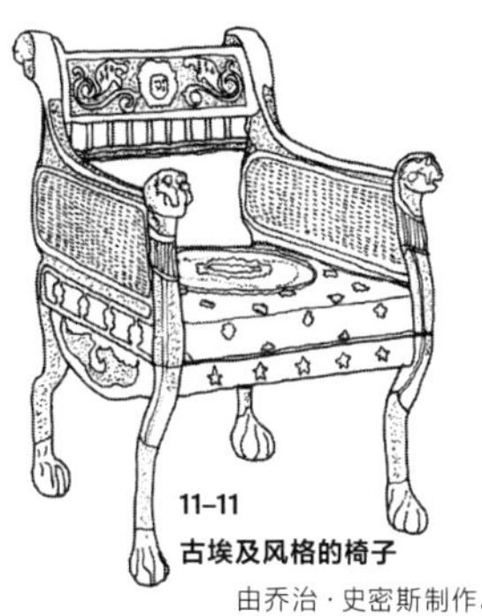

11–11
古埃及风格的椅子

由乔治·史密斯制作。

普设计了以古希腊的克里莫斯椅为原型的椅子。史密斯则着手设计了古埃及风格的椅子（11–11）和日本风格的漆器椅。

当时的英国社会以中产阶级为中心，留有权威主义气质的摄政风格（11–12）并不被人们接受。霍普的作品也遭到评论家“不过是模仿古代风格”的批判。

11–13
维多利亚风格的椅子
宽大、覆有布面。

（2）维多利亚风格

维多利亚女王（1837—1901在位）时期的家具风格被统称为维多利亚风格。当中的许多作品采用了过去各类风格的华丽装饰，从中能够看出模仿哥特、巴洛克、洛可可等风格的古典主义倾向。因为是机械化生产，量产的古典家具中也出现了一些劣质品。

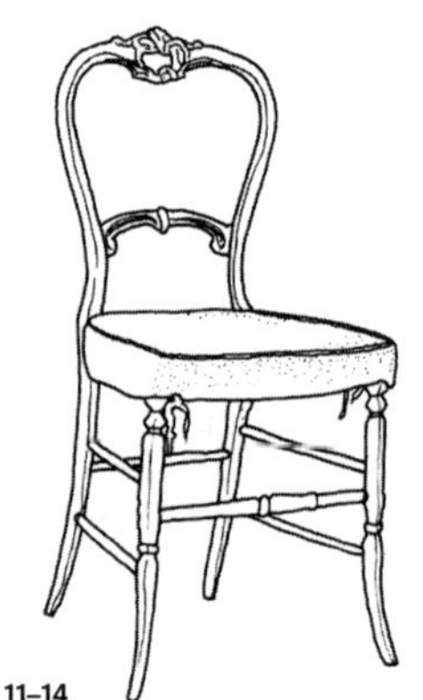

11–14
气球椅
维多利亚女王爱用的椅子。

其中还有一个新的趋势，即在椅座里放入弹簧，其上覆布面（11–13），舒适度因此得到大幅度提升。另外，混凝纸浆（Papier-mâché）的技巧（11–16）也得到运用，即将纸混入胶水、糨糊、沙子等制成纸浆，再注入椅子的模具中压缩成型。干燥后，纸浆变得坚硬，具备一定强度，经久耐用。相比木材，这种材料能够加工出更为复杂的形状。椅子表面可以涂漆或采用镶嵌装饰，完成后非常气派，在当时形成一股风潮。1870年左右，这款椅子在欧洲广受欢迎。顺带一提，Papier-mâché在法语中意为“咬碎的纸”，由此衍生出“纸黏土”的含义。

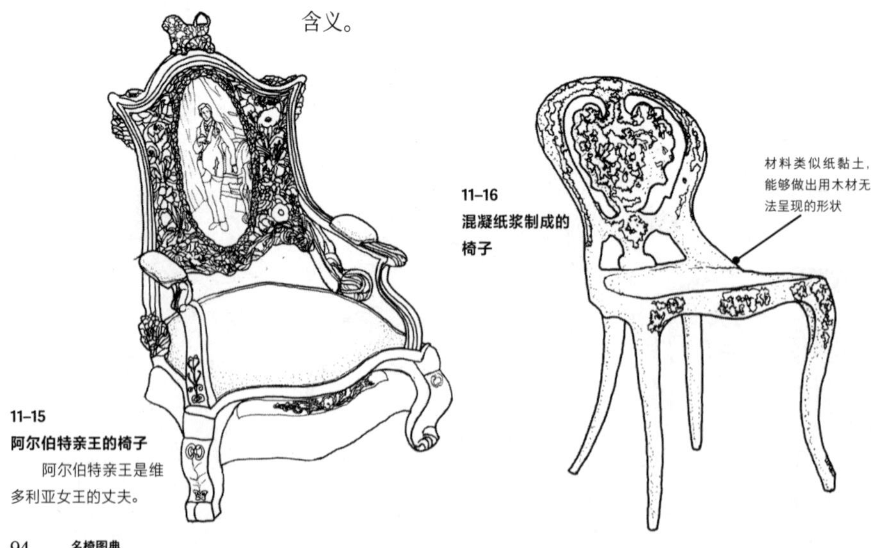

11–15
阿尔伯特亲王的椅子
阿尔伯特亲王是维多利亚女王的丈夫。

11–16
混凝纸浆制成的椅子

12

ARTS & CRAFTS MOVEMENT

1850 — 1900

从 19 世纪中期开始活跃的英国新锐设计师

工艺美术运动时期

设计师和建筑师批判保守风格家具、机械化、量产化，开始新的活动

12

ARTS & CRAFTS MOVEMENT

1850 — 1900

从19世纪中期开始活跃的英国新锐设计师

工艺美术运动时期

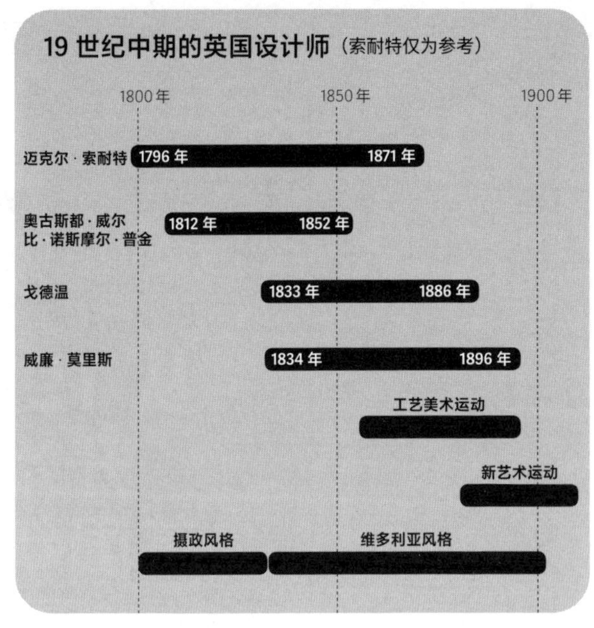

在英国的维多利亚女王时代，许多家具的风格让人感受不到设计理念，只是折中改造的古典风格而已。对此持有疑问的英国革新派设计师、建筑家、思想家们在19世纪中期开展了新的运动。其中包括以威廉·莫里斯为首发起的工艺美术运动（The Arts & Crafts Movement）。这类运动在欧洲各地和美国掀起风潮，并逐渐蔓延至日本。

（1）倾心于哥特风格的普金

对维多利亚风格持批判态度的奥古斯都·威尔比·诺斯摩尔·普金（Augustus Welby Northmore Pugin，1812—1852）是维多利亚时代率先追求新设计方向的设计师（也是建筑师）。他被15世纪的哥特风格所吸引（12-1），在1835年出版了关于哥特风格家具的设计书。他认为应该“尊重材料的特性，将装饰视为构造的要素之一，而非单纯装饰于物品表面的东西”，十分注重结构和实用性。在1851年的伦敦世界博览会中，他也展出了自己设计的椅子和桌子（*1）。

*1
伦敦世界博览会中索耐特的曲木椅获奖，但普金的作品没有获奖。

注意到普金的想法和设计的，是美术评论家约翰·拉斯金（John Ruskin，1819—1900）。他欣赏中世纪的手工艺所营造出的朴素美感，批判当时维多利亚风格的设计。他感到量产只会拉低工艺品的价值，甚至工匠们的地位。威廉·莫里斯正是受到这种想法的影响。

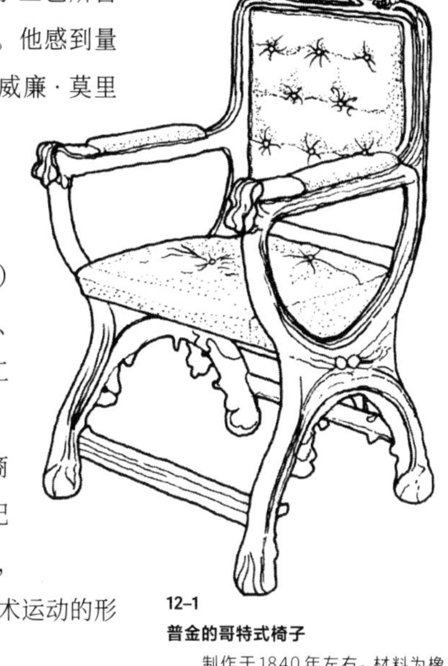

12–1

普金的哥特式椅子

制作于1840年左右。材料为橡木，椅座和椅背覆有皮革。

（2）体现莫里斯想法的工艺美术运动

威廉·莫里斯（William Morris，1834—1896）有诸多头衔，包括设计师、工艺家、建筑家、画家、诗人、思想家等。其中其最广为人知的身份应该是工艺美术运动的领导者。

受到美术评论家拉斯金莫大影响的莫里斯对商业主义和机械化量产持反对态度，主张复兴中世纪工匠的手工艺，注重贴近生活的简朴样式和构造，摒弃过度装饰的设计。莫里斯的这种想法以工艺美术运动的形式，从19世纪中期到后期不断扩展。

1861年，莫里斯商会成立。在建筑家、设计师菲利普·韦伯（Philip Webb，1831—1915）、画家福特·马多克斯·布朗（Ford Madox Brown，1821—1893）的支持下，商会开始进行家具、壁纸、纺织品等各种领域的设计和制作销售，其中以表现自然花草的设计最为有名。

威廉·莫里斯

“不应将无用之物和不美观的东西放在家中。”

不过，工艺美术运动在20世纪到来时就终结了。莫里斯的目标是，面向大众售卖在日常生活中会使用的质优价廉的实用物品，但实际上也有很难实现的部分。由于不使用机械而采用手工制作会提高生产成本，所以，价格对于大众来说太过昂贵，无法获得他们的支持。

尽管如此，莫里斯的思想给欧洲各地和美国带去了很大的影响，触发了新艺术运动、德国的青年风格运动、美国的工艺美术运动等。此外，从日本的柳宗悦等人掀起的民艺运动或森谷延雄等人组成的“木芽舍”中，都能看出受到工艺美术运动的影响。

[工艺美术运动的重点]

· 反对机械化、大量生产

· 反对维多利亚时代保守的家具风格

· 以中世纪工匠的手工制作为规范

· 追求实用性和高品质

· 追求贴近生活、为生活存在的艺术

· 理想和现实的差距

→理想：向大众提供质优价廉的物品

→现实：手工制作导致成本升高，只有富裕阶层买得起

· 功绩

→给保守的设计界带去了新风潮

→被视为近代设计思想的原点

→给各地带来莫大影响，引发了新艺术运动，甚至波及日本。

· 具有代表性的椅子：苏塞克斯椅

（3）莫里斯商会具有代表性的椅子

莫里斯商会最受欢迎的椅子有苏塞克斯椅（12–2）和莫里斯椅（12–4）。苏塞克斯椅是将旋床加工的部件进行组合，坐面由灯芯草编织而成的简朴的椅子。这款椅子是参考苏塞克斯地区（Sussex，位于英格兰东南部）古老民艺风格的椅子制作而成的，价格也很合理。

莫里斯椅的椅背可以调节角度。椅座和椅背都放有用布料包裹的靠垫，坐起来应该较为舒适。两款椅子应该都是由韦伯设计的。实际上，商会中好像没有莫里斯自己设计的椅子。

莫里斯的下一个时代中，也出现了几位认同工艺美术运动的设计师。下面介绍其中两位。

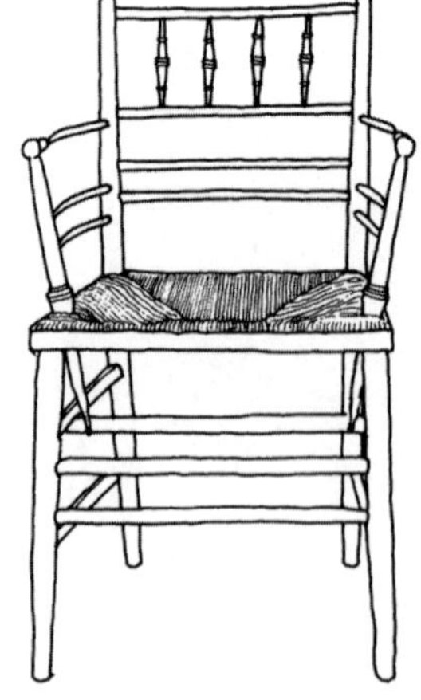

12–2

苏塞克斯椅

制作于1870年左右。采用旋床加工山毛榉，制作椅腿和横木，并采用榫接的方式组合而成。整体涂成黑色，坐面由兰草编织而成。

虽然是1870年左右的作品，但到19世纪80年代才作为基本商品销售。这把椅子经常被认为是韦伯的作品，但也有由布朗设计的放在房间角落里的苏塞克斯角椅（12–3）。

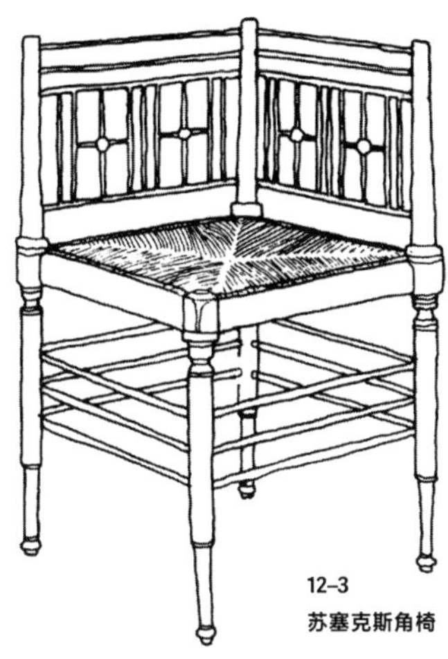

12–3

苏塞克斯角椅

12–4

莫里斯椅

制作于1866年，当时，莫里斯商会的管理者沃林顿·泰勒在苏塞克斯地区看到老木工制作的带有铰链的椅子，便告诉了设计师韦伯，后来韦伯以此为灵感，将这类椅子商品化。椅背、椅座、扶手处皆带有布制靠垫。椅腿处带有滚轮。材料为橡木。

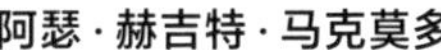

阿瑟·赫吉特·马克莫多

(Arthur Heygate Mackmurdo，1851—1942)

他留下了令人联想到新艺术运动、以树叶和漩涡为原型的设计（12–5）。

查尔斯·弗朗西斯·安尼斯利·沃塞

(Charles Francis Annesley Voysey，1857—1941)

他曾说过:“简洁必须在所有的细节中呈现。相比之下，费时费力设计的精巧部分反而比较容易呈现。”如这句话所说的，他十分注重简洁。作品中多使用心形元素（12–6）。

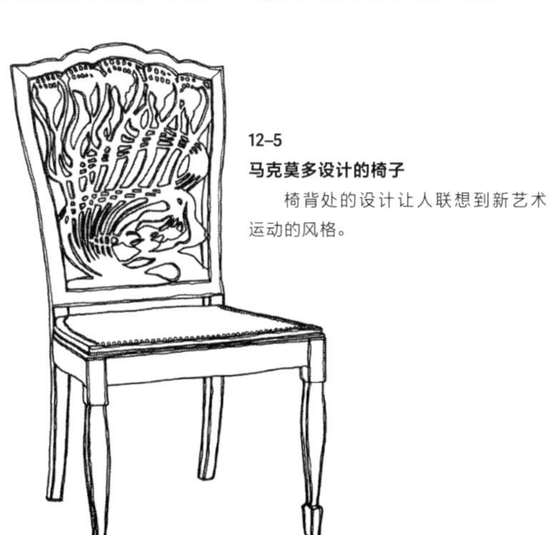

12–5

马克莫多设计的椅子

椅背处的设计让人联想到新艺术运动的风格。

12–6

沃塞的椅子

椅背处有沃塞喜爱的心形图案。

爱德华·威廉·戈德温

"无论在任何房间，当所有家具都以相同音调产生共鸣时……才会令人认为这就是我们的艺术。"

（4）英日风格的戈德温

有一位建筑师兼设计师，虽然和莫里斯一样对维多利亚风格的家具设计持批判态度，但在工艺美术运动中开辟了其他路线，他就是英日风格的家具设计师爱德华·威廉·戈德温（Edward William Godwin，1833—1886）。在1862年的伦敦世界博览会上，他看到日本展出的工艺品，从中感受到了匠心，就此成为日本迷。

他的作品多由垂直与水平的线条构成，带有东洋风格的简洁且细致的样式。虽然莫里斯强调实用性，但戈德温则追求形状的美感。戈德温多使用直线和几何学的设计，给查尔斯·马金托什带来很大的影响（参见第109页）。

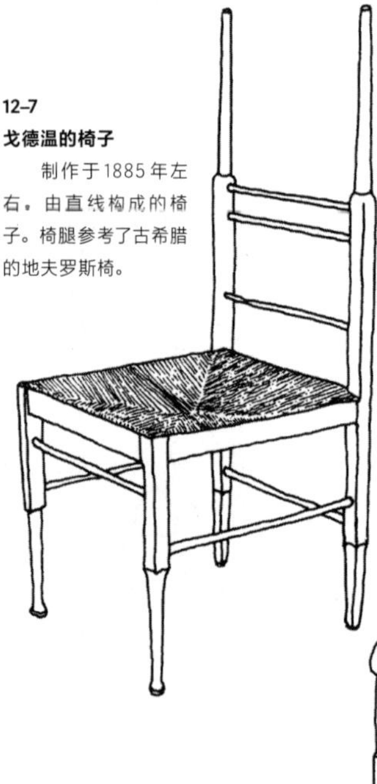

12–7

戈德温的椅子

制作于1885年左右。由直线构成的椅子。椅腿参考了古希腊的地夫罗斯椅。

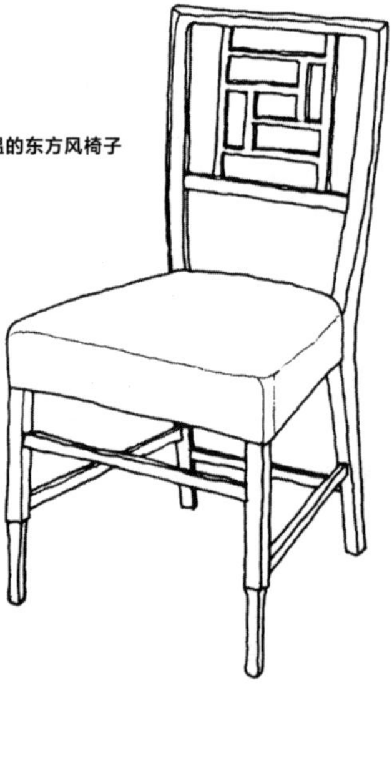

12–8

戈德温的东方风椅子

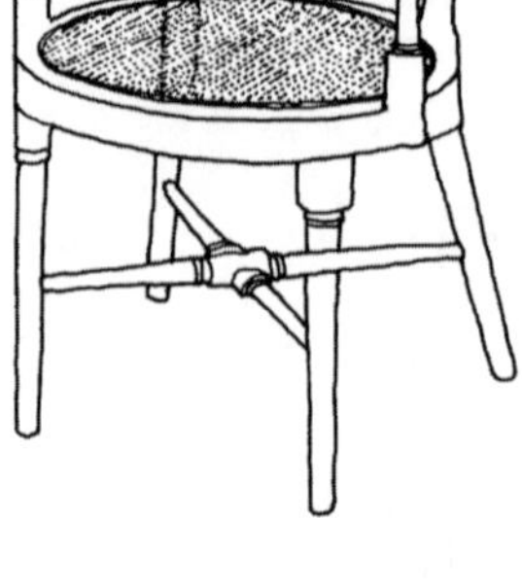

12–9

戈德温的椅子

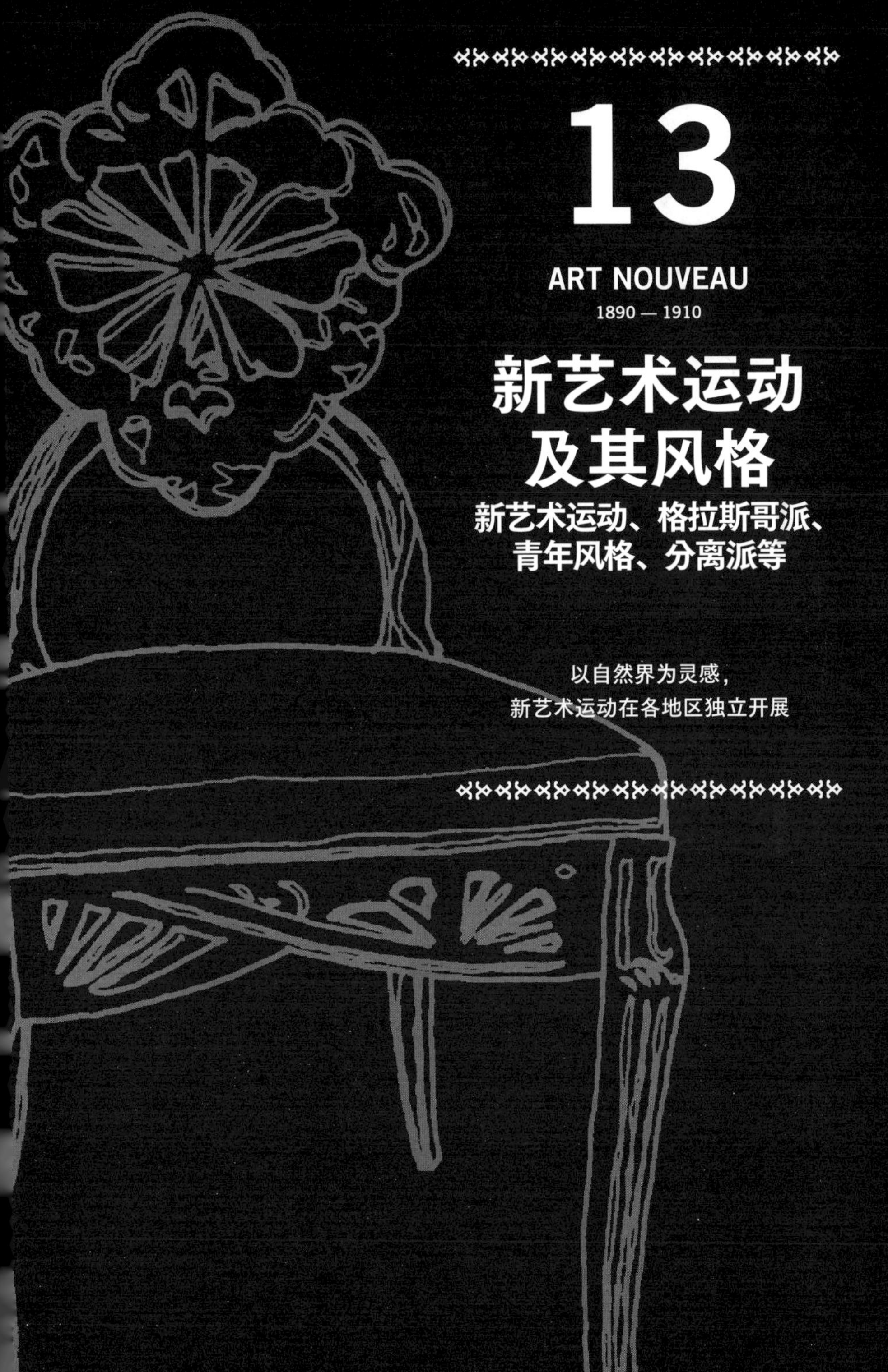

13

ART NOUVEAU

1890 — 1910

新艺术运动及其风格

新艺术运动、格拉斯哥派、青年风格、分离派等

以自然界为灵感，
新艺术运动在各地区独立开展

13
ART NOUVEAU
1890 — 1910

新艺术运动及其风格

新艺术运动、格拉斯哥派、青年风格、分离派等

新艺术运动（Art Nouveau）是指受威廉·莫里斯等人发起的工艺美术运动的影响，于19世纪90年代在比利时和法国等地掀起的艺术潮流，延续至1910年左右。在法语中，art意为“艺术”，nouveau意为“新的”。因此，Art Nouveau即“新艺术”。

和工艺美术运动一样，新艺术运动也是因对工业革命带来的量产化商品持怀疑态度，进而孕育出在生活中活用艺术的理念，可以说是从过去的传统风格到现代艺术的过渡期中的运动。

虽然新艺术运动在各地展开，但都与每个地区的风俗文化相融合，逐渐演变出独特的风格。法国多使用灵感源于自然界的曲线，德国和奥地利则多使用直线。

下面列举一些新艺术的特点。

（1）广泛影响多个领域

建筑，室内装饰，金属、玻璃、陶瓷器等材料的工艺

新艺术运动

国家	新艺术运动名称、团体名称	主要的家具设计师、运动的领袖人物	代表性的椅子
法国	新艺术运动	“南锡派”爱米勒·加雷、路易·马若雷尔，“巴黎派”埃克多·基马	加雷的椅子、马若雷尔的安乐椅
比利时	新艺术运动	亨利·凡·德·威尔德	于克勒区的自家住宅的椅子
西班牙	现代主义	安东尼·高迪	卡尔维特之家扶手椅
意大利	自由风格、花草风格	卡罗·布加迪	眼镜蛇椅
英国	格拉斯哥派（英国新艺术）	查尔斯·马金托什	希尔住宅高背椅
德国	青年风格	理查德·雷曼施米特	音乐沙龙椅
奥地利	分离派	奥托·瓦格纳、约瑟夫·霍夫曼、约瑟夫·马利亚·奥尔布里希、科罗曼·莫塞	邮政储蓄银行的椅子、蝙蝠无扶手椅、弗里德曼住宅的扶手椅、普克斯多夫疗养院的扶手椅

品，绘画，海报，时尚等所有领域都吸纳了新艺术运动的思想。在椅子方面，除家具设计师和建筑家外，也有像爱米勒·加雷这样的玻璃工艺家设计出样式独特的椅子。这个时代的设计师和工匠并不拘泥于某一特定领域，而是活跃于多个领域。

（2）多使用大胆的曲线设计

这种设计的特征，就是多采用植物等自然界孕育出的曲折的形状和线条，大胆地将其与富于变化的匠心组合起来。椅背上也多使用以花草为原型的设计。“美的极致，在于自然所孕育的单纯的曲线形态”，这句话正是设计理念的根本。

但是，完全符合这个定义的只有法国和西班牙等国家的新艺术风格。德国和奥地利的新艺术风格，大多使用直线和几何学的设计。

此外，即便诞生了新的设计潮流，也不意味着全面否定过去的风格。新艺术运动也有汲取哥特、巴洛克、洛可可等风格的部分，甚至还受到日本美术工艺的影响。

（3）比起功能性更重视装饰性？

新艺术风格往往采纳从自由的想法中孕育出的崭新设计，且多使用特殊的材料。因为注重这样的呈现形式，椅子的舒适度和功能性经常遭到忽视，所以其中的某些风格在实用性方面无法被人们接受。因此，新艺术运动的风潮很快便过去了。此外，也有像维也纳分离派这样提倡实用至上主义，注重功能性的风格。

（4）各地区独立发展

新艺术运动的思想和设计也传播至除法国和比利时之外的欧洲各国，在德国被称为“青年风格”，在西班牙被称为“现代主义”（Modernismo）。各个国家不同的命名，也孕育了当地特有的原创风格。

针对20世纪以后的设计，出现了包括装饰艺术在内的一些运动，但其中也有持相反立场的运动，参与的艺术家就没有

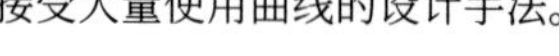
接受大量使用曲线的设计手法。

其中之一就是以奥地利的奥托·瓦格纳为中心的维也纳分离派。他们不使用曲线，多以几何学的设计为主要理念。此外，因高背椅而闻名的英国的查尔斯·马金托什在年轻时醉心于新艺术运动，但在30岁后转向以直线为主的设计。

让人感觉设计和思想完全不同于新艺术运动的包豪斯（1919年建立的公立设计学院，参见第118页）和新艺术运动创始人亨利·凡·德·威尔德有着深厚的关系。威尔德是比利时人，39岁时曾受邀至德国指导青年风格的团体，他也参与了魏玛工艺学校的创立，后来担任校长一职。魏玛工艺学校就是包豪斯的前身。

下面看一看各个国家的风格和代表性设计。

法国　新艺术运动

在法国，距巴黎和德国都很近的洛林大区的首府南锡（*1）是新艺术运动的据点。

*1
南锡（Nancy）
位于巴黎东部约300千米。15世纪开始盛行玻璃工艺。目前人口约10万。

（1）南锡派设计椅子的主要人物

南锡派的设计师倾向于以平缓线条为特征的洛可可风格，并融合以自然为主题的设计，作品几乎都有动物或植物的元素。

爱米勒·加雷
（Emile Galie，1846—1904）

爱米勒·加雷
“生活中，有更多的艺术。”

他不仅是南锡派的主要人物，也是法国新艺术运动的先驱。虽然他是玻璃工艺家，但也设计了不少家具。他曾说过：“我们的根源在森林深处、小河边、苔藓中。”如同这句话所说的，他对于自然的感念很深，这一点在他的作品（13-1、13-2）中时有体现。他对日本的工艺美术也表现出了极大的兴趣，他的一些绘画和花器作品参考了葛饰北斋和狩野派的图案，甚至还有伊万里烧陶器上的图样。

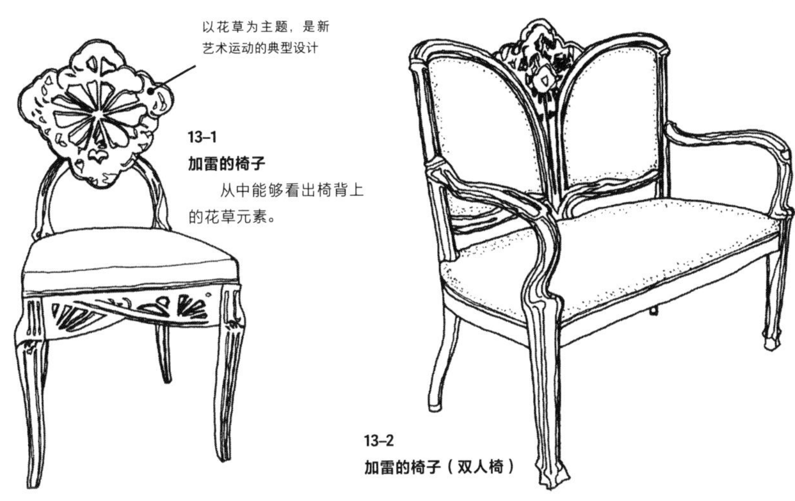

13–1
加雷的椅子
从中能够看出椅背上的花草元素。

13–2
加雷的椅子（双人椅）

路易·马若雷尔
（Louis Majorelle，1859—1926）

南锡派具有代表性的家具工匠、设计师。他在年轻时设计巴洛克和洛可可风格的家具，但后来受到加雷的影响，开始设计典型的新艺术风格的作品（13–3、13–4）。其作品的特色在于线条优雅有力，如雕刻出来的一般，特别是箱式家具和三角钢琴（13–5），展现出马若雷尔的独特风格。为了完成这种造型，马若雷尔多采用桃花心木和胡桃木等较硬的木材。而其他的南锡派作品则多使用18世纪常见的苹果树等果树木

13–3
法式安乐椅（扶手椅）
虽然法国新艺术风格的椅子给人注重设计的印象，但马若雷尔也制作具有实用性的扶手椅。

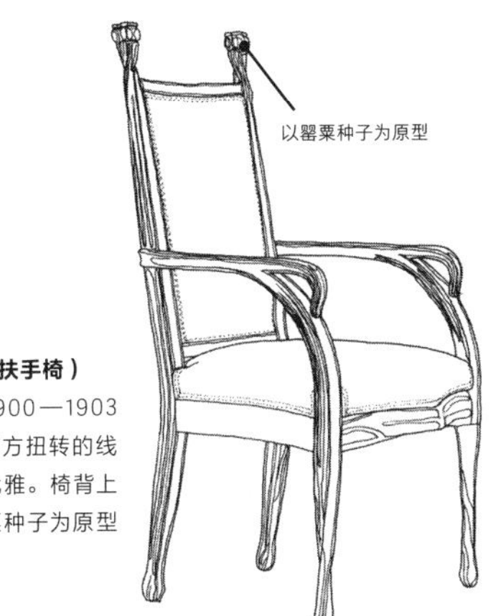

13–4
法式安乐椅（扶手椅）
制作于1900—1903年。前椅腿下方扭转的线条显得十分优雅。椅背上方带有以罂粟种子为原型的装饰。

13–5
三角钢琴
和埃拉德公司联合制作于1903年左右。钢琴腿上使用了大量的雕刻元素。

材。其制造场所似乎已经机械化，作品数量众多，因此能够以实惠的价格售卖。

13–6

法式安乐椅（扶手椅）

制作于1902—1903年。

雅克·格鲁伯
（Jacques Gruber，1870—1936）

虽然他是知名彩色玻璃设计师，但也设计过一些椅子（13–6）。

（2）巴黎派设计椅子的主要人物

比起南锡派，巴黎派的作品给人以轻便、洗练之感。南锡派受到爱米勒·加雷的影响较大，而巴黎派的设计师都有自己强烈的个性。

13–7

基马的椅子

制作于1904年左右。材料为梨木。椅座覆有丝绸。这把椅子的设计展现了基马的特色——自由组合曲线的有机设计。

埃克多·基马
（Hector Guimard，1867—1942）

建筑家、设计师。除木材以外，他还使用金属、玻璃、钢筋混凝土、陶瓷等材料，尤其常用到铁。他因设计地铁的入口和车站内部而闻名。因此，新艺术风格也曾被称为地铁风格。

欧仁·盖拉德
（Eugene Gaillard，1862—1933）

家具设计师。

13–8

盖拉德的椅子

制作于1900年左右。椅座材料为桃花心木，覆有皮革。

比利时 新艺术运动

新艺术运动的创始者，一般认为是比利时的建筑家、设计师亨利·凡·德·威尔德。受到工艺美术运动影响的威尔德和建筑家维克多·霍塔等人，于“在生活中运用艺术”“装饰和结构一体化”的理念下，创作了全新感觉的家具和建筑物。

亨利·凡·德·威尔德
(Henry van de Velde，1863—1957)

建筑家、设计师。他曾在巴黎的美术学校学习绘画，原本要走画家之路，但中途转向工艺和建筑。

1895年，他在布鲁塞尔郊外的于克勒区（Uccle）建造了自家住宅，里面放置有以直线为主体、风格洗练的椅子（13-9）和桌子等物品。建筑物和室内装饰体现了威尔德“将生活和艺术融为一体”的思想。注意到威尔德住宅的是萨缪尔·宾格。新艺术的名称正是来源于他在巴黎开的一间店铺，当时他委托威尔德设计新店铺的室内装饰。从此以后，威尔德便在欧洲声名远播。

1902年，威尔德受邀至德国指导青年风格的团体，并就任工艺学院（后来的包豪斯）的校长。从那时起，他便离开新艺术，改为钻研简洁且强有力的设计。

亨利·凡·德·威尔德
“世界上充斥着对面包的欲望，而艺术家也应该回应这个现实。”

13-9
威尔德在于克勒区的自家住宅中使用的椅子
制作于1895年左右。

维克多·霍塔
(Victor Horta，1861—1947)

建筑家。新艺术建筑的先驱之一，参与了许多建筑设计和室内设计。塔塞尔公馆的楼梯间和他私人的室内装饰，都被视为典型的新艺术风格。他也设计椅子（13-10）。

13-10
布鲁塞尔索尔维公馆的椅子
制作于1895—1900年。材料为果树木材。

西班牙　现代主义

在西班牙，新艺术被称为“现代主义”，流行于以巴塞罗那为中心的加泰罗尼亚地区。它不仅是新艺术运动，也有复兴加泰罗尼亚地区传统文化的意味。加泰罗尼亚地区继承了哥特风格和伊斯兰教的传统，并深受其影响。

就椅子而言，建筑家安东尼·高迪的设计十分具有冲击力。

13–11
卡尔维特之家扶手椅
制作于1900年左右。材料为胡桃木或橡木。制作者可能具备雕刻家的天赋吧。这是为卡尔维特之家（Casa Calvet）制作的椅子，坐起来十分舒适。

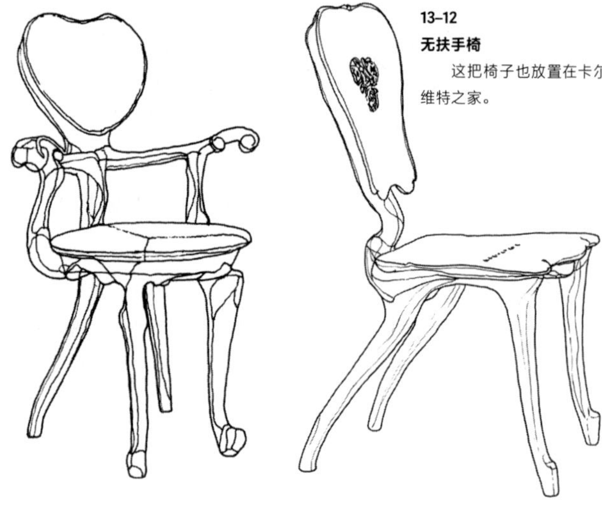

13–12
无扶手椅
这把椅子也放置在卡尔维特之家。

安东尼 · 高迪
“直线属于人类，而曲线属于神。”

圣家族大教堂的建造者
安东尼 · 高迪
(Antonio Gaudiy，1852—1926)

他以作为圣家族大教堂的建造者而闻名。虽然高迪会根据自己设计的建筑物设计放置其中的椅子，但这种设计是建立在对整体空间结构有所考量的基础上（13–11、13–12）。从他的设计中我们可以看出与法国新艺术运动不同的曲线设计。或者可以说，这种运用曲线的手法为高迪所独有。

*2
自由风格
名称来源于伦敦的利伯提（Liberty）百货店。在利伯提中，放有众多新艺术风格的商品，但不知为何只有意大利将新艺术称为自由风格。

意大利　自由风格、花草风格

在意大利，发生于19世纪末到20世纪初的新艺术运动，被称为“自由风格”（Stile Liberty, *2）或“花草风格”（Stile Floreale）。家具设计师奥格斯丁诺 · 劳洛等人设计的椅子，和法国的新艺术运动风格相近。这个时期，意大利最为活跃的设计师是卡罗 · 布加迪。

13–13
眼镜蛇椅（Cobra chair）
在1902年都灵国际装饰美术展中展出，获最佳作品奖。由独特的曲线构成的样式具有极强的冲击力。材料为木材、羊皮纸、锻造过的铜等。

卡罗 · 布加迪
(Carlo Bugatti，1856—1940)

布加迪制作的家具，与其说是新艺术风格，不如说是加入东方和非洲元素的独特风格。另外，他也设计了许多具有原始艺术氛围的椅子（13-13）。除木材外，他的作品还会使用羊皮纸、皮革、金属等材料。1904年以后，他居住在巴黎，以银器设计师和画家的身份活跃。

查尔斯 · 马金托什

“所有的装饰都应成为建筑物的本质的部分。”

英国　格拉斯哥派（英国新艺术）

法国和比利时的新艺术风格在英国不太被接受。

处于这样的背景下，在苏格兰工业城市格拉斯哥，以建筑家查尔斯 · 马金托什为首的四名成员组成了“格拉斯哥四人组”(The Four)，其他三名成员是后来成为马金托什妻子的马格蕾特 · 麦当娜、她的妹妹弗朗西斯 · 麦当娜，以及赫伯特 · 麦克内尔。他们深受工艺美术运动和法国新艺术运动的影响，以艺术革新为目标，虽然在英国国内的风评并不好，但受到了欧洲大陆的瞩目。

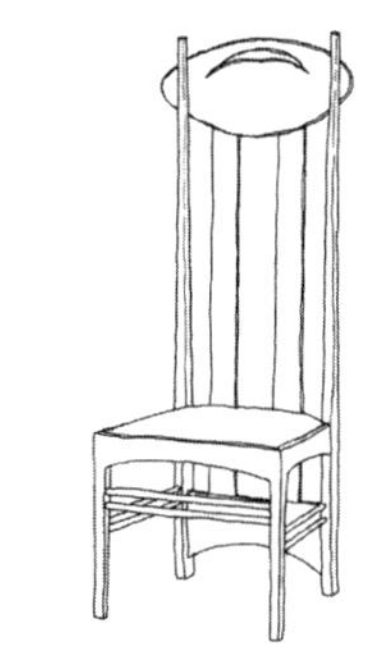

13-14

阿盖尔街茶室椅子（Argyle Street Tearooms chair）

制作于1897年。材料为橡木。马金托什设计了数量众多的高背椅，但这把椅子才是他最初设计的高背椅。虽然强调水平和垂直，但也能从中感受到新艺术运动的气息。椅背处的镂空雕刻据说以飞鸟为原型，但已无从考证。

高背椅的设计者

查尔斯 · 马金托什

（Charles Mackintosh，1868—1928）

建筑家、设计师，晚年成为画家。他出生于格拉斯哥，就读于当地的美术学校，是格拉斯哥派的领袖人物。提起马金托什，一般会想到椅背高得异常的“希尔住宅高背椅”(13-15)，但其实建筑才是他的主业。

受到工艺美术运动和英日风格的戈德温的影响，马金托什在20～25岁便开始设计椅子等家具。以工艺美术运动为例，他尤其被查尔斯 · 沃塞运用结构和材料特性的功能设计吸引，也从戈德温身上学习了运用垂直的几何学的设计。此外，他也吸纳了法国新艺术运动的风格特征——自然界孕育的形状和线条，最终呈现出直线和曲线完美融合的马金托什独有的风格。

德国的青年风格和霍夫曼等人的维也纳分离派等，各方面都受到马金托什很大的影响。但是，霍

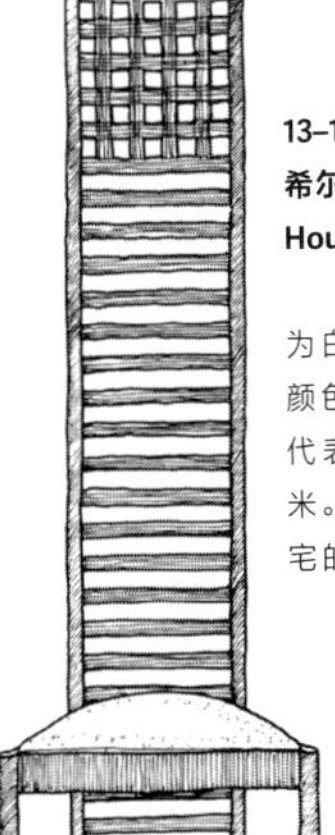

13-15

希尔住宅高背椅（Hill House Ladderback Chair）

制作于1902年。材料为白蜡木，椅座为布面，颜色为黑色。马金托什的代表作。椅背高达141厘米。这把椅子放在希尔住宅的卧室中。马金托什的室内装饰基调为白色，白色的空间中放置黑色的椅子，展现出了颜色对比的美感。虽然坐起来并不舒适，但设计引人注目，具有强烈的存在感，因此成为世界名椅。

夫曼重视舒适度等功能性，而马金托什则更注重设计，并不在意坐起来是否舒适。

德国　青年风格

在德国，19世纪末到20世纪初的新艺术风格被称为“青年风格”（Jugendstil）。这个名称来源于1896年在慕尼黑发行的杂志《青年》（*Jugend*）。在德语中，jugend意为“青春、青年”，stil意为“风格”，因此jugendstil被译为“青年风格”。这种风格吸收了工艺美术运动追求的贴近生活的实用性、新艺术运动以动植物为主题的柔和曲线和马金托什等人的格拉斯哥派的直线氛围。这些19世纪后期在欧洲各地掀起的新艺术潮流在青年风格中都有所体现。但是，那种简洁有力的设计风格也体现了德国人的民族性，他们对事物的感知力和法国人是不同的。这股风潮也影响了1919年开设的包豪斯学院。

具有代表性的设计师有理查德·雷曼施米特和彼得·贝伦斯等人。1899年，新艺术运动的创始人威尔德从比利时移居德国，并以青年风格指导者的身份展开艺术活动。

13–16
音乐沙龙椅
1899年为德国美术展的音乐沙龙制作的椅子，是青年风格的代表性椅子。材料为胡桃木，椅座覆有皮革。

工业设计的先驱
理查德·雷曼施米特
（Richard Riemerschmid，1868—1957）

他制作的椅子（13–16）等家具造型简洁且具有功能性，重视舒适度，面向大众。他也堪称第一位从人体工学角度设计家具的人，是工业设计的先驱。

奥地利　分离派

奥地利虽然也受到法国新艺术运动的影响，但在19世纪90年代，维也纳出现了分离派（sezession，德语），开展了脱离保守历史风格的运动。这种风格排斥新艺术风格的曲线形态，以几何学的简洁设计为主体。核心成员为奥托·瓦格纳，以及其学生奥尔布里希和霍夫曼等人。画家克里姆特也参与其中。

1903年，霍夫曼和莫塞等人成立了“维也纳工坊”(Wiener Werkstätte)。他们以制作简洁优质的家具等家庭用品为目标，以追求舒适易用为设计理念。

这个时代的奥地利设计师创造出了数款在现代也适用的名椅。

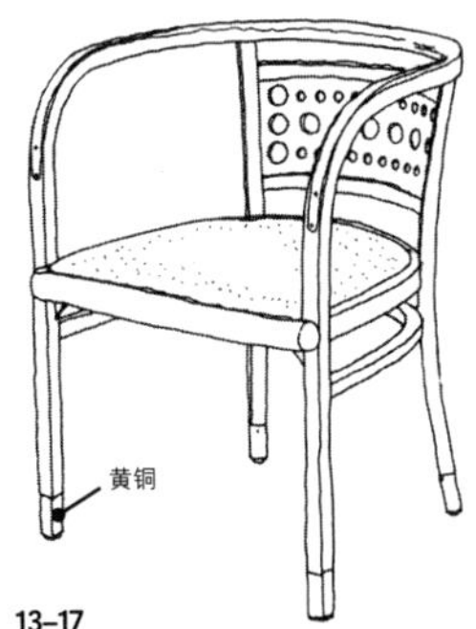

13–17

邮政储蓄银行的椅子

制作于1905—1906年。维也纳邮政储蓄银行是瓦格纳设计的诸多建筑物中具有代表性的作品。会议室中使用的椅子整体结构有装饰艺术的气息，从椅背到扶手和前椅腿的连接曲木由索耐特公司加工。材料为山毛榉。有几处使用了黄铜。椅座为布面。

重视功能性的实用主义者

奥托·瓦格纳

(Otto Wagner，1841—1918)

虽然瓦格纳是建筑家，但也留有“邮政储蓄银行的椅子”(13–17)、邮政储蓄银行的凳子(13–18)等名作。他是近代合理主义建筑的先驱，重视功能性，是持有“并非从风格中诞生建筑，应从需求中诞生构造”之理念的实用主义者。此外，他还在维也纳美术学院指导霍夫曼等人，在指导学生方面也颇有成就。

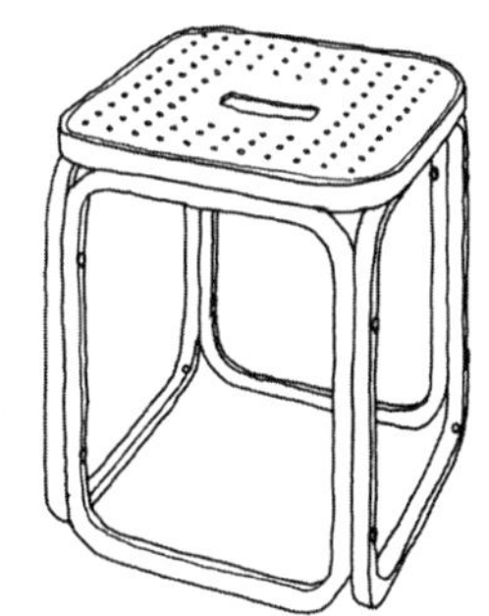

13–18

邮政储蓄银行的凳子

制作于1904年。使用于维也纳邮政储蓄银行。四个面都是相同的曲木框架。制作公司为索耐特。

维也纳工坊的创立者

约瑟夫·霍夫曼

(Joseph Hoffmann，1870—1956)

建筑家、设计师。除建筑外，他在家具、陶艺、玻璃、餐具、书籍、纺织品等诸多领域也有所涉猎，称得上19世纪末到20世纪初奥地利具有代表性的全方位的艺术家。他是瓦格纳的学生，也是维也纳分离派的核心成员。他和莫塞参考工艺美术运动，创立了维也纳工坊。

虽然他也会使用平缓的曲线，但由于受到格拉斯哥派的马金托什的影响，确立了和法国的新艺术运动不同的独特风格。他采用直线、几何学图样或正方形的设计也十分醒目。其后期的设计对装饰艺术影响深远。

在椅子等家具方面，他则以建筑和装饰一体化为目标，完成了注重舒适度等功能性的设计(13–19、13–20)。

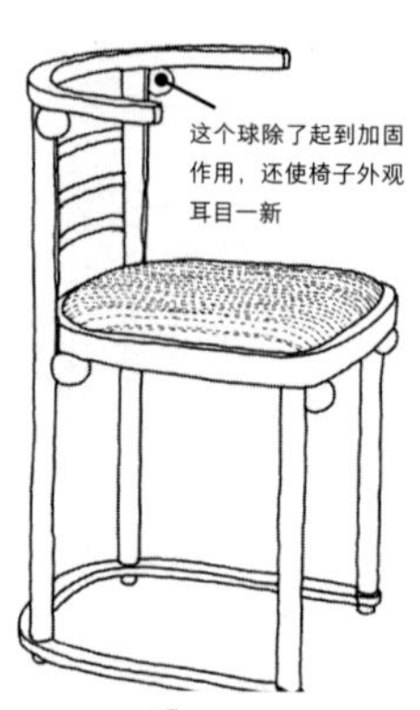

13–19

蝙蝠无扶手椅

制作于1905年。材料为山毛榉，椅座为布面。维也纳的蝙蝠歌厅，从室内装潢、家具到餐具都是由霍夫曼设计的，这把椅子也是当时制作的椅子。

椅背上方的横木，以及椅腿和椅座连接处的圆球引人注目，既美观又有加固结构的作用。由擅长曲木加工的索耐特公司制作。

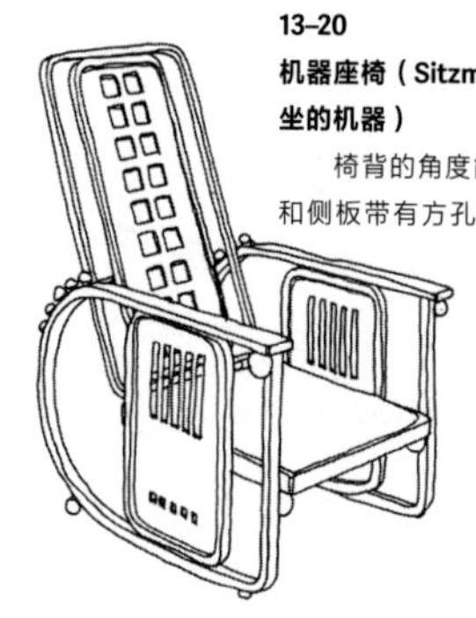

13–20

机器座椅（Sitzmaschine，用来坐的机器）

椅背的角度能够调整。椅背和侧板带有方孔，也使用了兼具加固和装饰功能的圆球。

13–21

弗里德曼住宅的扶手椅

制作于1898年左右。材料为胡桃木。

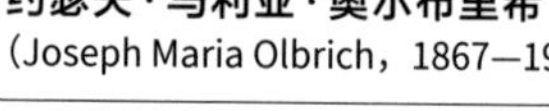

约瑟夫·马利亚·奥尔布里希
(Joseph Maria Olbrich，1867—1908)

建筑家、设计师，也是瓦格纳的学生、维也纳分离派的核心成员。建筑物的代表作为维也纳的分离派展览馆(Secessionsgebäude)。这是为1898年发表分离派成员的作品所建造的场所，如今作为展览会场使用。除此之外，他还参与设计了路德维希大公官邸、达姆施塔特艺术村的建筑物等。

与法国的新艺术风格不同，他一直贯彻自身独特的风格，注重空间的舒适感和整体的统一感。和霍夫曼一样，他也给艺术设计带来深远影响。此外，他设计了许多椅子（13–21、13–22）。

13–22

弗里德曼住宅的无扶手椅

制作于1900年左右。直线和新艺术设计完美融合，充分展现了维也纳分离派的特色。

科罗曼·莫塞
(Koloman Moser，1868—1918)

活跃在家具、建筑雕刻、彩绘玻璃、绘图等多领域的工艺家，后半生以画家身份活跃。他也是分离派创始者之一，1903年和霍夫曼成立了维也纳工坊。设计特色是注重功能性(13–23)，对格拉斯哥派的马金托什十分景仰。

13–23

普克斯多夫疗养院的扶手椅

由莫塞设计，在普克斯多夫疗养院（维也纳郊外的结核病疗养机构）大厅中使用的椅子。只使用直线，小正方格的设计和椅座上黑白相间的花纹具有强大的视觉冲击力。这种时尚的感觉在现代也适用。材料为山毛榉，坐面由藤编织而成。

科罗曼·莫塞

“我对使用正方形且大量使用黑白两色有极大的兴趣。这是因为在从前的样式中从未见过。”

14

DE STIJL BAUHAUS ART DECO
L'ESPRIT NOUVEAU

1910 — 1940

20 世纪前期的现代风格

（第二次世界大战之前）
荷兰风格派运动、包豪斯、装饰艺术、新精神（勒·柯布西耶）等

随着科技的进步，设计师们互相切磋，
现代风格诞生

14

DE STIJL BAUHAUS ART DECO L'ESPRIT NOUVEAU
1910 — 1940

20 世纪前期的现代风格

（第二次世界大战之前）
荷兰风格派运动、
包豪斯、装饰艺术、
新精神（勒·柯布西耶）等

荷兰　风格派

以“激进地推行艺术革新”为目标，强调垂直或水平的样式或空间

风格派运动是指20世纪初至30年代在荷兰发起的新造型运动。

1917年10月，以建筑家特奥·凡·杜斯堡（Theo van Doesburg）为中心，在荷兰的莱顿创办了美术杂志《风格》（*De Stijl*，荷兰语，意为“风格”）。以该杂志的理念“新造型主义”为基础的造型运动被称为风格派运动，目标是激进地推行艺术革新，非常具有挑战精神。风格派运动的特点是摒除传统风格和装饰，强调垂直或水平的几何学样式或空间。这或许也与荷兰因第一次世界大战陷入经济困顿，在生活方面要求朴素、节俭的时代背景有一定关系。

《风格》创刊两年后成立的德国的包豪斯学院、法国的勒·柯布西耶等人发起的新精神运动等，都受到风格派很大的影响。后者的主要成员有抽象画家彼埃·蒙德里安、家具设计师兼建筑家里特维尔德等人。里特维尔德尤其值得一提，他所设计的椅子，是将直线相组合的崭新设计，即便以现在的眼光看来也极具震撼力。

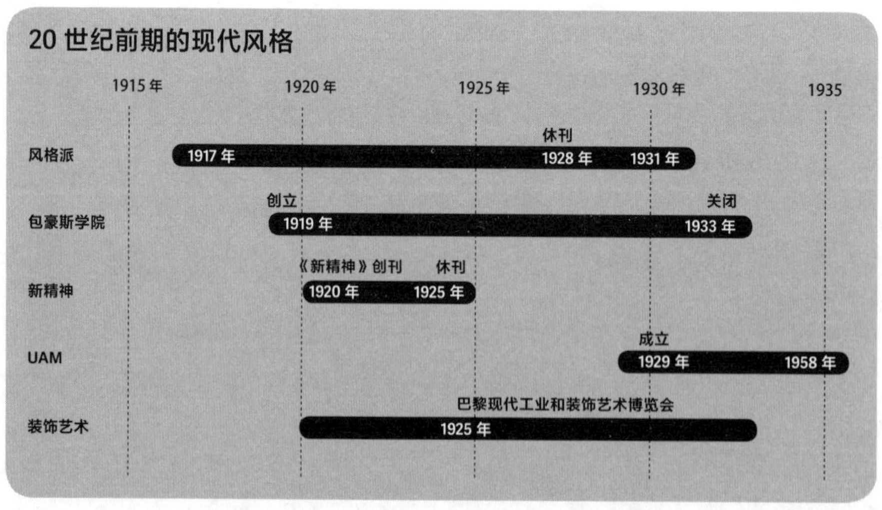

“红蓝椅”和“Z字椅”的创作者
格里特·托马斯·里特维尔德
（Gerrit Thomas Rietveld，1888—1964）

格里特·托马斯·里特维尔德
“里特维尔德先生，请问您设计椅子的动机是什么呢?”
“为了从单调的世界中创造新的事物。”

出生于荷兰乌得勒支。父亲是一名家具工匠，孩提时代他便在父亲的指导下学习制作木卡榫家具。15岁左右，他开始一边做宝石设计工作，一边学习建筑设计。23岁时他以家具制作者的身份创业，25岁后开始制作古典家具，后来被弗兰克·劳埃德·赖特（Frank Lloyd Wright）制作的“平板构成的木制椅”所吸引，开始了新式家具的实验性设计。

由此诞生的便是著名的“红蓝椅”（14-1）。1919年，他加入了《风格》（直到1928年）。1923年，他创造出的左右不对称的“柏林椅”（14-2）、给予阿尔瓦·阿尔托很大影响的成型胶合板“安乐椅”（14-3）、“Z字椅”（14-4）等，都是当时未曾出现过的几何学风格的椅子。

他还运用了悬臂（*1）结构，以及使用成型胶合板将椅背和椅座融为一体，给之后的椅子设计带去了很大影响。作为建筑家，他参与设计了施罗德住宅（2000年登记为世界遗产）、凡·高美术馆（阿姆斯特丹）等，成就不斐。

*1
悬臂（cantilever）

也译作“悬臂梁”。仅看字面可能猜不出是什么意思，简单来说，就是一端固定、另一端不固定的梁，例如游泳池跳水台也是一端固定的结构。

就椅子而言，马特·斯坦设计的椅子就是利用悬臂的典型案例（参见第123页）。另外，Z字椅也是悬臂椅的一种。

14

14-1
由直线和平面构成的象征新造型主义的名椅
红蓝椅

制作于1918年。提起里特维尔德，就不得不提红蓝椅。正红色的椅背搭配亮蓝色的椅座，框架为黑色，材料的切口为黄色，不使用任何曲线，只由直线和平面构成。框架和大胆的三原色的组合十分和谐，即便是对椅子不了解的人，看到这把椅子后也会印象深刻。在设计方面，会让人想到风格派核心人物蒙德里安多使用垂直和水平线条的抽象画。这把椅子也从英国的爱德华·威廉·戈德温（参见第100页）的家具中汲取了灵感。

最初红蓝椅有不同尺寸，有男性用款和女性用款，方正的木材也很粗，涂成白色。演变成现在的鲜艳配色是在1923年。20世纪70年代前期开始，红蓝椅由意大利的卡西纳公司销售。因为商品化，这把椅子再次受到世人瞩目。不过，这并非适合久坐的椅子，因为臀部会很疼。

零件为方正的木材和平板，易于加工，用螺丝和螺母组装，而非榫接。因此，模仿这种设计的木工爱好者有很多。

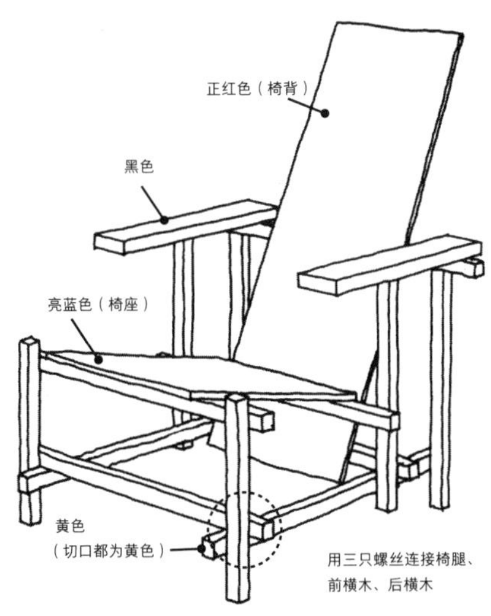

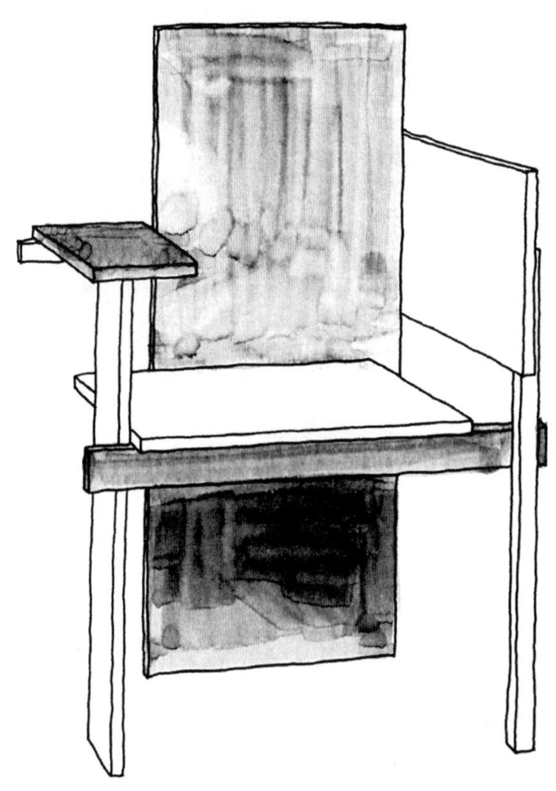

14–2

左右扶手不对称

柏林椅

1923年柏林举办的“无审查美术展”中，它是装置艺术《色彩—空间构成》的一部分，因在本次展览上发表而取了这个名字。

这是一把左右不对称的独特椅子，使用大小各异的八块木板（材料为松木等针叶木）榫接而成。一边的侧板呈水平，而另一边的侧板呈垂直。颜色分别为白色、黑色、灰色，有着与红蓝椅不同的韵味。

在柏林展览的次年（1924），他协助设计的施罗德住宅（基本设计由特罗斯·施罗德夫人完成），也运用到不对称的结构。左右不对称的外观虽然古怪，但经《风格》介绍后，获得很大反响。

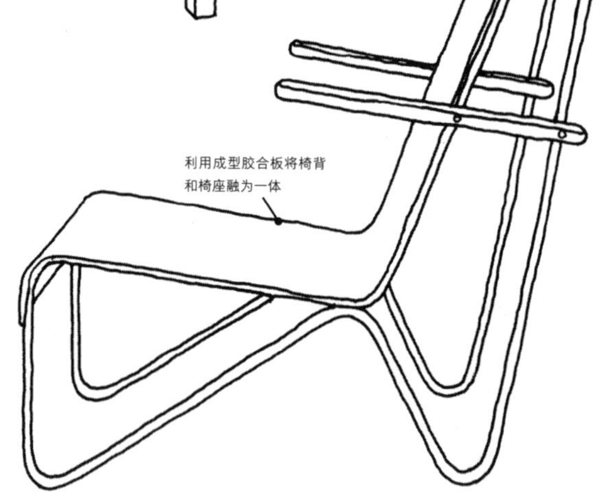

14–3

并非单纯采用悬臂概念，但成为之后的悬臂椅的灵感来源

安乐椅

制作于1927年。由金属管和成型胶合板组合而成。椅背和椅座为融为一体的成型胶合板。这种造型给阿尔瓦·阿尔托的木制悬臂椅带来很大影响。

影响里特维尔德的人，受里特维尔德影响的人

影响里特维尔德、使他获得灵感的人		受里特维尔德影响、从中获得灵感的人
爱德华·威廉·戈德温	里特维尔德	阿尔瓦·阿尔托
彼埃·蒙德里安		马塞尔·布劳耶
弗兰克·劳埃德·赖特		威尔纳·潘顿

14-4

令人怀疑是否能坐，但其实在结实度方面下足功夫的名椅

Z字椅

制作于1932—1933年。这款椅子只要看过便无法忘记。从侧面看像一个人坐下的姿态。名字如同外观，叫作Z字椅（Zig-Zag Chair）。由四块木板在三个地方接合而成。椅背和椅座利用鸠尾形接榫接合，其他两个部分以接片连接，并在内侧架了角椽加固结构。虽然看起来似乎很容易损坏，但其实在结实度方面下足了功夫。在早期作品中，椅座和椅腿是由螺丝和螺母接合的。

椅背内侧带有能够放入手指的凹槽，方便在搬运时抓取，而且还能堆叠（*2）。虽然看起来是注重设计的椅子，但在功能性方面也有所考量。至于舒适度如何，就不得而知了。

1932—1933年，风格派的组织已经解散。或许在此之前设计的椅子成了Z字椅的灵感来源，例如德国的海因兹·拉舒和博多·拉舒（Heinz & bodo Rasch）兄弟在1927年发表的“Sitzgeitststuhl椅”。明显参考了Z字椅的椅子也纷纷出现，例如1960年左右威尔纳·潘顿的“潘顿椅”。“潘顿椅”利用塑料呈现优雅线条，同样可以堆叠。

此外，从20世纪70年代前期开始，Z字椅由意大利卡西纳公司负责制造。材料为榆木和榉木。

以鸠尾形接榫接合

此处有加固的角椽

后来，
Z字椅被重新设计

威尔纳·潘顿的“潘顿椅”（1959—1960）

法比奥·诺文布雷（Fabio Novembre）的他椅（Him，2008）

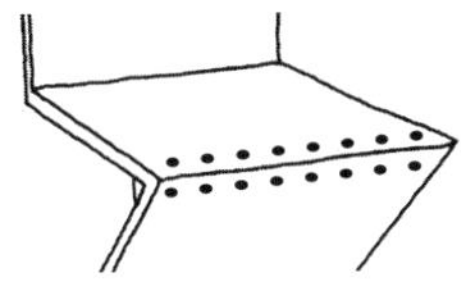

早期的作品由螺丝和螺母固定

*2

堆叠（stacking）

Stack原意为“干草和稻草堆”（收割的稻子和干草堆叠），由此引申出“堆成稻草堆”“堆叠”等含义。在会议室和大餐厅中，经常用到堆叠椅。不使用时不占用收纳空间，整理时也便于搬运。

德国　包豪斯

从第一次世界大战结束到纳粹势力抬头（魏玛共和国时代）的时代氛围成为包豪斯活动的动力

第一次世界大战结束后的次年（1919），德国魏玛艺术学校和工艺学校合并，成为具有革新性的国立设计学校——包豪斯学院。第一任校长是建筑师瓦尔特·格罗皮乌斯，他提出了“艺术与技术的新统一”这一理念。当时，魏玛正好刚刚为制定民主宪法而召开了国民会议，制定完成的宪法被称为《魏玛宪法》(*3)。

1925年，包豪斯学院搬迁到德绍（位于柏林西南约100千米处），并改为市立学院；1932年又迁至柏林，成为私立院校。不过，1933年，学校遭到刚刚夺取政权的纳粹势力的严酷镇压，被迫关闭。包豪斯风格活跃的这一时期（1919—1933），正好和德意志帝国瓦解后成立的魏玛共和国的时代重合。虽然只存在了短短14年，但是包豪斯对后世的艺术、建筑、设计、美术教育影响重大，甚至日本的造型教育也受到了其莫大影响。在包豪斯学习的日本留学生回国后任教于美术学校或大学，传授包豪斯的理念。

在包豪斯，一般将教授称为指代工匠师傅的“师匠”。著名画家保罗·克利和瓦西里·康定斯基也以“师匠”身份开办素描和造型课程。成立初期即在学院任职的画家约翰·伊顿负责初级课程（进入陶瓷器或家具等各个工坊前的基础课程），是包豪斯学院在艺术教育方面的核心人物（*4）。

受荷兰风格派运动的影响

就家具领域而言，包豪斯过去开发了钢管等新材料，并针对适合工业生产的合理造型进行研究，建构起现代设计的功能主义理论。身兼建筑家与家具设计师的教授们相互切磋交流，创作出大量在现代也适用的名椅。

包豪斯的家具受荷兰风格派影响很深，这是因为风格派的核心成员杜斯伯格就在包豪斯授课。虽然杜斯伯格揶揄包豪斯为“表现手法的大杂烩”，但仍对学校的可能性产生兴趣，从而来到包豪斯。马塞尔·布劳耶上了杜斯伯格的课后，受

*3

《魏玛宪法》

相信很多人曾在高中学习过世界史，或许也听说过这部宪法。该宪法承认公民的社会权利，是典型的近代民主主义宪法。虽然宪法的理念十分优秀，但魏玛共和国的经济状况并未因此好转，当时政局不稳定，致使纳粹势力抬头。

第一次世界大战战败后，企图重建的国民意识和宪法的民主主义理念相互影响，这种时代氛围或许也在包豪斯的活动中有所体现。

*4

约翰·伊顿（Johannes Itten，1888—1967）

出生于瑞士。画家、艺术教育家。他在经营艺术院校时，受到包豪斯第一任校长格罗皮乌斯的委托，在开学典礼上以《历史上名匠的教诲》为题进行演讲，并因此成为包豪斯的教授（师匠）和教育部门的核心人物。

伊顿的教育理念主要由一组对立的概念构成，例如直觉和体系、主观的体验能力和客观的认识等。授课的重点是自然素材研究、历史名匠的分析、人体素描。在人体素描课刚开始时会进行活动身体以及呼吸法的训练，非常特立独行。

1923年，他因与包豪斯校长理念不合而辞去教职。之后，担任柏林伊顿学院院长和位于苏黎世的工艺博物馆馆长及其附属院校校长等职务。

20世纪30年代，有两位日本女留学生曾在伊顿学院学习。两人归国后，在东京的自由学园工艺研究所担任教师，在伊顿理念的基础上开展艺术教育。她们的学生之中，有女性木作工艺家的先驱——在长野县原村设立工坊的岩崎久子。

到很大启发，学生时期就一直遵从风格派的理念制作家具。

包豪斯学院的第一任校长
瓦尔特·格罗皮乌斯
（Walter Gropius，1883—1969）

建筑家。从1919年包豪斯成立到迁至德绍，他担任校长一职28年。在包豪斯，他设立了将建筑升华为综合艺术的革新性的教育系统。因厌恶纳粹统治，他于1937年移居美国，并在哈佛大学担任建筑系教授，奠定了住宅规格化和量产化的基础。除建筑设计外，他在20多岁的时候便开始尝试设计椅子（14–5）。

瓦尔特·格罗皮乌斯
"设计并不需要智慧，也并非以具体形态存在的事物。设计是世上不可或缺的要素，是在公民社会中所有人都需要的东西。"

"巴塞罗那椅"的设计者，包豪斯学院的第三任校长
密斯·凡·德·罗
（Mies Van der Rohe，1886—1969）

建筑家、家具设计师。出生于德国亚琛。父亲是一名石匠。他原先从事绘图工作，后来才开始学习建筑。1911年以建筑师身份创业。他曾利用铁、玻璃、混凝土等材料设计近代的高层建筑和住宅，代表作为以制作人身份参与设计的斯图加特近郊魏森霍夫区的住宅群（1927），以及巴塞罗那世界博览会德国馆（1929）。1930—1933年担任包豪斯学院第三任校长，在包豪斯因纳粹势力抬头而被迫闭校后移居美国，成为伊利诺伊理工学院建筑系的教授，并设计了纽约的西格拉姆大厦（超高层）等建筑。

凡·德·罗会亲自设计放置在自己操刀的建筑物中的椅子，留下了一些在近代设计中具有划时代意义的作品。其中最有名的就是巴塞罗那世界博览会德国馆中的巴塞罗那椅（14–6）、魏森霍夫区的住宅群中放置的由金属管组成的悬臂椅的先驱"先生椅"（14–7）。他所设计的"布尔诺椅"（14–8）则是后来的木制悬臂椅的灵感来源。

"Less is more"（少即是多），除了这句充分表达自身信念的话之外，他还留下了诸多名言。

14–5
法古斯工厂大厅的扶手椅

制作于1911年。格罗皮乌斯在25岁左右时设计的椅子。法古斯工厂为制鞋工厂。格罗皮乌斯使用铁和玻璃设计了该工厂，而这把椅子就放置在工厂的大厅中。

框架为木制，涂成黑色。椅座为布面。

密斯·凡·德·罗

“上帝存在于细节中。”

14–6

兼具品位、设计、舒适度的名椅

巴塞罗那椅

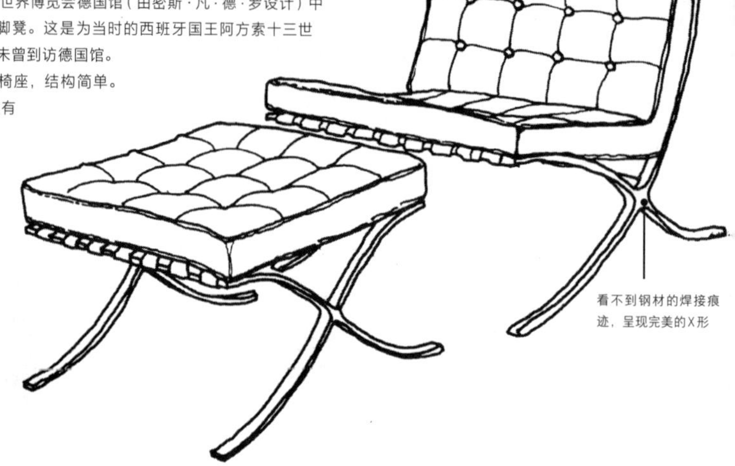

1929年放置在巴塞罗那世界博览会德国馆（由密斯·凡·德·罗设计）中的椅子，同时放置了软垫搁脚凳。这是为当时的西班牙国王阿方索十三世来访而设计的，但国王最后未曾到访德国馆。

X形钢制腿连接椅背和椅座，结构简单。框架之间用皮带连接，并置有皮革靠垫。搁脚凳的X形腿让人想到古埃及、古希腊、古罗马时代的三脚凳的腿，据说凡·德·罗为了打造这种曲线而不断试错。

德国馆的建筑材料主要采用铁和玻璃，墙壁为大理石，是著名的近代建筑。这把椅子将建筑的氛围和国王的权威及品位相融合，更具有现代感，并且坐上去也十分舒适，至今仍是十分受欢迎的名椅。

MR10

MR20

14–7

设计美观，悬臂椅的先驱

先生椅（MR10、MR20）

制作于1927年。为魏森霍夫区的住宅群所设计的椅子。没有扶手的是MR10，有扶手的是MR20。

框架的钢管上看不到任何焊接痕迹，线条优雅。这款椅子并非仅从设计方面出发，也考虑了功能性。从椅座前侧延伸出的曲线会产生适度的弹力，能够吸收坐下时的冲力。图中MR10的椅背和坐面是皮革材料，MR20的由藤编织而成。

马特·斯坦在1926年提出了用钢管制作悬臂结构椅子的想法。据传，斯坦曾将为魏森霍夫区的住宅群制作的样品和设计图拿给凡·德·罗看。凡·德·罗以此为灵感，才设计出先生椅。

14–8

由扁条钢材构成的悬臂椅

布尔诺椅（Brno chair）

制作于1929—1930年，为布尔诺市（位于现在的捷克）的图根哈特别墅设计。

扁条钢材和木制层压胶合板的形状相同，阿尔瓦·阿尔托的木制悬臂椅应该也受到了这款椅子的启发。椅子超过20千克，十分沉重，但悬臂椅特有的缓冲性提升了整体的舒适度。

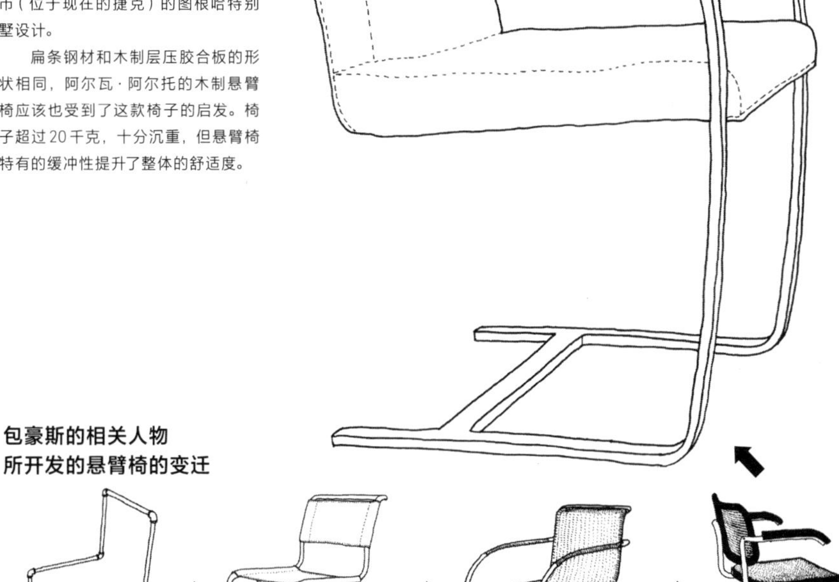

包豪斯的相关人物所开发的悬臂椅的变迁

煤气管椅（1926） → 悬臂椅S33号（1927） → 先生椅（1927） → 塞斯卡椅（1928）

金属制名椅“塞斯卡椅”“瓦西里椅”的设计师

马塞尔·布劳耶

（Marcel Breuer，1902—1981）

建筑师、家具设计师。出生于匈牙利。1920—1924年，他在包豪斯学习（包豪斯第一届学生），毕业后留校任教；1926年，成为家具工坊的主任教师。之后，他在柏林成立了建筑事务所，但因纳粹势力抬头，身为犹太人的布劳耶搬到英国，后来又迁居美国，在哈佛大学担任建筑系教授。

他以功能性和量产化为设计目标，也受到风格派主要成员里特维尔德的影响，学生时代就以红蓝椅为标杆制作椅子。他运用钢管制作出数把名椅，其中的代表作为“瓦西里椅”(14-9)，以及悬臂椅“塞斯卡椅”(14-10)。两把椅子都是他在包豪斯执教时期设计的，完成度颇高，在现代也经常能够见到，是十分受欢迎的椅子。

14-9

以自行车把手为灵感而设计的名椅

瓦西里椅（Wassily chair）

制作于1925年。布劳耶运用钢管制造的第一把椅子。据说，他是从阿德勒牌自行车把手的优美线条上得到启发而设计出了这把椅子。虽然椅子是由复杂的钢管组成，但只是弯曲钢管并用螺丝固定。椅座和椅背覆有皮革。

曾为包豪斯学院教授的画家瓦西里在员工住宅中使用的就是这把椅子，因此将其命名为“瓦西里椅”。据说，这是校长梅耶送他的生日礼物。

在结构和设计上都很完美，坐起来也十分舒适。1928年，勒·柯布西耶设计的“巴斯库兰椅”就是受到了瓦西里椅的启发，但结构更为简单。

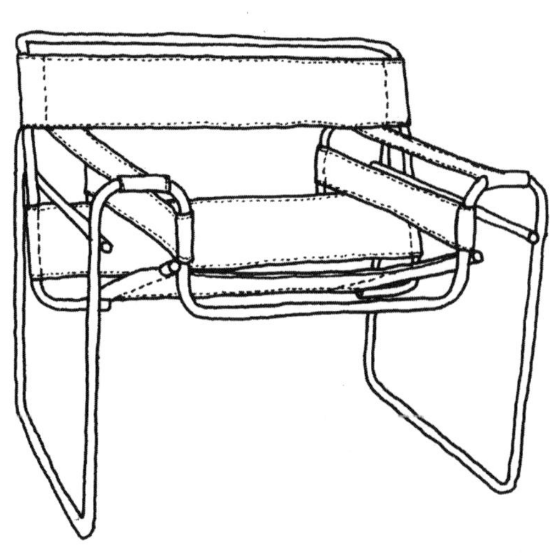

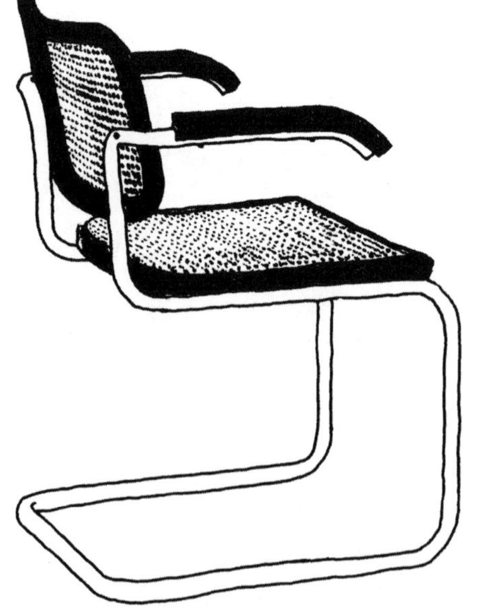

14-10

世界各地都在使用的代表性悬臂椅

塞斯卡椅（Cesca chair）

制作于1928年。最初为索耐特公司制作。瓦西里椅诞生三年后，塞斯卡椅问世，虽然同样使用钢管，但与瓦西里椅在结构上却差异不小。瓦西里椅用螺丝固定不锈钢管，而塞斯卡椅则是由一根钢管弯曲而成。前侧两根钢制悬臂梁兼具强度和弹性。木制框架和扶手涂成黑色，坐面和椅背由藤编织而成，缓和了钢的冰冷触感。

从1926年斯坦发表的椅子、1927年凡·德·罗的先生椅到1928年布劳耶的塞斯卡椅，悬臂椅在短时间内就进化了如此之多。这个时期的德国（包豪斯的相关人物）是设计师和制作者相互切磋的时代。

顺带一提，“塞斯卡”这个名字源自布劳耶的女儿（养女）的名字弗朗西斯卡（Francesca）。

悬臂构造钢管椅的发起者

马特·斯坦

（Mart Stam，1899—1986）

建筑家、家具设计师。出生于荷兰皮尔默伦德。从阿姆斯特丹的工业专科学校毕业后，他在柏林等地学习建筑。1923年参加了包豪斯的展览会，直到1929年一直在包豪斯学院担任客座教授。之后，他还在俄罗斯参与城市计划。第二次世界大战后，他在荷兰和德国的与艺术相关的院校担任校长。

斯坦是最早提出运用钢管制造悬臂椅的人（*5），因此在椅子的历史上留名。后来，凡·德·罗和布劳耶设计出将钢管弯曲成优美曲线的椅子，但马特·斯坦运用煤气管和金属制连接器制作了悬臂椅（14–11、14–12）。

他和布劳耶曾因悬臂椅的设计而闹上法庭，最后在1962年获得了判决结果。德国联邦法庭认定了斯坦的著作权。因为悬臂椅，斯坦和布劳耶、凡·德·罗之间有了嫌隙。

*5

金属制悬臂椅

在斯坦之前，就有人想过用金属制作悬臂结构的椅子。1922年，美国的哈利·E. 梅兰德申请了由纯铁条（并非铁管）弯曲而成的椅子的专利。

说到钢管制的家具，1844年，法国的甘迪尤加曾组合煤气管等物品，制成椅子。

14–11

钢管制悬臂椅的始祖

煤气管椅

制作于1926年。利用金属制连接器连接笔直的煤气管制成的样品。这是最早用轻量的钢管制造的悬臂椅。据说，斯坦参考了悬臂型拖拉机的座椅。

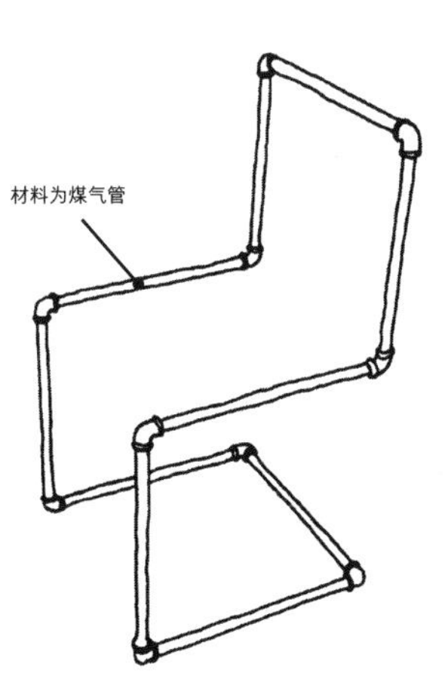

14–12

悬臂椅 S33 号

制作于1927年，根据煤气管椅的样品制作而成。椅座和椅背覆有皮革。

法国　装饰艺术、新精神、UAM

19世纪末到20世纪初掀起的法国新艺术运动，在1910年左右便开始衰退。这一时期的物品虽然外形设计很优雅，但实用性和价格方面却比较欠缺。第一次世界大战发生后，装饰艺术(Art Deco)登场。装饰艺术风格并没有明确的定义。在被称为“装饰艺术”的时期中，勒·柯布西耶等人创办了前卫杂志《新精神》(*L'Esprit Nouveau*)，成立了由建筑家和设计师组成的UAM（现代艺术家联盟）。法国也在逐渐朝着现代设计、功能主义迈进。

（1）装饰艺术

近代功能主义之前的过渡时期
装饰较之前减少，转为便于批量生产的设计

这是20世纪20年代初（第一次世界大战后）到30年代在法国展开的新兴装饰风格。但是，正如前文所说，单纯地用一句话定义装饰艺术十分困难。这类风格有“应有尽有”的一面。说是新风格，它也并非从零开始思考出的设计，古埃及、阿兹特克、中国或日本的东方美术（漆等)、德国包豪斯等各类文化的和风格都能从中窥见。这或许是设计师们感兴趣的领域有所不同的缘故吧。

即便如此，我们从年代上仍然能够看出大致的设计趋势。直到20世纪20年代后期，它仍留有装饰，古典风格浓厚，此后多见直线、几何学的对称设计。整体看来，它较之前减少了多余的装饰，并且以便于批量生产的设计和构造为主，可以将其看作功能主义之前的过渡时期。

“装饰艺术”的语源

“装饰艺术”这个名称来源于1925年在法国巴黎举办的现代工业和装饰艺术博览会（Exposition Internationale des Arts Decoratifs et Industriels Modernes)。Arts Decoratifs(意为“装饰艺术”)经过部分缩写后即Art Deco，名称就此固定。后来，从博览会举办的数年前开始在法国开展的新的艺术运动便被称为“装饰艺术”。因此，这种风格也被称为“1925年风格”。

巴黎博览会的理念是展出新作品，因此会场中有汲取了古典风格的装饰系列作品，也有注重功能性的现代设计作品。虽然这些作品是新作，但还是能看出继承了新艺术运动的理念，以装饰性为重点。其中，勒·柯布西耶等人的“新精神”团体设计了没有装饰的“新精神馆”，无论是建筑物还是其中展示的椅子都受到瞩目。

此外，在20世纪20年代的美国，装饰艺术比在欧洲还要流行。耸立于纽约曼哈顿的帝国大厦和克莱斯勒大厦，特别是克莱斯勒大厦的斜面顶冠的设计，充分展现了装饰艺术的氛围。

在日本，第二次世界大战前，皇室成员朝香宫从法国回国后建造的住宅，是当今日本国内留存的装饰艺术的代表性建筑，现在为日本东京都庭园美术馆（位于港区白金台）。

（2）新精神

勒·柯布西耶等人追求的功能主义

1920年，建筑家勒·柯布西耶和画家阿梅德·奥占芳等人创办了《新精神》杂志。为了方便，人们将与这本杂志的理念产生共鸣的设计师们的活动团体统称为“新精神”。他们摒弃无用的装饰，注重功能性，强调生活中必要的器具，并且影响了数年后成立的UAM。

勒·柯布西耶与表弟皮埃尔·让纳雷，以及后来到了日本、对日本家具设计发展有所贡献的夏洛特·贝里安，一同设计了“躺椅”等名椅。

（3）UAM（Union des Artistes Modernes）

推动现代主义的启蒙运动

该联盟成立于1929年。参与者有勒·柯布西耶、罗伯特·马莱-史蒂文斯、勒内·赫布斯特、简·普鲁威、夏洛特·贝里安等建筑家、家具设计师。他们反对从前的装饰艺术，去除过度装饰，开展了现代主义的启蒙运动，并提出其理念：喜好逻辑、平衡、纯粹性。

制作面向富裕阶层的椅子
装饰艺术的代表性设计师

埃米尔-雅克·鲁尔曼
(Emile-Jacques Ruhlmann，1879—1933)

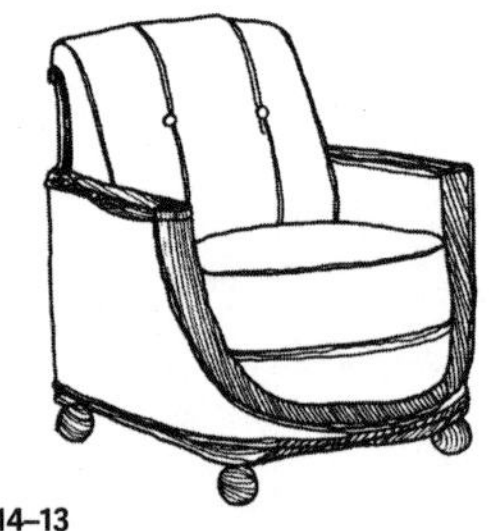

14–13
扶手椅 SC101
框架材料为高级木材条纹乌木（主要产于印度尼西亚苏拉威西岛等地）。椅座、椅背、侧面覆有皮革。

在大众的印象中，他是“装饰艺术”家具、室内装饰设计师的代表。他出生于巴黎，年轻时受到新艺术运动的影响。虽然他曾制作过工艺美术风格的家具，但本人否认那是工艺美术风格。他经营有一家高级家具制作公司，要求工匠的作业必须完美。他的公司使用紫檀和乌木等高级木材，制作曲线和直线完美融合的家具（14–13、14–14）。在1925年的巴黎现代工业和装饰艺术博览会中，他们展出了只有富裕阶层才买得起的豪华椅子。

14–14
凳子
制作于1923年。材料为紫檀木。椅座为布面。框架的一部分覆有金箔。

跟随日本工艺家学习漆器的女性设计师

艾琳·格雷
(Eileen Gray，1879—1976)

漆器工艺家，家具、室内设计师。出生于爱尔兰，在伦敦和巴黎学习设计。她受到新艺术、马金托什，以及东方美术的影响，也为初期的装饰艺术风格所倾倒。25岁后，她在巴黎遇到了游历欧洲的日本漆器工艺家菅原精造，并跟随其学习漆艺。1925年之前，即她45岁左右时，多用漆来完成椅子和桌子。她还留下一件给独木舟形的长椅上漆并施有银箔的作品。之后，她从漆器开始走向使用钢管的现代设计之路，创作出“甲板躺椅”(14–15) 和“必比登椅”(14–16) 等名椅。

艾琳·格雷
“我想要做的是符合这个时代的作品，可能创造出，但仍无人创造出的事物。”

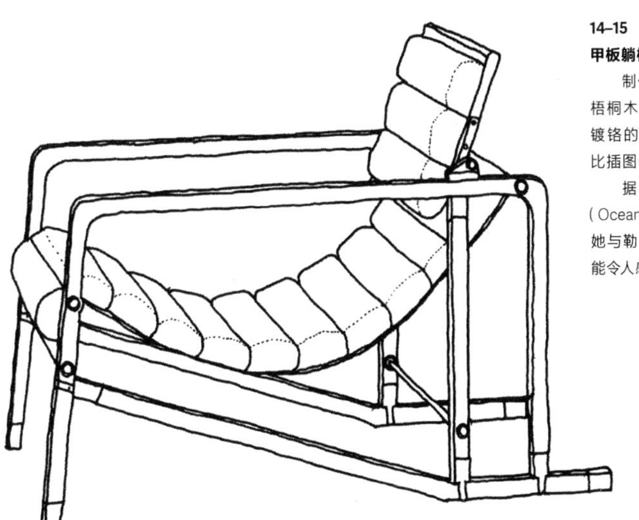

14–15

甲板躺椅（Transat chair）

制作于1924—1926年。框架的材料为梧桐木，覆有皮革。椅腿前端和横木使用镀铬的钢材。甲板躺椅有很多样式，也有比插图中椅背更直的类型。

据说，格雷是从大西洋航运的甲板椅（Ocean-liner deckchair）中获取了设计灵感。她与勒·柯布西耶有过交流，她的作品中也能令人感受到勒·柯布西耶的躺椅风格。

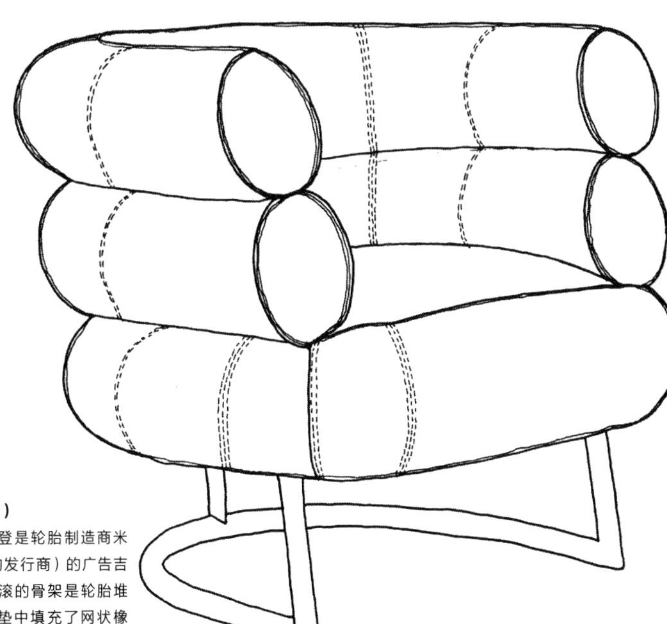

14–16

必比登椅（Bibendum chair）

制作于1929年。必比登是轮胎制造商米其林（也是餐厅评鉴指南的发行商）的广告吉祥物的名称（*6）。其圆滚滚的骨架是轮胎堆叠起来的状态。皮面的靠垫中填充了网状橡胶，坐着很舒服。椅腿为镀铬的钢管。

这原本是为帽子专卖店老板马修·蕾维在公寓中使用而设计的椅子，之后并未引起关注，但在20世纪70年代，伦敦的家具制造者再次了生产这把椅子，受到广泛好评。

***6 必比登**

在日本被称为“米其林人”的轮胎吉祥物。19世纪90年代开始出现在米其林的广告中，昵称为“必比”。我询问相识的法国人是否知道必比登时，对方回答：“当然，只要是法国人都会知道那个公仔的名字叫作必比登。”与日本不二家的“PEKO”类似。

14–17

木制扶手椅

制作于1920年左右。装饰艺术风格的椅子。以珊瑚为设计主题，椅背为六角形。

构想住宅中使用方便的家具

皮埃尔·夏洛

(Pierre Chareau，1883—1950)

家具、室内设计师。出生于波尔多。作为建筑家，他因设计出外侧铺有玻璃砖的“玻璃之家”（Maison de Verrre）而闻名。这件作品也被列为20世纪现代主义建筑的代表作之一。

他从思考住宅空间中使用方便的家具出发，运用建筑学的知识设计家具（14–17）。多使用桃花心木、紫檀木、梧桐木、榉木等材料。他也制作过木材和不锈钢管组合而成的椅子（14–18）。

设计简朴低调，

却有冲击力的椅子的建筑家

罗伯特·马莱–史蒂文斯

(Robert Mallet-Stevens，1886—1945)

装饰艺术时代的代表性建筑家。出生于巴黎。他和勒·柯布西耶是同时代的人。在1925年的巴黎现代工业和装饰艺术博览会中，他设计了观光馆（Pavillon du Tourisme）。除了店铺、工厂、普通住宅，他也设计电影布景。此外，他还设计具功能性的椅子，虽然线条简单、用色低调，但构造却有冲击力。就椅子设计而言，他受到了维也纳工坊的约瑟夫·霍夫曼的影响（14–19）。

14–19

无扶手椅（堆叠椅）

制作于1930年左右。框架为钢管，椅座和椅背为钢板，涂有瓷漆。一般认为这是在约瑟夫·霍夫曼于1906年设计的曲木椅的基础上重新设计而成的。这件作品展示了史蒂文斯独特的风格——简单、低调、实用。

14–18

T形凳

制作于1927年左右。椅座带有凹陷，材料为紫檀木。椅腿为钢制。也有相同设计的边桌。从中能够看出从装饰艺术到现代风格的推移。在“玻璃之家”中似乎也放置了这款椅子。

追求功能性和美感的20世纪代表性建筑家

勒·柯布西耶

（Le Corbusier，1887—1965）

建筑家（*7）。出生于瑞士拉绍德封。本名查尔斯–艾德华·让那雷（Charles-Edouard Jeanneret）。父亲是钟表匠，柯布西耶为了继承家业，在美术学校学习金属雕刻和普通雕刻。在此期间，他因被老师建议学习建筑，从而去往巴黎和柏林，在建筑家门下工作。之后，他以巴黎为主要活动地点，不仅从事建筑设计，也进行绘画、雕刻、家具等多领域的创作活动。

1920年，他与画家阿梅德·奥占芳等人创办了前卫艺术评论杂志《新精神》。此时，他将外祖父的名字勒·柯布西耶作为笔名。崇尚装饰又追求实用性的勒·柯布西耶等人的理念（造型论）也因其创办的杂志而被称为"新精神"。他们受到荷兰风格派很大的影响。

关于椅子和家具，1927—1929年，他与女性设计师夏洛特·贝里安、表弟皮埃尔·让纳雷合作设计了一些作品（14–20、14–21）。其中，钢管椅"躺椅LC4"（14–22）十分有名。柯布西耶曾说过"房屋是居住的机器"这样的名言，而对于家具，他则将其视作实用且有效率的装备。他认为家具是一件设备或工具，是构成建筑内部空间的要素之一。

按照柯布西耶的想法，椅子就是用来坐的机器。他也曾说过"椅子是建筑物"。不过，他认为椅子不仅需要具备实用性，还必须具备艺术美感。这一点也体现在他的众多作品中。

勒·柯布西耶

"美不是装饰，而是存在于自然的秩序中。"

*7

曾设计东京上野的国立西洋美术馆，对日本的建筑界影响颇深。在日本的近代建筑史中留下了伟大功绩的前川国男、坂仓准三、吉阪隆正等人都曾在巴黎师从柯布西耶。并且，跟随这些建筑家工作的人，后来也作为设计师而活跃。前川国男的事务所有水之江忠臣，长大作则是在坂仓准三建筑研究所从事设计工作。

14–20

舒适沙发 LC2

制作于1928年。与贝里安、让纳雷合作设计。当时是为了放在巴黎的公寓里。材料为钢管和布面靠垫等。先在椅子底部铺上橡胶皮带，形成坐面，再放上靠垫。椅座和侧面各用两个靠垫，椅背为一个靠垫。最初由索耐特公司制造，现在由意大利卡西纳公司制造。

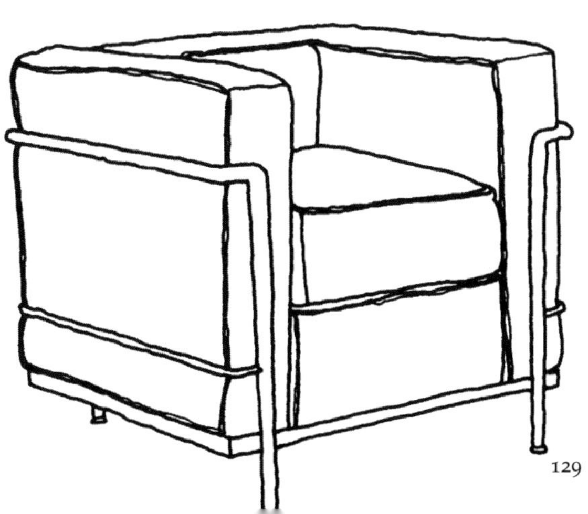

14–21

巴斯库兰椅（Basculant chair）

制作于1928年。与贝里安、让纳雷合作设计。框架采用钢管，椅座和椅背使用皮革。扶手也为皮革包裹。Basculant在法语中意为“上下移动”，“巴斯库兰椅”因坐下时能够移动椅背而得名。别名“软躺椅”（Sling chair），Sling意为“吊着、吊起”。

柯布西耶曾说过“椅子是建筑物”。这把椅子也是遵循建筑结构组合而成，承袭了布劳耶“瓦西里椅”的设计风格。

14–22

躺椅 LC4

制作于1928年。与贝里安、让纳雷合作设计。椅座和椅背的框架为钢管；搁脚台为钢板，覆有皮革。圆弧形框架下方的躺椅台上卷有橡胶皮带，使框架能够顺滑地摇动。皮革靠垫就放置在橡胶皮带上。

躺上去后，使用者能够感受到身体和椅子成为一体。勒·柯布西耶将其命名为“休息的机器”。这是一把适合午休的椅子。合理的结构、极高的舒适度、钢材框架的曲线美感，具体地表现出三位设计师的理念。

这把椅子的设计也从布劳耶等人的钢管椅中汲取了灵感。20世纪60年代，丹麦的保罗·克耶霍尔姆将这把躺椅重新设计，发表了吊床椅（Hammock chair）。

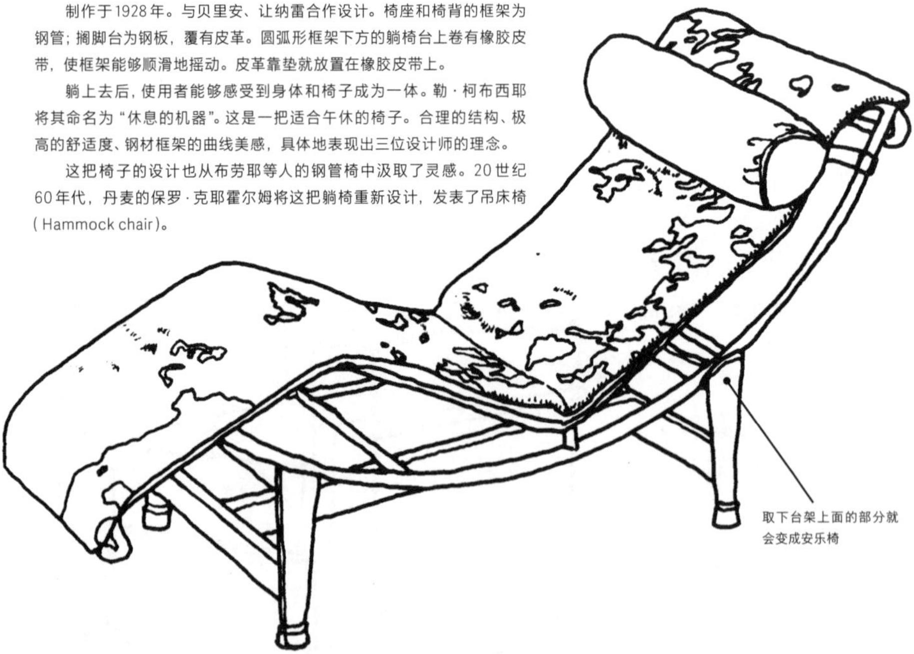

取下台架上面的部分就会变成安乐椅

夏洛特·贝里安
(Charlotte Perriand，1903—1999)

室内装饰、家具设计师。出生于巴黎。1927年在“秋季沙龙展”中参展的作品受到认可，她因此进入柯布西耶的工作室。据说，“躺椅LC4”等钢管椅的设计，都是以她为中心进行的。她也参与了1929年UAM的成立。

1937年，她成立了自己的工作室。1940年（到1942年12月），她以日本商工省技术顾问身份赴日，与河井宽次郎等日本民艺运动相关者有所交流。她考察了日本的东北、北陆、山阴地区和京都、奈良等地，热心研究日本的居住环境和日常使用的器具，还以此为基础，用设计师的视角指导地方产业。考察时，她与学过法语的柳宗理同行。柳宗理从贝里安那里似乎也受益颇多（*8）。

“二战”结束后，她与坂仓准三等人一同负责了法国航空东京分公司与巴黎的日本官邸的室内设计。1955年，“勒·柯布西耶、莱热、贝里安三人展”在东京高岛屋举办。为了这次展会，贝里安设计了弯曲合成板的折叠椅“贝里安椅”(14-23)，由东京的三好木工制作。1996年，天童木工复刻了这把椅子。

*8

柳宗理曾写过这样的文章

她常说：“活用真正的传统并非完全模仿，而是遵循传统的永恒法则，创造新的事物。”针对传统和创造这两个词语的关系，我从她身上获益颇多。

引自《柳宗理随笔》(平凡社)，这段文字首次出现于《设计》第35期(1962年8月)。

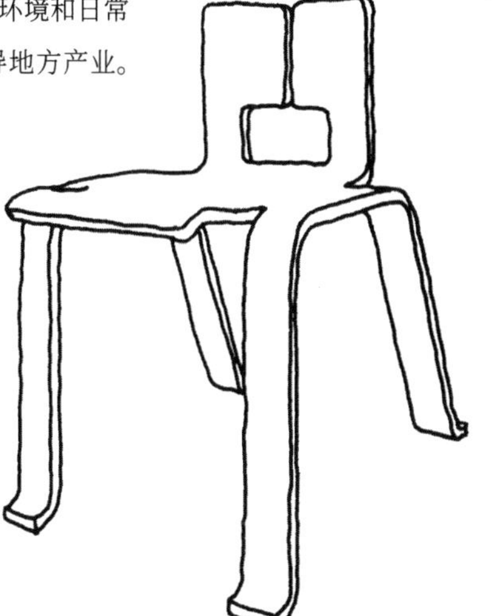

14-23

贝里安椅

制作于1955年。切割层压胶合板，利用冲压成型的结构简单的椅子。

皮埃尔·让纳雷
(Pierre Jeanneret，1896—1967)

建筑家。出生于瑞士日内瓦。20世纪20年代后期，他与贝里安、表哥勒·柯布西耶合作设计了钢管椅。他独自设计的椅子较少，主要从事建筑设计。从1951年到去世的两年前，他一直在印度的昌迪加尔（位于新德里北部约250千米处）推进城市计划，为印度近代建筑的发展做出了贡献。

14–24

橡胶躺椅（Reclining lounge chair）

制作于1928—1929年。钢管制。椅座和椅背的橡胶皮带用框架上的钩子来固定。

考虑舒适度的橡胶皮带椅

勒内·赫布斯特

（Rene Herbst，1891—1982）

建筑家、家具设计师。出生于巴黎。1929年，他与勒·柯布西耶、罗伯特·马莱-史蒂文斯等人成立了UAM，并于1945年成为会长。

他设计了数把钢管椅，为了提升舒适度，尤其喜欢用带有弹性的橡胶皮带。“橡胶躺椅”系列的产品较为出名（14–24）。

活用金工工匠的经验，

做出注重金属细节的椅子

简·普鲁威

（Jean Prouve，1901—1984）

金工工匠、家具设计师、艺术家、建筑家。出生于巴黎。他从金工工匠做起，制作铁制灯具和楼梯扶手，25岁开始制作钢制椅，后来也协助勒·柯布西耶、贝里安等人工作，1929年参与UAM的成立。在第二次世界大战中，他参加了抵抗运动，1944年成为南锡市长。“二战”后，他在制作家具的同时也参与了很多建筑设计工作。他更是以铝为建筑材料的先驱。

现在，普鲁威的椅子（14–25、14–26）有很多支持者，在古董家具市场也深受欢迎。使用金属来展现细节这种做法，给家具设计师也带来深远的影响。

14–25

标准椅（Standard chair）

制作于1930年。普鲁威的代表作。坐下时，后椅腿和椅座的后半部的连接处会负重，因此将后椅腿加厚，设计出优美的样式。

框架材料采用钢材，椅座和椅背为山毛榉。第二次世界大战时，由于物资缺乏，也有完全为木制的作品。因为制作的数量较少，在古董市场中也十分少见。另外也有组装式，是在后椅腿最宽的地方加上和椅座接合的螺丝。螺丝也具有点缀的效果，从设计角度来看也恰到好处（插图中为固定式，因此没有画出螺丝）。

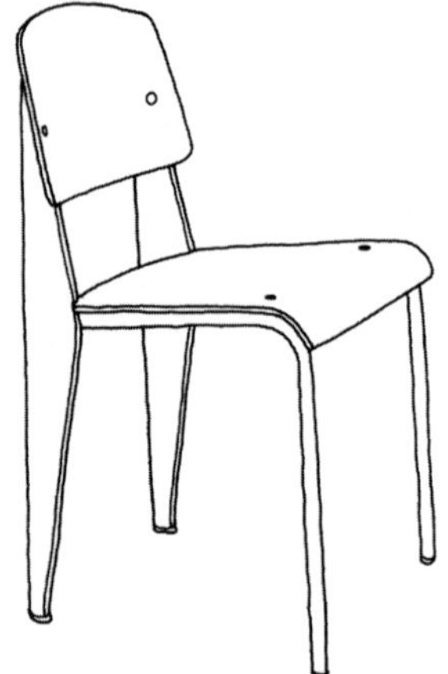

14–26

Grand Repos 椅 D80

制作于1928—1930年。框架为钢材。椅座和扶手为皮革面或布面。这也是普鲁威的代表作之一。将椅座向后移动，就能够达到仰躺的效果。这也展现了身为建筑家又精通金属加工的普鲁威的设计特色。侧板和扶手起到了椅腿的作用。

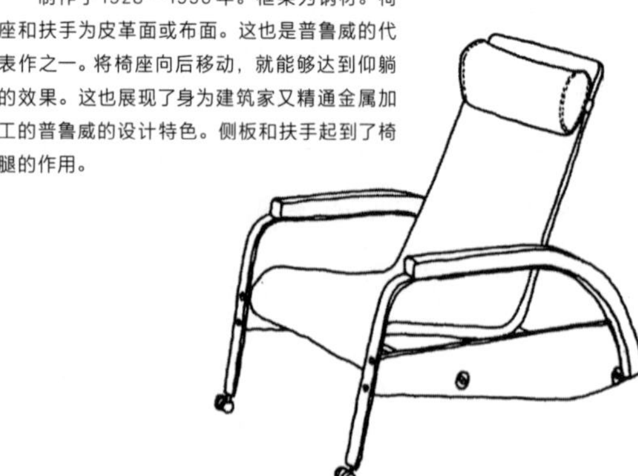

美国

美国20世纪的代表性建筑家，
为自己的建筑作品设计椅子

弗兰克·劳埃德·赖特
(Frank Lloyd Wright，1867—1959)

建筑家。出生于美国威斯康星州的里奇兰森特（Richland Center）。在威斯康星大学完成工科专业的学业后，他前往以高层建筑设计闻名的路易斯·沙利文的建筑事务所从事设计工作。赖特在大学期间并没有学过建筑学，而是通过实践学习了相关知识。

和师匠沙利文不同，他十分擅长设计草原式住宅（Prairie Style），即与自然融合的低层住宅。他对日本文化和玛雅文明有很大兴趣，也拥有浮世绘藏品。代表作有流水别墅、詹森公司总部、纽约的所罗门·R.古根海姆美术馆等建筑。此外，他还设计了日本东京帝国饭店（*9）和自由学园明日馆（*10），同样声名远播。

赖特虽然设计了多款椅子，但几乎都放置在他设计的建筑中。例如，他为詹森公司总部的大厦设计过数次桶背椅（14-28），以及设计了在日本东京帝国饭店中放置的椅子（14-27）。顺带一提，设计椅子时，他会考虑和建筑设计之间的一致性，所以优先考虑椅子等家具的设计，导致在实用性方面有所欠缺。

在私生活方面，他和妻子凯瑟琳育有六个孩子，但和客户的妻子（钱尼夫人）发生了婚外情，甚至一起私奔到欧洲，并因此导致工作大幅度减少。后来，他家的用人残忍杀害了钱尼夫人和孩子。赖特一生中结过四次婚，充满波折。

*9
东京帝国饭店

1890年，紧挨鹿鸣馆开业（位于现在的东京都千代田区内幸町）。赖特设计的新馆于1923年竣工。1968年，为了建设新本馆而拆除，其中一部分（正面的玄关部分）被移到明治村（爱知县犬山市）。饭店的宴会厅等处使用了赖特设计的椅子。

赖特设计的新馆完成后不久，1923年9月1日发生了日本关东大地震。消息传到了美国，当时居住在洛杉矶的赖特说道："如果现在东京还有建筑，那无疑是帝国饭店。"正如赖特所说，帝国饭店没有任何损坏，甚至玻璃也没有碎裂。这是赖特在设计阶段就仔细钻研抗震措施的结果。

此外，在建造帝国饭店期间，赖特被日本匠人们的工作态度和做工的精细震撼，他曾说过："日本工匠的工作态度真是了不起。"

*10
自由学园明日馆

1921年建造完成，是自由学园的校舍（位于东京都丰岛区）。赖特对羽仁吉一夫妇创办的自由学园的教育理念产生共鸣，接受了设计工作。现在明日馆已被列为日本重要的"文化财"，作为会议场地和结婚会场使用。

弗兰克·劳埃德·赖特
"样式决定功能。这是误解。样式和功能应通过精神的整合融为一体。"

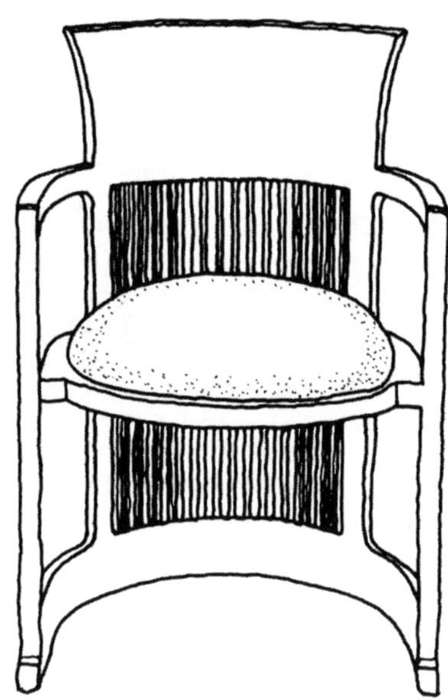

14–27

东京帝国饭店的椅子

制作于1921—1922年。材料为橡木。椅座覆有皮革。赖特设计了很多以六角形为原型的椅子，这是其中之一。椅子由直线构成，隐约让人感受到装饰艺术的风格（20世纪20年代正是装饰艺术运动兴起的时代）。椅背与椅座的连接处存在一些结构上的瑕疵，需要经常修缮。1968年，在帝国饭店重建之际，这款椅子大多被淘汰。

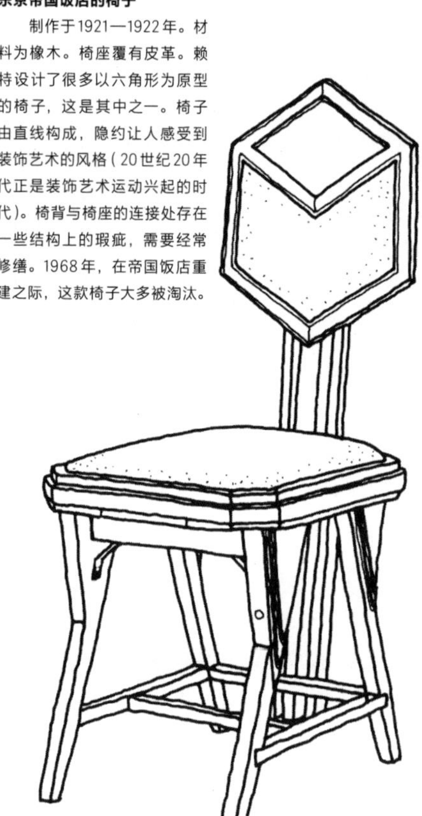

14–28

桶背椅（Barrel chair）

制作于1904—1937年。Barrel意为“桶”，椅子外观也令人联想到桶。材料为樱桃木，椅座覆有皮革。最初的雏形是1904年为马丁私人住宅（Darwin D. Martin House）设计的椅子，后来对细节处做出了调整。

献给赖特的歌

因《寂静之声》和《山鹰之歌》等热门曲目而闻名的音乐组合保罗·西蒙和加芬奈尔，在停止活动的1970年发行的最后一张专辑《忧愁河上的金桥》中，收录了一首名为《再见，弗兰克·劳埃德·赖特》的歌。

加芬奈尔曾在纽约的哥伦比亚大学学习建筑艺术，以建筑师为志向，他也是赖特的崇拜者。据说是他拜托保罗·西蒙创作一首献给赖特的歌（作曲为西蒙）的。

1970年，加芬奈尔忙于电影演出，两人也开始疏远。为了表达这种心情，西蒙写了这首献给赖特的歌。出现在歌词中的赖特，则是以加芬奈尔为原型。“我还记得，赖特。我们一同唱歌到天明。长久以来，我再也没有笑过。”“众多建筑家出现又消失。但是你仍然无法改变看待事物的方式。”在副歌的歌词中，能够窥见赖特虽受到其他建筑师的批判，但依旧贯彻自己的理念。

15

SCANDINAVIAN MODERN

北欧现代风格

传承扎根于生活的手工艺传统，
创造简洁又实用的椅子

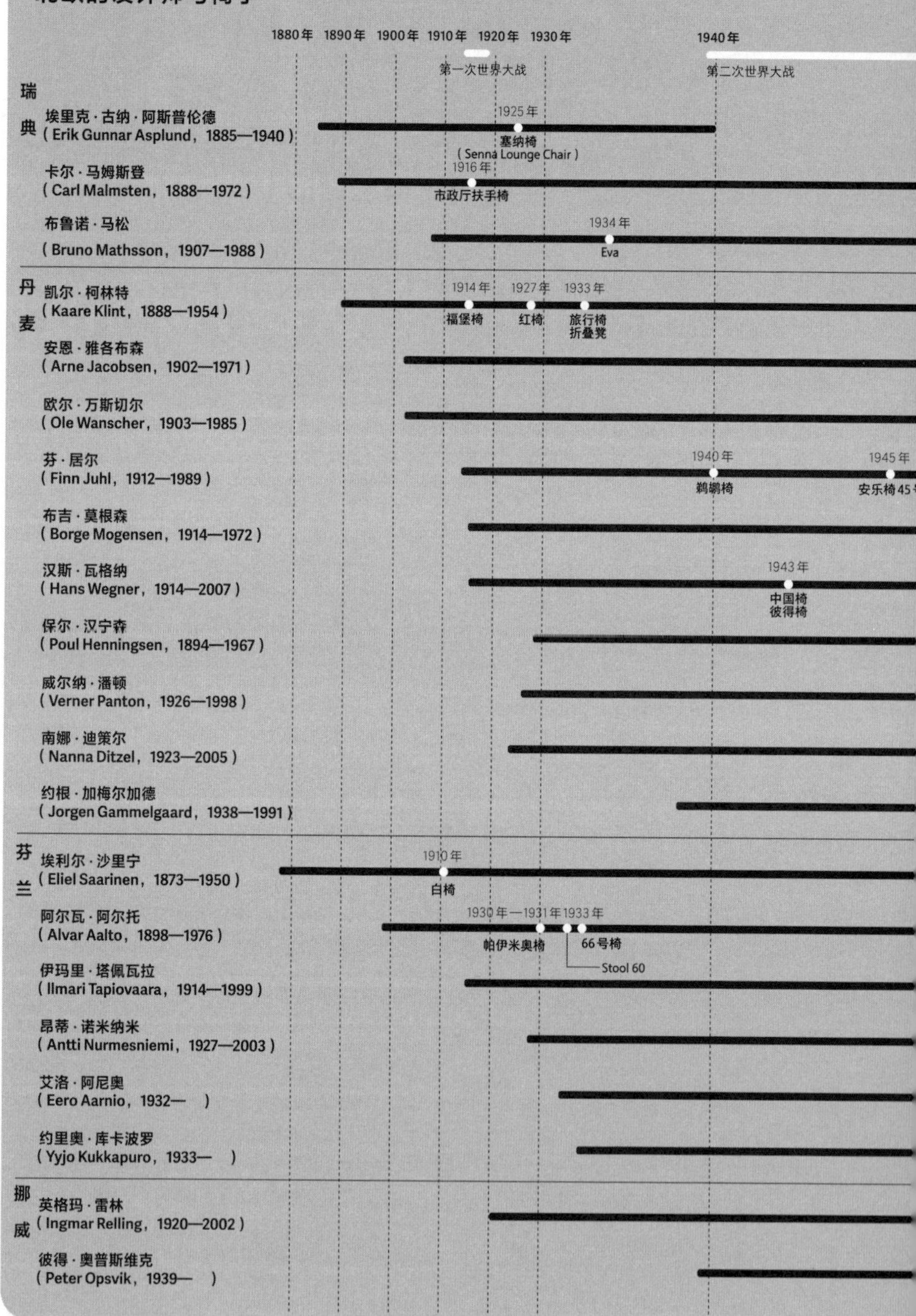
北欧的设计师与椅子
1880年 1890年 1900年 1910年 1920年 1930年 1940年
第一次世界大战
第二次世界大战
瑞典
埃里克·古纳·阿斯普伦德
（Erik Gunnar Asplund，1885—1940）
1925年
塞纳椅
（Senna Lounge Chair）
卡尔·马姆斯登
（Carl Malmsten，1888—1972）
1916年
市政厅扶手椅
布鲁诺·马松
（Bruno Mathsson，1907—1988）
1934年
Eva
丹麦
凯尔·柯林特
（Kaare Klint，1888—1954）
1914年 1927年 1933年
福堡椅 红椅 旅行椅 折叠凳
安恩·雅各布森
（Arne Jacobsen，1902—1971）
欧尔·万斯切尔
（Ole Wanscher，1903—1985）
芬·居尔
（Finn Juhl，1912—1989）
1940年
鹈鹕椅
1945年
安乐椅45
布吉·莫根森
（Borge Mogensen，1914—1972）
汉斯·瓦格纳
（Hans Wegner，1914—2007）
1943年
中国椅
彼得椅
保尔·汉宁森
（Poul Henningsen，1894—1967）
威尔纳·潘顿
（Verner Panton，1926—1998）
南娜·迪策尔
（Nanna Ditzel，1923—2005）
约根·加梅尔加德
（Jorgen Gammelgaard，1938—1991）
芬兰
埃利尔·沙里宁
（Eliel Saarinen，1873—1950）
1910年
白椅
阿尔瓦·阿尔托
（Alvar Aalto，1898—1976）
1930年—1931年 1933年
帕伊米奥椅
66号椅
Stool 60
伊玛里·塔佩瓦拉
（Ilmari Tapiovaara，1914—1999）
昂蒂·诺米纳米
（Antti Nurmesniemi，1927—2003）
艾洛·阿尼奥
（Eero Aarnio，1932— ）
约里奥·库卡波罗
（Yyjo Kukkapuro，1933— ）
挪威
英格玛·雷林
（Ingmar Relling，1920—2002）
彼得·奥普斯维克
（Peter Opsvik，1939— ）

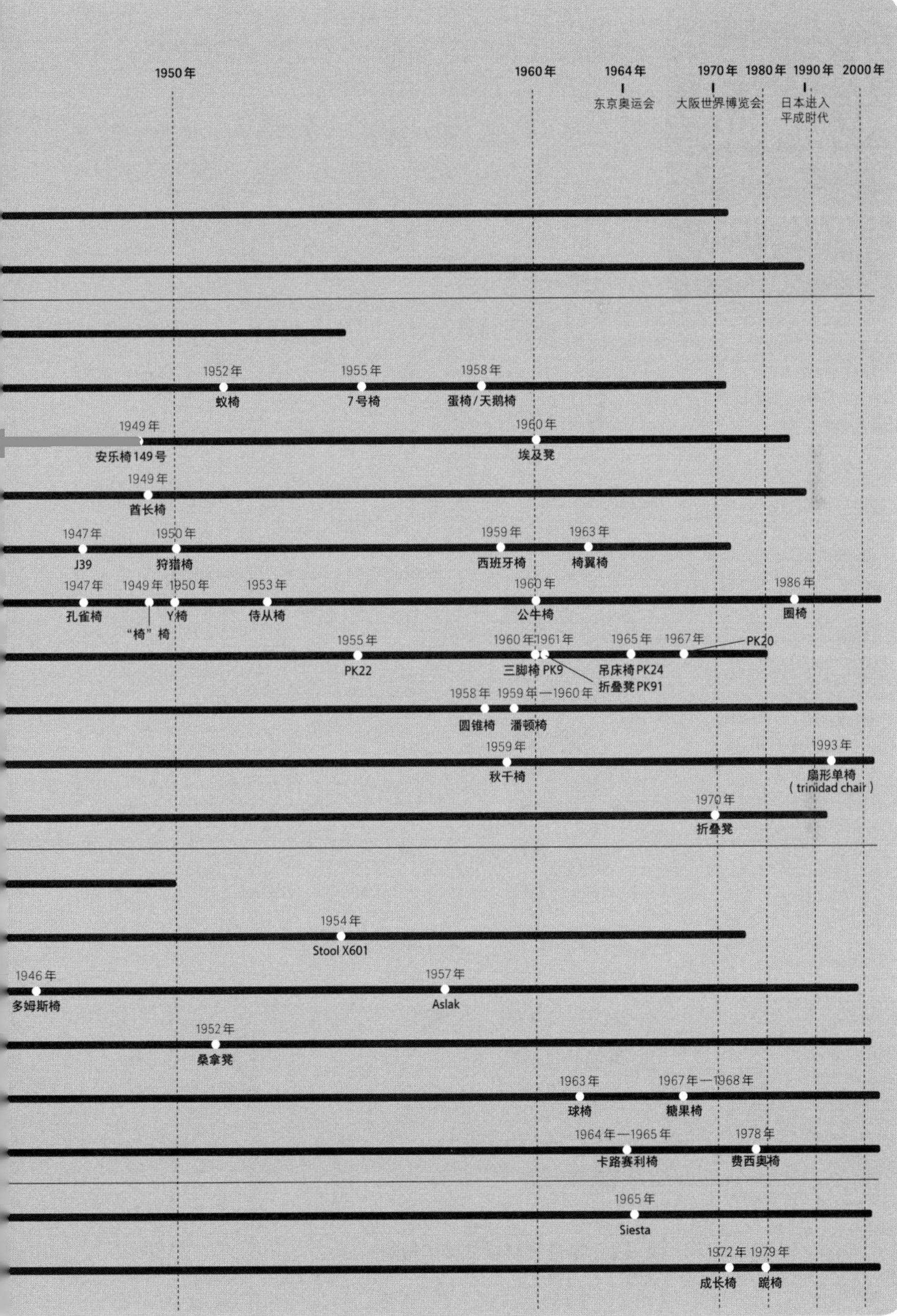
1950年
1960年
1964年
东京奥运会
1970年
大阪世界博览会
1980年
1990年
日本进入平成时代
2000年
1952年 蚁椅
1955年 7号椅
1958年 蛋椅/天鹅椅
1949年 安乐椅149号
1960年 埃及凳
1949年 酋长椅
1947年 J39
1950年 狩猎椅
1959年 西班牙椅
1963年 椅翼椅
1947年 孔雀椅
1949年 “椅”椅
1950年 Y椅
1953年 侍从椅
1960年 公牛椅
1986年 圈椅
1955年 PK22
1960年 三脚椅 PK9
1961年 折叠凳PK91
1965年 吊床椅PK24
1967年 PK20
1958年 圆锥椅
1959年—1960年 潘顿椅
1959年 秋千椅
1993年 扇形单椅 (trinidad chair)
1970年 折叠凳
1954年 Stool X601
1946年 多姆斯椅
1957年 Aslak
1952年 桑拿凳
1963年 球椅
1967年—1968年 糖果椅
1964年—1965年 卡路赛利椅
1978年 费西奥椅
1965年 Siesta
1972年 成长椅
1979年 跪椅

在北欧，以汉斯·瓦格纳为首，众多的设计师和工匠都创造出实用且美观的椅子。在日本，瓦格纳的Y椅等作品一直很畅销。

那么，为什么北欧会诞生如此多的名椅？下面将简要介绍一下当时的背景。接着以此为基础，为大家介绍北欧现代设计的先驱，以及他们所设计的椅子。

（1）北欧概况

北欧是指瑞典、挪威、丹麦、芬兰、冰岛及其附属领土，也被称为斯堪的纳维亚诸国，但准确来说，位于斯堪的纳维亚半岛的只有瑞典和挪威。

北欧各国之间有很多共通点。就民族而言，芬兰的主体民族为芬兰族，瑞典、挪威、丹麦的人口大多是以“维京人”这个称呼而知名的北方日耳曼民族，冰岛人则是在9—10世纪搬迁过去的凯尔特人。在语言方面，除芬兰外的其他国家都属于同一语系。但由于芬兰曾长期被瑞典统治，通用语言为芬兰语和瑞典语。因此，北欧各国之间交流起来十分方便。此外，北欧各国的宗教也主要为基督新教的福音路德派。

冰岛在1944年独立之前，一直处于丹麦统治之下。芬兰和挪威则曾被瑞典统治过。在如此历史背景下，北欧五国的人民对彼此的感情或许有些复杂，但总体而言，北欧各国的关系是非常紧密的。

在地理上，由于这些国家地处纬度较高的区域，夏季日照时间较长，反之，冬季很早就进入黑夜。受暖流影响，北海和挪威海即使在冬季也不会冻结，海上贸易十分兴盛。但是，在法国和意大利等国家看来，北欧是北方边境，有一种无法否认的乡下的感觉。直到20世纪之前，这些国家仍被认为是尚未废除农奴制的贫穷农业国，工业化也进展缓慢。

在这样的背景下，20世纪20年代左右，北欧设计逐渐受到瞩目。

（2）孕育北欧设计师的背景

20世纪初期之前，北欧的建筑和家具设计受到英国、法国等其他欧洲国家的影响。平民使用的家具带有原住民的拙朴风格。

到了20世纪20年代，北欧设计逐渐在各地的博览会中受到瞩目。例如，在1925年的巴黎现代工业和装饰艺术博览会中，年仅23岁的安恩·雅各布森参展的椅子获得了银奖。在1930年的斯德哥尔摩国际博览会中，具有实用性的现代设计也已经在北欧普及。

接着就来看一看北欧设计的背景，了解北欧是如何孕育出现代设计，并创造出完成度高的椅子的吧！

① 精神层面的丰富

北欧总体来说较为贫弱。没有肥沃的土地和丰富的资源，北欧人从前都过着简朴的生活。于是，比起物质的丰裕，当地人更加注重精神的丰富。在这样的环境中，他们不追求豪华的装饰，而是以简洁、实用为目标。

② 设计师和制作者联手合作

设计师和工匠的地位是平等的。设计师并非高高在上地对工匠发号施令，而是与制作现场的人一边沟通一边完成工作。彼此之间构筑起信任关系，也就能够创造出优秀的作品。在丹麦，从1927年开始的40年间，每年都会举办“家具匠师协会展览”。通过这一活动，设计师和工匠协力发表了他们积极参与的作品，两者的合作也不断加深。最终结果就是双方的能力都得到提升。

③ 发挥才能的北欧教育体制和指导者

近年来，北欧教育受到世界瞩目。介绍芬兰教育体系的相关书籍也很畅销。由于北欧的物质资源较为匮乏且人口稀少，所以当地十分注重人才培育，希望能有效利用人才资源。除了常规教育之外，北欧还十分注重培养设计师和工匠。例如，丹麦的凯尔·柯林特和瑞典的卡尔·马姆斯登等设计先驱，都致力于培养优秀的设计师，打造了孕育优秀设计师和建筑家的环境。

④ 制作者的技术

北欧有从事手工艺的传统。因为椅子有无法由机械大量生产的手工部分，所以这项传统发挥了很大作用。此外，他们还建立了如下体制：如果没有取得木卡榫工匠的资格，就不能参与家具制作。卡尔·马姆斯登和汉斯·瓦格纳就都有作为木卡榫工匠的资格，并且，有很多设计师都能亲手制作。

（3）北欧名椅的特点

接下来，还要向大家介绍北欧名椅的特点。20世纪20年代，德国包豪斯以革新技术为志向的思考方式在欧洲普及，北欧虽然受到一些影响，但仍保留有独特的手工要素。椅子作品给人的感觉更加接近英国的工艺美术活动的理念。

① 实用性的设计

前文也曾提及北欧的椅子注重实用性。由于是当地人自己设计并制作，北欧的椅子没有过度的装饰，使用起来也非常方便。

② 长销作品较多

椅子完成后会不断重新设计，进而成为长销商品。并且，椅子不仅有由同一位设计师改进，也有设计师后辈再次设计的情况。

③ 从使用者的角度出发

不论是设计师还是工匠，大家都不会忘记自己也是生活的一部分。他们从使用者的角度出发进行设计，并将设计呈现为具体的作品。

④ 运用自然材料和工匠技术

北欧的设计师总是在思考如何将对木材等自然材料的运用和工匠的技术相结合，形成有机的设计。在材料方面，他们并不拘泥于木材，而是会灵活运用金属等材料。

⑤ 机械和手工的融合

北欧的设计师能够将机械化生产和手工制作完美结合。由此可见北欧风格成功吸收了工艺美术活动的理念。

下面看一看各国具有代表性的设计师和椅子。

瑞典

1845年，堪称设计中心先驱的“瑞典工艺工业设计协会”成立。在北欧诸国中，瑞典可以说是最早兴起现代设计活动的国家。但是，直到20世纪初期以前，瑞典并没有出现原创的现代设计，而是能够看到受新古典主义和装饰艺术的影响。进入20世纪20年代后，包豪斯的理念传入瑞典，当时还打出了“让日常用品更加美观”的旗号。

成为瑞典现代设计领军者的是风格各异的埃里克·古纳·阿斯普伦德和卡尔·马姆斯登。

融合了样式美和现代感的北欧建筑和设计的先驱

埃里克·古纳·阿斯普伦德

(Erik Gunnar Asplund，1885—1940)

建筑家。出生于斯德哥尔摩。代表作有“林中教堂”（被列入世界文化遗产名录）、斯德哥尔摩市立图书馆、“哥德堡法院扩建”等。他也设计了放置在这些建筑中的椅子，其中不乏一些名作（10-6、15-1）。

年轻时，阿斯普伦德受到新古典主义的影响，后来转向现代设计。不过，其作品却能够让人感觉融合了样式美和现代感。在对北欧设计有着划时代意义的1930年的斯德哥尔摩国际博览会中，他担任主要建筑师，负责设计由金属和玻璃构成的展览馆。

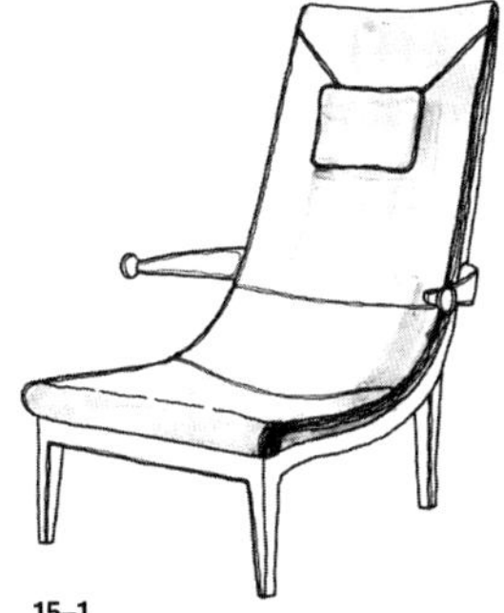

15-1

塞纳椅

在1925年的巴黎现代工业和装饰艺术博览会瑞典馆中展出的椅子。从椅背延续到椅座的线条十分优美。椅座较低，只有34.5厘米高。材料为胡桃木，以皮革包裹。

为瑞典的现代设计
带来维也纳工坊氛围
约瑟夫·弗兰克
（Josef Frank，1885—1967）

建筑家，家具、室内装潢、纺织品设计师。出生于奥地利巴登。他曾出版与建筑相关的著作。从维也纳的科技大学毕业后，他在维也纳工艺美术学校担任教授。在维也纳工坊时，他与霍夫曼等人一同进行创作活动。

1933年，他移居瑞典。由于他是犹太人，应该是为了躲避纳粹迫害而选择移居。之后，他和瑞典当地的设计师们也有交流，给瑞典的现代设计带来影响。他曾在瑞之锡（Svenskt Tenn）公司从事室内装饰和纺织品设计工作，设计的织物上带有色彩鲜艳的植物和动物的图案，深受好评，现在也仍然十分受欢迎。

在椅子方面，虽然他曾设计过大受好评的覆有织物的沙发，但最为出名的还是重新设计了古希腊的克里莫斯椅的“克里莫斯B300”（15-2）。

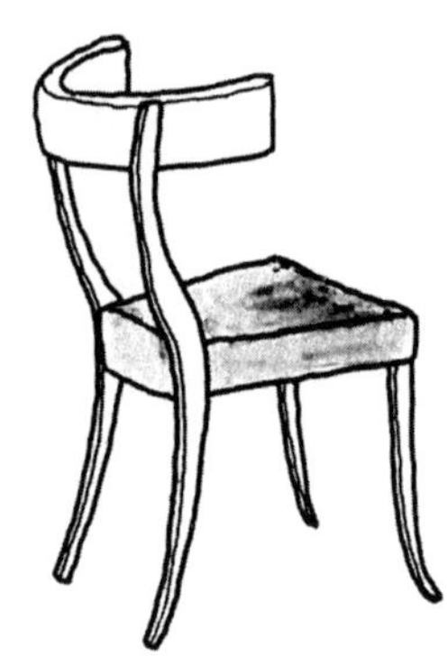

15-2
克里莫斯 B300

制作于1948年。材料为樱桃木，覆有马毛（偶尔会使用山毛榉木或胡桃木，覆以布面）。运用优美的线条，重新设计了古希腊时代的名椅——克里莫斯椅。因为克里莫斯椅并未留存至今，所以只能参考墙上的浮雕。椅腿的线条以及略宽的椅背线条非常美丽。

近代瑞典家具之父，
致力于培育年轻设计师
卡尔·马姆斯登
（Carl Malmsten，1888—1972）

家具设计师、工艺家、教育家。出生于斯德哥尔摩。在大学攻读经济学后，他于家具厂商处学习家具制作。1916年，刚刚独立创业的他参加了斯德哥尔摩市政厅的家具大赛，凭借自己设计的椅子（15-3）夺得第一名，获得了认可。

马姆斯登曾说过：“我的老师是瑞典之母——大自然，以及瑞典传统的家具和室内装饰。”如他所说，他创作的椅子等家具有着瑞典传统的手工韵味，是农民使用的质朴椅子和讲求实用性的现代设计完美融合的产物。

在教育领域，他的贡献也很大。35岁之前，他便在瑞典各地开设工艺教室，1930年更是在斯德哥尔摩创立工艺学校，之后还设立了法人学校Capellagården。这所学校现在仍传承着马姆斯登的理念，教授家具设计、陶艺、纺织等，目前开设于斯德哥尔摩和厄兰岛，有许多来自日本的留学生在此学习。

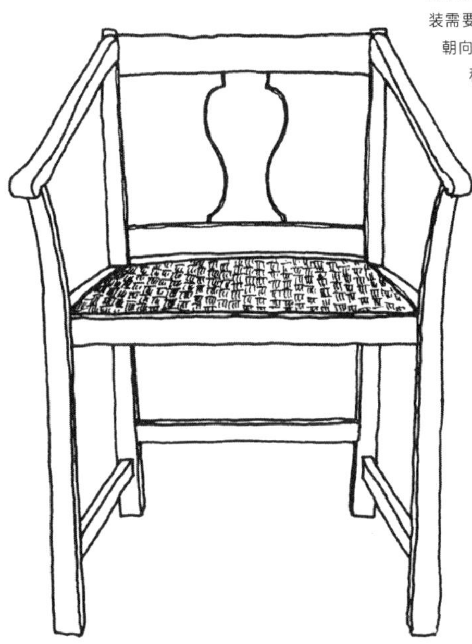

15–3

市政厅扶手椅

（Armchair for the City Hall）

在1916年的比赛中获得第一名的椅子。椅子的框架只运用了些微的曲线，连接处并非直角，因此组装需要一定的技术。椅子前侧较宽，朝向椅背逐渐变窄。从椅背的风格和框架整体的样式中可以看出受到18世纪英国齐彭代尔风格的影响。

框架使用的是桃花心木，椅座为藤编。除了进口的桃花心木之外，马姆斯登也经常使用瑞典国产的桦木、松木等。

运用提升舒适度的研究成果，
制作设计优雅的安乐椅

布鲁诺·马松

(Bruno Mathsson，1907—1988)

瑞典具有代表性的家具设计师。出生于瑞典南部的韦纳穆。15～25岁，他一直在父亲的家具工厂学习技术和设计。与丹麦的瓦格纳和莫根森一样，他十几岁就开始从事家具制作，这极大影响了后来的工作。

他以学徒时期设计的安乐椅为基础，不断进行改良，发表了“Eva”系列（15–4）。他利用成型胶合板制作出以优雅线条构成的高背椅。他不断研究坐在椅子上时，椅座和椅背的角度及椅座的高度该如何设计，舒适度才最高，并将对人体工学的研究应用在椅子设计上。

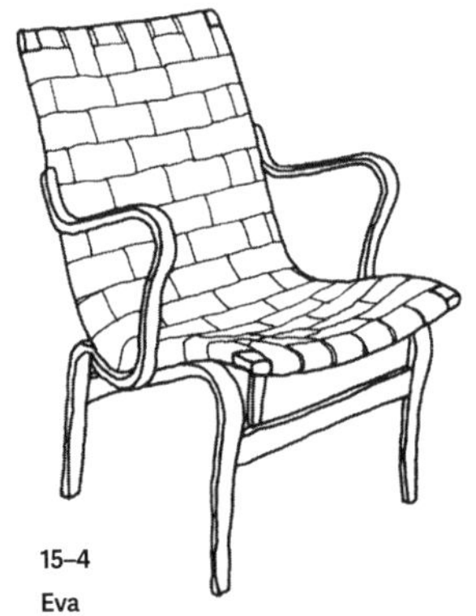

15–4

Eva

制作于1934年。运用山毛榉成型胶合板、麻或皮革编织。这把椅子不仅是马松的代表作，也是代表瑞典现代风格的椅子。实用性和设计完美融合。

15–5
马松椅

制作于1941年。以山毛榉成型胶合板制成，布面包裹。Eva的改良版。只要看到框架的优美曲线，就能让人猜到是马松的作品。扶手处也放置了靠垫。

他还参加了1939年的纽约世界博览会等各地区的展览会，宣传瑞典家具的精妙设计。20世纪60年代，他发表了使用金属框架的椅子。

马松的椅子特点

① 基于人体工学研究的实用性（舒适性）
② 优雅弯曲成型胶合板的有机设计
③ 上述两者（实用性和设计性）的巧妙融合

丹麦

北欧现代设计的核心非丹麦莫属。在20世纪活跃于北欧的设计师中，丹麦人的表现非常抢眼。虽然不管怎么说，凯尔·柯林特（后文会详细介绍）对丹麦的设计影响很大，但可以认为，正是丹麦人原本的气质，才造就出这些原创设计和椅子。

丹麦本来资源就不丰富，也不是富裕的国家。在这样的环境中，丹麦人利用身边的材料，用自己的双手制造物品，以传统的方式过着简朴的生活。因此，他们没有完全接受包豪斯那种机械化生产、否定古典主义的理念。他们并未走上大量工业化生产的道路，而是在工匠高超技术的基础上发展出现代设计风格。

第二次世界大战后，因为美国的巡回展，丹麦的家具获得了很高的评价。或许是因为丹麦家具没有量产化，保有手工艺要素的优良品质，所以获得了大众的认可吧。其中，芬·居尔的餐椅尤其受欢迎。瓦格纳的“椅”椅在室内设计杂志中被重磅介绍。这些好评传回了丹麦。在米兰三年展中，丹麦设计师的表现也十分引人注目。

丹麦家具多使用木材，但安恩·雅各布森和保罗·克耶霍尔姆运用新材料和金属的特性设计了椅子。虽然他们没有使用木材，但是完成的椅子具有丹麦传统设计的温度。

丹麦现代家具设计之父

凯尔·柯林特

（Kaare Klint，1888—1954）

建筑家、设计师、家具研究者、教育家。出生于哥本哈根附近的腓特烈斯贝。父亲是建筑家简森·柯林特。在丹麦皇家艺术学院建筑系就读时，柯林特师从卡尔·皮特森教授。1924年，建筑系新设立了家具课程，他开始教授家具设计，后来成为教授。

20世纪20年代后，有许多来自丹麦的设计师和家具工匠设计出现代风格的名椅，这要归功于柯林特。在醉心于古典家具研究的同时，他也确立了人体工学等具有前瞻性的学科，在人才培育方面可谓功不可没。他的代表作有福堡椅（15-6）、红椅（15-7）和折叠凳（15-9）。

15-6

福堡椅（Faaborg chair）

制作于1914年。材料为桃花心木。椅座覆有皮革，椅背为藤编。收藏于丹麦菲英岛南部的福堡美术馆。柯林特和自己的建筑学老师卡尔·皮特森一同设计了这座美术馆。

柯林特采用了他所研究的18世纪英国家具（齐彭代尔风格等）的要素，制作出简洁的家具。后侧椅腿的线条能够让人想起古希腊时代流行的克里莫斯椅的线条。制作者是家具界的名匠——鲁道夫·拉斯穆森。由于设计师和工匠沟通顺畅，完成了细节处也加工精细的作品。

为什么柯林特被称为“丹麦现代家具设计之父”？

① 人体工学的先驱

25岁之后，他开始测量人体各个部位的尺寸，进行人体工学的研究，是这个领域的先驱。他还通过调查人类行为模式和家具功能之间的关系来确定家具的标准尺寸。

② 研究传统风格并重新设计

他进行了以18世纪英国家具（齐彭代尔风格等）为主的传统的古典样式家具的研究。柯林特似乎是受到父亲的影响，认识到了学习古典的重要性。他曾说过：“古典中孕育着优秀的现代风格。”但是，柯林特并没有直接运用研究过的古典风格，而是以能够应用于现代的形式，增添了功能性和简洁性，再重新设计。换句话说，他是找出古典中普遍的美感和优点，再据此衍生出新的设计。

③ 致力于提升技术和设计

他促进设计师和制作家具的工匠们联手，致力于提升设计和技术的水平。具体说来，他呼吁学生和建筑师参加哥本哈根家具工匠工会的展示会，而在展示会中也出现了诸多名椅。例如，1949年展出了芬·居尔的代表作“酋长椅”（别名“埃及椅”）。1950年展出了布吉·莫根森的“狩猎椅”（15-8），而1959年则展出了他的西班牙椅。

④ 人才的培育

他将人体工学的构想及从古典中学习再重新设计的思考方式全都传授给艺术学院的学生们。他的学生主要有安恩·雅各布森、欧尔·万斯切尔、保罗·克耶霍尔姆，布吉·莫根森等知名设计大师。

15-7

红椅

制作于1927年。桃花心木。椅座和椅背覆有皮革。当时使用红棕色的皮革，因此被称为“红椅”。

这把椅子也承袭了英国齐彭代尔风格。齐彭代尔的椅背多以绸带和中国风为设计理念。柯林特将其重新设计成带有丹麦现代风格的椅子。椅座的微微凹陷，以及椅背上的微弯曲线，彰显了柯林特的细腻感性。用铜钉固定皮革应该也是受到古典风格的影响。

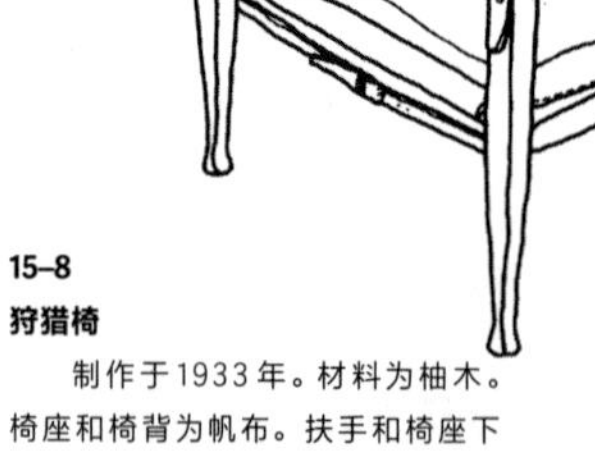

15-8

狩猎椅

制作于1933年。材料为柚木。椅座和椅背为帆布。扶手和椅座下方使用皮带。这原本是英国统治印度时期，廓尔喀雇佣兵想出的构造，受到启发的柯林特重新设计了这款椅子。

这是为了在战地中方便移动而设计的椅子，能够随时拆解成方便携带的大小。横木插入椅腿中，用皮带固定。虽然注重在户外使用的功能性（即便放在不平的地上也十分稳定），但既不低俗也不奢华。

15-9

折叠凳

制作于1933年。椅座为皮革或布料。材料为硬度适中且有韧性的梣木（吉奥·庞蒂设计的超轻椅的材料也是梣木）。

从古埃及时代开始沿用至今的X形凳，在进入20世纪后不断被重新设计成北欧现代风格。其始祖就是柯林特设计的折叠凳。交叉的椅腿为螺旋桨形，不是切割一根圆木棒加工出来的，而是加工两根木棒，折叠时椅腿可以合并成一根圆木棒。横木同样也是圆木棒。如果没有设计师和工匠的良好沟通，是无法创造出这样的椅子的。

此外，后来担任丹麦皇家艺术学院家具系教授的保罗·克耶霍尔姆（第三任教授）和约根·加梅尔加德（第四代教授）重新设计了钢材料的折叠凳。

丹麦一流的家具工匠
雅各·凯尔
（Jacob Kjaer，1896—1957）

他有着“最出色的家具工匠（木卡榫工匠）”之称。他先从身为家具工匠的父亲那里学习制作家具，又去往柏林和巴黎进修，1926年在哥本哈根成立了家具工厂，制作无法量产的做工细腻的椅子（15-10）。

丹麦有诸多知名设计师，但雅各·凯尔，与其说他是设计师，不如说是工匠。在设计方面，他和柯林特一样吸收了18世纪英国的家具风格。除了培养优秀的家具工匠，他也在出口振兴会和丹麦工艺协会中担任重要职务。

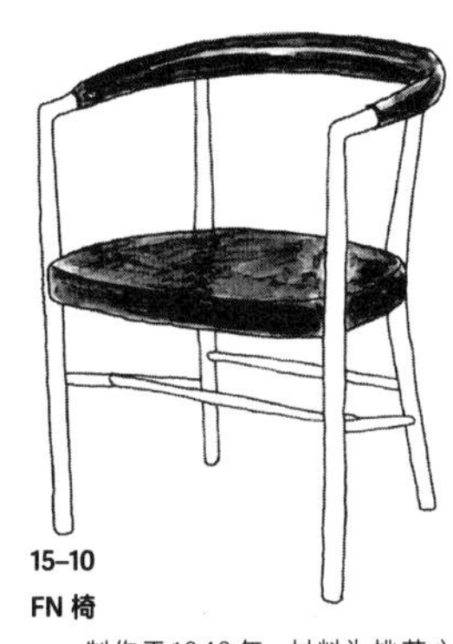

15-10
FN椅
制作于1949年。材料为桃花心木，皮革包裹。这是为纽约联合国总部制作的椅子，具有沉稳的风格。

折叠椅名作——通称
“导演椅”的设计师
穆根斯·库奇
（Mogens Koch，1898—1992）

建筑家。出生于哥本哈根。他从1939年开始在丹麦皇家艺术学院建筑系任教。20世纪60年代，他以东京产业工艺试验所的客座教授身份访日。他曾与柯林特一同工作，很大程度上受到了柯林特的影响。他设计的椅子具有建筑家风格，功能性较强，代表作为折叠式的“MK椅”（15-11），别名“导演椅”。

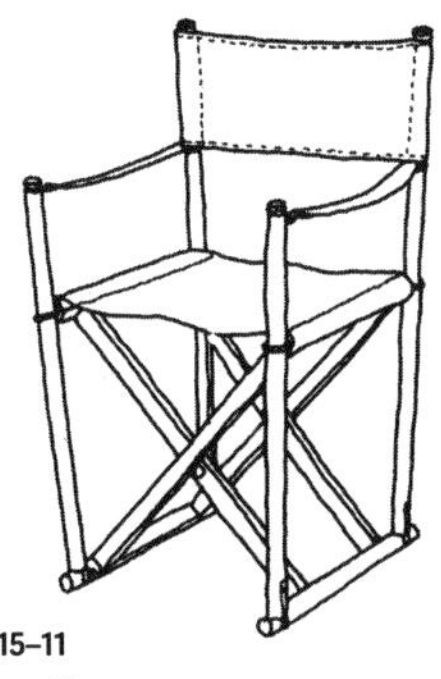

15-11
MK椅
制作于1932年。材料为山毛榉、布、皮革。重5～6千克。承袭了古埃及、古希腊、古罗马与X形椅腿的传统，不过这把椅子可以说是在这种风格的基础上重新设计出来的。

这是在1932年哥本哈根家具工匠工会的比赛中获得第一名的椅子。近年来，多作为导演椅使用，但最初并没有制成商品。直到1960年，才由Interna公司开始生产销售。折叠或展开时，椅座四个角的圆环会沿着椅腿上下移动，设计独特。

丹麦第一个制作钢管椅凳的人
莫根斯·莱森
（Mogens Lassen，1901—1987）

建筑家。他是最早将包豪斯理念引入丹麦的人。代表作为钢管制的凳子（15-12）。

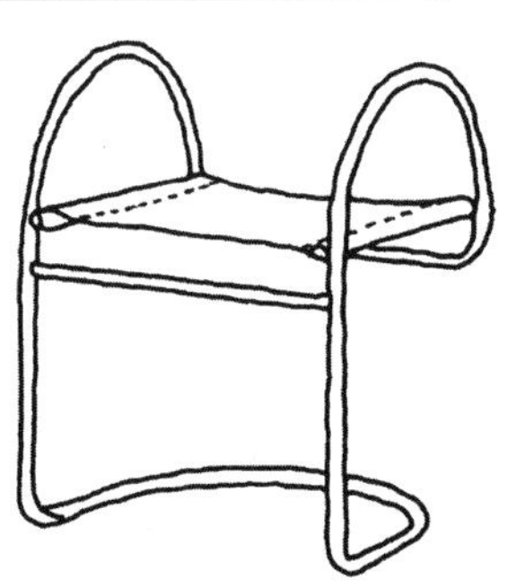

15-12
扶手凳（钢管制）
制作于1930年。钢制，坐面为皮革。是受到包豪斯的密斯·凡·德·罗等人设计的巴塞罗那椅影响的作品。这或许是丹麦第一把钢管制的凳子。

使用多种新素材
设计全新样式的椅子
安恩·雅各布森
（Arne Jacobsen，1902—1971）

安恩·雅各布森
"建物成为建筑。这就是艺术。"

建筑家、家具设计师。出生于哥本哈根。1924年起，他跟随丹麦皇家艺术学院的凯·菲斯克教授学习了三年建筑学。当时正值欧洲各地开始受到德国包豪斯的影响，丹麦的设计师们虽然并非全盘接受包豪斯的理念，但雅各布森却接受了包豪斯的现代主义。1925年，他在巴黎现代工业和装饰艺术博览会中展出的椅子获得了银奖，年纪轻轻便展露出才能。

他参与建筑、室内装潢、家具、照明器具、餐具等与建筑和居住空间相关的全方位的设计。他多使用金属、合成树脂等新材料，而不拘泥于当时丹麦的主流材料——木材。他经常迸发出创意灵感，设计了"蚁椅"（15-13）和"7号椅"（15-14）等名椅。

他设计的建筑作品中最为知名的是丽笙皇家酒店（哥本哈根）。他还负责设计了该酒店的内饰和餐具，其中包括"蛋椅"（15-15）和"天鹅椅"（15-16）。

因是犹太人，在第二次世界大战中丹麦遭到德国占领时，他移居到了瑞典。

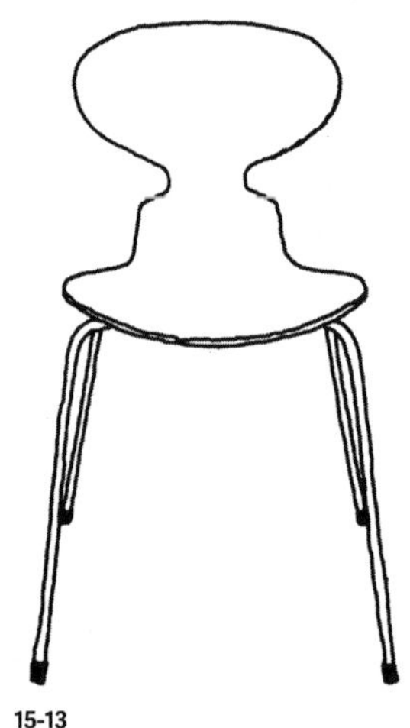

15-13
蚁椅

制作于1952年。材料为山毛榉成型胶合板和钢管。椅座和椅背为一体成型的胶合板。特点在于椅背带有向内收缩的曲线，因外观形似蚂蚁而被称为"蚁椅"。

这原本是为哥本哈根诺华制药公司的员工食堂设计的椅子。最初为三条椅腿，但在1987年雅各布森去世后，被改为四条椅腿。

为什么雅各布森能够设计出蚁椅和蛋椅等名作？

① 挖掘并使用新材料

蚁椅是世界上首款使用椅背和椅座一体成型胶合板的椅子。蛋椅则使用硬质聚氨酯泡沫塑料，这种材料同样是第一次被应用于椅子上。20世纪中期，他着手推进材料研究，并与同样具有进取精神的弗里茨·汉森（Fritz Hansen）公司联手开发，影响深远。

② 弗里茨·汉森公司的重要性

如果没有人制作雅各布森设计的全新的椅子，他的设计构想就无法实现。雅各布森的椅子能够问世正是多亏了这家1872年创立的公司。弗里茨·汉森公司使用新材料、协助开发新的胶合板技术，才使蚁椅得以问世。而蚁椅成为畅销产品，对于弗里茨·汉森公司而言，雅各布森在经营层面的贡献也很大。

③ 并不是家具工匠

为什么雅各布森能够将以往的家具设计师无法想到的设计引入习惯使用木材的丹麦设计界？这或许是因为他并不是家具工匠吧。

若是了解制作的过程和方法，或许就会被认为即便做出这样的设计也无法实现。有不少仍在从事木工的艺术家表示，确实会有这样的情形发生。正是因为从建筑家和设计师的立场出发，雅各布森才设计出了不受现有观念束缚的作品吧。当然，这也是因为他具有出众的才能。

15–14
7 号椅

制作于1955年。比起蚁椅，椅座更深更宽，椅背也设计得较为舒适。这也是畅销品之一，还有带扶手的款式，样式变化非常丰富。

15–16
天鹅椅

制作于1958年。为丽笙皇家酒店设计的椅子。现在和蛋椅使用相同的材料，但最初椅腿材料采用成型胶合板。和蛋椅相比，天鹅椅更加小巧，使用方便。通过独创的设计和新的素材，成为椅子史上划时代的作品。

15–15
蛋椅

制作于1958年。本体的材料为聚氨酯泡沫（首次运用于椅子上）。椅腿采用铝压铸技术（铝材锻造法的一种）制成。这是雅各布森为丽笙皇家酒店的大堂设计的椅子。椅子的名字正如其外观。这是一把能够躺倒的旋转椅。

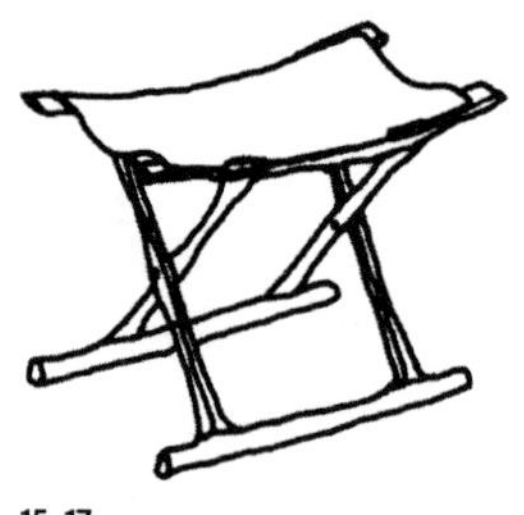

15–17

埃及凳

制作于1960年。万斯切尔重新设计了古埃及的X形凳。优美的曲线是万斯切尔作品的精髓。

古典风格的家具研究者，
留有很多著作的学者型设计师

欧尔·万斯切尔

(Ole Wanscher，1903—1985)

家具设计师。1954年，他接替柯林特，成为丹麦皇家艺术学院家具系的第二任教授。他致力于研究工艺美术史，对英国家具和埃及、中国、意大利等地的古典家具的造诣颇深。设计的椅凳也多从古典风格的家具中汲取灵感（15–17）。他虽然是设计师，但也以学者身份留下了不少著作。

芬·居尔

“我经常思考美应怎样呈现。设计家具时，我会考虑功能性，考虑人体，因为椅子就是人体的一部分。”

设计出线条流畅的椅子，
被称为“家具雕刻家”

芬·居尔

(Finn Juhl，1912—1989)

建筑家、家具设计师。出生于哥本哈根。他毕业于丹麦皇家艺术学院建筑系。在他求学期间，莫根森在建筑系跟随柯林特（家具专业）学习，而居尔则在凯·菲斯克的门下，从他们设计的家具中也能看出受不同教授的影响。

以汉斯·瓦格纳为首，丹麦的家具设计师多持有师匠的资格。但居尔只是建筑家兼设计师，他的设计由名匠尼尔斯·维多（Niels Vodder）具体呈现。

代表作“安乐椅45号”（15–18）被誉为“世界上最美的扶手椅”。不同于多使用直线和平面的柯林特和其学生，芬·居尔在丹麦设计界有自己独特的风格（15–19、15–20），被称为“家具雕刻家”。

最初居尔在丹麦并没有得到认可，是第二次世界大战后在美国受到关注，之后才在丹麦获得认可。他参与设计了北欧航空（SAS）的办公室和飞机的内部装饰。

为什么芬·居尔能够设计出如雕塑一般的优美线条？

① 反柯林特、反马金托什

芬·居尔对理性的功能主义持保留态度。他并不喜欢柯林特等人提倡的直线和平行概念，而是偏好柔和的曲线样式，因此对马金托什的希尔住宅高背椅等作品持批判立场。

② 受雕刻家的影响

他深受雕刻家汉斯·阿尔普（Hans Arp，1886—1966）和亨利·摩尔（Henry Moore，1898—1986）等人的作品的影响。在接触这些雕刻作品时，他应该也逐渐受到很大的触动与影响吧。

“虽然我不亲手雕刻，但我有极大的兴趣。”

③ 从非洲民族和萨米人的生活用具中获取灵感

“二战”中，丹麦被德国占领，当时居尔没有太多的工作，于是他开始研究非洲民族和居住在芬兰北部的萨米人的生活用具。通过这样的研究，居尔将富有美感的曲线和样式应用于自己的作品中。

④ 与名匠尼尔斯·维多相遇

无论设计有多么出色，若无法将其呈现出来就毫无意义。居尔的设计运用了许多曲线，必须用南京刨来加工，这难倒了诸多制作者。但他遇到了顶尖家具工匠尼尔斯·维多。从维多的巧手中诞生了许多用桃花心木和紫檀木制作的线条优美的椅子。

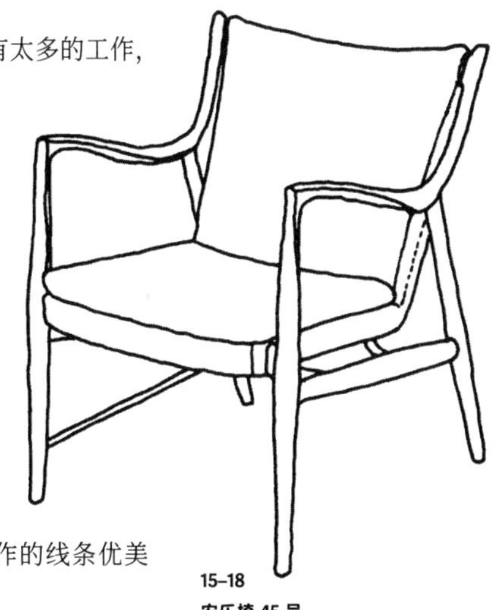

15–18

安乐椅 45 号

1945 年，展出于哥本哈根家具工匠工会展示会。材料为桃花心木，布面。

很明显，这把椅子和瓦格纳、莫根森等人的椅子呈现出不同的氛围。从不同的角度观赏，能够发现扶手处散发着魅惑的气息。通过这点就能够明白这把椅子被誉为“世界上扶手最美的椅子”的理由。一体成型的坐面和椅背好像悬浮在横木之上。自安乐椅 45 号之后，经常能够看到这类设计。

⑤ 使用桃花心木等深色木材

居尔的椅子多使用桃花心木、柚木、紫檀木等颜色较深的材料。使用这类木材，再经由名匠之手加工细节部分，椅子的线条更具美感。

15–19

鹈鹕椅（Pelican chair）

制作于20世纪40年代。为居尔20多岁时的作品。材料为枫木，布面。一般认为这是受到雕刻家亨利·摩尔和汉斯·阿尔普的柔美线条影响的椅子。如同看到的那样，这把椅子正像鹈鹕展翅的样子。

15–20

酋长椅（Chieftain chair）

1949年，展出于哥本哈根家具工匠工会展示会。材料为胡桃木，真皮包裹。

Chieftain意为“族长、首领”。从侧面能够看出，后侧椅腿、椅背的框架、横木组成了三角形的结构，这和在古埃及壁画上描绘的女王的椅子一样。

长约100厘米，宽约91厘米，是一把坐起来舒适的沉稳的椅子。这把椅子和安乐椅45号都是丹麦的名椅。

创造出优美、结实、能长期使用的椅子，
柯林特的正统继承者

布吉·莫根森
（Borge Mogensen，1914—1972）

家具设计师。出生于丹麦的家具产地奥尔堡。他从家具工匠起步，20岁获得家具师匠资格。后来，他进入哥本哈根工艺美术学校学习家具设计。在那里，他与汉斯·瓦格纳相遇，成为一生的挚友。之后，他在丹麦皇家艺术学院就读，师从柯林特。1942年，他由柯林特举荐，在FDB（丹麦消费者合作社）从事家具开发工作。这一时期，莫根森开始着手制作其代表作之一“J39”（15-21）。1950年，莫根森开始独立工作，设计了诸多继承柯林特理念的椅子等家具。

莫根森的关键词

① 更美、更平价、更牢固

在FDB进行家具开发的莫根森致力于制造普通民众在日

常生活中使用的家具，并且要美观便宜，当然还要耐用。为了控制成本，就必须使用较少的部件，减少工序，使用方便获取且性价比较高的材料。莫根森考虑过这些问题后，创造了简洁、舒适且美观的椅子。其代表作是J39，该椅子常被用于丹麦的一般家庭。

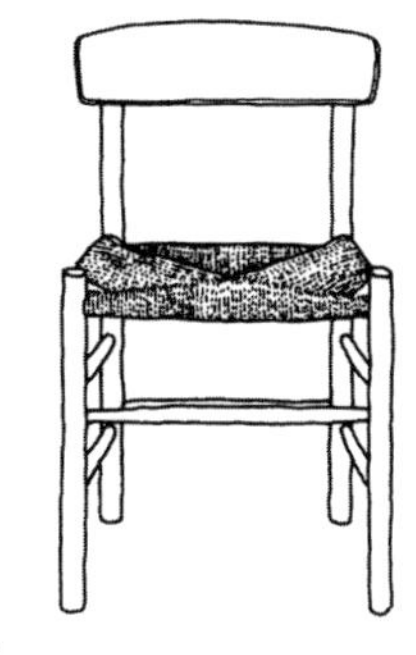

15–21
J39

制作于1947年。材料为山毛榉、橡木、榆木等。坐面为纸纤维（据说在试做时，曾使用报纸搓成的绳子）。这把椅子符合FDB的理念：性价比高，设计简洁，品质优良。

灵感来源是贯彻功能主义、抛弃装饰的夏克尔椅。坐面左右的框架与椅腿连接的位置比前后的框架高。这种做法不仅增加了强度，也提升了舒适度。这是一款长期畅销的产品，现在仍在售卖。

② 柯林特的教诲

在丹麦皇家艺术学院执教的柯林特热衷于研究古典风格的家具，并找出其优点和所存在的问题。在此基础上，他建构出重新设计的理念和方法，试着将设计改良得符合现代社会，并传授给他的学生。而且，他不只是从古典中汲取养分，更融入了人体工学的思考方式。

莫根森也按照人体工学的思维重新设计了椅子。例如，他重新设计了英国的“椅翼椅”（15–24）、温莎椅，美国的夏克尔椅等。此外，他也从西班牙的牛皮椅中获得灵感，创作了知名作品“狩猎椅”（15–22）和“西班牙椅”（15–23）。虽然有很多人师从柯林特，但莫根森应该才是其正统继承者吧。

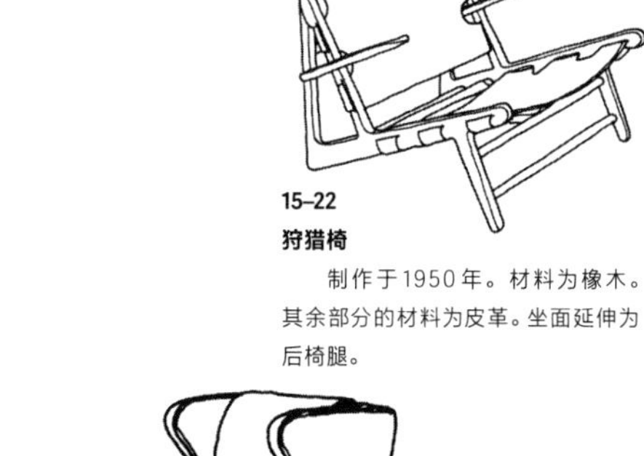

15–22
狩猎椅

制作于1950年。材料为橡木。其余部分的材料为皮革。坐面延伸为后椅腿。

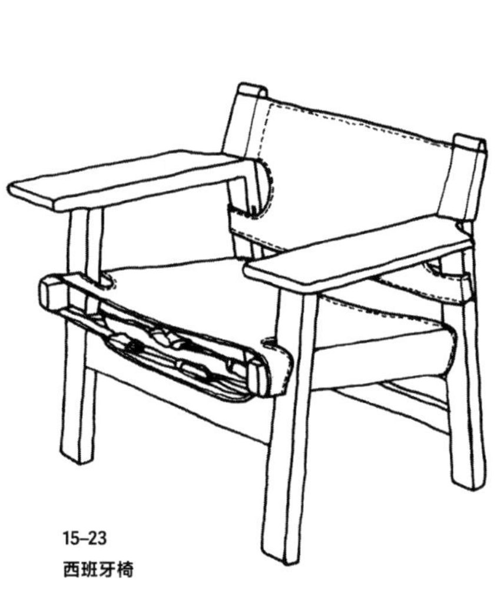

15–23
西班牙椅

制作于1959年。材料为橡木。坐面材料为皮革。重新设计自西班牙的牛皮椅子。

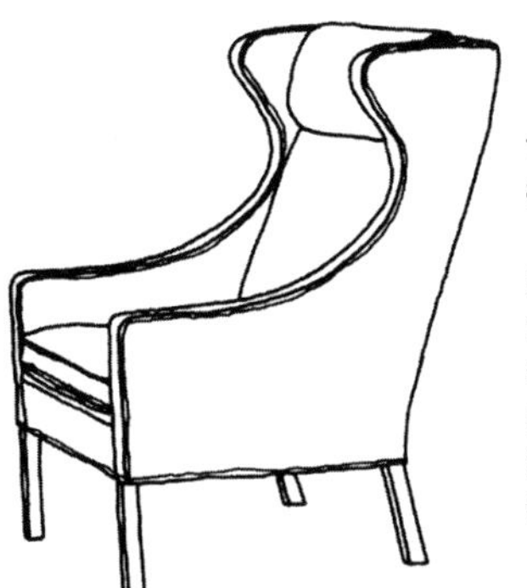

15–24
椅翼椅

制作于1963年。用橡木等材料制成，坐面材料为皮革。重新设计自18世纪英国古典风格的椅翼椅，是能够让人强烈感受到柯林特风格的作品。

③ 家具师匠资格

在丹麦，具有家具师匠资格的设计师较多，莫根森也是其中之一。由于设计师自己也能制作家具，了解制造家具的关键，所以和工匠沟通时也会更加顺利吧。

北欧最具代表性的椅子设计师，
17岁便取得家具师匠资格
汉斯·瓦格纳
(Hans Wegner，1914—2007)

汉斯·瓦格纳
“家具设计师必须要和出色的工匠建立良好的团队协作关系。”

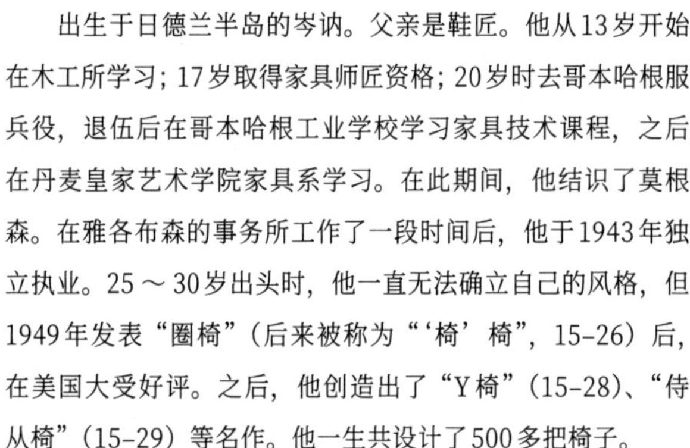

出生于日德兰半岛的岑讷。父亲是鞋匠。他从13岁开始在木工所学习；17岁取得家具师匠资格；20岁时去哥本哈根服兵役，退伍后在哥本哈根工业学校学习家具技术课程，之后在丹麦皇家艺术学院家具系学习。在此期间，他结识了莫根森。在雅各布森的事务所工作了一段时间后，他于1943年独立执业。25～30岁出头时，他一直无法确立自己的风格，但1949年发表“圈椅”（后来被称为“‘椅’椅”，15-26）后，在美国大受好评。之后，他创造出了“Y椅”（15-28）、“侍从椅”（15-29）等名作。他一生共设计了500多把椅子。

他的作品中也有金属材料的椅子，但大部分还是采用木材。他运用家具工匠的经验充分挖掘木材的特性，设计出能使人感受到技巧又结实的椅子。

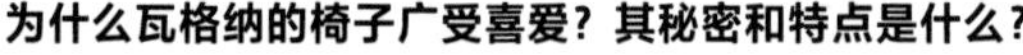

为什么瓦格纳的椅子广受喜爱？其秘密和特点是什么？

① 设计理念

瓦格纳举出了自己的三个设计理念。通过实现这些设计理念，他制作出能够让使用者感到满意的椅子。

- 舒适度：瓦格纳设计的椅子坐起来都非常舒适。不过舒适度也有排名，“‘椅’椅”是舒适度最高的椅子，而最热门的“Y椅”，有人说长时间使用的话，臀部和背部会感到疼痛。
- 设计美感：瓦格纳的椅子设计和居尔的雕刻风格的美感

可以说是完全不同，前者称得上兼具实用性的美感。

- 做工精细：这里的“做工”也有手工的意味。瓦格纳是家具师匠，这么说，可能会让人觉得这一点很像他的理念，但事实并没有那么单纯。瓦格纳认为：“即便是具备出色手艺的工匠，也应该在保证品质的基础上尽量使用机器。”他的真正想法是能够使用机器的环节就尽量使用机器，从而提升作业的速度，降低生产成本。例如，“Y椅”就是在能够使用机器生产的环节采用机械化生产，最后的椅座编织才由工匠手工完成。

② 和技艺精湛的工匠共同工作

在丹麦，设计师和工匠的关系是平等的，他们在充分沟通的基础上一同完成作品。几乎所有知名的设计师都有与之配合的技艺精湛的工匠。

瓦格纳就与约翰尼斯·汉森（Johannes Hansen）公司的尼尔斯·汤姆森和PP Møbler公司的艾纳·彼得森等顶尖家具工匠合作。不难想象，开会时瓦格纳会忽地燃起家具工匠之魂，想参与制作模型的样子。

15–25
中国椅

制作于1943年。瓦格纳重新设计了中国明代的“圈椅”，可以说是“‘椅’椅”和“Y椅”的原型。

参考柯林特学习古典风格的方法，瓦格纳在25岁后对柯林特的学生欧尔·万斯切尔撰写的家具风格历史书（或许就是《家具的类型》）中介绍的明式椅子产生了浓厚的兴趣。椅背上方的横木勾勒出框架的美感，精巧的组合木构造触动了瓦格纳的心弦。“圈椅”有四根横木支撑，但初期的“中国椅”并没有横木，为了保证椅子的结实度，将坐面框架做得较宽。

③ 对古典风格的再设计

瓦格纳并非研究古典风格家具的柯林特的直系弟子。但是，瓦格纳是柯林特学生莫根森的挚友，因此也能充分意识到将古典风格再设计的重要性。

从中国的明式家具到温莎椅、18世纪的英国家具、夏克尔椅等，瓦格纳的椅子吸收了诸多知名古典风格的椅子的要素。例如，“椅”椅采用了早期“中国椅”（15–25）的风格，“孔雀椅”（15–27）则是受到了温莎椅的影响。

15-26—❶ 早期样式

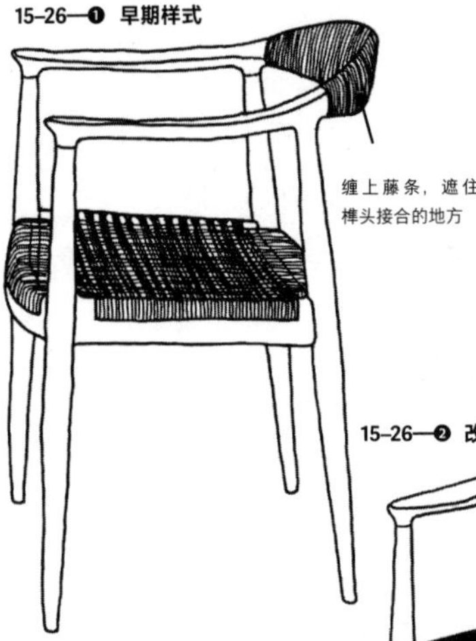

缠上藤条，遮住榫头接合的地方

“椅”椅（The Chair）

制作于1949年。承袭了明式椅子、中国椅风格，名为“椅”椅。它是瓦格纳设计的椅子中完成度最高、舒适性最佳的作品。不过，当初“圈椅”发表时并未获得过多的关注。1950年，因为登上美国室内装饰杂志*Interiors*封面，这把椅子突然受到瞩目。再加上1960年美国总统大选时，电视中的肯尼迪和尼克松正是坐在这款椅子上进行辩论，因而更加名声大噪。

椅背上方横木的弯曲线条用指形接合（*1）的方式连接。上横木并非弯曲木材而成，而是刨削出这样的线条。最初并没有采用指形接合，而是缠上藤条遮掩榫头接合处。坐面由藤编织而成。上横木的加工或许是瓦格纳和工匠们进行大量试错后的成果。关于“椅”椅的名称有诸多说法。据说美国的记者十分喜欢这款椅子，所以将其称为“椅”椅（The Chair），还有一种说法是其命名者是哥本哈根的室内装饰商店“Den Permanente”的产品经理。现在，“椅”椅由PP Mφbler制作（产品编号pp501、pp503）。

15-26—❷ 改良款式

*1

指形接合（finger joint）

是一种像左右手的手指交错的接合木材的方法。由于连接面大，所以更加稳固。

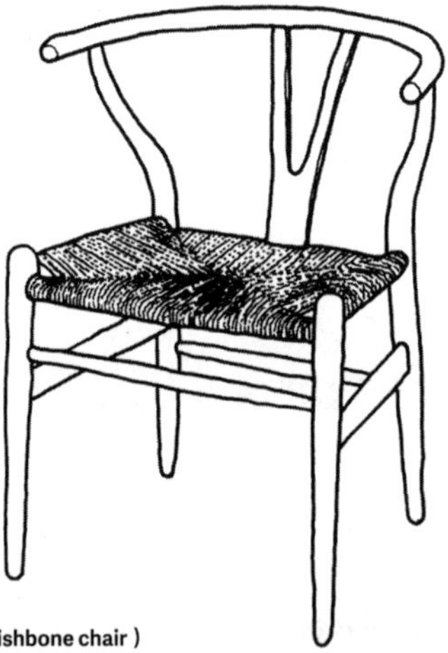

15-27

孔雀椅

制作于1947年。椅背的木条形状很像箭矢，因此也被称为“箭椅”。这是将温莎椅进行再设计的作品。

后背与木条接触的部分呈扁平状，坐起来十分舒适。从设计的角度来看，这也是一大亮点，看上去如同孔雀开屏一般。材料主要为梣木，也有扶手处使用橡木的款式。椅背的框架现在使用曲木（之前为成型胶合板），可见承袭了索耐特带起的潮流。

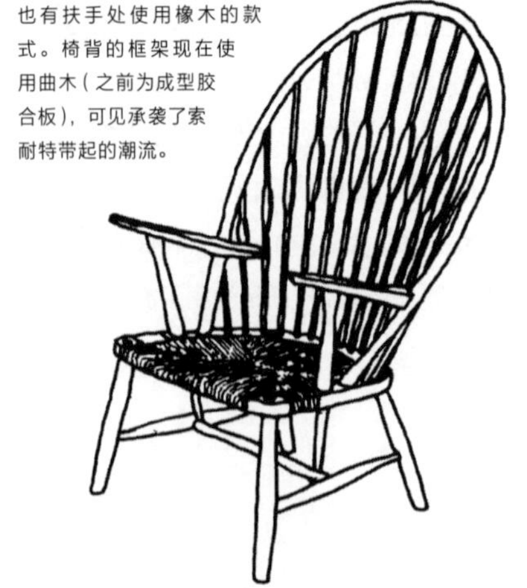

15-28

Y椅（叉骨椅，Wishbone chair）

制作于1950年。不但是瓦格纳作品中最为畅销的商品，也是日本进口家具中最为畅销的椅子，现在仍在售卖。这把椅子外形非常美观，但机械加工的部件较多，成本低廉是瓦格纳的椅子能够热销的原因之一吧。换言之，这把椅子虽然是机械加工的量产商品，但因设计美观、品质较高而成为畅销品，不过在舒适度上，不可否认，比“椅”椅稍逊一筹。

坐面由纸绳编织而成。框架材料为橡木、山毛榉、梣木、柚木等（但一把椅子只使用一种木材）。

15–29

侍从椅（Valet chair）

制作于1953年。也被称为“单身者的椅子”（Bachelor's chair），是一把多功能的设计简洁的三脚椅。

椅背可作为衣架，只要抬起椅座前侧，就能够挂长裤，椅座下方为能够放置小物件的收纳空间。正如它的名字一样，这把椅子能够发挥侍从的作用，对于单身人士而言十分方便。

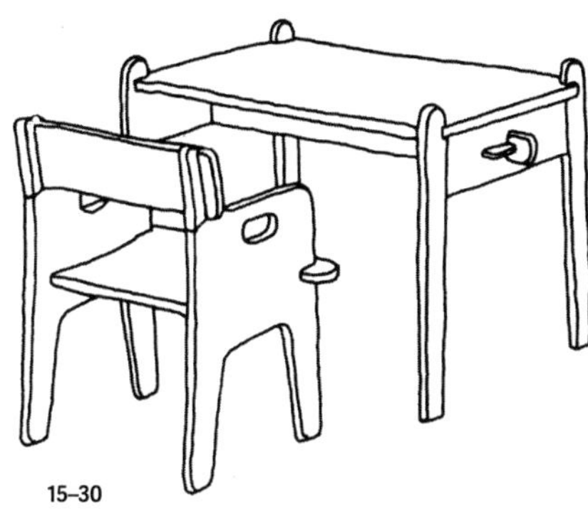

15–30

彼得椅（Peter's chair）

制作于1943年。挚友莫根森的长子彼得出生时，瓦格纳作为给孩子起名的人，赠送了椅子和小桌子。二人的交情可见一斑，而且这件趣事也相当有名。这件作品没有使用黏合剂和螺丝，而是采用分解组合的方式，因此便于收纳和运输。椅子主要由四个零件组成。材料为桦木或枫木，无涂漆。

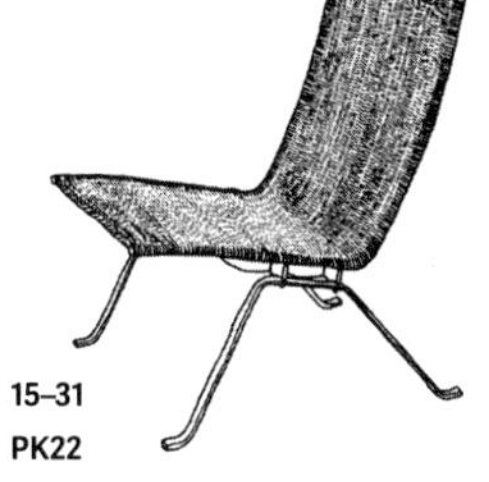

15–31

PK22

制作于1955年。材料为钢板，以藤包裹，或使用布、皮革。参考密斯·凡·德·罗的巴塞罗那椅重新设计而成。为了使椅腿的钢材具备支撑起整把椅子的强度，科尔德·克里斯登森（Kold Christansen）特地从德国调运了特殊钢材。金属和纯天然材料的组合让人能够感受到丹麦的手工艺传统，而这也是克耶霍尔姆特有的风格。

使用金属素材，表现丹麦手工艺传统的完美主义者

保罗·克耶霍尔姆

(Poul Kjaerholm，1929—1980)

出生于日德兰半岛的奥斯特布罗。获得家具师匠的资格后，他从1950年开始在汉斯·瓦格纳的工作室工作，同时在哥本哈根美术工艺学校的夜间部学习。1952—1953年，他在弗里茨·汉森家具公司工作。他晚年作为欧尔·万斯切尔的继任者，成为丹麦皇家艺术学院家具系的第三任教授。

20世纪50至70年代是丹麦家具的兴盛期，家具的材料主要为木材（但雅各布森和弗里茨·汉森公司此时正在研发新材料）。尽管克耶霍尔姆是家具师匠，年轻时还在瓦格纳的工作室工作，但他却留下了诸多使用钢材等金属材料的椅子，其中不乏名作（15-31、15-32、15-33、15-34、15-35）。用一句话概括其特征，就是去除一切不必要的部分，追求极简，以及不容妥协的细节。

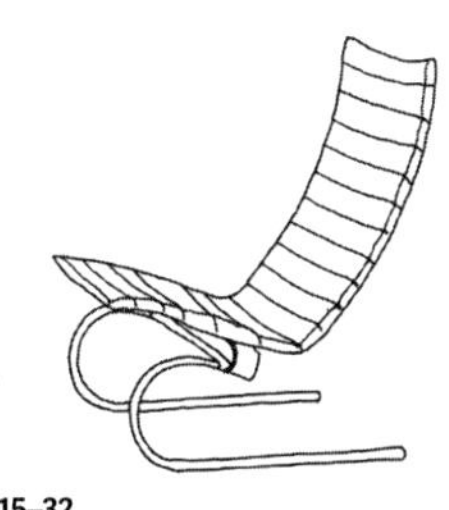

15–32

PK20

制作于1967年。材料为钢，覆有皮革。参考包豪斯成员设计的悬臂椅制作而成。椅座和椅腿并非直接接合，而是浮在空中，令人感觉轻快。这也是悬臂椅的名作之一。

15-33

三脚椅 PK9

制作于1960年。材料为钢板。椅座和椅背使用FRP（纤维强化塑料）并覆有薄皮革。这是金属三脚椅的名作。参考了埃利尔·沙里宁有名的单腿椅——郁金香椅。钢、FRP和纯天然材料的巧妙组合，也展现出丹麦家具的特征。

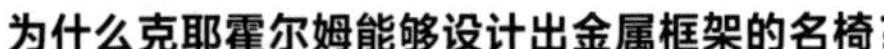

为什么克耶霍尔姆能够设计出金属框架的名椅？

① 完美主义者

据说，克耶霍尔姆是个沉默寡言、毫不妥协的完美主义者。这种特质也体现在他毫无多余装饰的简练的椅子样式中。

② 结识科尔德·克里斯登森

和其他知名设计师一样，克耶霍尔姆也遇到了出色的工作伙伴，那就是家具制造商科尔德·克里斯登森。为了实现克耶霍尔姆的设计，他想方设法调运钢材，还建立起制造体系。在市场销售方面，他也不遗余力地为克耶霍尔姆提供帮助。

③ 年轻时的学徒经历和当作目标的前辈

20岁之前，克耶霍尔姆就取得了家具师匠的资格，并继续学习制作家具。他不仅在瓦格纳的工作室工作过，也做过熟知古典家具风格的欧尔·万斯切尔的助手。25岁前后，他曾在弗里茨·沃森公司工作。当时正是雅各布森开发“蚁椅”的时期。克耶霍尔姆亲身经历了不使用木材而开发新材料的热潮。

此外，他相当崇拜德国包豪斯的核心成员——密斯·凡·德·罗，也受到了金属制的巴塞罗那椅和悬臂椅的影响。

15-35

折叠凳 PK91（金属螺旋凳）

制作于1961年。材料为钢板。覆有皮革。虽然是对柯林特的折叠凳的再设计，但源头是古埃及的X形凳。折叠后凳腿完美重合。重7.4千克，拎起来有一定分量。

15-34

吊床椅 PK24

制作于1965年。材料为钢板、不锈钢。以藤包裹，靠枕材料为皮革。这是对勒·柯布西耶的“躺椅”的再设计。椅座的角度可以调整。

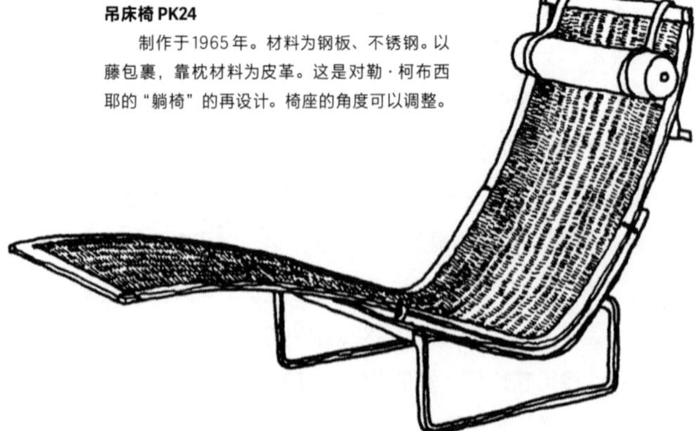

用塑料和金属呈现天马行空的创意，
才华横溢的设计师
威尔纳·潘顿
（Verner Panton，1926—1998）

家具设计师。1951年从丹麦皇家艺术学院建筑系毕业后，他便到雅各布森的事务所工作。1955年，他独立创业，活跃于国际舞台。

他使用的材料主要为塑料、金属、聚氨酯泡沫塑料，几乎不使用木材（15-36、15-37）。潘顿的设计特色在于使用能够随意变形的材料，通过天马行空的创意构思样式和配色。他主要做几何形的设计，这点与丹麦设计的特色——有机设计有所不同。他的作品更加偏向拉丁风格，在丹麦设计界也是异类。据说，他很少与丹麦的设计师和家具工匠交流。

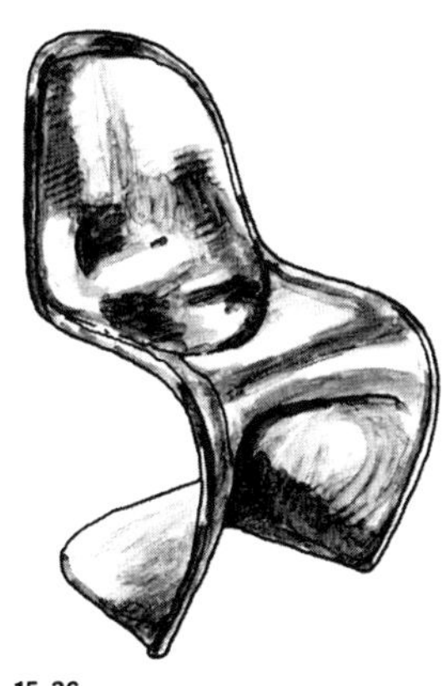

15-36
潘顿椅

制作于1959—1960年。重新设计了里特维尔德的Z字椅，并且是能够堆叠的单人椅。这也是世界上第一把运用单一材料——一体成型的FRP制作的椅子。随着新材料的开发，当时使用的塑料后来也改为其他材料。最初是由美国赫曼米勒公司销售，但后来改为聚丙烯材料，由瑞士威达公司重新生产。

1953年，克耶霍尔姆尝试制作与潘顿椅十分相似的椅子，被潘顿看到了。潘顿椅问世时，克耶霍尔姆十分愤怒。

南娜·迪策尔
（Nanna Ditzel，1923—2005）

家具设计师。她作为丹麦皇家艺术学院的旁听生，跟随柯林特学习。1946年，她与丈夫约尔根·迪策尔（Jorgen Ditzel，1921—1961）成立设计工作室。她擅长使用木材、金属、玻璃、织物等多种素材，甚至还设计过乔治·杰森的金属饰品。

在1990年举办的第一届“旭川国际家具设计比赛”（IFDA）中，她以“BENCH FOR TWO”获得金奖。

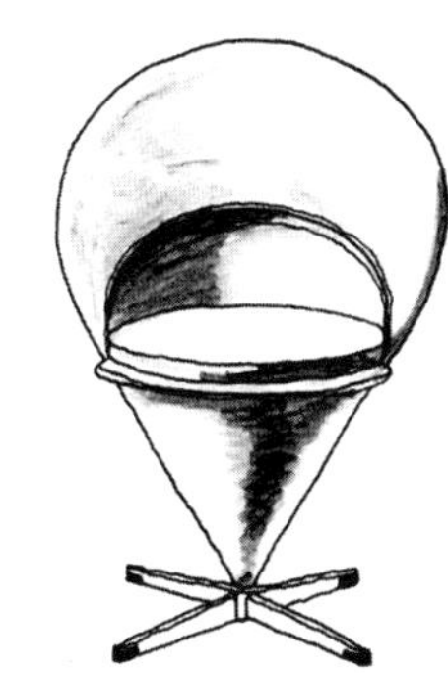

15-37
圆锥椅（Cone chair，无扶手椅8800号）

制作于1958年。材料为钢，布面靠垫。形似冰激凌的蛋筒，靠垫为红色，让人印象深刻。重量由圆锥的顶点承担，并以此为轴心旋转，对制作技术的要求较高。这种一点支撑的结构或许是受到了郁金香椅的影响。

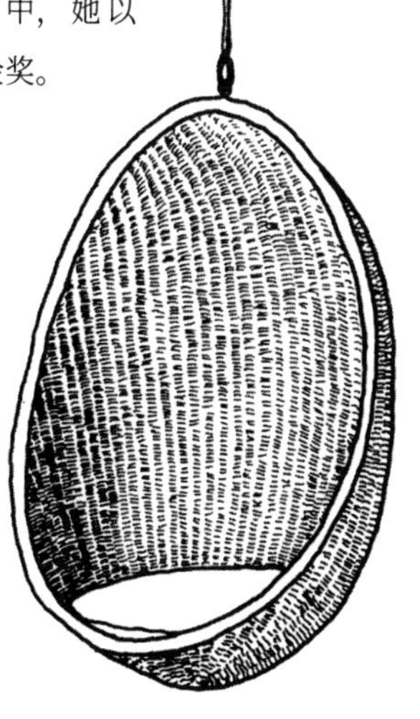

15-38
秋千椅（Swing chair）

制作于1959年。南娜与丈夫约尔根一同制作。由藤编织而成，布面靠垫。上方由绳索吊挂。坐下时不停摇晃，仿佛在荡秋千。这也是秋千椅中的名作。

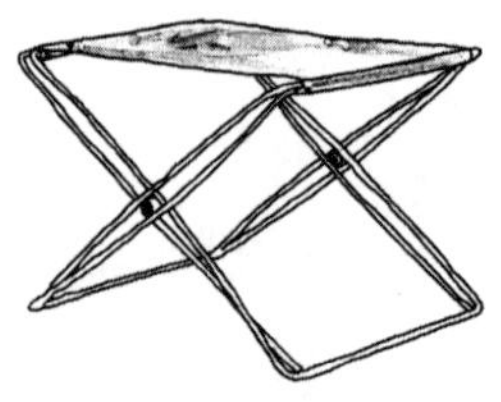

15–39
折叠凳

制作于1970年。材料为钢管（钢制圆棒）。覆有皮革。椅腿交叉处使用滚珠轴承，并扭曲钢条组成凳腿。折叠时，凳腿能够完全重合。

这把凳子承袭了丹麦皇家艺术学院首任教授柯林特的木制折叠凳和第三任教授克耶霍尔姆的钢板折叠凳的风格。

约根·加梅尔加德
（Jorgen Gammelgaard，1938—1991）

家具、工业设计师。19岁获得家具师匠资格。曾作为联合国顾问驻派印度尼西亚，后在雅各布森的事务所工作。1973年成立自己的设计事务所，之后也担任丹麦皇家艺术学院家具系教授，指导学生。他的作品特点是省去不必要的部分，具有简洁之美。由他重新设计的椅子中也不乏名作。

15–40
折叠凳（Folding stool）

制作于1970年。材料为枫木、鸡翅木（非洲产崖豆属）。坐面为羊皮纸。加梅尔加德以钢制折叠凳为原点，设计出用木材和纸做的X形折叠凳。不过，羊皮纸上真的可以坐人吗？

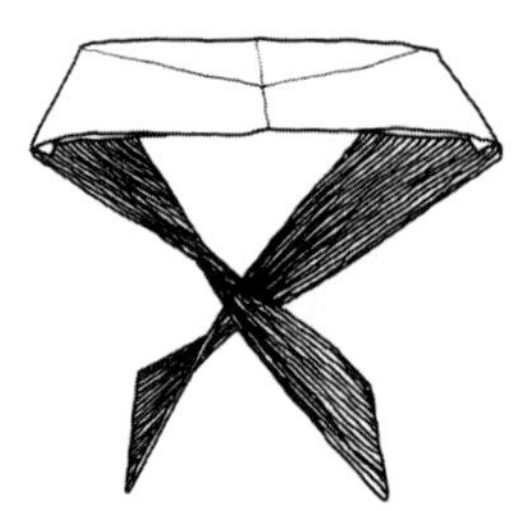

埃利尔·沙里宁

“我们应该在更大的格局中考虑设计。例如设计椅子时考虑房间，设计房间时考虑整栋房屋，设计整栋房屋时考虑环境，设计环境时就要考虑整座城市。”

芬兰

和其他的北欧国家相比，芬兰的历史有些许不同。它曾长期处于瑞典的统治之下，19世纪初期又受到俄罗斯统治。之后在民族主义高涨的时代背景下，芬兰趁着俄罗斯革命于1917年独立。民族主义盛行之下也产生了民族浪漫主义，影响甚至波及艺术和建筑领域。

芬兰的计师中最为有名的是阿尔瓦·阿尔托，不过20世纪初，引领建筑和家具设计的则是埃利尔·沙里宁。此外，伊玛里·塔佩瓦拉也功不可没，他从叠放和组装方式等功能性及成本角度出发，设计出芬兰传统木制家具。

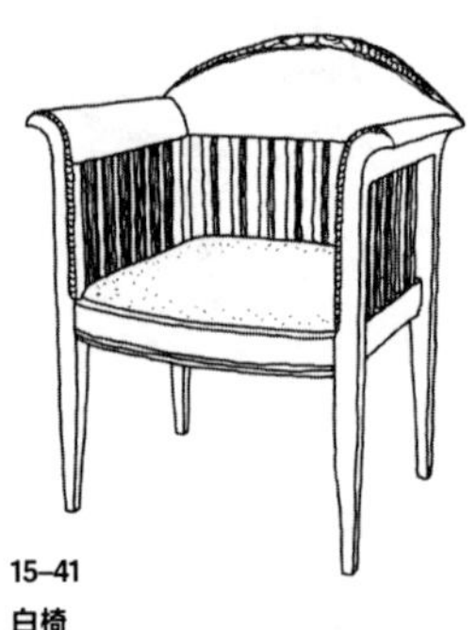

15–41
白椅

制作于1910年。位于赫尔辛基西部Hvitt - Rask的沙里宁宅院阳光房中放置的椅子。木制框架，覆有布面。除去坐面的淡粉色外，其他部分涂有白漆。因此被称为“白椅”。

北欧现代风格的鼻祖，伊姆斯夫妇的老师
埃利尔·沙里宁
（Eliel Saarinen，1873—1950）

建筑家。出生于芬兰兰塔萨尔兰。反映芬兰民族浪漫主义的赫尔辛基火车站是他的代表作。他的早期作品，1900年的巴黎世界博览会芬兰馆，完美融合了传统的芬兰木造建筑和哥特风格的要素。椅子的设计则受到了霍夫曼的维也纳工坊和里门施耐德的德国青年风的影响（15–41）。

1923年，他移居美国，并担任克兰布鲁克艺术学院的院长，培养出伊姆斯夫妇等表现活跃的设计师和建筑家。他也是20世纪中期活跃的建筑家——埃罗·沙里宁的父亲。

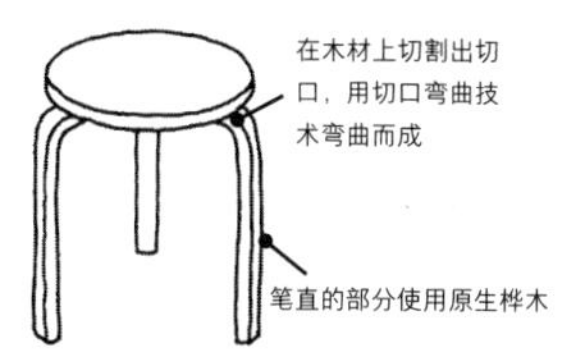

15–42

Stool 60

制作于1932年。材料为桦木。椅腿上方使用切口弯曲技术（阿尔托椅腿）弯曲而成。能够叠放。这是一款很受欢迎的三脚椅，在日本也随处可见。高度为44厘米。

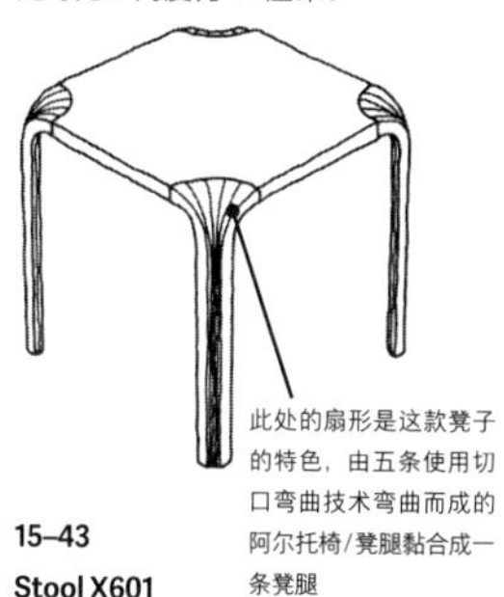

15–43

Stool X601

制作于1954年。材料为桦木。凳腿上方的曲线由五条细的阿尔托椅/凳腿组合而成，呈优美的扇形。

从技术开发到培育人才，
留下了伟大功绩的芬兰英雄

阿尔瓦·阿尔托

（Alvar Aalto，1898—1976）

芬兰具有代表性的建筑家、家具设计师。出生于芬兰中部的库奥尔塔内。在芬兰，他是英雄般的人物，甚至在50芬兰马克纸币（使用欧元前）上就印有阿尔托的侧脸。他在赫尔辛基工业大学学习建筑，也曾在埃利尔·沙里宁的事务所工作。他亲自设计了诸多建筑，不仅是芬兰具有代表性的建筑家，更是20世纪具有代表性的建筑家。

帕伊米奥结核病疗养院和维堡图书馆等由他操刀的建筑中所放置的椅子等家具，也是由他亲自设计，他更创作出在椅子史上具有划时代意义的作品。我们从以下四个方面能够感受到阿尔托的伟大贡献和才能，分别是木制椅子构造面的技术开发、运用这种技术的设计、以芬兰产桦木为原料以及椅子的销售。

结合技术、设计、市场，细数综合能力获得较高评价的阿尔托的功绩

① 木制椅子构造面的技术开发

- 被称为“阿尔托椅/凳腿”的切口弯曲技术

以“Stool 60”（15–42）为例，笔直的桦木腿在接近坐面处呈弯曲状态，与坐面接合。但是，桦木的弯曲方式并不像索耐特公司制造曲木椅那样用高温蒸煮，也不是将数片薄板贴合弯曲的成型胶合板，而是用切口弯曲技术弯曲而成。

15–44

66号椅（维堡图书馆中的小椅子）

制作于1933年。材料为桦木。接合的部分由简单的木制螺丝固定。插图中的坐面贴有亚麻油毡，也有布面的坐面。可以说是全世界小椅子的标杆。高度为44厘米。

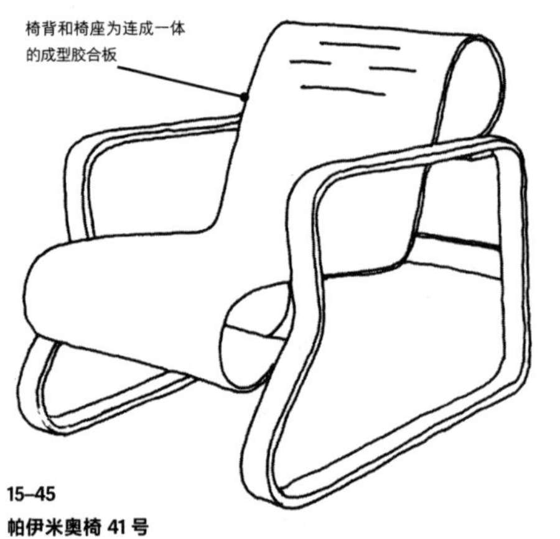

15-45
帕伊米奥椅 41 号

制作于1930—1931年。阿尔托使用成型胶合板制作的代表作，也是北欧现代设计风格椅子的先驱。这是设计帕伊米奥结核病疗养院时，为了室内使用而设计的椅子，因此这把椅子也被称为“疗养院椅”。椅背处有横向的切痕，下部设计成榻榻米椅腿，放置在榻榻米上。椅座长87厘米。不过据说长时间使用会感到疲惫。

具体方法是：取天然桦木，将准备弯曲的部分沿着木材纹理切割出等距的切口，在切口中插入涂有黏合剂的薄板，薄板的纹理与原木纹理垂直，然后将其弯曲90°，放入模具中固定并干燥。使用这种方法，笔直的部分能够保持原生的状态；采用索耐特的方法弯曲的话，恐怕会产生扭曲的现象。从这点可以看出，阿尔托将芬兰生活用具的传统切口弯曲技术运用到了现代椅子的设计中。

- 成型胶合板制成的悬臂椅

阿尔托在研发切口弯曲技术的同时也在研究利用成型胶合板制成的悬臂椅。当时，德国的马特·斯坦、密斯·凡·德·罗、布劳耶设计的钢管悬臂椅相继问世。于是阿尔托开始尝试用桦木代替金属制作悬臂椅，并和协助者奥托·科尔霍内(Otto Korhonen，经营家具制作公司的家具工匠)，以及妻子艾诺（Aino）等人不断试错，最后制作出名椅“帕伊米奥椅”(15-45、15-46)。

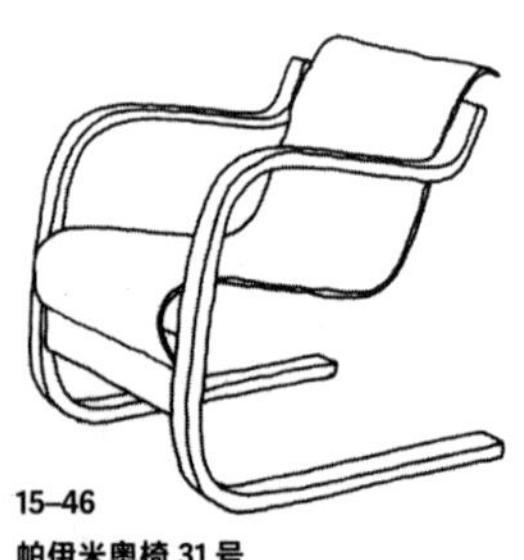

15-46
帕伊米奥椅 31 号

使用桦木成型胶合板制成的悬臂椅。

② 运用这种技术的设计

新技术开发后，阿尔托利用它不断推出设计美观的椅子。帕伊米奥椅就是利用能保持强度的成型胶合板的优点，巧妙地打造出柔和的曲线的例子。在“Stool X600”（坐面为圆形）和“Stool X601”（坐面为四方形，15-43）中，阿尔托将细细的阿尔托椅/凳腿组合成一条椅腿，弯曲的部分甚至呈现出优美的扇形。

③ 以芬兰产桦木为原料

阿尔托20岁左右时，受到柯布西耶等人和包豪斯的影响，也曾使用过金属材料。后来，他以制造“能与金属家具抗衡的家具”为目标，思考如何打造现代设计的风格，并且积极使用产自芬兰的桦木。这或许是受到身为管理森林的林务官父亲的影响。此外，当时芬兰民族主义盛行，这或许使他想使用祖国的木材来呈现自己的设计。在这种想法下，他设计出了发挥木材特点的椅子。阿尔托的理念也影响了不少北欧的设计师。

④ 椅子的销售

阿尔托除了在设计和研究开发上倾注心血，在商品的售卖方式上也思考良多。即便是出色的产品，没有销路的话也无法成为生意。于是1935年他成立了Artek公司，在制造、销售、经营等各部门安排合适的人员，着手椅子等家具的销售。

兼具芬兰传统手工艺的要素，以及功能性和量产性的设计

伊玛里·塔佩瓦拉

(Ilmari Tapiovaara，1914—1999)

家具设计师。在芬兰，他是与阿尔托齐名的巨匠。1937年，他毕业于芬兰国立中央应用美术学院，之后在英国和瑞典学习设计。他也在巴黎短暂停留过，并在柯布西耶的事务所工作，还曾担任家具厂商的艺术总监。1951年，他成立了塔佩瓦拉设计工作室，1952—1954年担任美国伊利诺伊工业大学的客座教授，同时也在从德国移居过来的密斯·凡·德·罗的工作室工作。回到芬兰后，他担任赫尔辛基大学室内设计特别讲师，指导学生。

在国外的各种工作经历（特别是曾在柯布西耶和凡·德·罗手下工作）和大前辈阿尔托的影响下，他着手进行具有芬兰质朴特色和手工艺要素的设计。他的作品特点并非只有质朴，更兼具了功能性和量产性，例如能够叠放、折叠，以及可以就地拆解的构造。

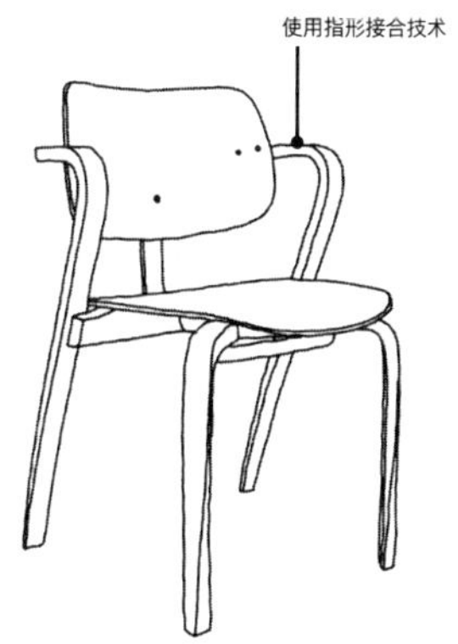

15–47
Aslak

制作于1957年。由山毛榉成型胶合板制成。早期代表作“Domus椅”的椅腿和横木使用原生木材，Aslak则是从Domus改良而来，材料全部使用成型胶合板。后侧椅腿和椅背的接合处使用指形接合技术。能够叠放。

15-48
桑拿凳（木制）

制作于1952年。坐面为桦木胶合板。椅腿为山毛榉。这是为他自己设计的赫尔辛基皇宫宾馆桑拿室而制作的。坐面由外向内倾斜，坐下时和臀部贴合。三合板刨削出的纹路十分美观。现在也有可就地组装（坐面和凳腿为组合式）的桑拿凳出售。

从马桶获得灵感？设计了桑拿凳和色彩丰富的珐琅壶

昂蒂·诺米纳米

（Antti Nurmesniemi，1927—2003）

出生于芬兰海门林纳。相比家具设计师，称他为室内装饰设计师可能更贴切。他曾在建筑事务所工作过。1953年，他与身为服装设计师的夫人沃科·艾库琳（Vuokko Eskolim）共同创办设计事务所，设计色彩丰富的珐琅壶、电话、地铁、铁塔等，广泛活跃于多个领域。椅子的代表作为“桑拿凳”（15-48）。

运用塑料的特性，
自由孕育出波普风格的设计

艾洛·阿尼奥

（Eero Aarnio，1932—　）

室内和工业设计师。出生于赫尔辛基。他毕业于赫尔辛基的工艺学院（Institute of Industrial Arts）。1962年，他创办设计事务所，开始发表用塑料和玻璃纤维制作的崭新且充满游戏趣味的作品。即便不知道阿尼奥名字的人，恐怕也应该在哪里见过“糖果椅”（15-49）和“球椅”（15-50）吧。

传统芬兰家具采用当地原材料，质朴且具有实用性，阿尼奥的设计与之相去甚远，偏向波普风。不过，他的作品都很简洁。材料使用合成树脂，并采用大胆的样式，从根本上看，或许依然承袭了北欧设计的简洁和毫不浪费的特点。

运用材料特性，从人体工学的角度进行设计，
功能主义者，也是后现代主义者

约里奥·库卡波罗

（Yrjö Kukkapuro，1933—　）

家具设计师。出生于东卡累利阿的维堡（Viipuri，现为俄罗斯的维堡Vyborg）。在赫尔辛基的工艺学院就读时，他跟随伊玛里·塔佩瓦拉学习功能主义。他既是功能主义者，也是后现代主义者，据说他还是芬兰唯一参加后现代主义设计运动的设计师。1959年，他创办设计事务所，设计了诸多家具。

此外，他也设计过飞机场、剧场等公共空间。1974—1980年，他在母校（后更名为阿尔托大学艺术设计与建筑学院）担任教授和校长。

他设计了“卡路赛利椅”（15-51），还有从人体工学角度出发的办公椅（代表作为1978年发表的“Fysio”）等作品。

15-49

糖果椅（Pastille chair）

制作于1967—1968年。Pastille意为“药片”。FRP制成的半球体一侧的凹陷使成人也能够坐在上面。颜色为鲜艳的红色或黄色，直径约95厘米。因为坐下后可以摇动，也被称为“旋转椅”（Gyro）或“摇滚椅”（Rock'n Roll Chair）。

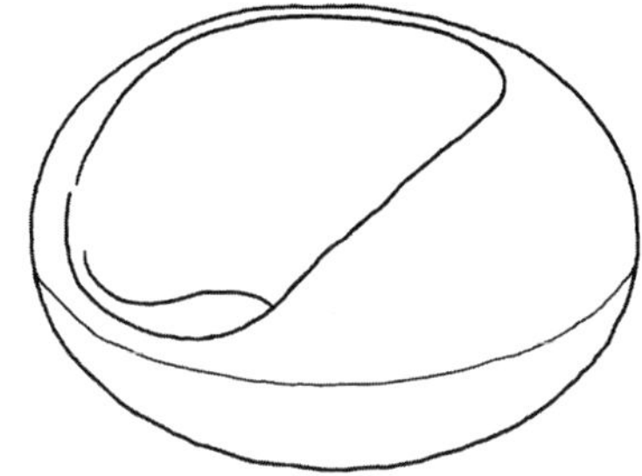

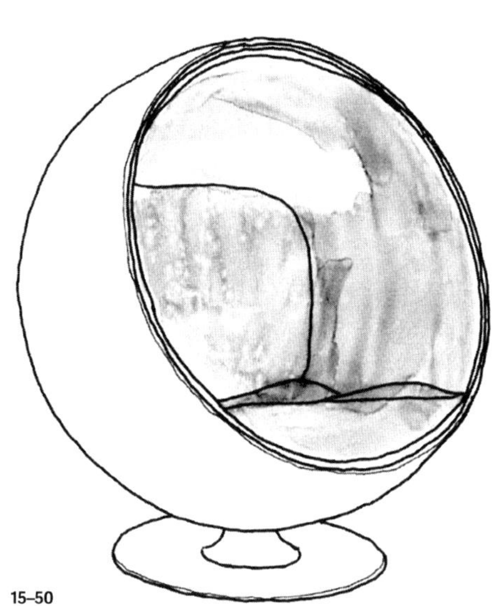

15-51

卡路赛利椅（Karuselli chair）

制作于1964—1965年。坐面为FRP成型，覆有皮革，椅腿为钢制。这是一款坐面能够前后转动的安乐椅式的椅子。坐面和椅腿的框架之间夹有作为缓冲材料的橡胶圈。椅子能够以扶手下方的轴为中心前后摇动。由于有这样的设计，能够轻松地前后晃动。

据说这款椅子是约里奥和女儿一同玩耍时想到的。冬天，他看到女儿在玩雪时坐在积雪上留下的印记，才产生了这样的灵感。因家具店The Conran Shop而闻名的特伦斯·康兰爵士曾评价这款椅子为“最喜欢的椅子”。karuselli在芬兰语中为“旋转木马”的意思。

15-50

球椅（Ball Chair）

制作于1963年。别名“地球椅”。本体为FRP制成。内侧带有布面靠垫。阿尼奥在设计自家住宅使用的大型椅子时，制作出这种球形的椅子，想法十分单纯。坐在椅子上，感觉像是进入胶囊中。椅子能够旋转。

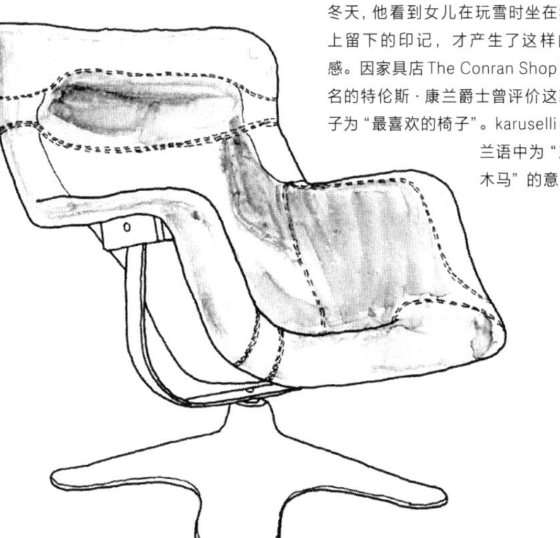

挪威

在北欧诸国（除冰岛以外）中，挪威设计的现代化是最晚开始的。挪威的传统家具十分厚重敦实，但进入20世纪后，也开始受到德国青年风格和新古典主义的影响。1918年，挪威成立了应用艺术协会。当时瑞典、芬兰和丹麦已经成立了类似的组织（瑞典：1845年，芬兰：1875年，丹麦：1907年）。协会的目标是“维持并非纯艺术亦非手工艺的立场，将手工艺和产业导向艺术”。随后，建筑家科纳特·库特森（Knut Knutsen）等人推广了功能主义设计。

挪威的椅子获得世界性认可是在20世纪60年代之后。特别是英格玛·雷林设计的“Siesta”（15–52），让挪威设计受到全世界的瞩目。

15–52

Siesta

制作于1965年。由山毛榉成型胶合板制成。置有皮革靠垫。椅背和坐面为悬臂形，用成型胶合板制作的话，需要很高超的技术。可以想象，材料的宽度、厚度，弯曲的角度等，都需要经过仔细确认。这是挪威设计的代表作品。不仅畅销挪威，还在50多个国家售出了100万把以上。美国白宫中也有这款椅子。

设计出传承弯曲成型胶合板技术的名椅“Siesta”，
“挪威设计之父”

英格玛·雷林

（Ingmar Relling，1920—2002）

家具、室内设计师。出生于挪威叙许尔文。他从15岁开始学习家具制作的基础。在挪威工艺学院就读时，他师从建筑家阿尔内·科尔斯莫（Arne Korsmo）。独立创业后，他从家具设计到游艇内装等领域都有涉猎。代表作“Siesta”在全世界都获得了很高的评价。

为了坐起来舒适，将椅座设计为悬空状态的设计师

西格德·雷塞尔

（Sigurd Resell，1920—2010）

家具、室内设计师。毕业于挪威国立美术学院。椅子代表作为“SR-600”和“猎鹰椅”（15–53）。在1958年举办的哥

本哈根工匠工会展中的获奖作品就是“SR-600”。制作这把椅子的是制作芬·居尔椅子的名匠尼尔斯·维多。

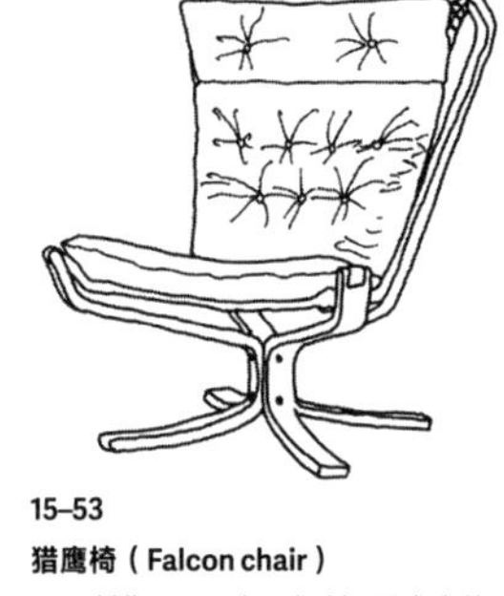

15-53

猎鹰椅（Falcon chair）

制作于1971年。钢制，覆有皮革。Falcon意为“鹰”。椅座看起来像是悬吊于以金属零件连接的框架上，因为整个坐垫没有固定，所以坐下时能够找到舒适的坐姿。

最初的款式是用钢制成的，之后也开发出成型胶合板的款式。椅腿的结构需要运用高超的技艺。正因为家具制造商瓦特讷·列斯塔夫法里克（Vatne Lenestolfabrikk）的制造技术，才能呈现出这把椅子，不过现在由FurnArt AS公司负责制造。

开发热销的儿童椅“成长椅”，
毕生追求以正确姿势使用的椅子

彼得·奥普斯维克

（Peter Opsvik，1939— ）

他在卑尔根艺术与设计学院和挪威工艺学院就读后，1970年以家具设计师身份创业。他设计了“跪椅”（15-55）和畅销全球的“成长椅”（15-54）。

15-54

成长椅（Tripp Trapp chair）

制作于1972年。材料为成型胶合板。随着孩子的成长，调整椅座和脚踏板的位置即可继续使用。左右的框架上有凹槽，可以改变嵌入木板的高度。在儿童椅领域中，这把椅子是畅销世界的商品，在日本也有很多家庭使用。经常能够看到其仿制品。

这是奥普斯维克在家一边工作一边照看自己的孩子时，通过观察孩子的活动而设计出来的椅子。

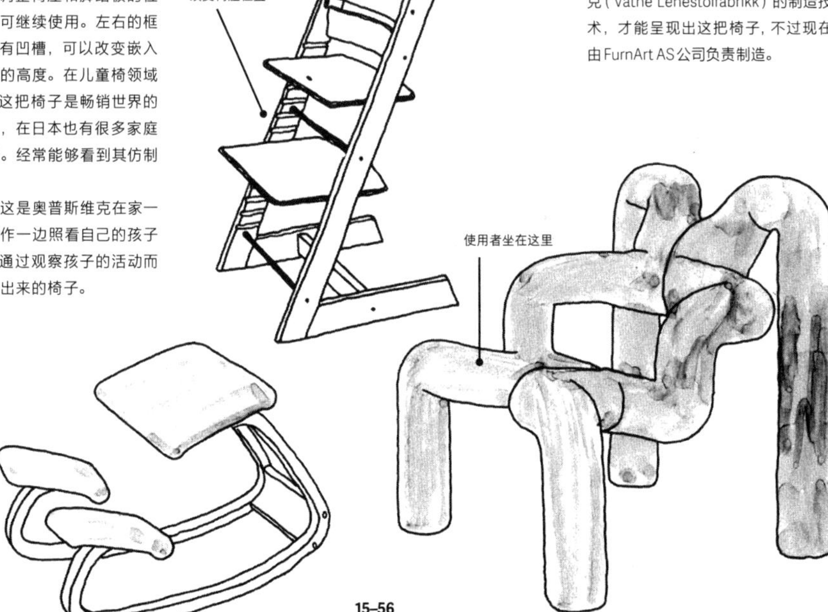

15-55

跪椅

制作于1979年。材料为成型胶合板，布面。这是从以人体工学的角度研究坐姿的“平衡椅”项目中诞生的椅子。因为人坐在椅子上会呈前倾姿势，为了保持正确的姿势（脊柱为S形曲线）而设计了这款椅子。跪椅也有很多种变化款式。

15-56

埃克斯卓姆椅（Ekstrem chair）

设计师：特耶·埃克斯卓姆（Terje Ekström，1944—2013）

制作于1977年。材料为钢管、聚氨酯，布面。宽69厘米，长67厘米，高78厘米。椅座到地面的高度为43厘米。重量为11.3千克。由奥普斯维克的椅子的生产商思多嘉儿（Stokke）公司制造。以钢管组成框架，外面用聚氨酯包裹，再覆以布料。

相信第一次看到这把椅子的人一定会思考这到底是什么。是动物或昆虫的变体吗？还是水管的组合？看起来好像装置艺术，但坐下去却意外舒适。

* *

北欧名椅使用的北海道橡木

从丹麦首都哥本哈根搭乘InterCity特快列车向西出发，两小时可到达作为要塞而繁荣的港口城市腓特烈西亚。制作布吉·莫根森和南娜·迪策尔的椅子的家具厂商Fredericia公司位于郊外的工业区中。此次造访（2002年9月）是为了确认从前Fredericia公司是否曾使用过北海道产的橡木。

寒暄过后，社长托马斯·格拉巴森便带我参观工厂内部。地上堆积着橡木（德国产），工人们正熟练地使用机器加工“西班牙椅”的椅腿和扶手。

参观后，我便向社长询问了北海道橡木的事情。接着，我获得了期待中的答案。

“虽然现在没有使用日本木材，但在20世纪70年代前期曾使用过。当然，西班牙椅也使用过日本木材，后来因为汇率变动、日本木材产量不足，才放弃使用。我虽然没有亲眼见过，但前任社长（现任社长的父亲，安德鲁·格拉巴森）说过，日本的橡木十分美丽。”

果然，北欧家具曾使用过北海道的橡木。

细腻的纹理和美感，堪称世界最优质的橡木

在北海道广袤的森林中，伫立着水楢（与橡树同为栎木属），威风凛凛的身姿使人难以忽视，“森林之王”的称号名副其实。但是，在日本明治时代开拓北海道时，橡木却风评不佳。现在或许无法想象，橡木当时是用作铁路枕木的，以很低廉的价格被售卖。大正时代初期，橡木才开始以英尺为单位被制成木材销往欧美各国。由于是从小樽港口运出，橡木也被称为“小樽橡木”。

北海道旭川的知名家具制造商CONDE HOUSE的创始人兼会长长原宝就说过，无法忘却数十年前在丹麦看到的北海道橡木。20岁左右时，长原先生在德国学习家具制作，当时利用休息日参观了欧洲各地的博物馆和家具工厂。某天，他访问了一家丹麦的家具工厂，在那里看到堆积成山的北海道橡木，大感震惊，并了解到使用这种木材制作的椅子也销往日本。以此为契机，他生出了“使用北海道橡木制作家具，并销往世界”的念头。

长原先生说北海道的橡木有种独特的韵味。“欧洲、美国、日本的橡木都有各自不同的个性。但日本的橡木就像白色美人，大雪山中长出的橡木，纹理细腻优美，是全世界最好的家具材料。”这种美感或许也得到了欧美人的认可吧。

德国产的橡木

工厂内部堆积的西班牙椅的部件

* *

16

AMERICA

1940 —

20 世纪 40 年代后的美国

伊姆斯等人使用新材料和新技术，
不断发表实用且美观的名椅

美国现代具有代表性的设计师和椅子

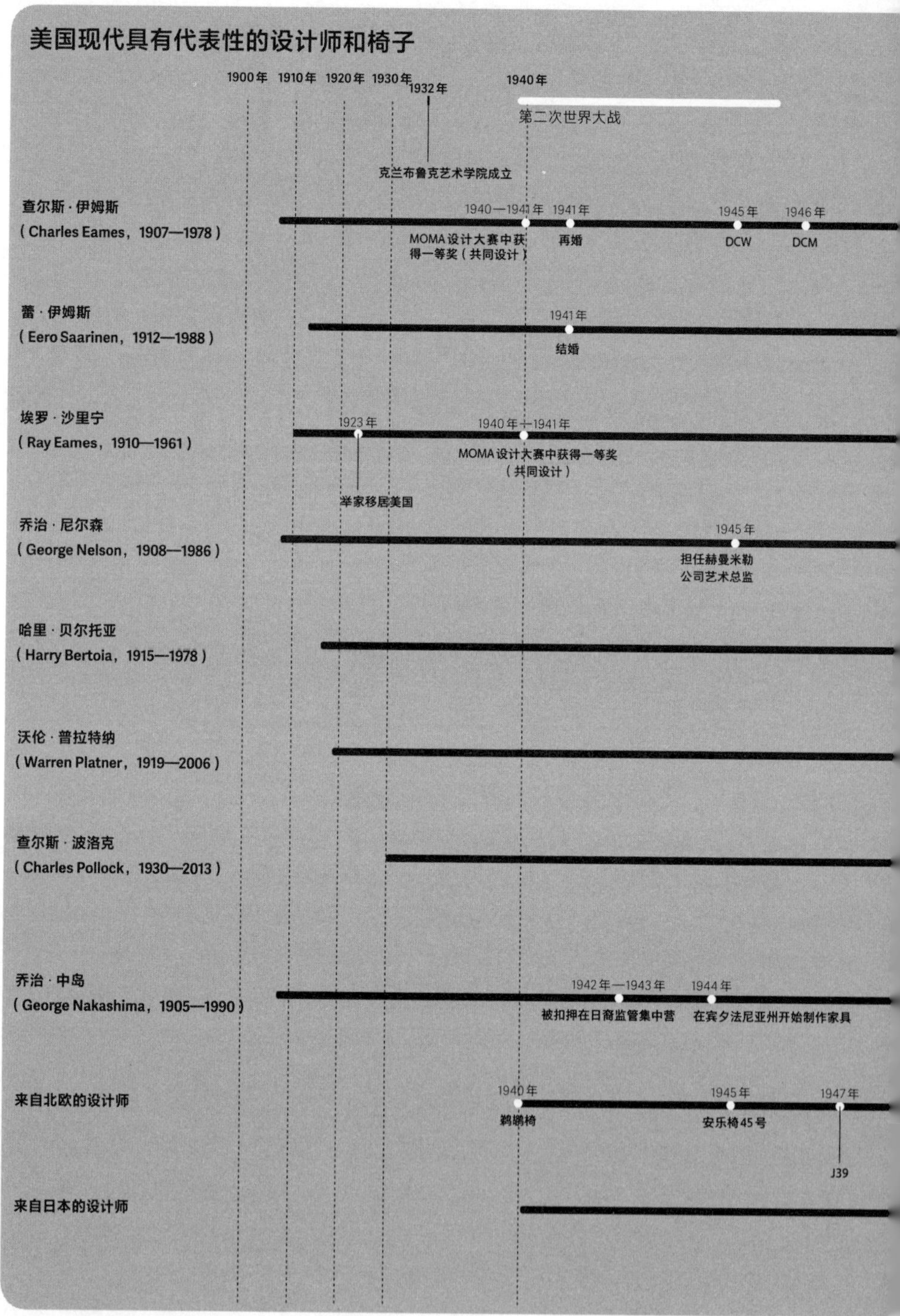

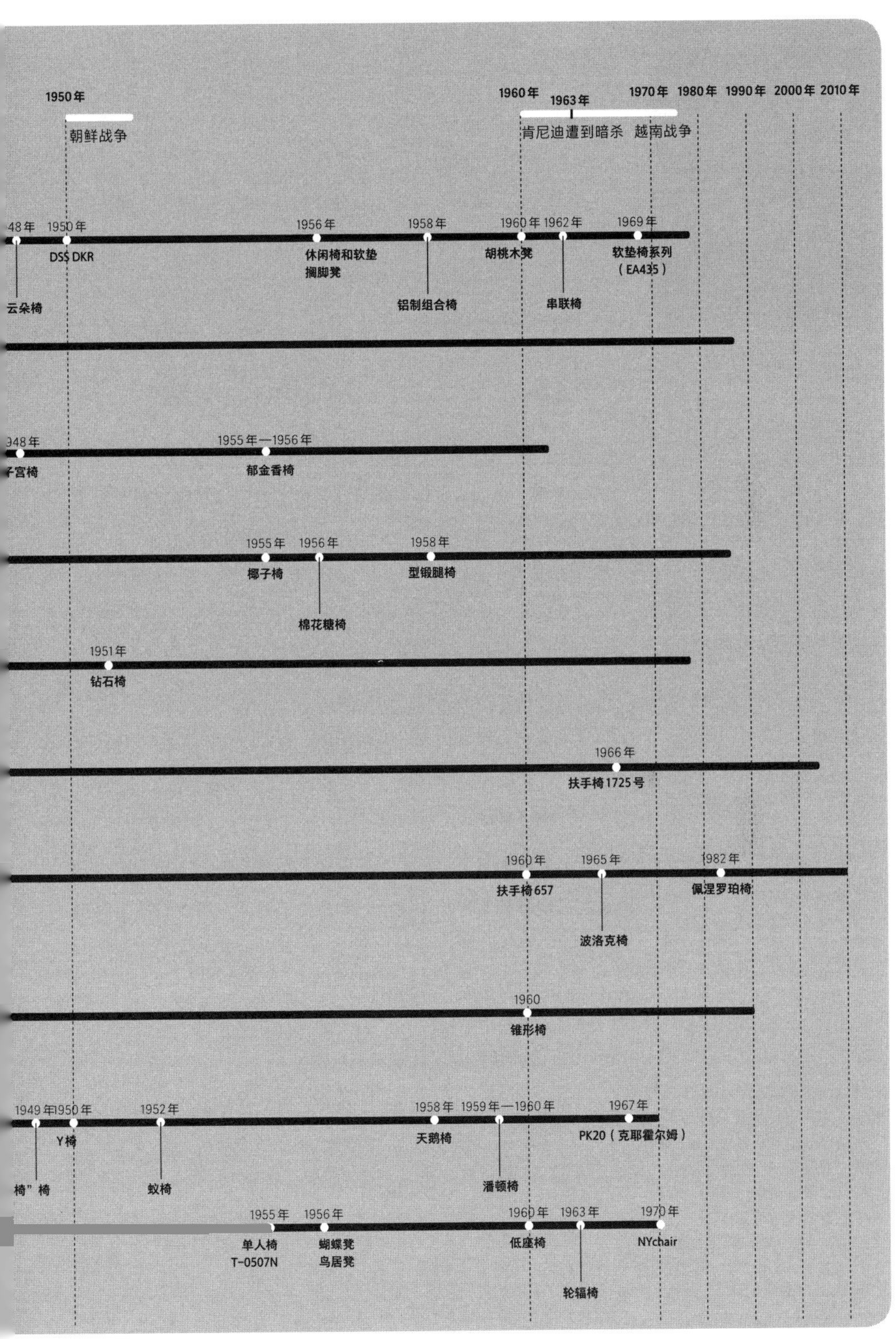
1950 年
朝鲜战争
1960 年
1963 年
肯尼迪遭到暗杀
越南战争
1970 年
1980 年
1990 年
2000 年
2010 年
48 年
云朵椅
1950 年
DSS DKR
1956 年
休闲椅和软垫搁脚凳
1958 年
铝制组合椅
1960 年
胡桃木凳
1962 年
串联椅
1969 年
软垫椅系列（EA435）
948 年
子宫椅
1955 年—1956 年
郁金香椅
1955 年
椰子椅
1956 年
棉花糖椅
1958 年
型锻腿椅
1951 年
钻石椅
1966 年
扶手椅 1725 号
1960 年
扶手椅 657
1965 年
波洛克椅
1982 年
佩涅罗珀椅
1960
锥形椅
1949 年
椅”椅
1950 年
Y 椅
1952 年
蚁椅
1958 年
天鹅椅
1959 年—1960 年
潘顿椅
1967 年
PK20（克耶霍尔姆）
1955 年
单人椅 T-0507N
1956 年
蝴蝶凳
鸟居凳
1960 年
低座椅
1963 年
轮辐椅
1970 年
NYchair

16
AMERICA
1940 —
20世纪40年代后的美国

在20世纪爆发的两次世界大战中，美国都没有沦为战场，所以在第二次世界大战后，美国成为其他国家在经济、产业、政治等各方面都无法超越的强国。即便是在20世纪中期的家具设计领域，美国也处于领先地位。

原因在于美国在经济上具备十分丰裕的市场基础，新技术的开发、优秀人才的涌现、家具公司的成立等要素完美融合；并且查尔斯·伊姆斯、埃罗·沙里宁等人不断创造出功能性出众、设计美观的椅子。

为什么美国能够不断设计出具有功能性且美观的椅子？

① 经济发展和市场的扩大

首先，美国有繁荣的经济和资源丰富的市场做基础。沦为战场的欧洲变得荒芜，本土没有受到战争影响的美国成为世界的产业中心。尤其是“二战”后，美国士兵从战场回到家园，大量年轻人结婚并购置新房，相应地，对家具的需求量也急剧增加。为了满足普通消费者的大量需求，厂商们开始寻求成本低廉且能够量产的具有功能性的椅子。

在此背景下，以下几点也不得不提。

② 塑料等新材料的技术开发

当时因为战争，技术飞速发展。特别是用于飞机的塑料及金属成型等技术也开始被用于制造生活用品。将这些技术应用在椅子设计上，便可以加工出以前无法做出的外形。因此，设计师们得以自由地发挥想象力。

③ 接受设计教育的设计师不断出现

1907年出生的查尔斯·伊姆斯、1910年出生的埃罗·沙里宁等人在20世纪40年代正好三四十岁，他们互相切磋、激发灵感，不断设计出新的椅子。

在教育机构方面，克兰布鲁克艺术学院（*1）十分有名。校长是来自芬兰的建筑大师埃利尔·沙里宁。1940年时，查尔斯·伊姆斯、埃罗·沙里宁（埃利尔的儿子）、哈里·贝尔

*1
克兰布鲁克艺术学院
(Cranbrook Academy of Art)

位于美国密歇根州的布鲁菲尔德山庄(Bloomfield Hills)。由醉心工艺美术的美国报业巨头乔治·布斯(George Booth)夫妇设立。

从20世纪20年代开始进行美术教育，但直到1932年芬兰著名建筑家、在密歇根大学当过教授的埃利尔·沙里宁担任校长后，才正式开学。

托亚（以金属丝网椅闻名）、佛罗伦斯·舒斯特（后执掌诺尔公司）等人曾在此学习。查尔斯·伊姆斯的妻子蕾·伊姆斯也曾就读于此。这些设计师后来都使用新材料创造出具有功能性的椅子。

④ 处于竞争关系的两大家具公司

虽然出色的设计师使用新材料设计出了椅子，不过，多亏有两家相互竞争的公司制造并销售这样的椅子，才造就了战后美国家具产业的繁荣。

其中一家为赫曼米勒（Herman Miller）公司（*2）。伊姆斯有名的成型胶合板椅便是由和赫曼米勒公司有合作关系的设计师乔治·尼尔森提议才得以制造并销售的。他们研究成型胶合板椅座和钢制椅腿的接合，以及将胶合板弯曲成型为3D曲面的方法。赫曼米勒公司将这些椅子商品化，并打造成热销产品。

另一家则是诺尔（Knoll）家具公司（*3）。经营者为汉斯·诺尔和佛罗伦斯·诺尔（婚前旧姓舒斯特）夫妇。同为设计师的佛罗伦斯为埃利尔·沙里宁的养女，曾和伊姆斯、埃罗·沙里宁一同在克兰布鲁克艺术学院学习。诺尔公司制造了埃罗·沙里宁的名作“子宫椅”“郁金香椅”，以及哈里·贝尔托亚的金属丝网椅“钻石椅”。并且，该公司也生产密斯·凡·德·罗在包豪斯时代设计的“巴塞罗那椅”和“布尔诺椅子”等。佛罗伦斯也会给设计师提出一些建议和方案，这也造就了后来被称为名椅的作品的诞生。

佛罗伦斯·诺尔曾对埃罗·沙里宁提出这样的意见

“椅子并非都是大且柔软的，也可以有轻便、现代的。我曾对沙里宁这样说：‘女性中也有人不会选择脚会触碰到地面的椅子，就我而言，我希望有一款能够蜷起身体、扭来扭去的椅子。’”（*4）

*2
赫曼米勒公司

1905年创建于美国密歇根州的齐兰（Zeeland），当时叫作“明星家具公司”（Star Furniture Company）。1923年更名为“赫曼米勒”。

1931年，聘请工业设计师吉尔伯特·罗德担任设计总监，开始制造现代家具。1945年，乔治·尼尔森继任总监之位，并任用伊姆斯为设计师。这个成功的决定也让赫曼米勒公司成为世界知名的家具公司。

*3
诺尔家具公司

1938年由汉斯·诺尔在纽约成立。1946年，汉斯与佛罗伦斯·舒斯特结婚，从此夫妻一同推动公司的发展。1955年，汉斯去世，佛罗伦斯担任董事长。

佛罗伦斯与伊姆斯夫妇、埃罗·沙里宁等人在克兰布鲁克艺术学院相识。1947年，佛罗伦斯任命埃罗·沙里宁为诺尔公司的设计师，制造并出售“子宫椅”“郁金香椅”等商品。之后，佛罗伦斯不断发掘优秀设计师，与赫曼米勒公司一同促成了美国现代家具的盛况。

*4
One Hundred Great Product Designs（《100个伟大的产品设计》），Jay Doblin 著

使用成型胶合板和FRP等，
设计出兼具实用性、生产性、美感的
近代家具设计大师

查尔斯·伊姆斯

（Charles Eames，1907—1978）

家具、室内设计师，建筑师。出生于圣路易斯。在圣路易斯的华盛顿大学建筑系学成后，他创办了建筑事务所。1938年，他在克兰布鲁克艺术学院院长埃利尔·沙里宁的邀请下担任学术研究员，次年成为工业设计系教授。

1940—1941年，他和埃罗·沙里宁合作，参加纽约现代艺术博物馆（MOMA）主办的设计大赛暨展览“家庭陈设中的有机设计”（Organic Design in Home Furnishing），凭借“3D成型胶合板的立体扶手椅”获得了一等奖。制作这款椅子的动机是使用胶合板制作一体成型的贝壳形扶手椅。当时虽然在技术层面仍无法完整实现，但这一尝试影响了二人各自之后的椅子设计。

1941年，伊姆斯和结婚近12年的凯瑟琳离婚，和蕾·伊姆斯再婚，接着移居洛杉矶。伊姆斯、蕾和协助他们的哈里·贝尔托亚一同开发出了成型胶合板。在战争中，他们还利用成型胶合板技术开发出完全贴合骨折伤患腿部曲线的医用夹板（leg splint），从海军处获得了大量订单。战争结束后，他们也接连发表了使用型胶合板、钢、FRP制作的椅子，并由赫曼米勒公司销售。到了晚年，伊姆斯将重心放在短片制作上。

为什么查尔斯·伊姆斯能够成为家具设计大师？

下面来看看他的功绩和椅子的特点。

① 新材料的研究和利用

伊姆斯是在20世纪30年代后期才开始从事设计工作的。而且，他发表划时代的椅子是在20世纪40年代后期到20世纪60年代，也就是被称为20世纪中期（mid-century）的时代。这20年间，虽然爆发了第二次世界大战，但也涌现了新材料和新技术。每当开发出新材料和新技术，伊姆斯就会将其巧妙地运用到自己的设计中。

下面根据年代来看看伊姆斯所使用的材料和技术。

- 20世纪40年代：成型胶合板和钢管
- 20世纪50年代前期：使用FRP等塑料和钢丝制作出贝壳构造，椅腿使用钢条
- 20世纪50年代后期至60年代初期：椅腿和框架使用铝压铸技术（*5）
- 20世纪60年代：使用软垫制作办公椅（*6）

他并非完全接受新材料和新技术，而是不断悉心尝试。

*5

华盛顿特区的杜勒斯国际机场和芝加哥的奥黑尔国际机场的候机厅中放置的“串联椅”（Tandem sling seating）等。

*6

企业管理层使用的软垫椅系列“EA435”，以及为电影导演比利·怀德设计的躺椅“ES106”等。

② 能够量产且能压低成本的椅子

在①中提到的研究新材料和新技术的目的在于，实现批量生产，降低生产成本。针对这一点，他和赫曼米勒公司的合作也很顺利。

③ 实用性和美感

批量生产、降低成本的目标达成后，如果不具备实用性、没有美感的话也毫无意义。因此伊姆斯针对功能性和实用性做出了各种尝试。

以FRP制的椅子为例，针对椅背到坐面的曲线，他会根据新材料的特性，将线条加工成接近人体比例的形状，努力提高使用者的舒适度。而能够叠放的FRP制的椅子，由于椅腿的钢管会延长至椅座下面，他也做了特殊设计，避免给FRP坐面带来损伤。

他就是一边考虑这些功能，一边完成了美观的整体设计。

查尔斯·伊姆斯

“确认需求是设计的前提条件。”

④ 简洁轻便

伊姆斯设计的椅子构造简单，在提高产量的基础上也兼顾了美感。至于轻便这一点，从椅腿处使用钢条这一设计就能看到他的匠心。

16–1

运用战争期间制作夹板的经验设计的成型胶合板椅

DCW（Dining Chair Wood）

制作于1945年。成型胶合板制成。战争期间开发的成型胶合板原本用于医用夹板，后来也被运用到椅子中。椅座、椅背、连接椅背和椅座的L形木板、U形的前侧和后侧椅腿，五个部分全部为成型胶合板制成。椅背和椅背支柱、椅座和L形的接合处夹有硬质橡胶垫。这样做不仅能增加强度，也能增加弹性，提升舒适度。3D曲面的椅背和椅座采用贴合人体曲线的设计。

椅座高45.8厘米，宽49.3厘米，是适合在桌旁进餐的高度。和这把椅子采用相同结构的LCW（Lounge Chair Wood）的椅座高度为39.4厘米，宽度为55.9厘米，是能够让人放松坐姿的躺椅。最初由Evans公司生产，但从1949年起，改由赫曼米勒公司生产销售。

16–2

3D曲面加工，钢材单点焊接，具有减震功能的硬质橡胶……简单的样式中藏有许多巧思

DCM（Dining Chair Metal）

制作于1946年。椅座和椅背使用成型胶合板，形状和DCW相同。U形的前后椅腿、连接椅背和前后椅腿的L形材料改为钢条。这些钢条的接合处全部只有一个点。椅座和椅背的钢条间夹有橡胶垫，并用螺丝固定。橡胶在发挥减震作用的同时也增加了弹性，坐上去会更加舒适。LCW的椅腿改为钢条的LCM（Lounge Chair Metal），也只是大小不同，但结构相同。

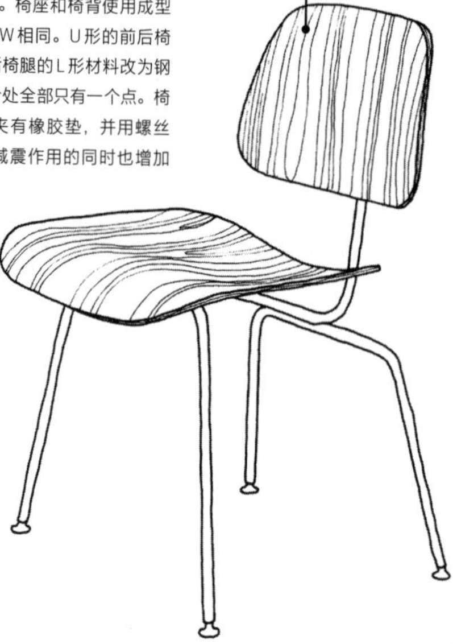

16–3

用FRP实现雕塑般的样式

云朵椅（La chaise）

制作于1948年。材料为FRP。椅腿为钢条，底座使用橡木等材料。1948年纽约现代艺术博物馆举办的“低成本家具设计大赛”参赛作品。贝壳部分的独特形状很难生产，真正制造并销售它已经是1990年之后的事了。这是从雕塑家加斯顿·拉雪兹（Gaston Lachaise，1882—1935）的作品《漂浮的人体》（*Floating Figure*）中获得灵感而制作的椅子，因此被命名为La chaise。Chaise在法语中意为“椅子”，或许伊姆斯也使用了这一双关语义。

这就是加斯顿·拉雪兹的作品《漂浮的人体》。拉雪兹的父亲是家具工匠。其姓氏在法语中意为“椅子”，和职业正好相配。

总结以上四点，便会发现伊姆斯是在兼顾功能性、实用性及实现量产的考量下，不断尝试新材料和新技术，设计适合以商业为基础的椅子形状。伊姆斯并非只关注设计，而是在考虑材料、功能、成本的基础上完美融合了美感。

*7
这种方式叫作“ganging”，gang意为“成为同伙，结党”。

为什么DSS是划时代的椅子？

① 将椅背到椅座的FRP加工成完美贴合人体曲线的形状。

② 首次批量生产的FRP制椅子。

③ 能够叠放。此外，椅座底部带有钢管，叠放时不会对FRP造成损伤。

④ 椅子两侧附带的挂钩能够横向连接（*7）其他椅子。

⑤ 挂钩也发挥了横木的作用。

16–5

网状贝壳结构椅子的鼻祖？

金属丝网椅

DKR

制作于1950年。钢制。一体成型的金属丝网椅子（使用铁丝编织成网的椅子）。因为有在洛杉矶一同工作的哈里·贝尔托亚（金属丝网椅“钻石椅”的设计者）的帮助，这把椅子才得以完成。与其说是帮助，不如说是贝尔托亚想出了网状贝壳结构。但是，伊姆斯先于贝尔托亚发表了第一把网状贝壳结构的椅子。

椅腿采用被称为“埃菲尔铁塔构造”的设计。因和巴黎埃菲尔铁塔的形状相同而得名。

16–4

首次量产的FRP制的椅子

DSS

制作于1950年。材料为FRP。椅腿为钢管。能够叠放。椅子两侧带有挂钩，能够横向连接其他椅子。左右挂钩的形状有些许不同，在挂住时能够固定。贝壳构造是将FRP加工成贴合人体曲线的形状。这把椅子是第一把能够量产的FRP制的椅子。因此，DSS在椅子的历史上也是具有划时代意义的作品。

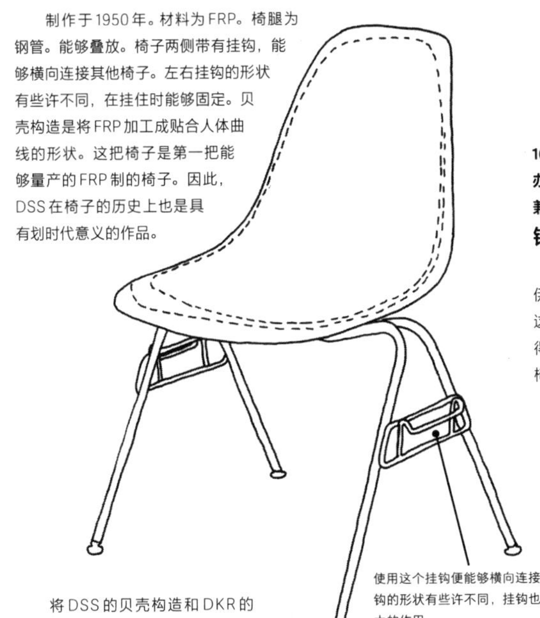

将DSS的贝壳构造和DKR的埃菲尔铁塔椅腿相组合，就成为DSR椅。

16–6

办公椅的雏形，

兼具实用性和设计美感的椅子

铝制组合椅

制作于1958年。铝材，合成皮革。伊姆斯发表了以铝为材料的系列作品。这是一款带有放松功能的办公用椅，称得上是办公椅的雏形。插图中是有五条椅腿的目前的款式，最初为四条。

“细节并非细微的部分，细节是造就创意的环节。”

据使用过的人说，这款椅子只有一处不足。那就是只要坐下去就会舒服得立刻睡着，因此坐在上面时不能阅读较难的书。

——杰·多布林（*4）

这把休闲椅是利用许多零件和不同的材料组合而成的，具有现代雕塑般的趣味。希望大家不要问我新的线条设计和轮廓。我最关心的是实用性，以及如何将这种实用性呈现在房间中。

——查尔斯·伊姆斯（*8）

***8**

引自*History of Modern Furniture*（《现代家具史》），Karl Mang著，较难理解的地方进行了一些增补。

16–7

舒适到让人睡着的椅子

休闲椅和软垫搁脚凳

制作于1956年。成型胶合板、铝材、羽毛靠垫。因十分舒适而广受喜爱，是赫曼米勒公司的热销商品。椅腿由铝合金压铸，五条椅腿的结构非常稳固，更是使用五条椅腿的先驱性作品。宽度和进深均为84厘米左右，是较大型的旋转椅，但从使用就地组装的方式中可以看出，生产效率和运输成本都已被纳入考量。

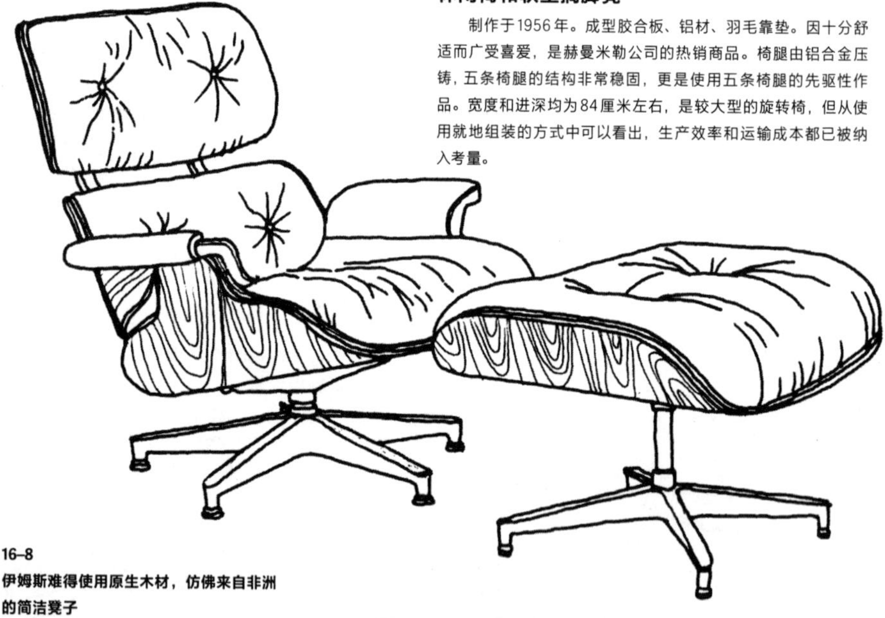

16–8

伊姆斯难得使用原生木材，仿佛来自非洲的简洁凳子

胡桃木凳

制作于1960年。材料为胡桃木。坐面直径34厘米，高38厘米。伊姆斯也有不使用新材料的作品，例如为纽约时代生活大厦（《时代》周刊杂志社的本部大厦）设计的凳子。据说他的妻子蕾·伊姆斯为主设计师。外观让人联想到非洲的凳子。

和伊姆斯共同研究成型胶合板技术，
创造出郁金香椅

埃罗·沙里宁
（Eero Saarinen，1910—1961）

埃罗·沙里宁
“设计底座型家具的初衷是看到很多室内的椅子和桌子的下方结构难看得令人难以忍受。我想彻底丢弃这种椅腿的结构，再次做出具有整体感的椅子。”（*8）

家具、产品设计师，建筑师。出生于芬兰赫尔辛基。1923年，举家移居美国。父亲是克兰布鲁克艺术学院的校长——建筑家埃利尔·沙里宁。1929年，他到巴黎学习了两年雕塑，之后在耶鲁大学学习建筑。从1936年开始，他一边在父亲的建筑事务所工作，一边在克兰布鲁克艺术学院担任助理。

在艺术学院时，他结识了伊姆斯，两人一同设计了利用3D曲面的成型胶合板制作的低成本作品并参加展览。他也是诺尔家具公司的设计师。虽然逝世时年仅51岁，但创作出了“子宫椅”（16-9）和“郁金香椅”（16-10）等名作，在美国近代家具设计史上也留下了浓重的一笔。

作为建筑家，他设计了圣路易的弧形拱门和JFK机场（纽约）的TWA候机楼。他设计的建筑物和椅子都具有优美的线条。

16–9
如同在母亲的子宫中般安心，用FRP包裹的安乐椅
子宫椅（Womb chair）

制作于1948年。钢管、FRP、布面。虽然外表上看不出来，但这是使用布面包裹FRP的一体成型的椅子。椅腿为细细的钢管。椅座和椅背处放有靠垫，更加安稳舒适。在1940—1941年纽约现代艺术博物馆举办的“家庭陈设中的有机设计”大赛中和伊姆斯一同合作的3D曲面椅子，应该就是子宫椅的原型。

Womb意为“子宫”。坐在这把椅子上时像在母亲子宫中般安心，由此命名。

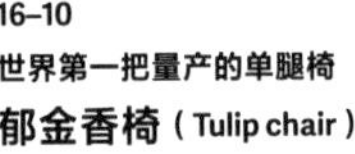

16–10
世界第一把量产的单腿椅
郁金香椅（Tulip chair）

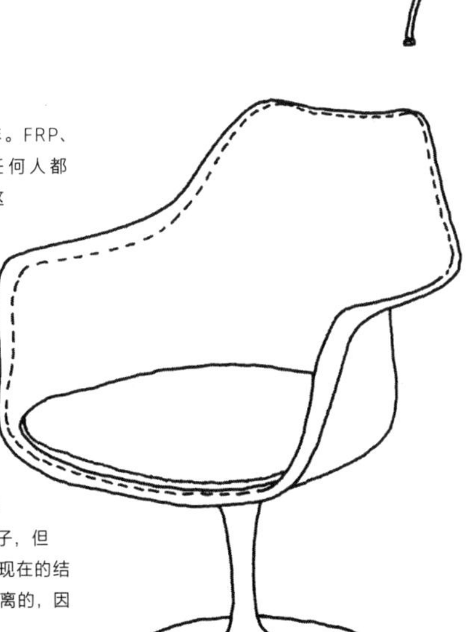

制作于1955—1956年。FRP、铝材、布面。这几乎是任何人都曾见过、坐过的椅子。这种椅子被称为“底座（pedestal，由中央处的一根椅腿支撑的底座）型结构的椅子”，也是第一把量产的单腿椅。

这把椅子看起来是FRP的一体型椅子，其实只有椅座和椅背处使用FRP。椅腿为铝压铸，表面烤漆。最初也考虑制作全部使用FRP的一体型椅子，但考虑到稳定性，还是采用了现在的结构。椅腿和上方的部件是分离的，因此能够旋转。

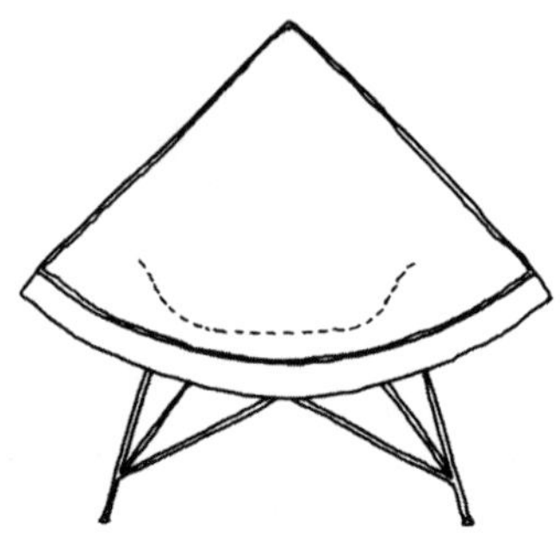

16–11
使用 FRP 和皮革，表现切开的椰子壳的形状
椰子椅（Coconut chair）

制作于1955年。FRP、钢条、聚氨酯泡沫塑料，覆有皮革。将FRP制作成切开的椰子壳（让三角形正中间呈凹陷的3D曲面）一样的形状，用靠垫和皮革包裹着。或许是受到了贝尔托亚的钻石椅的启发。

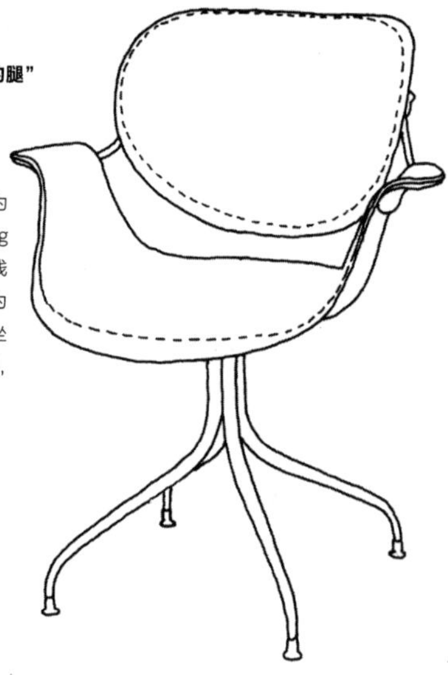

16–12
线条十分有特色，以“下垂的腿”命名的有机设计
型锻腿椅（Swagged-Leg chair）

制作于1958年。材料为FRP、不锈钢。Swagged-leg意为“下垂的腿”。椅腿的线条能够让人感受到以植物为原型的新艺术运动的氛围。坐面和椅背并非FRP一体成型，而是由不锈钢管连接。

发掘伊姆斯的伯乐，
“棉花糖椅”的设计者
乔治·尼尔森
(George Nelson，1908—1986)

家具设计师、建筑师。出生于康涅狄格州的哈特福德。他曾在耶鲁大学和罗马美国学院攻读建筑和设计，后来在纽约从事设计工作，并担任建筑杂志的副主编和大学讲师，也留下了与设计相关的著作。他并不将自己框定为设计师和建筑家，而是活跃在多个领域。

他从1945年开始担任赫曼米勒公司的艺术总监，并聘用伊姆斯担任家具设计师（*9）。他自己也设计了“椰子椅”（16–11）、“型锻腿椅”（16–12）和“棉花糖椅”（16–13）等作品。

查尔斯·伊姆斯设计的椅子能够由赫曼米勒公司制造销售，全部是尼尔森将其招进来的缘故。二人的关系也很好，尼尔森晚年回顾这段往事时，说了这样一番话：

当初我竟让查尔斯做那种事，现在回想起来也会感到震惊。因为我即便能永生，也做不出他设计的那

*9
面对赫曼米勒公司的社长杰·多布林的诚挚邀请，尼尔森以不具备行业知识，还有很多要做的事为由拒绝了。但是对方仍不放弃，终于在1945年夏天，双方签约，尼尔森进入赫曼米勒公司。（*10）最后，成为艺术总监。

16–13
彩色波普风、
充满游戏趣味的椅子？沙发？
棉花糖椅（Marshmallow chair）

制作于1956年。钢材、聚氨酯泡沫塑料，上面覆有乙烯涂层或皮革。带有多个色彩缤纷的靠垫的波普风格的椅子（沙发）。

种椅子。

我能成为设计总监，真是一件很不可思议的事。因为谁也不敢对查尔斯发出指示啊。(*10)

设计出钢丝名椅，
擅长焊接的金属雕刻家

哈里·贝尔托亚
(Harry Bertoia，1915—1978)

设计师，金属雕刻家。出生于意大利。1903年，他随家人移居美国，在卡斯技术高中学习设计和珠宝制作。1937年，他进入克兰布鲁克艺术学院。同一时期，查尔斯·伊姆斯也就读于此。1939年，他开始在艺术学院的金属工作室教授珠宝设计。1943年，他和伊姆斯夫妇一同移居洛杉矶，并协助他们研发成型胶合板。1950年，他在宾夕法尼亚开设工作室。从1953年开始，他与诺尔公司合作。

贝尔托亚的椅子代表作为钢丝网状结构的系列作品。这种类型的椅子是在他居于洛杉矶时期，由伊姆斯的工作室开发的。查尔斯·伊姆斯能够制作出以金属丝构成的椅子也是由于贝尔托亚的建议和帮助。即便有这样的背景，伊姆斯还是先于贝尔托亚发表了金属丝网椅。或许是因为这件事，贝尔托亚和伊姆斯的关系渐渐疏远。

20世纪50年代后期，他就只专注于雕刻创作了。

创造雕刻作品时，我首先会关注空间、形态、金属的特性。而制作椅子时，虽然一开始不得不考虑功能的问题，但我仍旧认为空间和形态，以及金属才是主题。(*8)

——哈里·贝尔托亚

*10
引自《乔治·尼尔森》，麦克·韦伯著，Flex Firm出版。

哈里·贝尔托亚
“想出网状椅子的人是我，却被伊姆斯抢先发表……太过分了，查尔斯！”想必他怀有这样的心情。

16–14
正宗的金属丝贝壳结构的椅子
钻石椅

制作于1951年。钢条制。钢材涂有乙烯涂料或镀铬。利用钢条制作出3D曲面，是擅长焊接的金属雕刻家的作品。虽然想出网状结构的是贝尔托亚，但伊姆斯却抢先发表了金属丝网椅。

互相影响？

金属丝网椅 DKR
（查尔斯·伊姆斯）
制作于1950年。

造成影响

扶手椅 1725 号
（沃伦·普拉特纳）
制作于1966年。

沃伦·普拉特纳

“从设计师的角度来看，仍有制作像路易十五风格那样具有装饰性且柔和优美的设计的余地。但我认为，除了装饰，那些作品设计得也很合理。在看到古典作品时，我还是会全盘接受，无法找出能够改善的地方。”

优雅地束起钢材，
制作艺术品般的椅子的设计师

沃伦·普拉特纳

(Warren Platner，1919—2006)

家具、室内设计师，建筑师。20世纪60年代前期，他曾在埃罗·沙里宁和凯文·罗奇(Kevin Roche)的事务所工作。1965年，他在康涅狄格州开设设计事务所。1966年，他在诺尔公司发表钢丝系列作品“普拉特纳”(16-15)，受到关注。之后，他还负责乔治·杰森纽约展示间的室内设计，活跃于室内设计界。

16–15

流动般的钢条
勾勒出3D曲面的椅子

扶手椅1725号

制作于1966年。钢条制。坐面的靠垫和椅背的框架以布料包裹。镀镍的细钢条构成3D曲面，纵向的优美线条构成雕刻作品般的椅子。承袭了贝尔托亚的“钻石椅”，和潘顿“圆锥椅”的构思也很接近。

普拉特纳系列中除扶手椅外，还有凳子和桌子。

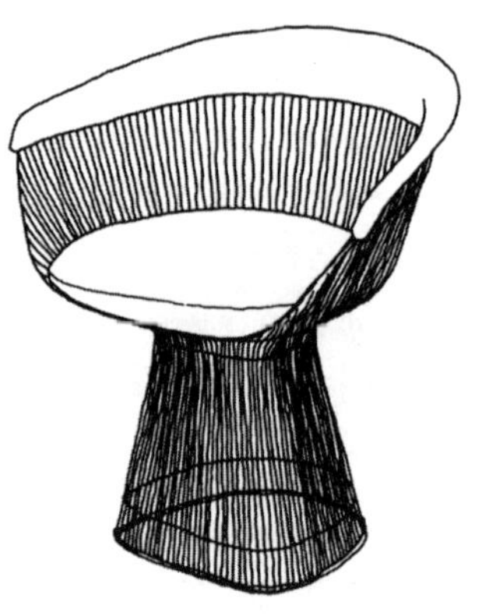

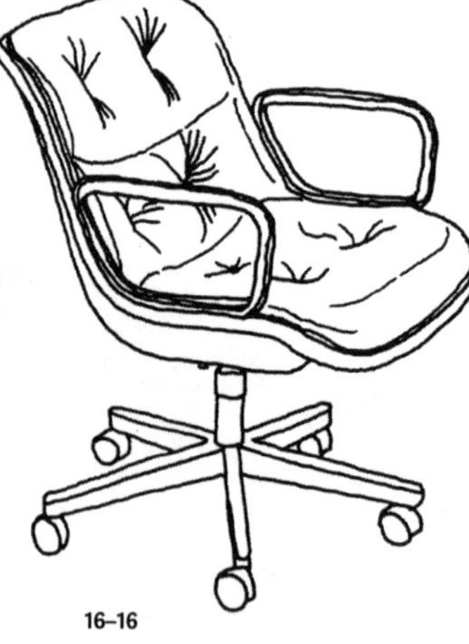

16–16

办公椅的常销商品

波洛克椅

制作于1965年。铝制（框架为镀铬）、塑料，覆有皮革。这是一把带滑轮的旋转椅，是办公椅的名作，坐起来也十分舒适。椅腿最初为四条，但考虑到稳定性，后来改为五条。

设计的办公椅受到好评的设计师

查尔斯·波洛克

(Charles Pollock，1930—2013)

家具设计师。出生于费城。他从普瑞特艺术学院毕业后，在乔治·尼尔森的事务所工作。在尼尔森的指导下，他负责“型锻腿椅”的开发。之后，他在诺尔公司担任设计师。1960年，在佛罗伦斯·诺尔的协助下，他设计了“扶手椅657”。1965年，他发表了办公椅（老板椅）的名作“波洛克椅”(16-16)。后来，该椅成为热销商品，在办公家具中评价也很高。

乔治·中岛的锥形椅

20世纪40年代到50年代，在查尔斯·伊姆斯使用新材料和新技术不断发表椅子作品时，有一位路线与其相反的人物，他就是日裔第二代乔治·中岛。他使用天然的胡桃木，利用木材的质感，制作出简洁且原创性非常高的作品。他将日本传统和美国的工艺美术运动完美结合，给日本的木工师傅也带来深远影响。

锥形椅（16–17）是中岛的代表作。椅座采用悬臂设计，椅座和椅腿的接合处需要极高的木工技术。作品发表时，似乎被批评看起来不是很稳定，但其实强度方面没有任何问题。框架和椅座的材料为胡桃木，椅背的背杆使用有弹性的山胡桃木(胡桃木的“亲戚”)。

16–17

锥形椅（Conoid chair）

制作于1960年。Conoid意为“圆锥形，圆锥曲线”。中岛的工作场所康诺德工作室（Conoid Studio）的房檐为躺倒的圆锥形（但并非像圆锥一样顶部是尖的）。由于是在这个工作室构想出这把椅子的，便以此命名。

制作锥形椅的家具工匠说：

“组装时非常麻烦，先用特殊技术（*11）暂时组装零件，再拆卸，涂上黏合剂后才开始正式组装。工作的精确度最为重要。椅腿、椅座和底座的连接方式属于对嵌式。长年使用会有些松动，需要修理，除此之外没有听说过任何问题。”

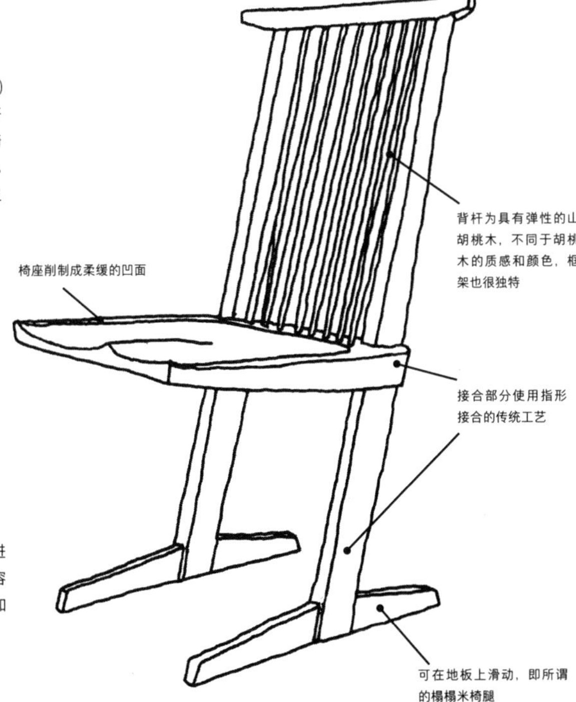

***11**

压缩木材，然后让木材膨胀。例如进行榫接时，轻敲榫头和榫眼处，组装会容易一些。组合后木材膨胀（复原）就会增加接合强度。

*12
《木心——木匠回忆录》(乔治·中岛著，鹿岛出版会出版)

构建椅子的最终目的在于单纯的功能、美感、轮廓。如果制作椅子的目的只是给人留下印象、炫耀地位，那么椅子就只是一件华丽的饰品，一经雕刻就死去了。(*12)

——乔治·中岛

乔治·中岛
(George Nakashima，1905—1990)

家具设计师、建筑师。出生于美国华盛顿州的斯波坎。1929年，他毕业于华盛顿大学（专攻林业方向，获得建筑学学士学位）。1930年，他毕业于麻省理工学院（获得建筑学硕士学位）。1933年，他在巴黎待了一段时间，随后去往日本。1934—1936年，他在日本东京的安东尼·雷蒙德建筑事务所工作，前川国男和吉村顺三都是他的同事。在此期间，他负责轻井泽的圣保罗天主教堂的设计。1937—1939年，他作为雷蒙德建筑事务所的现场管理者去往印度。1940年，他返回美国，但1942—1943年被扣押在日裔监管集中营。在那里，他结识了同为日裔二代的木工，并向他学习木工技术。1944年，他在宾夕法尼亚州新希望小城的近郊开始制作家具。1968年，他首次在日本举办个展（场地位于东京新宿小田急HALC）。20世纪60年代前期，他就开始参加日本香川县的赞岐民具连的活动。之后，高松的樱制作所开始进行中岛家具系列的授权生产。现在樱制作所（日本高松市牟礼町）的厂内，还设有乔治·中岛纪念馆。

17

ITALY

意大利现代风格

承袭了古罗马时代风格的意大利椅子

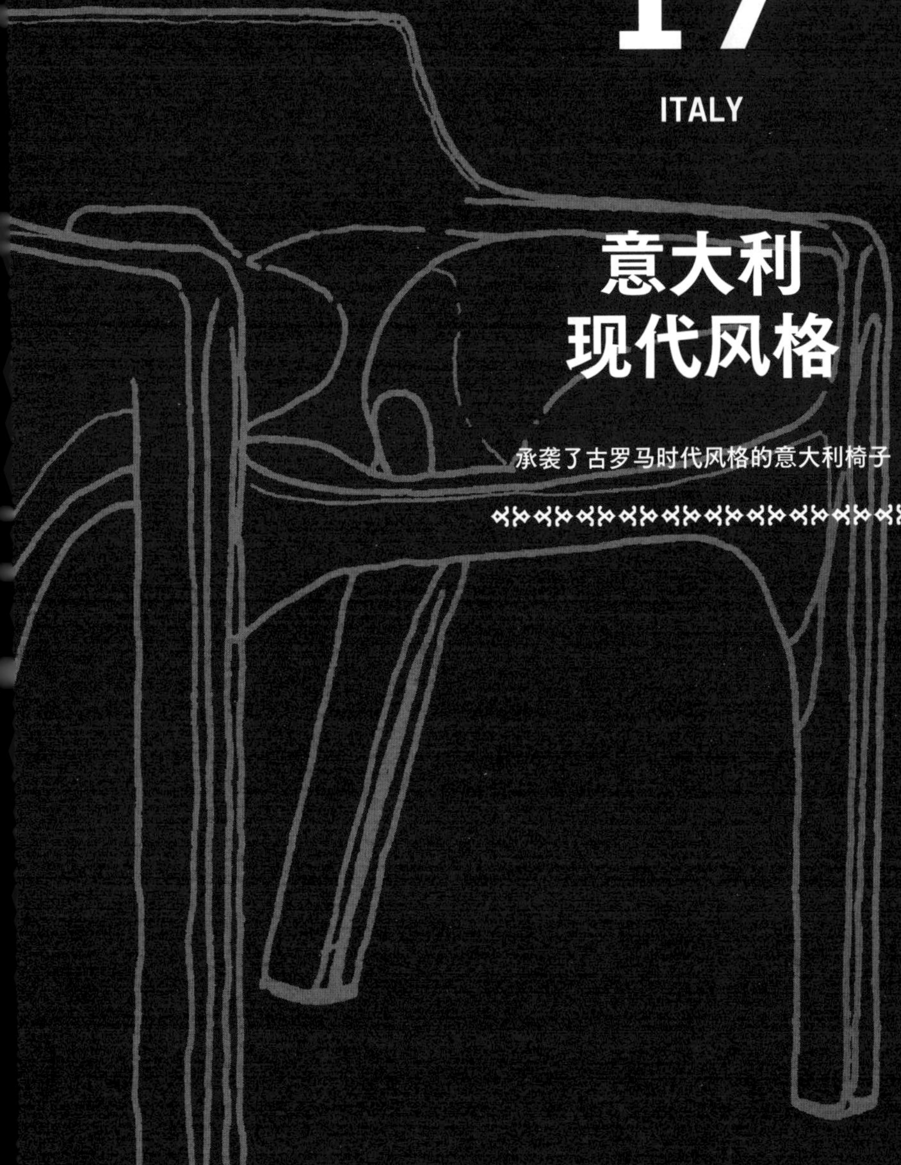

17 ITALY 意大利现代风格

意大利椅子的历史最早可以追溯到古罗马时代的罗马高背椅、主教椅、比赛利凳等。中世纪有主教座位；文艺复兴时期有但丁椅、萨伏那罗拉椅；巴洛克时代有装饰繁复的椅子，19世纪初期，基亚瓦里椅（Chiavari chair）传承了椅子制作的传统。19世纪后期，受到新艺术运动的影响，出现了自由风格的椅子。但进入20世纪后，巴洛克、新艺术的折中风格一直延续到20世纪20年代。不久后，新古典风格成为主流。20世纪20年代后期，吉奥·庞蒂设计的椅子也受到新古典风格和维也纳工坊的影响。

在意大利，第一次世界大战之后以墨索里尼为首的法西斯党得势，于1926年实行一党制。这一年，朱塞佩·特拉尼等建筑家成立了名为“七人组”（Gruppo 7）的理性主义（Rationalism）团体。他们主张去除不必要的装饰，以实用性为建筑设计的目标。特拉尼也会为自己设计的建筑（多为法西斯党部大楼）设计椅子，其中不乏成为意大利现代风格先驱的名椅。

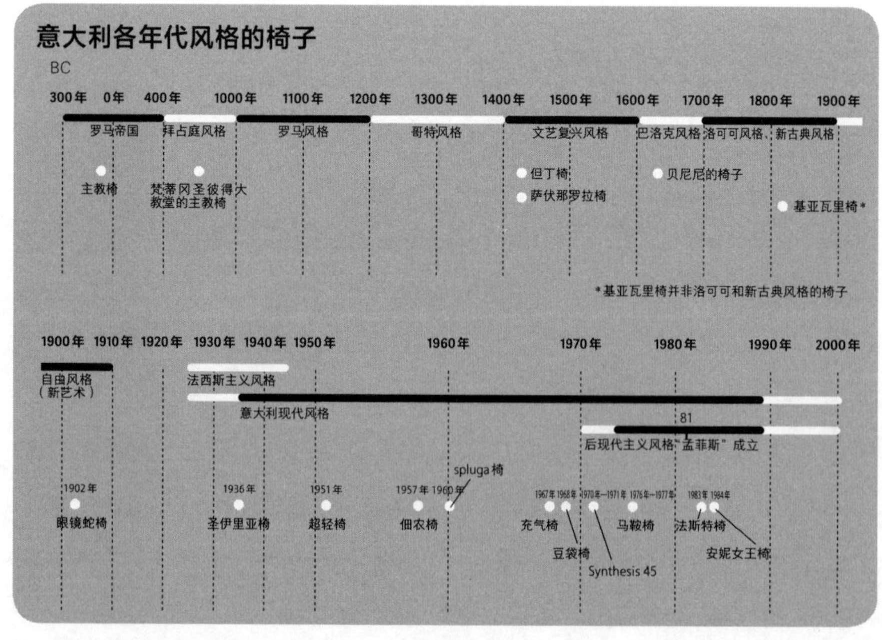

此外，1923年，第一届装饰艺术双年展（之后改为米兰三年展）在蒙扎（米兰北部约15千米处）举办。直到现在，这项活动对于意大利的设计界仍有着很大影响。吉奥·庞蒂曾参加第一届展览，并担任委员。

20世纪50年代后，才华横溢的建筑师不断发表意大利现代风格的椅子

意大利是第二次世界大战的战败国，因此整顿居住环境是当时最迫切的事情。建筑师们不仅负责公寓及其室内装饰的设计，还参与了日常生活中使用的工具和用品的设计。其中出现了很多优秀的作品，并扩展到家具领域。

多数意大利建筑师除了设计建筑，还从事室内装饰，家具、餐具等日常生活用品和交通工具的设计。虽然在其他国家也能见到这样的建筑师，但在意大利尤其多，或许是因为意大利的土壤特别容易孕育出这样的设计师吧。

20世纪40年代后期到50年代，在家具设计领域，美国和北欧的设计占主导地位，但从20世纪50年代开始，意大利现代风格的椅子等家具逐渐兴起。这些设计源于充满游戏趣味的创意，充分表现出意大利人的气质，深受大家喜爱。肩负设计重任的正是身为建筑家的设计师们。此外，将设计具体呈现出来的经营者和具备相应技术的工匠也功不可没。无论大型企业还是小规模家具制造公司的工匠，在制作椅子时，都会和设计师进行充分沟通，这点和丹麦很相似。另外，意大利设计师还具有采用新材料的才能和技术。

进入20世纪80年代后，索特萨斯成立了“孟菲斯”团体，掀起后现代主义运动。直到现在，意大利的设计仍然备受关注，米兰家具展的人气也逐年上升。

为什么会出现意大利现代风格的独创椅子？

① 意大利风土和拉丁风情

归根结底是因为意大利充满拉丁风情，和德国的包豪斯与北欧的斯堪的纳维亚风格有着明显的差异。拉丁风情自由明快的氛围也带来了全新的设计风格。但不可否认的是，这

种风格可能注重设计感而不太重视实用性。让人产生这种印象的原因，或许是意大利的设计起点大多不受限于现有的风格。

② 才华横溢、个性鲜明的建筑师、设计师

意大利有很多建筑师身兼工业设计师，而不是仅专注于一个领域。正因如此，他们可以从新的视角思考形状和材料，进而设计出独特的椅子。这或许是自达·芬奇以来的传统。

③ 传统技术和新技术的融合

以家具展闻名的米兰所在的伦巴第大区有着众多家具厂商，承袭了文艺复兴时期流传下来的传统技术。此外，该地区的家具制造商卡特尔公司使用塑料生产椅子，将传统技术和新技术进行了完美融合。

④ 家具制造销售公司、家具工匠与设计师的合作关系

实现设计师的想法，需要借助具备传统技术的工匠之手，制作完成的椅子再由销售公司销往世界各地，三者之间合作顺畅。

⑤ 举办家具展和创办杂志*Domus*

从第二次世界大战之前便开始举办的米兰三年展，以及*Domus*、*Casabella*等杂志的创办，对意大利设计的发展有着巨大贡献。特别值得一提的是，这些杂志的编辑由现役建筑师和设计师担任。

超轻椅的设计者，
被誉为“意大利现代设计之父”

吉奥·庞蒂

(Gio ponti，1891—1979)

家具、室内设计师，建筑师，编辑。出生于米兰。他毕业于米兰理工大学，曾在瓷器公司理查德·基诺里（Richard-Ginori）担任过几年的瓷器设计。提起吉奥·庞

蒂，最有名的就是他设计的超轻椅（17-1），但他其实在建筑设计方面也有不小的成就，代表作有米兰的超高层大厦“皮瑞里大厦”（Pirelli Tower）和美国的丹佛艺术博物馆。1928年，他创办建筑设计杂志*Domus*（现在仍在发行）。1936—1961年，他担任米兰理工大学建筑系教授，在意大利近代建筑和设计领域成就斐然，被誉为“意大利现代设计之父”或“大长老”。

超轻椅的源头

其实，超轻椅并非吉奥·庞蒂完全独创的设计，它的设计是有源头的。

那就是位于意大利北部面向热那亚湾的港口城市基亚瓦里（Chiavari）的木工坊在19世纪初期便开始制作的基亚瓦里椅（17-2）。1807年，一位名为斯特凡诺·里瓦罗拉的侯爵带回了一把超轻椅，交给绰号“Campanino”（可能是“小钟”的意思）的工匠加埃塔诺·德斯卡尔西（Gaetano Descalzi），让其制作相同的椅子。那把椅子轻便结实，深受好评。

不久之后，这把椅子便以“Campanino”或“Leggero”（意为“轻”）为名大量生产，销往各地。为了实现量产，部件的旋床加工和组装采用分工作业，使用邻近森林的木材为原料来控制成本，与索耐特公司的当地木材分工作业方式相同。1870年，基亚瓦里一带的木工坊每年能生产25000把椅子，来自拿破仑三世等人的其他国家的订单也不断增加。

进入20世纪后，吉奥·庞蒂开始尝试运用基亚瓦里的椅匠技术。第二次世界大战后，他想要让这款椅子更细巧美观，便在保持椅子强度的前提下重新设计。因采用旋床加工，椅腿截面原本呈圆形，新款改为等腰三角形，顶角向外。椅座框架的组装方式采用槽沟接合，以保持强度。材料为“ash”（梣木），但准确来说，不太确定是梣木还是水曲柳。梣木和水曲柳都是木樨科，黏性都较强。因此不是使用坚硬木材就好，使用具有黏性的木材才是制作的关键。

很多设计师尝试过重新设计超轻椅，均不输这一款。其

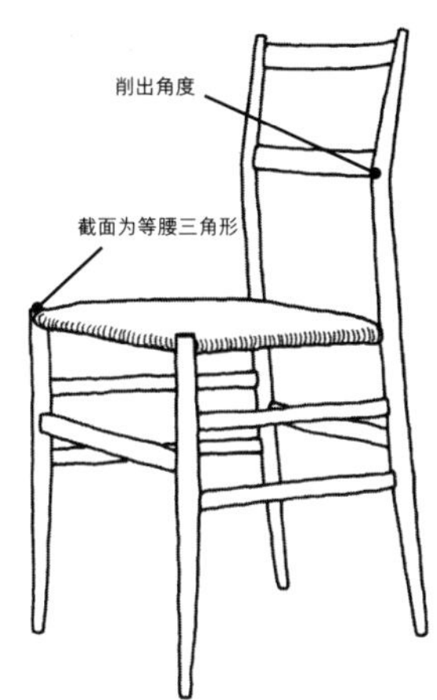

17-1

超轻椅（Superleggera chair）

制作于1957年。材料为梣木，椅座为藤编或布面。重量不到2千克的超轻椅，在世界名椅中也非常有名，一根手指就能提起来。无论结构还是设计，都毫无多余之处，是一款相当洗练的椅子。

小孩也能拿起来

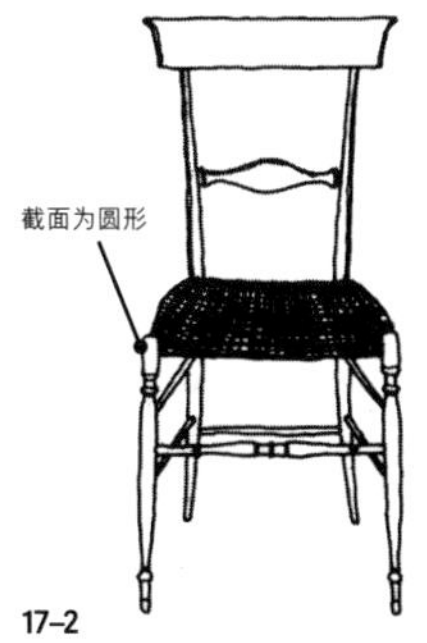

17-2

基亚瓦里椅

制作于1825年左右。材料为果木。椅座由柳树的嫩条编织而成。后侧椅腿和椅背的框架相连，整体木材细薄，看起来也十分轻便。

中，家具设计师山元博基（1950— ）开发出了名为“山元轻量椅”（17-3）的椅子。

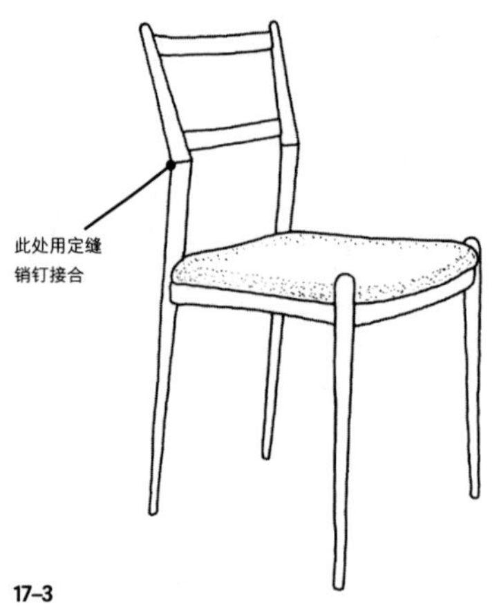

17-3
山元轻量椅

制作于1999年。材料为白桦木（因具有黏性，也用于制作球棒）。参考了夏克尔椅的接合方式。为了将椅背调整为舒适的角度，后侧椅腿的上方（向外侧倾斜的部分）和下方使用定缝销钉连接。超轻椅的后侧椅腿不是接合木材，而是将木材削成向外倾斜的形状。

以功能性设计和建筑为目标，
意大利理性主义的领导者
朱塞佩·特拉尼
（Giuseppe Terragni，1904—1943）

建筑师、家具设计师。出生于米兰。从米兰理工大学建筑系毕业之后，他和兄长一同成立设计事务所。他是意大利理性主义团体“七人组”的领导者（17-4、17-5）。

巧妙融合现代主义和传统手工艺
佛朗哥·阿尔比尼
（Franco Albini，1905—1977）

建筑师、设计师。他曾在米兰理工大学学习建筑，毕业后在吉奥·庞蒂的工作室工作。1930年，他开设了自己的工作室。他曾担任过*Casabella*杂志的编辑。

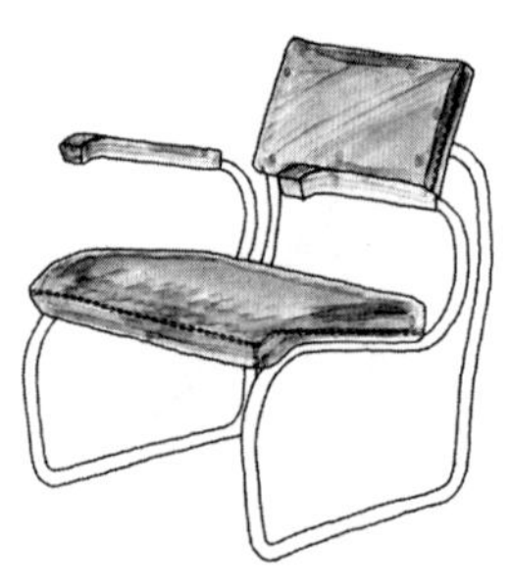

17-4
圣伊里亚椅（Sant' Elia chair）

制作于1936年。钢管制，皮革软垫，悬臂型椅子。常规的悬臂椅有两条椅腿，但圣伊里亚椅却有四条，钢管的直径也较粗。软垫的内侧带有木材，发挥着椅背和椅背框架之间支撑横木的作用。

这把椅子是为特拉尼设计的意大利法西斯党科摩分部大楼“法西斯党部大楼”（Casa del Fasico di Como）所设计的。圣伊里亚是《圣经·旧约》中出现的预言者。

17-5
疯狂椅（Follia chair）

制作于1934—1936年。椅座、椅背、椅腿为木制。椅背支柱为不锈钢。这把椅子也曾放置在法西斯党部大楼中。看来20世纪30年代初期，势力扩张后的法西斯党徒喜欢这种理性的设计。

“Follia”在意大利语中意为“疯狂”，虽然是复刻时被冠以此名，但寓意深刻。特拉尼为法西斯党设计了不少建筑和家具，但不知他是真正赞同法西斯的思想还是在心中反抗。

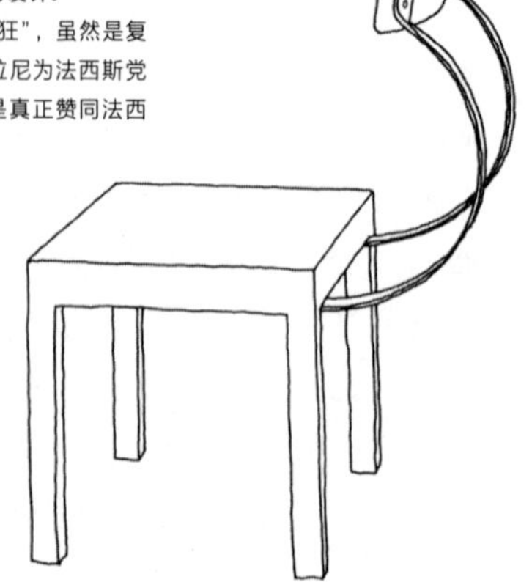

从阿尔比尼的作品中，我们能够看到现代主义的新形态和意大利传统手工艺的巧妙融合（17-7）。这或许是因为他出生于盛产木工的意大利北部的布里安扎（Brianza）。家具制造商博吉（Poggi）利用传统木工技术，呈现了阿尔比尼的设计，这一点可从他的代表作“路易莎椅”（17-6）中明显看出。

17-6
路易莎椅（Luisa chair）

制作于1955年。这是以20世纪30年代后期的扶手椅为原型设计的。重新设计后，1949年制作出样品，1955年发表“路易莎椅”。材料为胡桃木，覆有皮革。扶手和椅腿的直线形框架令人印象深刻（前侧椅腿和扶手处为指形接合），椅背只依靠框架的后半部分支撑。没有博吉公司高超的技术能力，想必无法完成这种结构的椅子吧。

此作品1955年获得金罗盘奖（Compasso d'oro）。

即便在意大利设计师中也显得才华横溢、自由奔放

卡罗·莫里诺
（Carlo Mollino，1905—1973）

出生于都灵。他在美术学校学习美术史后，于都灵的建筑学院毕业。最初他在父亲的设计事务所工作，并从此开始了建筑师生涯。他虽然是建筑师，但也活跃在多个领域。除家具外，他还设计过室内装饰、时装、赛车、飞机等，出版过摄影集，担任过建筑学教授，还参加过赛车比赛。

他设计的椅子大多风格独特（17-8、17-9），从中可以窥见他的才华。为了实现他那意大利人特有的自由奔放的想法，制作负责人想必十分辛苦。在北欧和德国都没有出现过这样的设计师。

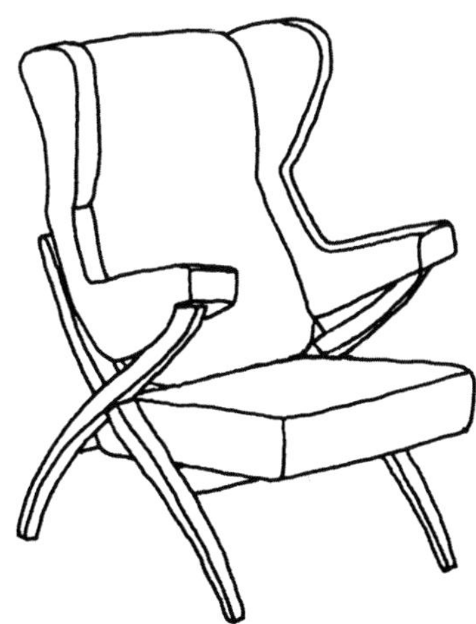

17-7
佛罗伦萨椅（Fiorenza chair）

制作于1952年。椅腿为木制，椅背、椅座、扶手为天然乳胶，覆有布面。这把椅子将传统的椅翼椅重新设计，再使用乳胶塑造出优美的线条。当时刚刚开始使用柔软有弹性的乳胶材料。是带有扶手的椅翼椅名作。

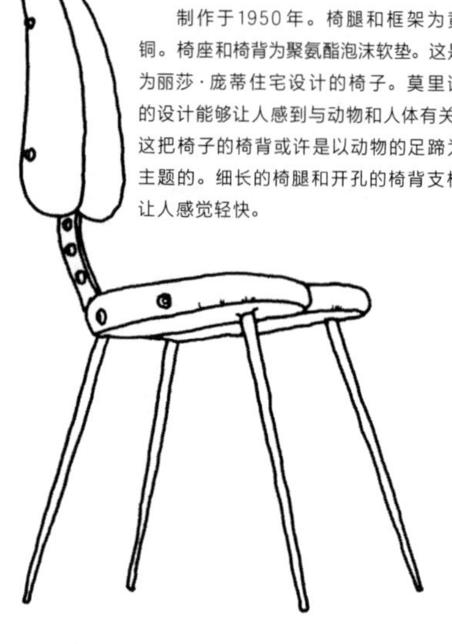

17-8
为丽莎·庞蒂住宅设计的椅子

制作于1950年。椅腿和框架为黄铜。椅座和椅背为聚氨酯泡沫软垫。这是为丽莎·庞蒂住宅设计的椅子。莫里诺的设计能够让人感到与动物和人体有关。这把椅子的椅背或许是以动物的足蹄为主题的。细长的椅腿和开孔的椅背支柱让人感觉轻快。

17-9
莫里诺办公椅（Fenis）

制作于1959年。材料为樱桃木。仅用木材便完成这种充满大自然生命力的设计。早在发表该作品的几年前，就已经出现该设计，只是椅腿有多种样式，如X形椅腿、三条椅腿、前椅腿为V形等。

与外表给人的印象不同，这款椅子坐上去十分舒适，或许是椅背的曲线刚好贴合骨盆的缘故。

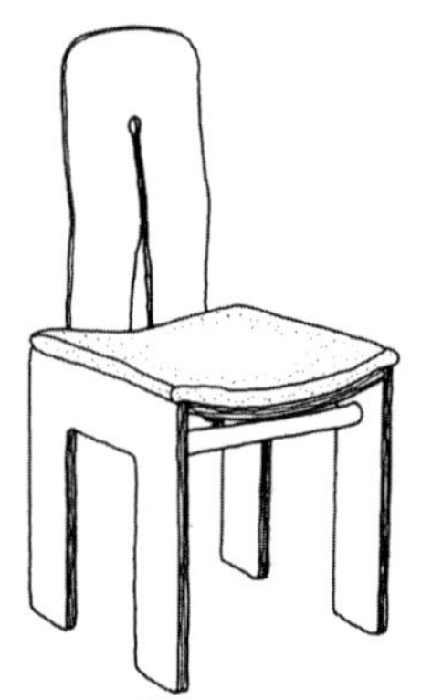

17-10
单人椅765号

制作于1934年。胡桃木胶合板，覆有皮革软垫。椅背的纵痕和柔软线条展现了卡洛·斯卡帕的风格。其子托比亚·斯卡帕的作品也承袭了这种风格。

勒·柯布西耶看到卡洛·斯卡帕的作品后，说道："这过于优美，不像是建筑。"

雕刻般的建筑，艺术品般的椅子
卡洛·斯卡帕
(Calro Scarpa，1906—1978)

为意大利代表性的建筑师、家具设计师。出生于威尼斯。在其建筑设计生涯中几乎没有新建的作品，大多为古建筑的整修。但这并非单纯的翻修，而是从古建筑中找出适用于现代的价值，并加入新元素。完成的建筑仿佛手工雕刻的艺术作品一般。他在椅子设计方面获得的评价也和建筑一样（17-10）。

1978年访日时，他在仙台从水泥台阶上不慎跌下而去世。其子托比亚·斯卡帕为知名的家具设计师。

从拖拉机和自行车等既有物品中获取灵感，
设计新型椅子
阿切勒·卡斯蒂格利奥尼
(Achille Castiglioni，1918—2002)

家具、工业设计师、建筑师。出生于米兰。他不仅是工业设计师的鼻祖，也是意大利具有代表性的设计师。其大哥里维奥（Livio，1911—1979）、二哥皮埃罗·贾科莫（Pier Giacomo，1913—1968）皆为建筑师，父亲是雕刻家。他毕业于米兰理工大学建筑系。一开始兄弟三人一同经营建筑事务所，后来他和二哥两个人成立了建筑设计事务所。

他以不被常识束缚的独特设计闻名，但也会从使用者的需求出发进行设计。他经手设计的领域主要有照明设备、厨房餐桌、吸尘器、医用床等。椅子方面的主要作品有从自行车鞍座上获取灵感的“Sella”、以拖拉机座位为原型的“佃农椅”(17-11)。他毕生投入设计事业。

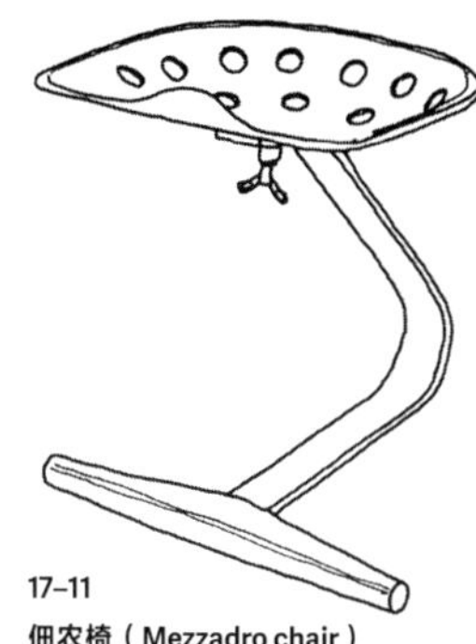

17-11

佃农椅（Mezzadro chair）

制作于1957年。和二哥皮埃罗·贾科莫共同设计。钢制，椅腿的底座（横木）为山毛榉。1954年完成样品，1957年由Zanotta公司制作成商品。正如看到的那样，这是以农用拖拉机座位为原型设计的。“Mezzadro”在意大利语中意为“佃农”。

这把椅子是椅腿为钢板的悬臂椅，坐下时会有坐在软垫上的感觉。坐面和椅腿由蝴蝶形螺丝固定，椅腿和底座可拆卸。“设计不只是诞生于创意，还诞生于既有的物品。”如同这句话说的那样，这或许是他观察拖拉机座位时获得的灵感吧。但是从拖拉机的座位，而不是跑车的座位中获得灵感这一点真是非同寻常。

阿切勒·卡斯蒂格利奥尼

他在母校执教时，热心指导学生。他曾对学生说过这样一句话：

“如果没有好奇心，那就放弃设计吧。”

阿切勒·卡斯蒂格利奥尼受到众人的喜爱，交友也很广泛。以下是举办展览会时，数名设计师给阿切勒的留言。

尊敬的阿切勒：
感谢您的厚爱；
感谢您的幽默；
如果没有您，绝不会有现在的我们。
您一生的好友

菲利普·斯塔克的寄语（*1）

虽然人们将你的工作称为“设计”，但我认为那其实是保持一定距离的观察，或者解说。

(中略)

你教给我的是不要突然停下，不要突然相信，不要只从正面看待事物，还要观察它的四周，甚至从背后也要观察。这是因为从背后观察到的景象并不一定优雅，这让我们经常感到茫然，但我们能做的只有微笑。这正是你在设计时做的事。

埃托·索特萨斯的寄语（*1）

*1
《阿切勒·卡斯蒂格利奥尼展（东京）图录》（Living Design Center OZONE出版）

17-12

Spluga椅

制作于1960年。钢制，椅座为皮革面。在担任米兰的啤酒屋“Splugen”的室内设计时，设计了吧台用的高脚椅。椅背高度将近160厘米。崭新的造型与20世纪60年代流行的波普艺术不谋而合，也是波普艺术的先驱性作品。

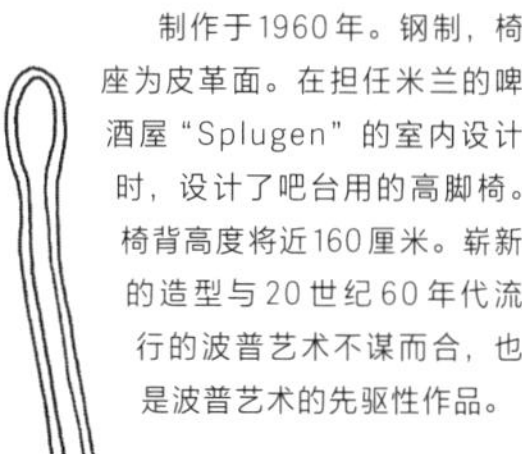

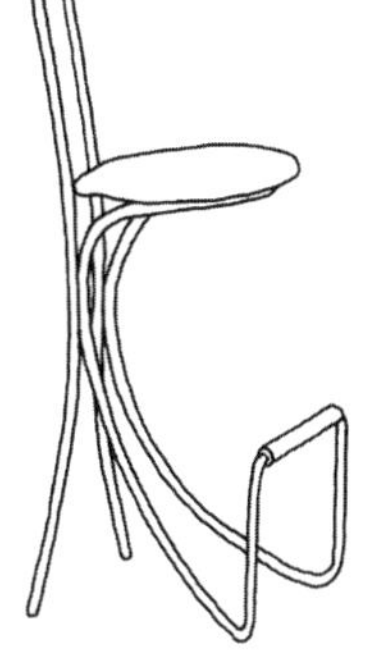

17–14

木制椅（Woodline chair）

制作于1964年。胶合板，布面或皮革面。运用木材，重新设计自玛格莉娜椅。

较早使用聚乙烯等新材料，
设计领域广泛

马可·扎努索

（Marco Zanuso，1916—2001）

建筑师，家具、室内设计师，编辑，大学教授。出生于米兰。和其他意大利建筑家一样，扎努索也活跃于多个领域。他不仅设计电视机和阿尔法·罗密欧的车，也参与编辑建筑杂志*Domus*和*Casabella*。

在椅子方面，他有“木制椅”（17–14）和“Fourline”等知名作品。他从很早便开始使用乳胶和聚乙烯等新材料（17–13、17–15）。

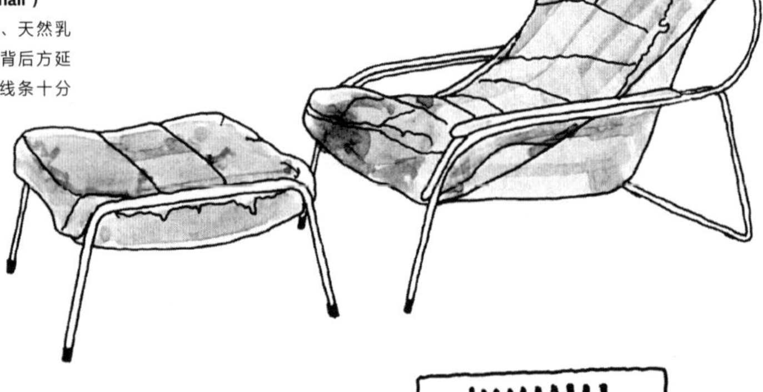

17–13

玛格莉娜椅（Maggiolina chair）

制作于1947年。钢管、天然乳胶，用布或皮革包裹。椅背后方延伸到扶手和前椅腿的流畅线条十分优雅，椅座为吊床结构。

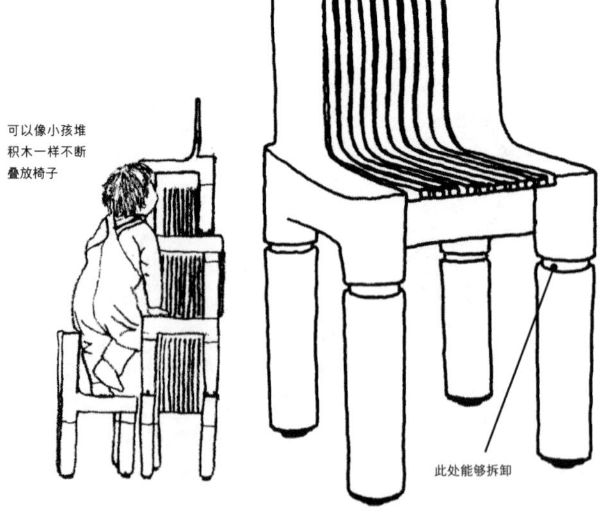

17–15

儿童椅 K4999

制作于1961—1964年。低压成型聚乙烯制。椅腿末端有橡胶防滑垫。20世纪50年代后期，他和德国设计师理查德·萨帕（Richard Sapper，1932年出生于慕尼黑）合作，一同设计了这把椅子。

椅背的后方两侧有能够放置椅腿的空间，可以像小孩堆积木一样不断叠放。椅腿能够拆卸，可以将其装在很小的包裹内，降低运输成本。可供选择的颜色有红、蓝、黄、白等。

这把椅子的制造商和销售商均为意大利的卡特尔公司，该公司研发出合成树脂的一体化射出成型技术，大量生产一体成型的椅子。为了销售运用该技术生产的椅子，雇用了乔·哥伦布等设计师。

60岁后带领年轻人成立
后现代主义团体“孟菲斯”

埃托·索特萨斯

(Ettore Sottsass，1917—2007)

埃托·索特萨斯

“查尔斯·伊姆斯在设计椅子时，不仅是在设计椅子，也是在设计坐的方式。也就是说，他是在设计一种功能，而不是单纯照着（椅子）原有功能做设计。”(*2)

出生于奥地利因斯布鲁克，幼时随家人移居米兰。他从米兰理工大学毕业后从军。1947年，他在米兰创办建筑设计事务所，从事各种建筑设计和工业设计。1957年，他在奥利维蒂（Olivetti）公司担任设计顾问，负责设计打字机和办公家具，他设计的“情人打字机”最为知名。办公椅“Synthesis”系列（17-16）正是出自奥利维蒂公司。

1981年64岁时，他以米兰为据点，和众多年轻设计师及建筑家成立了后现代主义团体“孟菲斯”。成员作品大多色彩鲜艳，使用几何形状及动物图案，受到广泛好评。他们用明确的形式提出了后现代主义的理论。

他与日本设计师梅田正德和仓俣史朗也有来往，2011年在东京六本木的“21_21 DESIGN SIGHT”举办了“仓俣史朗和索特萨斯展”。

***2**

《艺术家的语言》(PIE BOOKS出版)

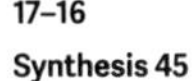

17-16

Synthesis 45

制作于1970—1971年。框架和椅腿材料为ABS树脂。椅背和椅座为布面包裹聚氨酯泡沫。奥利维蒂公司发售的办公椅。色彩鲜艳，和知名的“情人打字机”完美适配。座椅的高度可以调节。

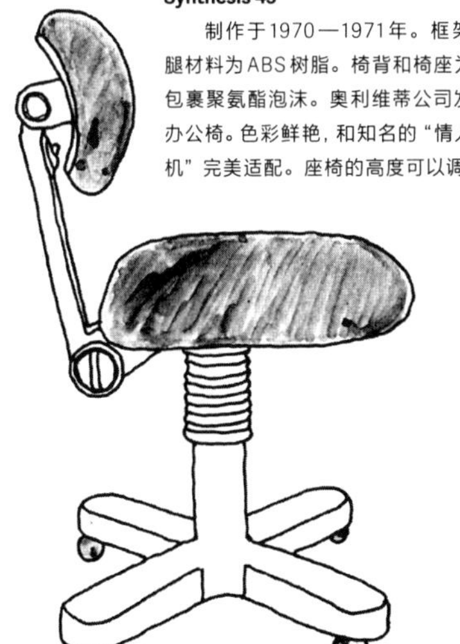

17-17

西岸休闲椅（Westside lounge chair）

制作于1983年。布面包裹聚氨酯泡沫。椅腿为钢制涂漆。这是在成立“孟菲斯”团体后发表的展现后现代主义理念的作品，和现代主义有明显不同，配色为鲜艳的黄色和红色（很遗憾插图只能使用一种颜色）。用文字来说明的话，坐面为红色，扶手为黄色，椅背为深蓝色。这只是其中一款，还有很多种色彩的组合方式。

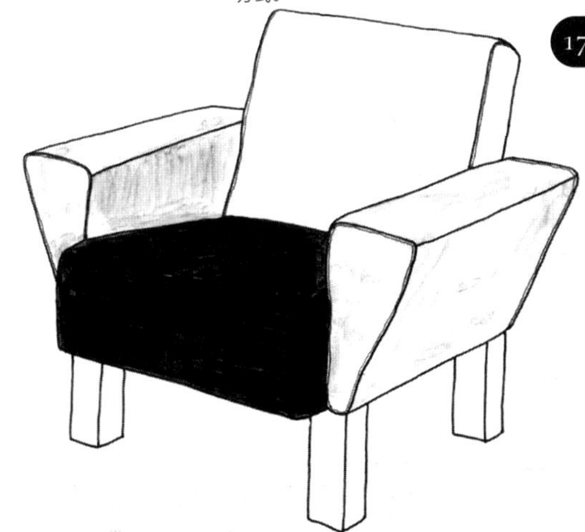

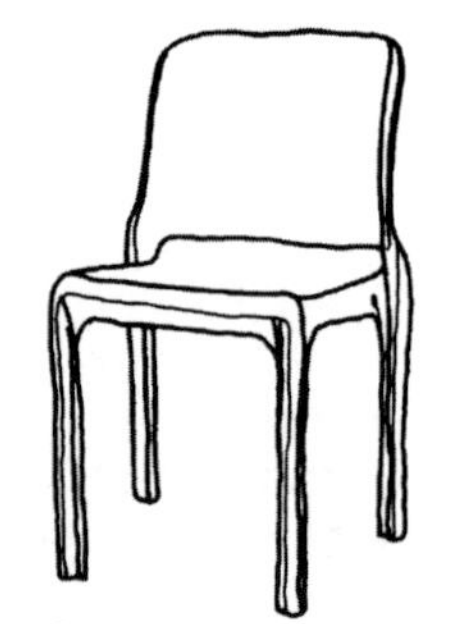

17–18

月神椅（Selene chair）

制作于1961—1969年（1969年问世）。早期的FRP材料椅子之一，是兼具设计感和功能性的名作。 虽是利用冲压模具制作的FRP一体成型量产化椅子，却没有常规的合成树脂产品的廉价感。

椅子为鲜艳的红色，整体形状可以说是基础款，但柔和的曲线却给设计带来了光彩。椅背和椅座的曲线符合人体工学，椅腿处刻有纵向凹槽。这或许是出于提升坚固度的功能方面的考量。

这款椅子可以叠放，为了防止叠放时损伤椅座，在椅座底部设有突起物，能够嵌入凹陷处。

设计塑料名椅，即使已年近80岁，也能够创作出热门商品

维克·马吉斯特拉蒂

(Vico Magistretti，1920—2006)

出生于米兰。他毕业于米兰理工大学建筑系，为家具、工业设计师和建筑师，一直活跃于第一线。他的椅子作品由卡西纳（Cassina ）公司和阿特米德（Artemide）公司制造销售。他从很早便关注塑料材料，20世纪60年代后期到70年代，在阿特米德公司推出了“月神椅”（17–18）和“高迪椅”（17–19）等FRP材料的椅子。1996年，他76岁时，在卡特尔公司发表了名为“Maui”的塑料一体成型椅子，成为大热商品。

17–19

高迪椅（Gaudi chair）

制作于1970年。FRP一体成型。从月神椅延伸而来。为提升坚固度，在椅腿处刻有凹槽。椅座后侧两端开孔，方便在户外使用时排水。

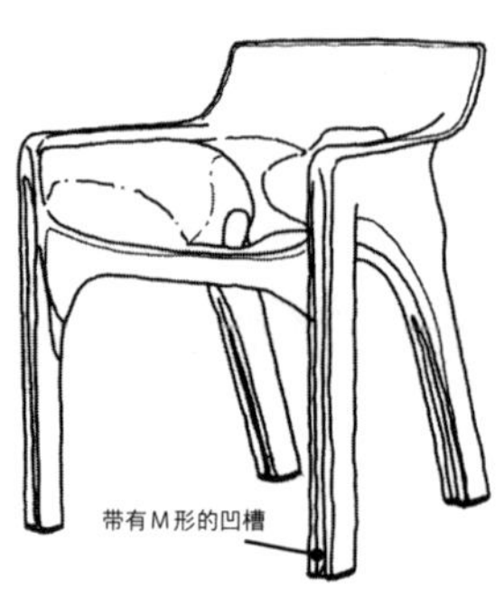

17–20

Sgarsul 摇椅

制作于1962年。材料为山毛榉，覆有皮革。椅背顶端和椅座的前侧带有软垫。将有一定宽度的木材大幅度弯曲，塑造出闲适的感觉。木材从椅背向两侧延伸扩张，弯曲后再接上由曲木加工的椅腿。从椅背顶端向椅座前侧逐渐扩张。

因翻修建筑物而知名的女性建筑家、设计师

盖·奥兰蒂

(Gae Aulenti，1927—2012)

女性建筑家，家具、室内设计师。她毕业于米兰理工大学建筑系。她因参与诸多的建筑物翻修工程而知名。她操刀的建

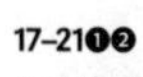

17–21❶❷

April 折叠椅

制作于1964年。金属制的折叠椅。框架为不锈钢、连接部件为铝合金，椅座和椅背为布或皮革面。

❶

❷

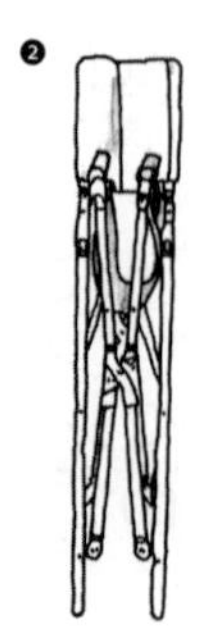

筑有奥赛博物馆、蓬皮杜艺术中心国家现代艺术博物馆、卢浮宫博物馆法国馆、威尼斯格拉西宫现代美术馆等。她也从事椅子设计（17-20、17-21）、照明设计、舞台美术设计等，并参与建筑杂志*Casabella*的编辑工作，活跃于诸多领域。

41岁英年早逝，令人惋惜，
设计出形状独特且具有实用性的椅子

乔·哥伦布

（Joe Colombo，1930—1971）

出生于米兰。他在布雷拉艺术学院学习雕刻和绘画，1951年参加了前卫美术团体“核艺术运动”（Movimento Nucleare），开始进行抽象画和雕刻的创作活动。他25岁开始在米兰理工大学学习建筑，从事过很多建筑、家具和室内装饰设计，41岁时英年早逝。

在设计椅子时，他多使用成型胶合板和各种合成树脂，留下了许多具有实用性与独创性的作品（17-22、17-23）。虽然本书没有附图介绍，但他设计的作品中也有“管椅”（Tube chair）这类十分独特的作品。

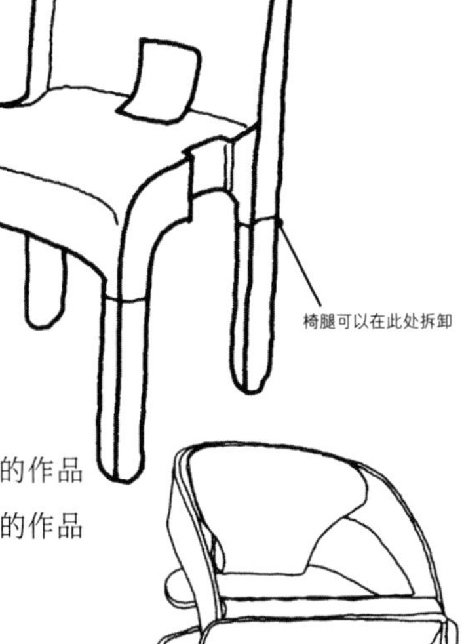

17-22

哥伦布椅（Universale chair）

制作于1965—1967年。聚丙烯射出成型。可叠放。椅腿可以拆卸（镶嵌式，不需要螺丝），方便打包和运输。拆除椅腿，只留椅子的上半部分，就能变成孩子也能使用的儿童椅。最初哥伦布也考虑过使用铝材，但最终选择使用比FRP还要轻的聚丙烯，重量仅3.3千克。此作品获得1970年的金罗盘奖。

17-23

扶手椅4801号

制作于1963—1964年。成型胶合板。由外框、椅座、椅背三部分组合而成。

研究型设计师“编”出钢管椅

恩佐·马里

（Enzo Mari，1932—2020）

出生于诺瓦拉（Novara）。他毕业于布雷拉艺术学院。他具有产品设计师、平面设计师、绘本作家、心理学研究者等多重身份，在多个领域有所建树。他也曾在大学任教。此外，他还研究三维空间的感知等视觉心理学，并应用于设计中（17-24）。

17-24

索夫索夫椅（Sof Sof chair）

制作于1971年。钢管、布面软垫。将细钢条焊接成四角形再组合起来，并在上面放置软垫，造型简洁。虽然看起来十分简单，但在设计钢条的组合方式时一定进行了大量的试错。这款椅子是在哈里·贝尔托亚的金属丝网椅问世后才发展出来的。

17–25

马鞍椅（Cab chair）

制作于1976—1977年。钢管制、皮革包裹。是由一张科尔多瓦皮革包裹住钢管制椭圆形框架组成的椅子。皮革用拉链固定，从椅腿处往上拉至椅座底部，便能将皮革固定在椅子上。因为开发出了能够承受强大压力的拉链，这种设计才得以实现。椅背上方没有放置钢管，看起来像是一把完全由皮革制成的椅子，这正是这把椅子的精髓。

设计出看似完全由皮革制成的“马鞍椅”

马里奥·贝里尼（Mario Bellini，1935— ）

家具、工业设计师，建筑家，编辑，大学教授，活跃在多个领域。出生于米兰。他的作品从奥利维蒂公司的打字机、卡西纳公司的家具、雷诺公司的汽车、雅马哈公司的音响器材到象印公司的水壶，无所不包。1986—1991年，他担任建筑杂志*Domus*的主编。最有名的作品是“马鞍椅”（17–25）。

通过夫妻间的对话，创作出“对白椅”

托比亚·斯卡帕（Tobia Scarpa，1935— ）

阿芙拉·斯卡帕（Afra Scarpa，1937—2011）

家具、产品设计师。两人都毕业于威尼斯建筑大学，在求学期间相识并结婚。托比亚为卡洛·斯卡帕的儿子，两人于1960年共同开设了设计建筑事务所。

17–26

对白椅（Dialogo chair）

制作于1966年。胡桃木、FRP。椅座和椅背为一成体型FRP，椅腿为口字形木制框架。将完全不同的材料完美融合，看上去却十分简洁。FRP椅座、椅背和木制椅腿的接合处的做工十分精细。椅腿的木料做了钝角设计，展现出木材柔软的特性。

另外，“dialogo”在意大利语（英语为dialogue）中意为“对白”，或许是想传达这是由FRP材料和木材的对白组成的椅子吧。

设计金属管椅的始祖

吉安卡罗·皮雷蒂（Giancarlo Piretti，1940— ）

家具设计师。出生于博洛尼亚。他在以制造办公家具闻名的阿诺尼玛·卡斯特里（Anonima Castelli）担任设计师。1969年，他发表的作品“Plia椅”（17–27）曾轰动一时，获得无数奖项。之后，他还推出了Pila系列的桌子。

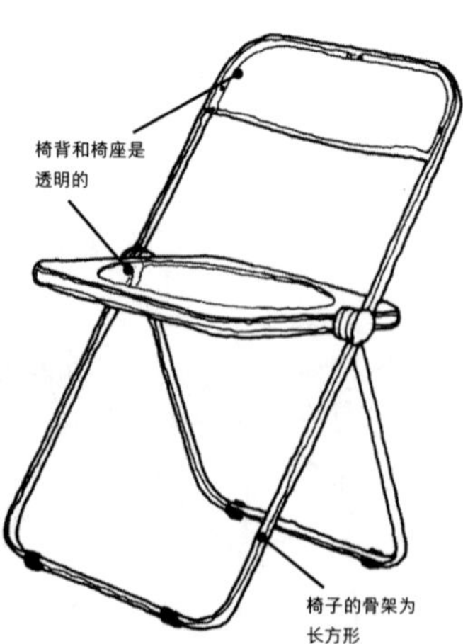

17–27

Pila 椅

制作于1969年。金属材料的折叠椅。框架以钢制扁条（镀铬）构成，接合处为铝压铸，椅座和椅背为亚克力。后来框架改用铝材，椅背和椅座使用化学纤维。

将椅座打开后即可叠放，能够节省空间。Pila椅称得上现在随处可见的金属管折叠椅的鼻祖，折叠起来的厚度仅2.5厘米左右。椅背与椅座设计成透明色，在视觉上营造出轻盈感。从构造上看，椅子的前后腿、椅座、椅背接合在同一处，只靠这一处接合点便支撑了整把椅子的重量，是十分秀逸的设计。Pila问世后，市场上也逐渐出现许多类似作品。

皮耶罗·加蒂（Piero Gatti，1940—2017）
凯撒·鲍里尼（Cesare Paolini，1937—1983）
弗朗哥·特奥多罗（Franco Teodoro，1939—2005）

如此大的布袋是椅子？豆袋椅

制作于1968年。在皮革、布、塑料等材料的袋子中装入发泡聚苯乙烯颗粒，就成了仿佛巨大软垫一样的椅子。使用者可以根据喜好自由调整椅子的形状。最初设计师曾想填充液体，但考虑到可能会导致椅子过重，便改用发泡聚苯乙烯。总重量约3千克。

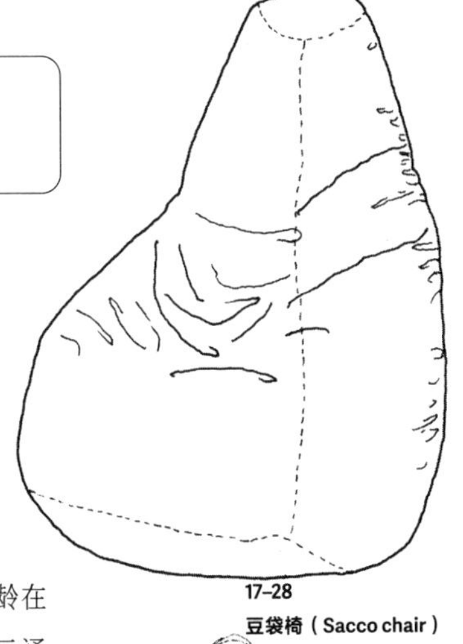

17–28
豆袋椅（Sacco chair）

豆袋椅（17–28）在1968年问世，三名设计师的年龄在25～30岁。当时，反越战和巴黎五月革命等运动风起云涌，全世界的年轻人卷入寻求时代变革的热潮中。或许就是这样的风潮催生出摆脱既有概念束缚的天马行空的椅子吧。设计师或许是考虑到“椅座和椅背不分得清清楚楚也可以吧”才设计出了豆袋椅。豆袋椅在巴黎家具博展会展出时深受好评，现为纽约现代艺术博物馆的永久藏品。

仿佛将充满谷壳的枕头放大至让人能够坐上去一样。

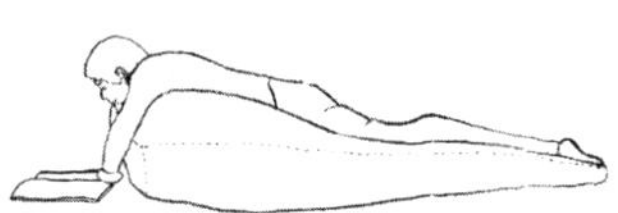

吉奥纳坦·德·帕斯（Gionatan De Pas，1932—1991）
多纳托·杜尔比诺（Donato D' Urbino，1935—　）
保罗·洛马齐（Paolo LoMazzi，1936—　）
卡拉·斯科拉里（Carla Scolari，1937—2020）

这是世界第一款以气垫制成并量产的椅子：充气椅

制作于1967年。PVC制，为充气式气垫椅。进入20世纪60年代后，合成树脂等新材料问世，椅子的形状也颠覆了以往的概念。不过，气垫椅是消耗品，如果出现小孔还能设法修复，但遇到大的破损就只能丢掉了。充气椅是世界上第一款成功量产的气垫椅，形状十分可爱，看上去好像小熊坐在那里一样，让人想起艾琳·格雷的名作“必比登椅”（参见第127页）。

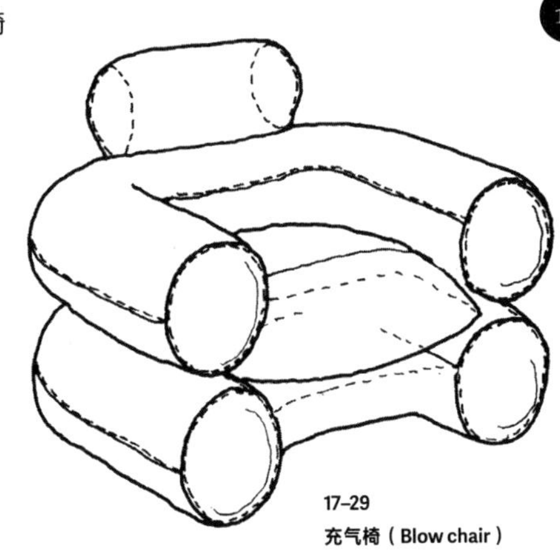

17–29
充气椅（Blow chair）

17

向椅子设计师提问

在椅子的历史中，具有划时代意义的是哪一把？

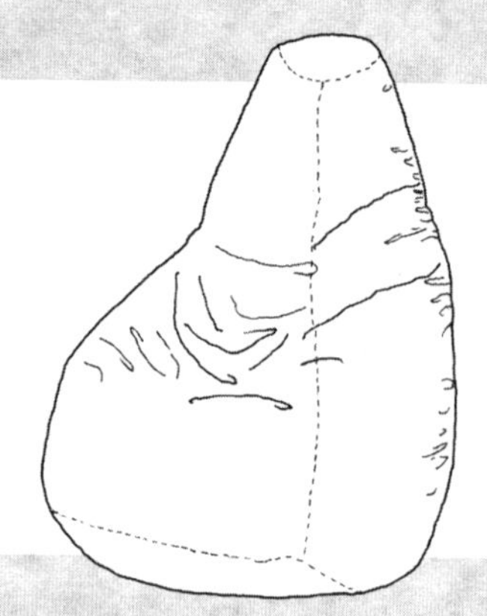

川上元美*的回答：

古希腊的克里莫斯椅
温莎椅
索耐特的曲木椅
豆袋椅　等

“明明就是个袋子而已，这也能称为椅子吗？”

克里莫斯椅（参见第13页）能够让人感觉“和人接近”。古代的椅子与其说是用于坐下休息，倒不如说是用来展示权威，或在仪式上使用，例如王座。但是，克里莫斯椅却象征了希腊人的日常生活。虽然在古希腊时代，只有上流社会才能使用椅子，克里莫斯椅却十分贴近人们的生活，椅子的形状也符合人体工学。其优美的线条更是影响了后世的椅子，有很多人从克里莫斯椅中获得了设计灵感。我也是其中之一，1991年，为致敬克里莫斯椅，我设计了一把名为“缪斯”（MUSE）的椅子，现在已经被意大利的厂商制成商品。

温莎椅具有划时代的意义，是因为它是平民所使用的椅子，也是椅子成为大众化物品的起点，而夏克尔椅是它的同类。在制作方面，每个流程交给不同工匠分工制作，在当时也是十分新颖的做法。

索耐特的曲木椅之所以十分重要，是因为它是椅子量产化的开端。当时为了实现量产，开发出划时代的曲木技术。虽然必须制作大量的模具，但也由此诞生了样式丰富的曲木椅，使椅子成为大众化的物品。

到了现代，随着新材料的出现，出现了很多前所未有的设计。其中最具革新性的，便是意大利设计师发表的“豆袋椅”。看到豆袋椅时，我不禁想：“明明就是个袋子而已，这也能称为椅子吗？”这正是转变思维方式后所诞生的杰作，也是从20世纪60年代后期到70年代社会变革时期的缩影。

*川上元美
1940年生，产品、室内设计师。活跃于家具设计、室内装饰、产品设计、景观设计等多个领域。椅子代表作有“NT”“BLITZ”等。参见第241页。

18

EUROPE

欧洲的现代设计

新材料和新技术的运用使欧洲各地出现了
现代设计风格的椅子

18
EUROPE

欧洲的现代设计

20世纪40年代，随着新材料的开发和技术的不断革新，世界各地出现了许多现代设计风格的椅子，例如使用新材料、注重功能性的椅子，以量产为目的的椅子，承袭传统的椅子，将设计师的作品进行再设计的椅子等。

本章主要介绍20世纪30年代后期诞生于欧洲（不包括北欧和意大利）设计师之手的独具特色的椅子。

具有代表性的设计师和椅子

汉斯·卢克哈特
（Hans Luckhardt，1890—1954）
瓦西里·卢克哈特
（Wassili Luckhardt，1889—1972）

出生于柏林的德国兄弟。二人致力于建筑设计和家具设计方面的工作，设计了优美的流线型钢管制悬臂椅“ST14”（又名S36，与包豪斯几何学的设计有所不同）。

18–1
躺椅的始祖
Siesta Medizinal

制作于1936年。材料为山毛榉，只有头枕部为皮革。“Siesta Medizinal”意为“午睡医疗”，简单说来就是“对身体有益的午睡”。

侧面带有把手，椅背、椅座、搁脚处可同时活动。虽然是对自古以来使用的躺椅的再设计，但卢克哈特兄弟研究出革新性的可活动结构，并成功开发出划时代的躺椅。这把椅子堪称躺椅的始祖。

国家	设计师	椅子
德国	·卢克哈特兄弟 ·盖德·朗格	·Siesta Medizinal（1936） ·FLEX2000（1973）
英国	·欧内斯特·瑞斯 ·罗宾·戴 ·罗德尼·金斯曼	·羚羊椅（1951） ·聚丙烯椅“e系列”（1971） ·OMK堆叠椅（1971）
法国	·皮埃尔·波林 ·奥利维尔·莫尔吉	·舌椅（1967） ·布鲁姆躺椅（1968）
瑞士	·汉斯·科雷 ·马克斯·比尔	·兰迪椅（1938） ·乌尔姆凳（1954）
西班牙	·约瑟夫·尤斯卡	·安德烈娅椅（1986）

汉斯·科雷
(Hans Coray，1906—1991)

出生于瑞士苏黎世。他一边在中学执教一边设计家具。他致力于钻研坚固且相对容易制作的模型结构，进而制作出金属椅名作“兰迪椅”(18-2)。

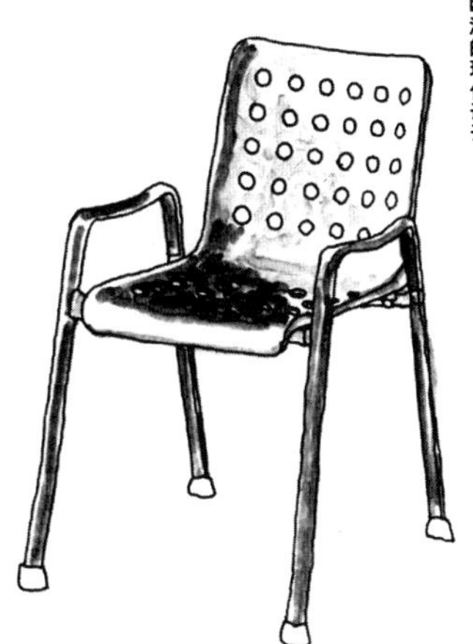

18-2
第一款椅背和椅座都使用铝材的椅子
兰迪椅（Landi chair）

制作于1938年。铝制。1939年苏黎世举办的瑞士国家博览会(Schweizerische Landesausstellung)的室外用椅，取博览会之名，叫作“兰迪椅”。

材料为经过特殊热处理的铝。椅背和椅座为一体成型，在当时是划时代的设计。开孔的设计除了可以减轻重量外，还能够在下雨时排放雨水。

1971年开始，Zanotta公司将其命名为“Spartana”并开始贩卖。

马克斯·比尔
(Max Bill，1908—1994)

建筑家，平面、工业设计师，画家，乌尔姆设计学院院长，活跃于多个领域。出生于瑞士北部、靠近德国的温特图尔(Winterthur)。1927—1929年，他在包豪斯学习，20世纪50年代前期以“成为新包豪斯”为目标，创立乌尔姆设计学院(*1)，并担任首任校长。

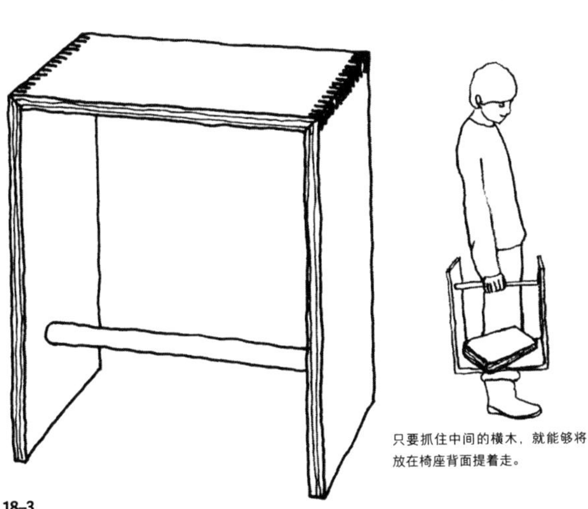

只要抓住中间的横木，就能够将书放在椅座背面提着走。

18-3
校长为学生设计的简洁的多功能凳子
乌尔姆凳（Ulmer Hocker）

制作于1954年。材料为山毛榉或落叶松。通称“乌尔姆凳”。因为乌尔姆设计学院成立时设备不足，校长比尔和学校设计师汉斯·古格洛特（Hans Gugelot）经过考察后设计出了供学生在教室使用的凳子。最初的草图是比尔在垫于鸡尾酒下的纸巾上绘制的。

这张凳子可作为坐具，横放可作为桌子，倒置则能够作为书架和整理架使用，手握横木能够作为搬运工具，横向并排陈列则是展示台……造型简单却有极强的实用性，可以说是象征着继承包豪斯的乌尔姆设计学院的理念的凳子。坐面和侧板的榫接处为凳子增添了设计感。侧板装置面的中央部分仅削去了一小部分。

长40厘米、宽30厘米、高45厘米。

*1
乌尔姆设计学院（Hochschule für Gestaltung Ulm）

1953年创立于德国南部的乌尔姆，承袭包豪斯的理念。开设有建筑、产品设计、视觉传达、信息等专业。或许是马克斯·比尔曾就读于德绍的包豪斯的缘故，乌尔姆的基础课程和包豪斯的十分相似。

乌尔姆设计学院不仅有来自欧洲的学生，还吸引了来自美国、非洲、日本等世界各地的学生。该校毕业生有不少成为建筑师和设计师，活跃于各界，但学校在1968年关闭了。

18–4

考虑在室外使用的舒适度而设计的椅子

羚羊椅（Antelope chair）

制作于1951年。框架的材料为钢管，涂白漆。椅座为成型胶合板。细细的钢管勾勒出优雅的曲线，十分美观，具有融合维多利亚时期风格和现代设计的韵味。考虑到在室外使用，便在成型胶合板的坐面上设有能够排水的开孔。椅腿底端的圆帽令人联想到原子核。20世纪50年代十分流行这样的设计，也被用于衣架上。

这款椅子首次问世于1951年伦敦泰晤士河岸举办的英国艺术节（Festival of Britain），在会场的中心设施——皇家节日音乐厅的室外阳台上使用，深受好评。

“Antelope”意指羚羊，这是一种栖息在亚洲、非洲草原上的牛科哺乳动物，但比起牛，外形其实更加像鹿。或许这款椅子就是从羚羊细长的腿上获得的灵感。

欧内斯特·瑞斯
（Ernest Race，1913—1964）

织物、家具设计师。出生于英国纽卡斯尔。于伦敦学习室内设计后，他在照明器具公司担任制图工。该公司有很多先进的现代主义者经手的建筑工作，因此瑞斯能够和瓦尔特·格罗皮乌斯等知名建筑家交流。1937年，瑞斯拜访了在印度马德拉斯担任传教士并经营纺织业的阿姨，回到伦敦后便开设了经营手作织物和地毯的店铺。第二次世界大战后，他成立了一家公司，制造好用且能量产的家具。1951年英国艺术节中使用的“羚羊椅”（18–4）便是由他设计，广受好评。

罗宾·戴
（Robin Day，1915—2010）

家具、工业、平面设计师。出生于英国以生产温莎椅著称的海威科姆。他推广普及了现代设计，被称为“英国现代设计巨匠”。妻子卢西安·戴（Lucienne Day，1917—2010）是织物设计师。二人共同成立了设计事务所，也被称为“英国的伊姆斯夫妇”。

罗宾·戴设计了众多家具，包括1948年在纽约现代艺术博物馆举办的“低成本家具设计大赛”中获得大奖的作品。代表作为1963年设计的塑料椅“聚丙烯椅”（18–5）。这是世界上第一张采用聚丙烯射出成型的椅子，且能大量生产。他看重聚丙烯具有的耐用、轻便、低成本等特点，设计出实用且能够叠放的椅子。

18–5

降低制作成本，
设计时尚缤纷的儿童用椅

聚丙烯椅“e系列”

制作于1971年。椅背和椅座为聚丙烯，椅腿为钢管。1963年，为了降低制作成本，罗宾·戴发表了聚丙烯一体成型的椅子“聚丙烯”。1971年，他为在学校学习的孩子设计了“e系列”。为配合孩子的成长，这款椅子设有S、M、L三个型号，可以堆叠。椅背处设计了方便搬运的孔洞。它具有恰到好处的弹性，坐上去十分舒适。椅背和椅座的颜色采用黄色等彩色系。

皮埃尔·波林
(Pierre Paulin，1927—2009)

20世纪60年代至70年代的法国代表性设计师之一。在巴黎卡蒙多设计学院（École Camondo）学习雕刻后，他便开始了家具设计事业。波林的椅子有着雕刻的韵味，这或许是他在年轻时立志成为雕刻家的缘故吧。并且，正如他所说的：“没有伊姆斯、沙里宁、尼尔森，也许就不会有我。我的工作正源于对他们的狂热追随。”（*2）由此可知，他受到美国设计师极深的影响。

1958年开始，他应邀加入荷兰Artifort公司设计家具。20世纪60年代，他接连发表使用弹性布料的独特椅子，如“蘑菇椅”、“缎带椅”、“舌椅”（18-6）。

*2
《Casa BRUTUS特集 超·椅子大全》（Magazine House 出版）

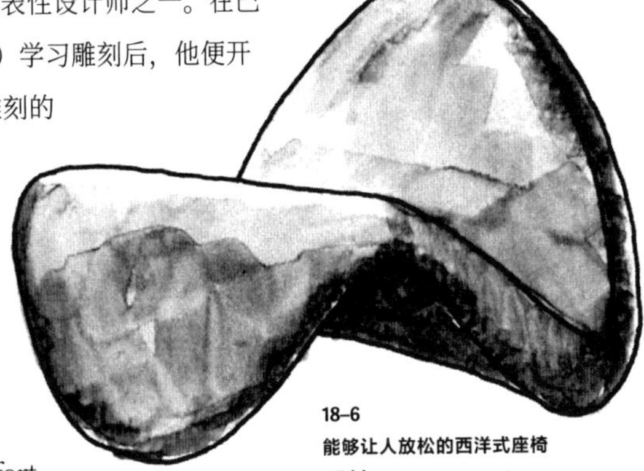

18-6
能够让人放松的西洋式座椅
舌椅（Tongue chair）

制作于1967年。“Tongue”意为“舌头”，看起来正如其名。聚氨酯泡棉包裹着钢管框架，并覆有弹性布料。可以将其视为没有扶手和椅腿的座椅。乍一看像是摆件，但坐上去十分舒适，能够让人完全放松下来。

盖德·朗格
(Gerd Lange，1931—)

出生于德国伍珀塔尔（Wuppertal）。他曾在奥芬巴赫设计学院学习，1961年创立设计事务所。除“FLEX2000”（18-7）外，他还设计了热门商品“SM400”（塑料和钢制的椅子）。

18-7
结构简单却超级实用，
结合原生木材和聚丙烯制成的合体型机能椅
FLEX2000

制作于1973年。椅座和椅背为聚丙烯一体成型，椅腿为原生的山毛榉木材，横木为成型胶合板，由索耐特公司制作。虽然看上去就是一把单人无扶手椅，但具有多种功能。将横木和后侧椅腿上方的扶手组装起来，就是扶手椅。配置简易的小桌板就是办公桌。能够叠放，也可以用螺丝将横木横向连接起来。只要将椅腿插进一体成型的椅座和椅背处便可组装完毕。由此可见，这把椅子虽然看起来十分简单，但实用性极强。

“Flexibility”具有“柔软性、容易通融”的意思，十分契合这把椅子的风格。

18–8

被称为 UFO 的人形睡椅

布鲁姆躺椅（Bouloum chair）

制作于1968年。钢制框架、聚氨酯，覆有布面。基本结构和巨灵椅相同。也有玻璃纤维制的室外使用类型。“布鲁姆”是以莫尔吉童年玩伴的名字命名的。人体形状的独特设计给人带来强烈的视觉冲击，曾在1970年的大阪世界博览会法国馆中参展，因被称为“UFO”而广为人知。

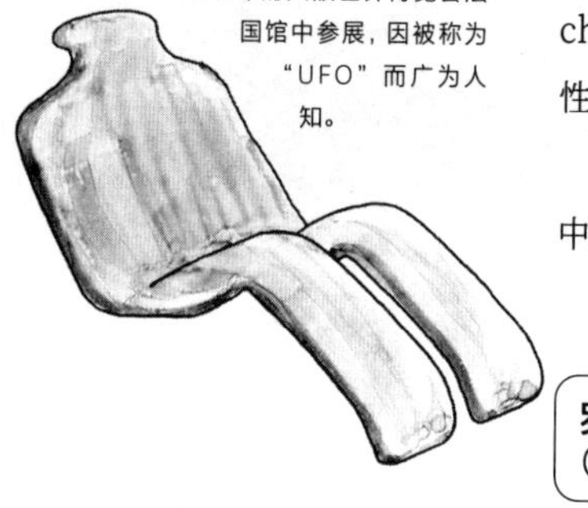

奥利维尔·莫尔吉
（Olivier Mourgue，1939— ）

家具设计师、画家、景观设计师。出生于巴黎。他在布勒学院（École Boulle）学习室内设计，并于巴黎国立美术学院攻读家具设计。1963年，他开始担任Airborne International公司的设计师，1965年发表“巨灵椅”（Djinn chair）系列。巨灵椅是由聚氨酯软垫包裹钢管，再覆上有弹性的布料制作而成，有着自由曲线的造型，深受好评。

“布鲁姆躺椅”（18–8）和电影《2001太空漫游》（1968）中登场的椅子也是他的知名代表作。

18–9

聚集新技术，量产型堆叠椅

OMK 堆叠椅

制作于1971年。框架为钢管。椅背和椅座为环氧树脂镀膜并以冲压加工制成的钢板，是能够量产的堆叠椅。集合了20世纪70年代的新技术。椅背和椅座设有开孔，除了能够减轻椅子的重量，在室外使用时还能排水。

罗德尼·金斯曼
（Rodney Kinsman，1943— ）

家具设计师。出生于伦敦。他在伦敦中央艺术学院（Central School for Art）学习家具设计。毕业后，他创立家具设计公司“OMK设计”，专门设计采用新材料的量产型椅子（18–9）。他设计了运用铝成型技术的“Seville”“Trax”等使用于世界各地的飞机场和公共设施的长椅。

约瑟夫·尤斯卡
（Josep Llusca，1948— ）

家具、工业设计师。出生于西班牙巴塞罗那。他在EINA设计学院完成学业后，致力于椅子、照明、包装等设计。

18–10

将高迪风格重新设计为现代风

安德烈娅椅

制作于1986年。框架为铝压铸，椅背和坐面为成型胶合板或塑料。很多西班牙设计师都受到安东尼·高迪的影响。这把椅子也很容易让人联想到高迪的椅子名作“卡尔维特之家扶手椅”。使用铝等材料重新设计，呈现出美观的现代主义风格。

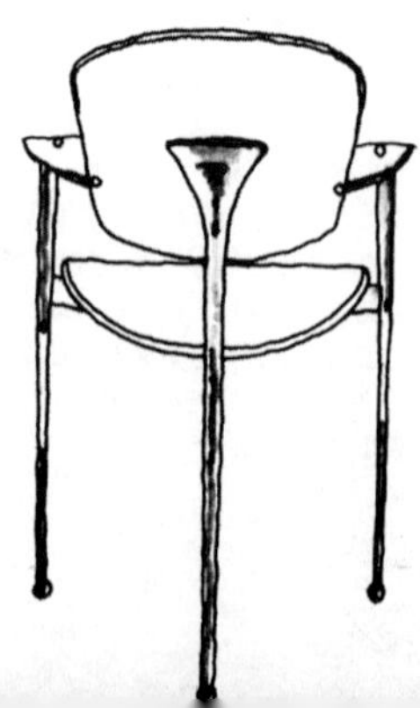

19

AFTER 1980

1980—

现代
（20 世纪 80 年代以后）

在后现代主义和新简单主义
等理念兴起的背景下，
椅子有了新的变化

19

AFTER 1980
1980 —

现代
（20世纪80年代以后）

20世纪80年代后，政治、经济、社会生活、技术等各领域吹起新风潮，价值观也随之变得更加多元，不少事情都颠覆了以往的常识。在设计界，以后现代主义（*1）为首，新简单主义（*2）和有机设计（*3）等概念和理念陆续出现。椅子不再只是坐具，具有概念性、具有当代艺术元素的椅子大量诞生。

极度注重简洁性和功能性的类型、表现艺术性的类型等，各种不同类型的椅子不断出现，背后的重要原因是硬件方面的进步。正因为材料和技术日新月异，设计师们天马行空的创意才得以实现。20世纪40年代到50年代，查尔斯·伊姆斯不断发表使用FRP等新材料的功能性椅子，如果没有材料科学的进步，这些作品恐怕难以完成。

菲利普·斯塔克的“路易幽灵椅”（2002）是利用聚碳酸酯（*4）特性完成的作品。贾斯珀·莫里森的“空气椅”（2000）则是使用气体辅助注射（利用高压氮气射出成型）技术，制作出的简单大方、一体成型的椅子。

当代设计的椅子数量相当庞大，不知应该称之为百花齐放还是玉石杂糅。这其中，究竟会有多少椅子能流传到50年后呢？这点值得深入探讨。

*1
后现代主义（Postmodernism）
后现代主义与注重功能性和理性的现代主义（Modernism）相对，是在20世纪70年代开始出现在建筑和设计等领域的概念。提倡从自由的想法中孕育多种多样的形状和颜色的设计，在20世纪80年代最为盛行。其中索特萨斯率领的“孟菲斯”团体最具代表性。

*2
新简单主义（New Simplicity）
追求不加装饰、不过分醒目的简单结构和线条。除此之外，以兼具美感和实用性为目标。

*3
有机设计（Organic Design）
具体说来就是从花草等生物自然形成的造型和美感中获取灵感的设计。“新艺术”正是有机设计的典型代表。

*4
聚碳酸酯（polycarbonate）
塑料的一种。具有耐冲击、耐热、不易燃、透明等优点，广泛应用于飞机客舱的窗户、相机机身、行李箱、奶瓶、光纤等制造领域。

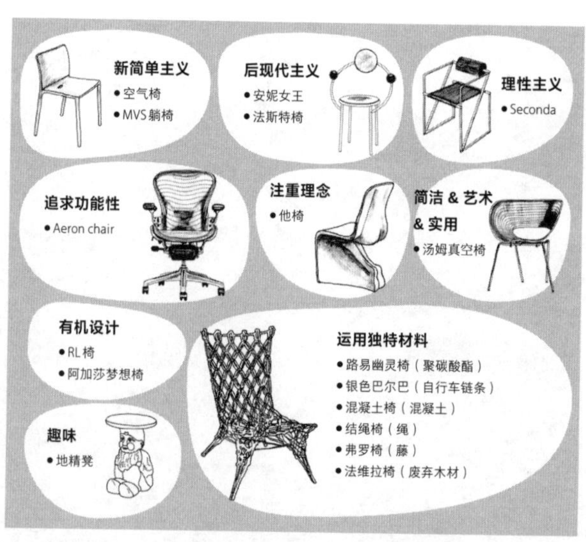

具有代表性的设计师和椅子

罗伯特·文丘里
(Robert Venturi，1925—2018)

出生于美国费城。他是提倡后现代主义的建筑师，批判否定装饰的现代主义建筑。他曾讽刺密斯·凡·德·罗的名言“少即是多”为“少即无聊”。在椅子方面，他曾设计过“安妮女王”(19-1)系列作品，从普林斯顿大学毕业后，曾在埃罗·沙里宁那里工作过。

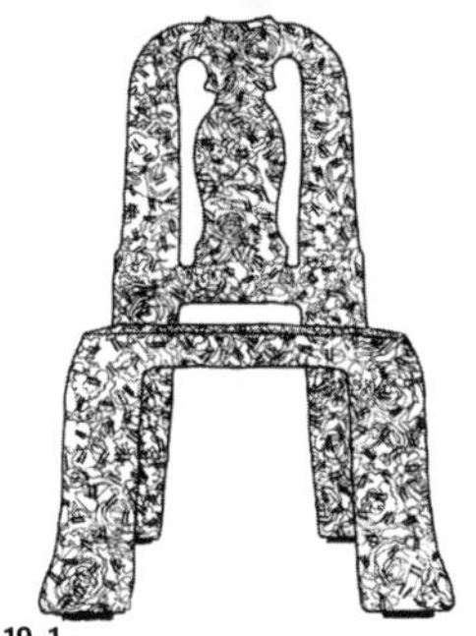

19-1
解构旧时代风格的波普风椅子
安妮女王（Queen Anne）

制作于1984年。后现代主义流行时期诞生的椅子。材料为涂漆的成型胶合板。“安妮女王”是模仿旧时代风格并进行解构的系列作品之一，除此之外，还有哥特、齐彭代尔、帝政、新艺术、装饰艺术等风格系列。安妮女王系列能够让人感受到他深受波普风格影响。

唐·查德威克
(Don Chadwick，1936—　)
比尔·斯顿夫
(Bill Stumpf，1936—2006)

二人一同开发了“Aeron chair”(19-2)。查德威克毕业于加利福尼亚州大学洛杉矶分校(UCLA)工业设计系，是家具、工业设计师。除Aeron chair外，他还设计了模块椅(Equa chair)。

斯顿夫在伊利诺伊理工大学学习工业设计。在开发Aeron chair之前，他曾设计过“风琴椅”。

19-2
掀起办公室革命的椅子
Aeron chair

制作于1992年。是被称为“理想的办公椅”的热销产品。为了满足不同体形的人的需求，运用人体工学开发而成。椅座高度、椅座，以及S形椅背的角度、扶手的高度皆可调节，让使用椅子的人随时保持最为舒适的姿势。问世以后依然在不断改良功能和样式。

材料为铝、Pellicle（一种弹性聚酯纤维）。使用者大多为长时间在电脑前伏案工作的人。

马里奥·博塔
(Mario Botta，1943—　)

建筑师。出生于瑞士门德里西奥(Mendrisio)。他在米兰和威尼斯的大学学习建筑，曾在柯布西耶的建筑事务所工作。1970年，他在瑞士卢加诺开设建筑事务所。他以运用直线、圆等几何构图的建筑作品闻名。

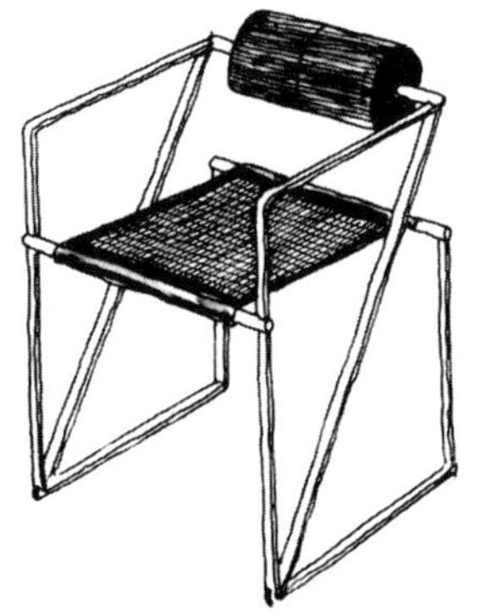

19-3
展现理性主义之美的椅子
Seconda

制作于1982年。框架为上过环氧树脂涂层的钢。椅座为带有大量开孔的钢板（穿孔金属板），椅背为聚氨酯。和博塔的建筑作品一样，其几何学的外形让人印象深刻。

菲利普 · 斯塔克

“设计是表现的一种恐怖的形式。”

菲利普 · 斯塔克
（Philippe Starck，1949— ）

法国具有代表性的产品设计师。出生于巴黎。他从巴黎卡蒙多设计学院毕业后，担任皮尔 · 卡丹品牌艺术总监四年左右。此后，他活跃在家具、室内装饰、产品设计等多个领域。他曾多次参与日本的建筑设计和室内设计，其中最为知名的是东京浅草隅田川岸边的朝日啤酒大厦。即便没听说过斯塔克，看过这栋让人产生联想的奇特建筑物的人应该也不在少数吧。

他设计的椅子有的使用新材料、设计简洁，有的充满趣味，足见他的才能。

19–4

巴黎的设计风咖啡馆中使用的椅子

考斯特斯椅（Costes chair）

制作于1982年。椅腿为电镀钢，椅背为弯曲的桃花心木胶合板，椅座覆有皮革，是斯塔克的代表作，也是特地为巴黎考斯特斯咖啡馆（*5）所设计的。

***5**

考斯特斯咖啡馆

1988年开设于巴黎中央市场的设计风咖啡馆。店主为考斯特斯兄弟。店内设计由斯塔克操刀。

19–5

可爱的地精是十分受欢迎的秘密

地精凳（Gnomes stool）

制作于1999年。材料为室外也能使用的高科技高分子聚合物。这是一张充满俏皮感的凳子，十分受欢迎。

地精是欧洲神话中的大地精灵，这款凳子或许是从非洲凳中获取的灵感。坐面的直径为40厘米，高度为44厘米。

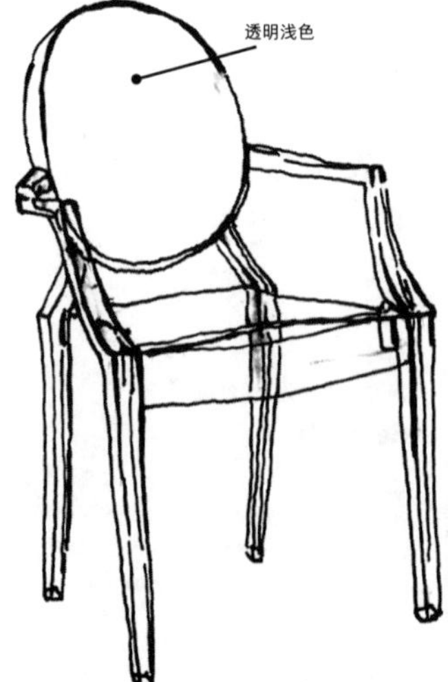

19–6

用新材料再现路易十五风格的椅子

路易幽灵椅（Louis Ghost chair）

制作于2002年。采用一体成型的聚碳酸酯材料，最多能够叠放六把。继承了路易十五风格，并以新材料重新打造。由于使用了透明材料，命名时将椅子视为路易十五的幽灵，故取名“路易幽灵”。椅子的形状或许也带有“跨越200多年，像幽灵般复活”的意思。

保罗·巴鲁格
（Paolo Pallucco，1950— ）
米雷耶·里维埃
（Mireille Rivier，1959— ）

二人皆为产品设计师，1985年开始共同设计椅子等家具。巴鲁格出生于意大利罗马。里维埃出生于法国尼永斯。

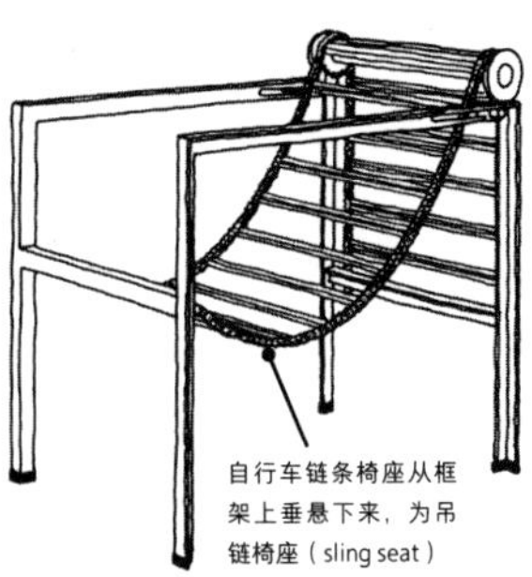

19–7
使用自行车链条，能够调节高度
银色巴尔巴（Barba D'Argento）

制作于1986年。使用钢材和自行车链条，是以艾琳·格雷的甲板躺椅（参见第127页）为原型设计的椅子。通过卷起链条来调节椅背和椅座的高度。

米歇尔·德·卢基
（Michele De Lucchi，1951— ）

出生于意大利费拉拉，为后现代主义派的室内、工业设计师。他曾在佛罗伦萨美术学院攻读建筑。1977年开始他在米兰进行家具和灯具的设计。1981年，他和索特萨斯等人共同推动后现代主义，成立“孟菲斯”，为该团体的核心成员，曾在“孟菲斯”名下发表椅子作品“法斯特椅”（19–8）。

罗恩·阿拉德
（Ron Arad，1951— ）

出生于以色列特拉维夫。他从位于耶路撒冷的以色列贝扎雷艺术与设计学院毕业后，1974年进入伦敦建筑联盟学院学习。1981年，他成立建筑设计工作室“One Off”。他在设计可量产家具的同时，也在工作室制作一些独特的原创作品（19–9）。

19–8
让人联想到行星的后现代主义椅子
法斯特椅（First chair）

制作于1983年。框架为钢管，其余部分为涂漆木材，是后现代主义的椅子代表作。

关于这把椅子，虽然有“受到虚无和戏仿等后现代主义基本概念的影响”“这把椅子高度概括了‘意义和价值的传达是设计最重要的课题’这一后现代主义信条”的评论，但以“好像地球、太阳、月亮的关系”这样单纯的角度来欣赏也未尝不可。椅子的舒适度尚不明确。

19–9
艺术家设计的量产型堆叠椅
汤姆真空椅（Tom Vac chair）

1997年米兰家具展览会发表的展品。最初椅背和椅座使用的是铝的真空成型，但在量产时改为聚丙烯的一体成型。椅腿为钢管制。

只要在椅座的孔中插入后椅腿便可叠放。在米兰家具展上就曾堆叠成高高一摞。虽然这把椅子结构简单，但极富艺术性。椅子的名字取自摄影师朋友Tom Vack和真空（vacuum）的组合。

乔纳斯·柏林

(Jonas Bohlin，1953—)

出生于斯德哥尔摩。他是瑞典当代具有代表性的家具、室内设计师，经常使用的材料有木材（桦木等）、钢、铝等。他在设计瑞典工艺美术与设计大学的毕业作品时发表了混凝土材料的椅子（19-10），震惊瑞典艺术界。

19-10

因过于沉重而无法商品化的椅子

混凝土椅

制作于1981年。由混凝土和钢管制成的椅子。20世纪80年代，后现代主义普及时期设计的作品。市售的产品将由混凝土制成的椅背和椅座替换成木材（桦木等）。混凝土制的版本因过于沉重而无法商品化。

马尔登·范·塞夫恩

(Maarten van Severen，1956—2005)

出生于比利时安特卫普。他曾在比利时根特的艺术学院学习建筑，毕业后从事室内设计和家具相关的工作。从1986年开始，他在自己位于根特市的工作室中制作椅子等家具，使用的材料为钢、铝、胶合板、聚酯纤维等。他以室内设计师身份参与过多个项目。48岁英年早逝。

能像这样躺着读书

19-11

极简的 21 世纪躺椅

MVS 躺椅

制作于2000年。钢、聚氨酯。躺椅历史中有各种类型的椅子，在迎来21世纪之际，出现了像这样十分简洁、省去所有不必要的部分的设计。根据椅腿摆放的角度，有两种使用方式：躺或坐。无论哪种都让人感到舒适。

洛斯·拉古路夫

(Ross Lovegrove，1958—)

出生于英国威尔士加的夫。他是英国当代具有代表性的工业设计师，“有机设计”的先驱，有“有机船长”（Captain Organic）之称。他曾参与索尼随身听、苹果计算机（iMac等）、日本航空头等舱座椅、奥林巴斯相机等不同领域的产品设计，和日本的企业有诸多合作。

在椅子设计方面，他从乔治·尼尔森的“型锻腿椅”中获得灵感后重新设计的“蜘蛛椅”和“RL椅”（19-12）最为有名。

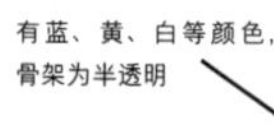

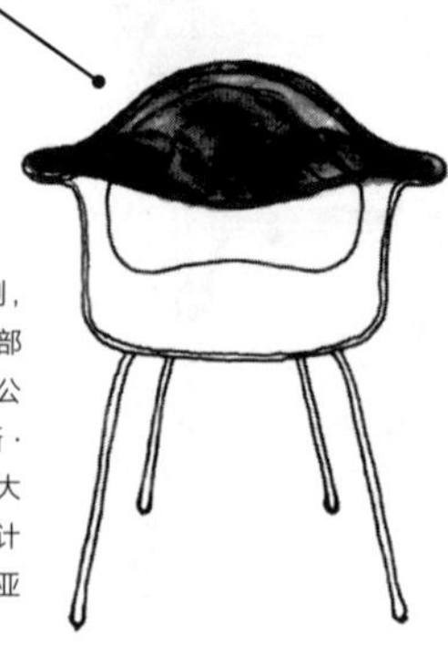

19-12

和 iMac 有相同风格的半透明椅子

RL 椅（BLUEBELLE chair）

制作于1997年。椅腿为钢制，椅座和椅背为聚丙烯。椅背上半部分呈半透明状，让人联想起苹果公司1998年推出的iMac（同为洛斯·拉古路夫设计）。这款椅子是为意大利家具品牌德里亚德（Driade）设计的，也有椅腿为滚轮的设计（德里亚德的商品名称为SPIN）。

克里斯托夫·皮耶
（Christophe Pillet，1959— ）

出生于法国。他是一位主张“有机理性主义”（Organic Rationalism）的家具、室内设计师，曾在尼斯国立高等艺术学院和米兰多莫斯设计学院求学。1988—1993年，他在菲利普·斯塔克门下设计家具，1993年成立自己的工作室。他活跃于家具、室内装饰、产品设计等多个领域。

在椅子设计方面，他以具有优美曲线的基座型椅子（*6）“Y’s”和躺椅“阿加莎梦想椅”（19-13）最为知名。

***6**

像埃罗·沙里宁的“郁金香椅”（参见第179页）那样，由中间的一根椅腿支撑的椅子。

19-13
用樱桃木打造的有机且线条优美的
阿加莎梦想椅（Agatha Dreams chair）

制作于1995年。材料为樱桃木原木。在木材强度极限下尽可能将木材切薄。长157厘米。流线型的框架和轻便的感觉，展现出有机设计大师皮耶的精髓。

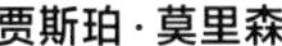

贾斯珀·莫里森
（Jasper Morrison，1959— ）

出生于伦敦。他是家具、产品设计师，毕业于英国皇家艺术学院、柏林艺术学院（现为柏林艺术大学）。1986年，他在伦敦开设工作室，从事家具、照明、电车等领域的设计。他和佳能、无印良品等日本企业也有合作。他也是近年设计潮流“新简单主义”具有代表性的设计师。2006年，他和深泽直人在日本东京举办了“Super Nomal”展。椅子代表作有“思想者椅”（19-14）和“空气椅”（19-15）。

能够放置杯子的托盘

19-14
让人能够沉浸在思考中的椅子
思想者椅（Thinking Man’s chair）

制作于1987年。钢管和钢板制，涂装完成。在室内和室外均能使用。

19-15
用新技术展现正统形式的椅子
空气椅（Air chair）

制作于2000年。使用氮气辅助射出成型的新技术，将聚丙烯制成内里中空的结构。设计本身呈现出新简单主义的理念。考虑到室外使用，椅座后方设有开孔，可以让雨水排出。能够叠放。

马塞尔·万德斯
（Marcel Wanders，1963— ）

工业设计师。出生于荷兰博克斯特尔（Boxtel）。他毕业于ArtEZ艺术学院。1996年，他参加楚格设计（*7），发表了“结绳椅”(19–16),广受好评。除椅子之外,他也使用各种材料设计了诸多独特的作品。

*8

楚格设计(Droog Design)

荷兰的产品设计品牌,并非由特定的设计师团队设计,而是以活动项目形式,邀请全世界怀有理想的设计师和艺术家参与设计。该品牌主张设计应与人们的生活密切相关。1993年,在米兰国际家具展公开设计活动后,受到广泛关注。理查德·霍顿(Richard Hutten,1967—)和马塞尔·万德斯为其具有代表性的设计师。

“Droog”在荷兰语中意为“干燥”。

帕奇希娅·奥奇拉
(Patricia Urquiola,1961—)

建筑家,设计师。出生于西班牙奥维耶多。她毕业于马德里理工大学建筑系,后在米兰理工大学师从阿切勒·卡斯蒂格利奥尼。1990—1996年,她任职于德帕多瓦(De Padova)公司,和维克·马吉斯特拉蒂一同开发新商品。现在米兰从事家具设计、室内设计和建筑设计。

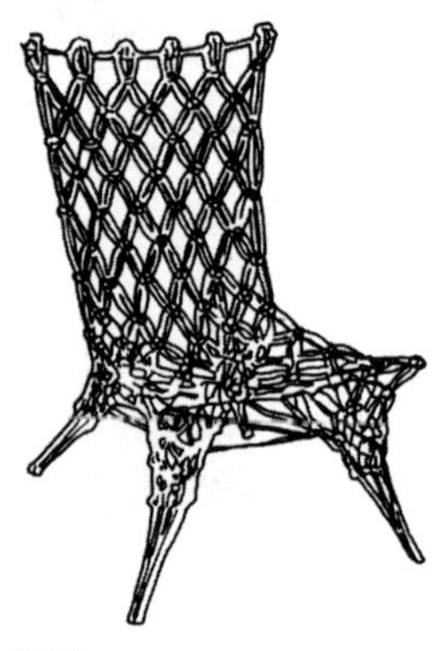

19–16

世界上第一把由绳子编织而成的椅子

结绳椅(Knotted chair)

制作于1996年。如同这把椅子的名字,是由绳子编织而成的椅子。使用的是阿拉伯传承至今的古老编织手法——结绳编织(macramé)。绳子也由特殊工艺加工过。在聚酰胺(polyamide,代表性的物品为锦纶)纤维的绳子中织入碳纤维,再将绳子编织成椅子,然后浸入环氧树脂进行固形,增加强度。

康士坦丁·葛切奇
(Konstantin Grcic,1965—)

工业设计师。出生于德国。他在学习了家具工匠必备的技能之后,进入伦敦皇家艺术学院学习设计。毕业后,他在贾斯珀·莫里森的事务所工作。1991年,他于慕尼黑成立自己的工作室,设计风格简约的产品。代表作为照明器具“Mayday”和“一号椅”(19–18)等。据说,葛切奇会亲手制作实际大小的模型,以此来修正自己的设计,很像是年轻时以家具师匠为志向的他的工作方式。

坎帕纳兄弟
(Humberto Campana,1953— ;Fernando Campana,1961—2022)

出生于巴西圣保罗郊外。哥哥翁贝托原本在圣保罗大学学习法律,20世纪80年代后期开始设计家具;弟弟费尔南多为建筑师。他们使用的都是十分常见的材料:废弃的木片、布、厚纸、金属管、绳子、橡胶管、钢丝等。他们从自己出生长大的巴西乡村的风景中获得灵感,再使用上述材料制作椅子等家具,作品的完成程度非常高,实在是一对十分独特的兄弟。

法比奥·诺文布雷
（Fabio Novembre，1966— ）

家具、室内设计师。出生于意大利莱切（Lecce）。他曾就读于米兰理工大学建筑系，毕业后前往纽约大学学习电影制作。1994年，他在米兰成立工作室，2000年在意大利知名瓷砖品牌Bisazza担任艺术总监。第二年开始他参与许多意大利知名品牌的设计。

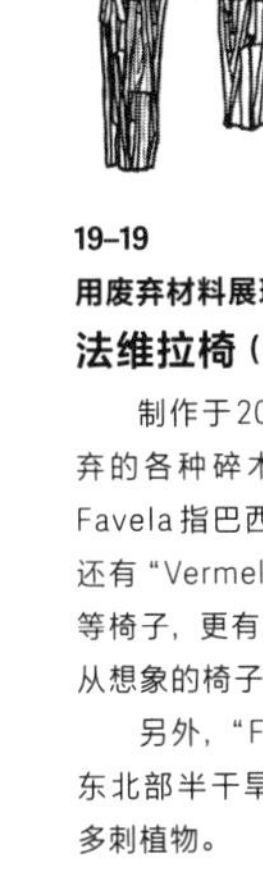

19–19

用废弃材料展现贫民区的意象法

法维拉椅（Favela chair）

制作于2003年。使用制材厂废弃的各种碎木片制作而成的椅子。Favela指巴西的贫民窟。除此之外还有“Vermelha”“Banquet chair”等椅子，更有“寿司椅”这种让人无从想象的椅子。

另外，“Favela”的语源为巴西东北部半干旱气候的土地上长出的多刺植物。

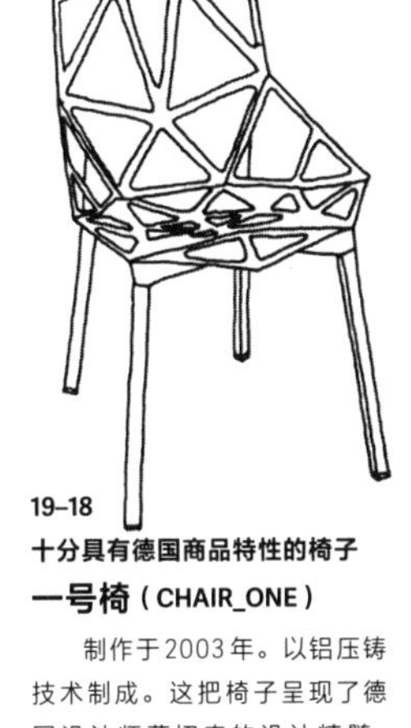

19–17

红白相间的藤编椅

弗罗椅（Flo chair）

制作于2004年。钢制框架上缠有藤条，椅座和椅背为藤编，用红白两色编成菱形花纹。进入21世纪后，极简主义、新简单主义、当代艺术与新材料的使用成为椅子设计的要素，在这股潮流中，使用编织技法的椅子受到瞩目。

19–18

十分具有德国商品特性的椅子

一号椅（CHAIR_ONE）

制作于2003年。以铝压铸技术制成。这把椅子呈现了德国设计师葛切奇的设计精髓。能够叠放，也能在室外使用。

19–20

源自Z字椅的男女有别的椅子

他椅（Him）

制作于2008年。以男性的背影为原型，并因此得名，也有女性的版本，名为她椅（Her）。

诺文布雷重新设计了威尔纳·潘顿的“潘顿椅”，而其原型为里特维尔德的“Z字椅”。当年42岁风头正盛的意大利设计师也继承了荷兰风格派的椅子设计传统。“我非常喜爱的潘顿椅过于完美，所以我将其设计成人类的形状，制作成不完美的作品。”（*8）

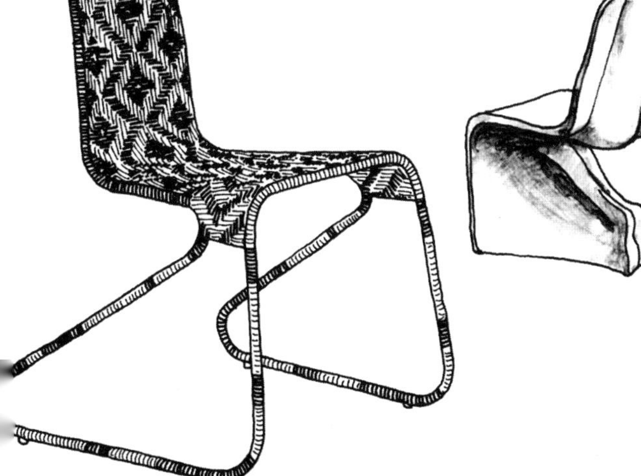

*8

《Casa BRUTUS特集 超·椅子大全》（magazine house出版）

向椅子研究者提问

在椅子的历史中，具有划时代意义的是哪一把？

岛崎信的回答：

木制的为瓦格纳的Y椅
成型胶合板制的为伊姆斯的DCW
金属制的为斯坦的悬臂椅
塑料制的为伊姆斯的DSS
聚氨酯泡沫制的为雅各布森的蛋椅或天鹅椅

每当开发出新材料，就会有划时代的椅子问世

如果是使用木材（未加工的原木）制作的椅了，应该是瓦格纳的Y椅，而不是“椅”椅。我们看的是日常生活中使用的椅子，“椅”椅有些太高级了。Y椅带有适度的装饰，支撑扶手的后椅腿虽然是2D曲线，但看起来却好像是3D，从不同的角度看会有不同的感觉。它的价格也适中，无论放置在什么样的空间内都很适合。索耐特的14号椅是不切断木材纤维、将直木弯曲制成的椅子，也具有划时代的意义，它和Y椅的共同点在于都具有恰到好处的存在感。

伊姆斯的DCW使用成型胶合板做出3D曲线，可以说是革新性的作品。更加完善的则是雅各布森的“蚁椅”，椅背和坐面的稳定性都有所提升。

从使用金属制作悬臂椅这一点来看，马特·斯坦的椅子不得不提。在他之后，布劳耶设计了“塞斯卡椅”，同样是悬臂椅，但更稳固，也是长期热销的商品。

伊姆斯的DSS是世界上第一款以FRP量产，且椅背和椅座一体成型的椅子。他在钢管的框架上也下了很大功夫，多把椅子不仅能够叠放，还可以横向连接。就一体成型而言，威尔纳·潘顿的“潘顿椅”也是划时代的椅子。

雅各布森的蛋椅和天鹅椅使用聚氨酯泡沫制成。他展示了这类材料的使用方法，在这一点上具有划时代的意义。

岛崎信

1932年出生。武藏野美术大学名誉教授，著有《一把椅子与其背景》（建筑资料研究社）、《美丽的椅子1—5》（枻出版社）、《日本的椅子》（诚文堂新光社）等多部有关椅子和设计的著作。

20

CHINA, AFRICA

中国、非洲

根据地理环境和民族生活方式，
创造出各类椅子

之前的章节主要介绍了欧美的椅子，当然，世界各地都在使用椅子等坐具。每片土地的环境，不同民族的生活方式、社会体制等，会孕育出各种各样的坐具。本章将介绍中国和非洲的椅子。

中国

北方游牧民族带来椅子文化

公元前2000年左右，就有王朝建立于黄河下游流域。一般认为当时的中国人席地而坐，不使用椅子。到了汉代，出现了被称为“榻”的带有较短的腿的长方形台子。榻可以坐，也可以躺，外观与椅子大不相同。

东汉时期（25—220），出现了一种名为“胡床”的能够折叠的凳子。“胡”指北方游牧民族。对于四处迁徙的游牧民族来说，折叠式凳子或许是生活中的重要工具。到了5世纪左右，北方游牧民族鲜卑的拓跋氏统一了华北地区，建立了北魏（386—534），以山西省的平城（现大同）为都城，椅凳也因此在全中国普及。这时还出现了加上靠背的样式。华南地区的汉族也受到华北的影响，在南宋时期（1127—1279）开始了使用椅子的生活（*1）。

*1
有人提出，椅子在中国得以普及的原因之一是可以防寒和防潮。

（1）影响了齐彭代尔和瓦格纳的明代椅子

从南宋开始，经过元代，到了明代（1368—1644），椅子已经深入平民阶层的日常生活，并且出现了完成度较高的椅子

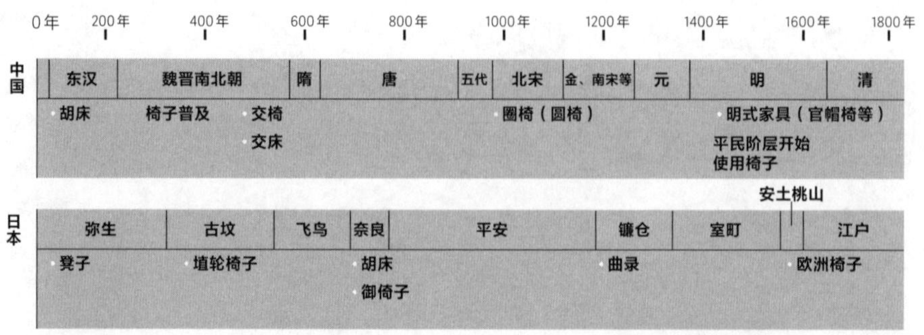

(*2)。其特征为线条简洁流畅，造型统一协调，做工充分展现木材纹理的美感，等等。椅子的种类包括顶端横木呈曲线、椅背呈圆形的“圈椅”(20-1)，两侧有扶手的“官帽椅”(20-2、20-3)，折叠式的“交椅”(20-4)等。中国明代椅子和索耐特的曲木椅、温莎椅、夏克尔椅共同为近代的椅子带来了深远的影响。

*2
明代的家具被统称为“明式家具”。

(2)为什么明代会出现完成度很高的椅子？

① 进口优质木材

明代之前的椅子，主要使用当地产的樟木和榆木等材料。到了明代，开始有黑檀木和紫檀木等硬质高级木材从越南、泰国运送到中国。这类木材坚固耐用，能够进行精细加工及组装，因此能呈现优美细致的线条，并且木材表面纹理既别致又有光泽，非常美观。

② 历史悠久的木工技术

中国自古便有根据木材特性制作家具和营造建筑的传统，原本就具备卡榫、榫卯技术，此时又引进了可精细加工的高硬度木材，因此工匠的技艺得到了进一步的发挥。

③ 椅子需求的增加

由于平民在日常生活中也开始使用椅子，可以推测当时椅子的需求量大增，制作数量也随之增加。在此过程中，劣质椅子逐渐被淘汰，只留下了优质椅子。工匠展现手艺的机会可能因此增多，技艺得以不断精进。

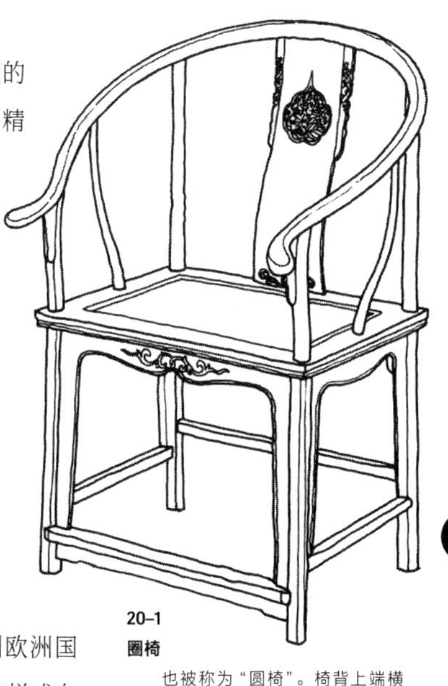

20-1
圈椅
也被称为“圆椅”。椅背上端横木的优美曲线并不是弯曲一根木条榫，而是将两根木条榫接而成。汉斯·瓦格纳重新设计了这把椅子，以“中国椅”为名发表。原型是从宋代就有的椅子。

从明代进入清代（1616—1911）后，中国和海外各国交流的机会增多，中国的家具和艺术文化传到欧洲国家，被称为“中国艺术风格”（Chinoiserie）的设计和样式在18—19世纪的欧洲流传开来。英国的齐彭代尔等人也在自己的设计中融入中国风的元素。到了20世纪，丹麦的汉斯·瓦格纳设计了以圈椅为原型的椅子。

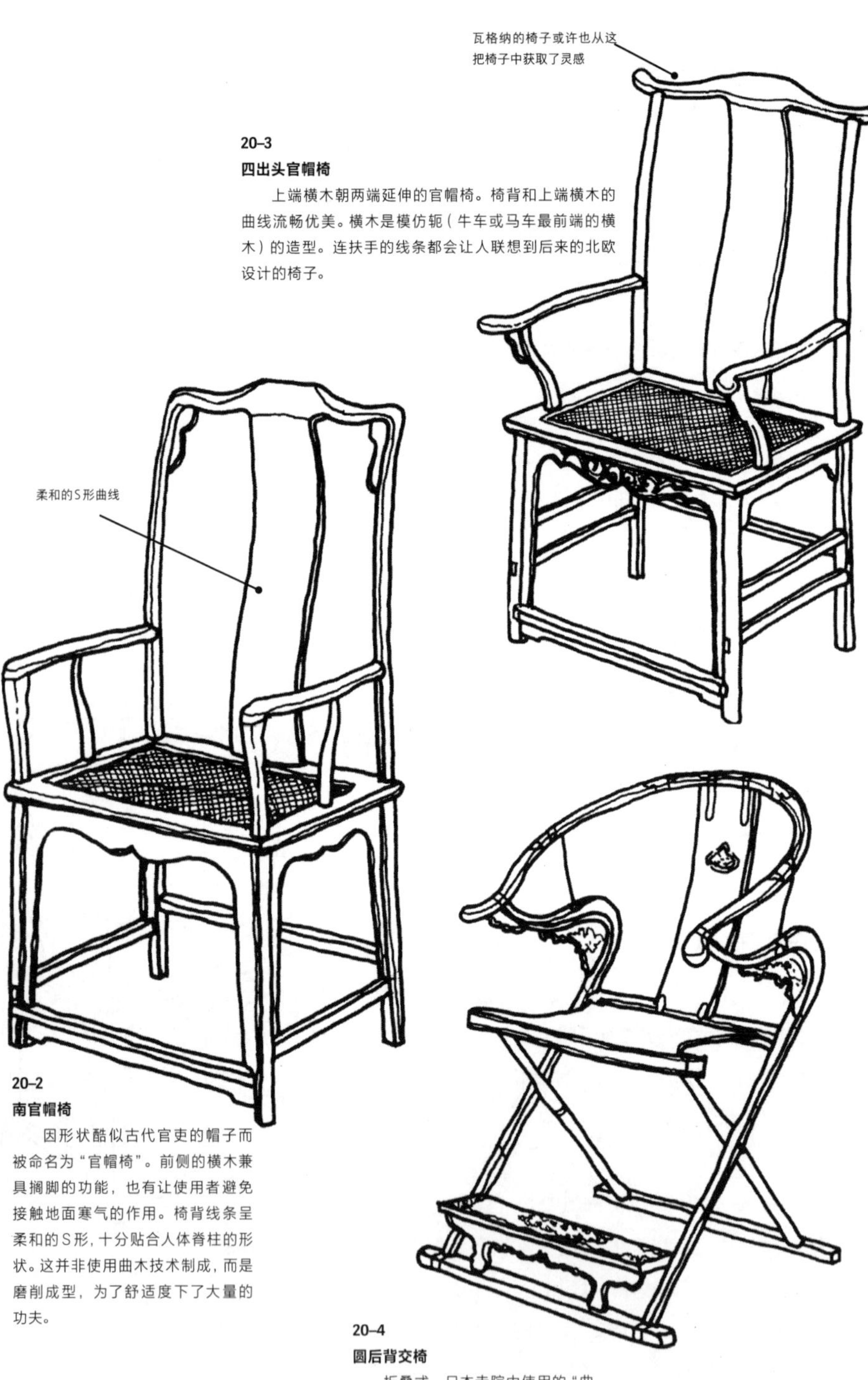

20–3

四出头官帽椅

上端横木朝两端延伸的官帽椅。椅背和上端横木的曲线流畅优美。横木是模仿轭（牛车或马车最前端的横木）的造型。连扶手的线条都会让人联想到后来的北欧设计的椅子。

20–2

南官帽椅

因形状酷似古代官吏的帽子而被命名为“官帽椅”。前侧的横木兼具搁脚的功能，也有让使用者避免接触地面寒气的作用。椅背线条呈柔和的S形，十分贴合人体脊柱的形状。这并非使用曲木技术制成，而是磨削成型，为了舒适度下了大量的功夫。

20–4

圆后背交椅

折叠式。日本寺院中使用的“曲录”就属于这类椅子。

非洲

土著信仰和扎根于大地的生活感，酝酿出独特且有存在感的椅凳

非洲土著的椅凳具有很强的存在感。充满感染力的造型、大胆的雕工，都深深吸引着观赏者和使用者。

非洲大陆自古就有数量众多的部族。很多部族都会制作充满个性的椅凳，主要分为两大类：日常生活中使用的和宗教仪式或祭祀时使用的。日常使用的凳子较矮，展现出扎根于大地的生活感，而宗教仪式中使用的椅子则有祖先和动物等造型。

从结构上来说，这些椅凳多是由一整根圆木雕刻而成，而非组装木材制成。这应该是作品充满感染力的主要原因之一。在使用卡榫技法制作的椅子中，带有靠背的类型可能是参考16世纪欧洲人带来的椅子制作而成的。

伊姆斯和斯塔克等近代设计师也推出过以非洲的椅凳为原型而设计的作品。

20–5

低座小椅子

高度为8～10厘米的组装小椅子。使用者为居住在科特迪瓦中部到西部一带的格莱族（Gere）。这类椅子原本没有椅背，或许是当地人看到从欧洲传入的椅子，才添加了椅背。

平常，老人会坐在这样的椅子上，用长烟管吸烟。睡觉时也可以当作枕头使用。这款椅子不仅用于日常生活，还会用于仪式，那种仪式就是年轻女性（老人的孙女）的割礼。孙女带着祖父最喜爱的小椅子参加割礼仪式，实行割礼后坐在小椅子上，可以避免直接坐在地面上的痛楚，且相对卫生，另外，还能避免受伤的性器官暴露于人前。在当地人看来，这种仪式具有守护少女不受恶灵侵犯的意义，少女们会在仪式中跳起手持小椅子击打地面的舞蹈。

这种椅子象征了非洲的椅子的两面性（日常生活使用和宗教仪式使用）。

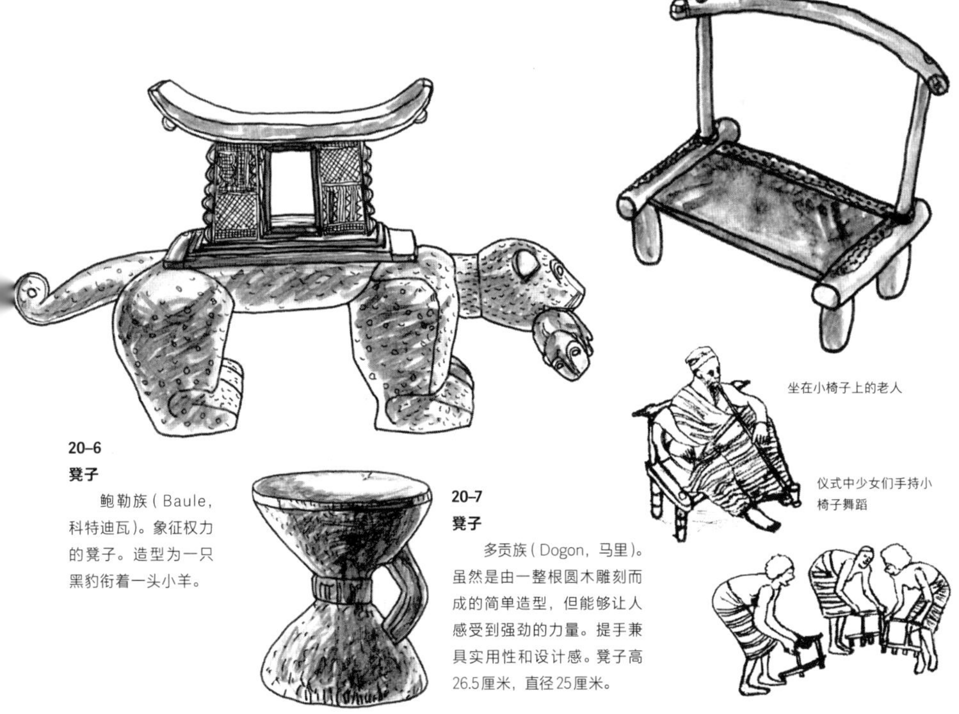

坐在小椅子上的老人

仪式中少女们手持小椅子舞蹈

20–6

凳子

鲍勒族（Baule，科特迪瓦）。象征权力的凳子。造型为一只黑豹衔着一头小羊。

20–7

凳子

多贡族（Dogon，马里）。虽然是由一整根圆木雕刻而成的简单造型，但能够让人感受到强劲的力量。提手兼具实用性和设计感。凳子高26.5厘米，直径25厘米。

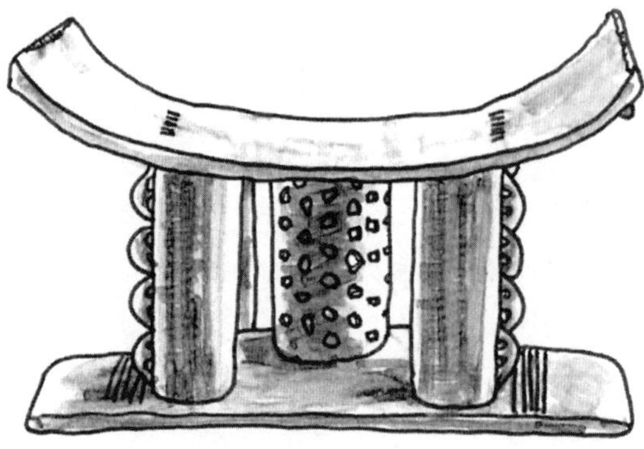

20–8

凳子

阿桑特族（Asante，加纳）。由一整根较轻的木材雕刻制成。底座有各种设计。对于阿桑特族来说，凳子是个人物品，不仅在日常生活中使用，也具有精神层面的意义。他们认为凳子中依附着凳子所有者的灵魂，所以不使用时，会将凳子斜靠在墙壁上，以此来防止路过的灵魂（他人）使用。

如果国王于在位时逝世，他们会将国王使用的椅子涂黑，将其视为祖先的椅子。据说，他们还会在此时为其祭献活物。

20–9

女像柱凳子（Caryatid stool）

亨巴族［Hemba，刚果（金）］。高46厘米。一位带着刺青、头发盘起的女性支撑着坐面。这位女性是部落的上层阶级，也是祖先的代表，显出该社会中女性的重要性。以前也有人推测这位女性是奴隶。

“女像柱”（caryatid）原本指古希腊建筑中用来顶梁的女性雕像的柱子。

20–10

半躺椅（semi-reclining chair）

罗比族（Lobi，科特迪瓦）。用于小憩的椅子。修长简洁的造型令人印象深刻。高59厘米，宽17厘米。

21

JAPAN

日本

以席居生活为中心的日本，
也有 2000 年以上的椅子历史

日本原本没有椅子的历史和文化。长期以来，日本人几乎过着席地而坐的生活，直到第二次世界大战之后，普通民众才逐渐开始使用椅子。当时日本进入高速成长期，开始在郊外建造住宅区，椅子也终于借此进入普通家庭的生活，距今不过短短几十年。

但是日本使用椅凳的历史其实很悠久。弥生时代的遗址中已经出土了数量众多的小凳子；古坟时代的土偶中也有坐在较高凳子上的巫女；《日本书纪》和《古事记》中记载了胡床等坐具；在奈良时代的平城京，大极殿的高御座中放置着天皇座椅；镰仓时代，禅宗的僧侣坐在曲录上诵经；战国时代的战场阵地中，武士们坐在折叠凳上讨论战略。如此看来，日本其实早就开始使用椅子和凳子，只是用途有限，使用者也极少。

直到江户时代末期结束锁国政策，开始和欧美诸国正常交流后，日本人接触椅子的机会才增多。进入明治时代后，学生开始坐在椅子上听讲，普通人也能接触椅子了。不过，大多数日本家庭却是在20世纪60年代之后才使用椅子的。

即便国民对椅子并不熟悉，但数十年间，日本的建筑家和设计师们也设计出了不少名椅。近年来，也有很多日本设计师参加米兰家具展等海外会展。

那么，一起来看一看日本从古至今的椅子的历史吧。

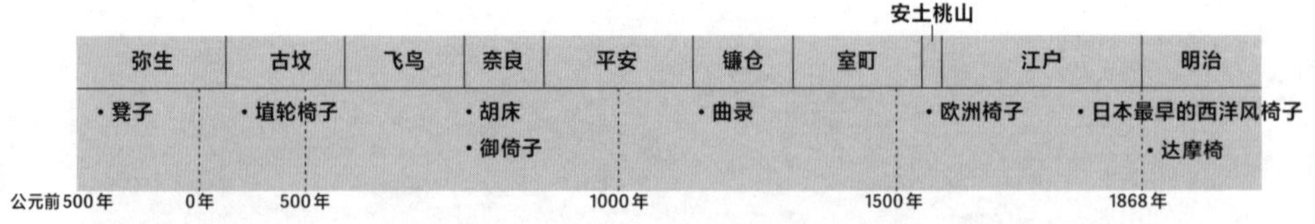

明治
大正
太平洋战争
昭和
平成
·学习椅
·木芽舍
·型而工坊
·绳椅
·蝴蝶凳
·低座椅
·蒲椅
·NY椅
·闪电椅
·布兰奇小姐
·月苑
·Honey-Pop
1900年
1926年
1950年
1960年
1970年
1980年
1990年
2000年

（1）日本最古老的椅凳

弥生人手工挖制的木制小凳子

与其说它是椅子，不如说是浴室中使用的凳子。材料为栎属阔叶木，坐面最长23.8厘米，宽约16.5厘米，厚约3厘米，椅座最高8.9厘米。坐面有部分焦痕，呈梯形，带有两条板腿，应该是从直径约50厘米以上的木材中挖削而成。

这是1992年2月从德岛市的庄·藏本遗址中发掘的。遗址所在区域原本准备建造德岛大学的藏本校区（现盖有大学医院等），结果从地表下约3米的河底遗址中发现了这张椅凳和弥生土器碎片，据此推断为弥生时代前期的物品。其使用时间约为2500年前，即公元前400—前500年。

日本最古老的椅凳

1992年，从德岛市的庄·藏本遗址中出土。23.8厘米×16.5厘米×8.9厘米（最高坐面）。德岛大学埋藏文化财调查室收藏。

坐面凹槽适合人坐，不过体形较大的人坐在上面时需要弯曲双腿，使用起来颇为不便，但只要伸直双腿就能坐稳。另外，这款凳子也很适合盘腿坐。德岛大学埋藏文化财调查室的远部慎解释："这或许是女性和孩子使用的物品，特别是用在织布的时候。"虽然也有人推测是作为木枕使用，但从带有凹槽的坐面形状来看，可以断定是凳子。

这张椅凳用手拿起来会感觉敦实厚重（或许是涂有防腐剂的缘故）。它不带装饰，简洁坚固。凳腿为八字形，稳定性强，结构十分合理。在古埃及等地，椅子象征着权威，而这款椅凳却贯彻着与权威相悖的实用至上主义。弥生时代中期到古坟时代遗址中出土的椅凳，高度几乎都在20厘米以内，和这种凳子为相同类型，或许在日本各地都用于织布吧。

坐在凳子上织布的想象图

背面带有凿刻过的痕迹，坐面有使用造成的磨损。这张现存的日本最古老的椅凳，能够让人想象弥生人的生活场景。

（2）登吕遗址的凳子

和浴场凳子相似的杉木制榫接凳

到了弥生时代中后期，组装木材部件的工具和制造木棺的木卡榫技术不断精进。在绳纹时代只有邻接技术，而到了弥生时代已经具备贯穿榫和对嵌式（*1）等组合技术。带有蝴蝶榫（*2）的木制品也在弥生时代中期的遗址中出土。

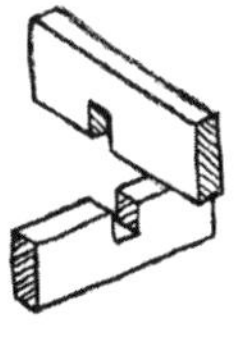

*1
对嵌式

*2
蝴蝶榫

静冈县的登吕遗址（50—230，静冈市）出土的凳子

21-1

登吕遗址的凳子

杉木。组装式凳子。坐面带有浅浅的凹陷。31厘米×13.4厘米。高度约为20厘米。

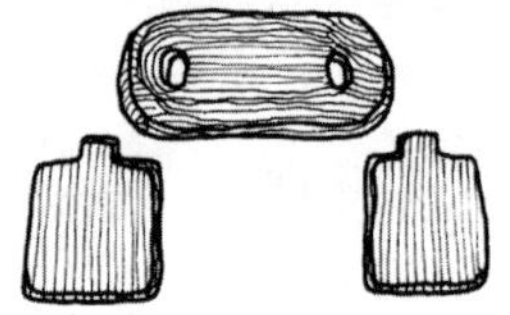

凳子由坐面和左右凳腿这三个部分组成。

(21-1)，坐面和凳腿为榫接结构。凳腿上端的榫头可以插入坐面上的榫眼，但榫眼较松，容易拆装，应该是在使用时才会组装起来。它方便收纳，携带时也不累赘，或许可以算作就地组装型的凳子，形状是现在也经常能够见到的类型，类似浴场中放置的凳子，材料为当地产的杉木。在静冈县周围，从很早开始便大量种植杉树，因为质地柔软，便于加工，杉木经常被用作各类工具的原材料。伊豆半岛和本岛接壤处附近的山木遗址（静冈县伊豆的国市）中也出土了农耕器具和凳子。

在日本西部，从弥生时代到古坟时代的遗址中出土了大量的凳子，其中也有坐面和凳腿为鸠尾形接榫组装的类型。

从用途来看，凳子主要用于工作或祭礼，较少用在日常生活中。

（3）埴轮椅子和高松塚古坟壁画上的椅凳

古坟时代的土偶也坐在椅凳上

从弥生时代到古坟时代（3世纪下半叶至6世纪下半叶），日本各地均在建盖古坟。古坟周围出土了大量的土偶（21-3），其中可以见到坐在椅子或台子上的土偶。

“赤堀茶臼山古坟”出土的椅凳（21-2），坐面两侧带有圆形木棍，中间凹陷。这类椅凳并不是用木材凿挖而成，椅座使用了布料或皮革。这或许是以中国的折叠椅为原型设计的。

7世纪后期到8世纪筑起的高松塚古坟中，有一幅壁画描绘了手持折叠凳（胡床或折凳）的男子画像（21-4）。虽然时代不同，但平安时代编纂的《贞观仪式》（*3）中记载了“次扫部寮官人左右各二人，各率执胡床持五人列立”，正展现了壁画上描绘的情景。

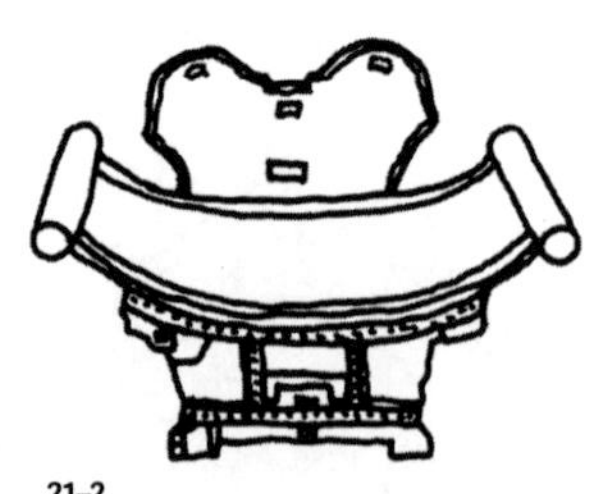

21-2

带有靠背的凳子

“赤堀茶臼山古坟”（群马县伊势崎市）出土。5世纪。东京国立博物馆收藏。虽然椅腿没有存留下来，但可能前后都带有梯形板腿。非洲也有相同结构的椅子。

（4）石位寺的“药师三尊石佛”台座

佛像台座中很少见到，现代也通用的简洁的四腿台座

除了土偶，佛像也坐在台座上。论坐姿的优美程度，广隆寺（京都）的弥勒菩萨半跏像（*4）当数第一。而台座看起来最像椅子的则是石位寺（奈良县樱井市）（*5）的药师三尊石佛台座（21-5）。这尊石佛建于白凤时代，是日本最古老的石雕佛，被认定为重要的文化财产。

天盖之下的中尊所坐的台座和现代的四腿椅子十分相似。具有一定宽度的坐面连接着带有曲线的椅背。佛像的头部可以看到光圈。虽然佛像台座大多华丽且讲究，但这尊佛像的台座却十分简朴。这或许是受到中国（当时为唐朝）的影响，由此可见，在距今1300年前，日本已经开始设计这样的椅子。

据传，石佛的供养人为万叶歌人额田王。这尊石佛原本放置在石位寺附近的粟原寺（建于715年），后因粟原河泛滥而流至石位寺。

*3

《贞观仪式》

日本平安时代前期的贞观年间（859—877）编纂的仪式书。例如，元旦当天，天皇在大极殿中接受年初祝贺大礼的仪式程序，皆会被详细记录下来。

*4

广隆寺的“弥勒菩萨半跏像”（宝冠弥勒）

制作于7世纪左右。日本国宝。由一整根赤松木材雕刻而成。在众多的日本佛像中，它因崇高美丽的姿态而备受喜爱。

*5

石位寺

位于奈良县樱井市忍阪，是一座没有住持的寺院，由周边的居民管理。石佛的参观时期为3—5月，以及9—11月。参观时需要提前联系樱井市商工观光处。

21-3

坐在凳子上弹琴的男子

茨城县樱川市出土。6世纪。个人收藏。弹奏膝上的五弦琴的男子像。坐面为圆形。

因凳子较高，故将脚放在搁脚台上。弹琴并非因为享受音乐，而是为了进行祭祀仪式或咒术。进行祭祀的人应该是地位较高的特权阶级。从这个土偶可以看出，如果是地位不高的人，除工作外应该不会坐在凳子上。

21-4

高松塚古坟壁画中描绘的凳子

高松塚古坟的西壁南侧上描绘的男子像。最左侧的人手持折叠凳。壁画照片中很难看清人物和凳子，此处使用清晰插画来展示。

21–6

赤漆槻木胡床

椅背为鸟居形。正仓院的藏品为榉木制。槻是榉树的古代名称。以明治时代在宝库中发现的部件为基础修复。椅座以藤重新翻制。宽78.5厘米，进深68.5厘米，高42.5厘米。

京都御所也有相同类型的椅子。紫宸殿中放置的为黑檀木制，清凉殿的为紫檀木制。

21–5

石位寺的“药师三尊石佛”台座

（5）正仓院的赤漆槻木胡床

天皇使用的日本最古老的扶手椅

在日本现有的椅子中，最古老的扶手椅当数正仓院收藏的“赤漆槻木胡床”（亦称赤漆欟木胡床，21–6）。

这把椅子在榉木上涂上赤漆，框架笔直，椅座宽而深，是坐上去十分舒适的椅子。椅腿和椅座的四角装有金铜质的包角。

这是天皇上朝时使用的椅子，与御所的高御座（*6）上放置的御倚子为相同类型。椅座较宽或许是出于可以在上面盘腿坐的考量。在日语中，“胡床”也被称为“胡坐”（*7）。胡床为折叠式的床几，所以这里的胡床被称作“倚子”更为适合。

出席朝廷仪式时，四位以下的贵族会坐在名为“床子”的椅凳型座椅上。身份不同，使用的坐具也有所区别。和欧洲一样，在日本，椅子也曾是展示权威和地位的工具。

镰仓时代末期之后，朝廷便不再这样使用椅子，原因或许是平安宫因火灾烧毁或仪式简化。

***6**

高御座

现在京都御所紫宸殿中放置的高御座是为大正天皇即位典礼所建，可在京都御所规定的开放日参观。

为纪念平城迁都1300年完成修缮的平城宫遗址大极殿内放置了与高御座实物大小相同的模型。

***7**

胡坐

即盘腿坐。

(6) 倚子、床子、兀子、草墩、床几、曲录

距今1000多年前的日本，位高权重的人使用多种椅子

从奈良时代到室町时代，皇宫和寺院都使用多种座椅。

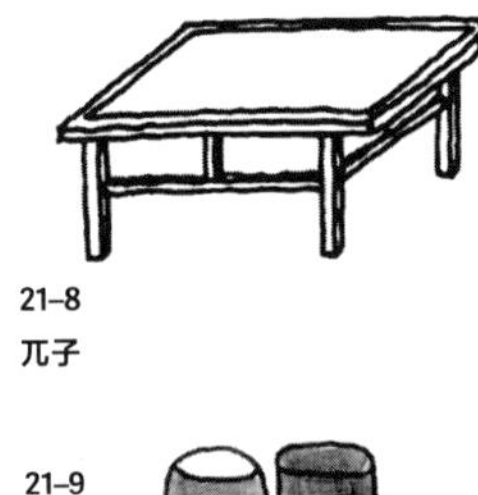

21-8
兀子

21-9
草墩

- 倚子：扶手椅。例如正仓院藏品“赤漆槻木胡床”。
- 床子：长方形四腿椅凳。坐面为木条状，上方铺有褥垫。根据尺寸分为大床子和小床子。正仓院收藏的作为睡床的御床（21-7），也是床子的一种。
- 兀子（21-8）：四角形的四腿矮凳。和床子相似，但坐面为木板。

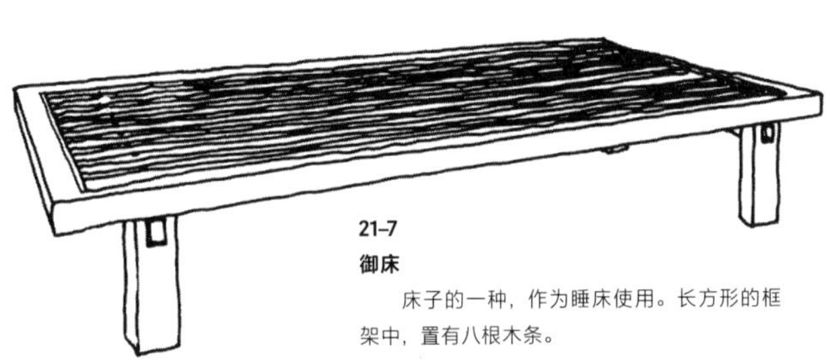

21-7
御床

床子的一种，作为睡床使用。长方形的框架中，置有八根木条。

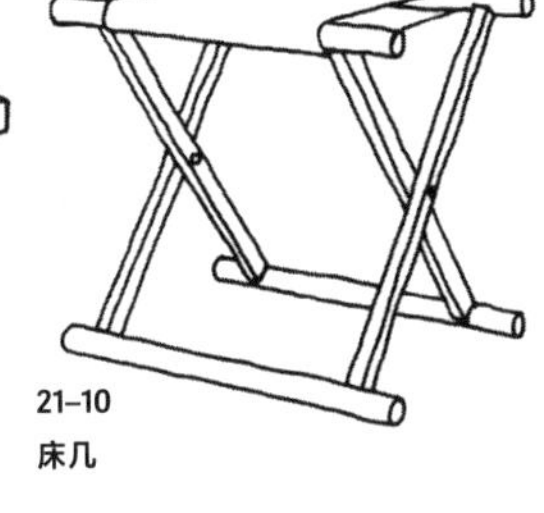

21-10
床几

- 草墩（21-9）：平安时代宫中的宴席上使用的凳子。以稻秸和菰（多年生草本植物）等植物为内芯的圆筒形凳子，外用锦缎包裹。
- 床几（21-10）、胡床（*8）：折叠式X形凳。坐面为布面或皮革。携带方便，通常在外出和狩猎时使用。在讲述日本战国时期的电视剧和电影中，经常会出现武士们在战场阵地中坐在床几上的场景。
- 曲录（21-11）：从镰仓时代到室町时代的禅宗盛行时期，寺院的高僧经常使用曲录。椅背的曲线延伸至扶手的类型较为常见。椅腿有折叠式和固定式两种。

*8
胡床

中国东汉时期开始使用“胡床”这个名称。“胡”为外来民族的意思。虽然东汉时期中国受到北方游牧民族匈奴的侵犯，但匈奴的风俗也传入东汉，折叠式凳子广为流传。当时，胡床本意为“来自北方和西方民族的凳子”。后来传入日本。

虽然当时的日本人在日常生活中不经常使用椅凳，但在公开仪式中，椅凳已经使用了1000多年。然而，受平安宫火灾和室町时代末期出现的书院式建筑（*9）的影响，日本人在公开仪式中使用椅子的次数也开始减少。自此，虽有欧洲舶来的

21-11
曲录

椅子，但直至江户时代末期锁国政策结束、开始进行海外交流之前，日本人一直过着没有椅子的生活。

*9

书院式建筑

室町时代末期兴起的住宅建筑风格，完成于江户时代初期，现代仍受这种日式住宅很大影响。特征为立起方柱，柱子之间用纸拉门和屏风隔开，室内铺有榻榻米。

（7）明治时代的椅子

工匠不断试错，尝试制作西方传入的椅子

进入明治时代后，文明开化，日本人也开始使用各种类型的椅子。除了直接使用国外传入的椅子，从江户时代末期开始，日本的木匠也开始仿制西式家具（*10）。作为外国人居留地的横滨，更是日本西式家具的发祥地。但是，当时传入的西式家具有哥特式、文艺复兴式、巴洛克式、洛可可式、新古典式等，致使制作者无法分辨。即便如此，心灵手巧的日本工匠们仍在不断试错中尝试制作椅子，甚至想出了在日式房间中也能使用的榻榻米椅腿。

但是，对当时的普通百姓来说，椅子仍旧遥不可及，因此学校和军队成为普及椅子的场所，让日本人逐渐习惯使用椅子。尽管日本人在家中仍坐在地板上，但到了学校也会坐在简单的木制椅子上学习。

*10

日本最早的西式椅子

虽然没有官方记载，但日本最早制作西式椅子的人是1860年住在东京高轮二本榎的木匠。据说是首任美国总领事哈里斯的秘书兼翻译——亨利·休斯肯（1832—1861）委托其制作的。

休斯肯居住在曾是英国大使馆的高轮东禅寺（东京港区高轮三丁目）时，曾将曲录当椅子使用，但感觉不舒适。于是，他画出了椅子的素描，托住持找到熟悉的木匠制作。该椅子为洛可可风格，多弯曲，和曲录十分相似，椅座为马蹄形，藤编，椅腿为木块雕刻而成。

上述内容参考《续·工匠昔话》（斋藤隆介著，文艺春秋出版）记载的椅子工匠松本敏太郎（1899—1966）的访谈。

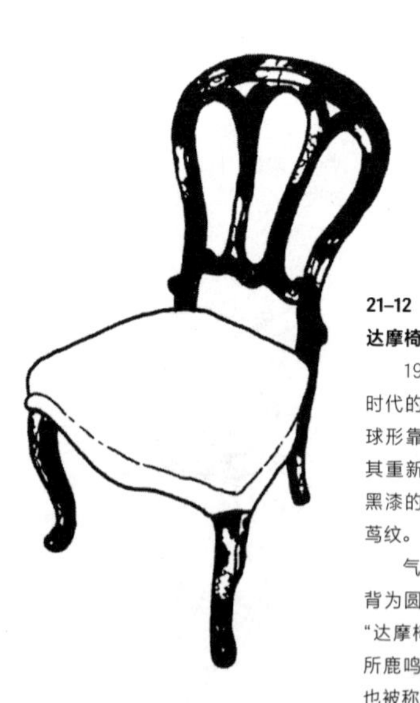

21–12

达摩椅“茑图莳绘小椅子”

19世纪中期，维多利亚女王时代的英国流行洛可可风格的气球形靠背椅，明治时代的工匠将其重新设计成日式风格。在涂有黑漆的框架上使用金莳绘描绘了茑纹。

气球形靠背椅的特征是椅背为圆弧形。日本人便将其称为“达摩椅”。1883年建成的社交场所鹿鸣馆曾使用这款椅子，因此也被称为“鹿鸣馆风格”的椅子。

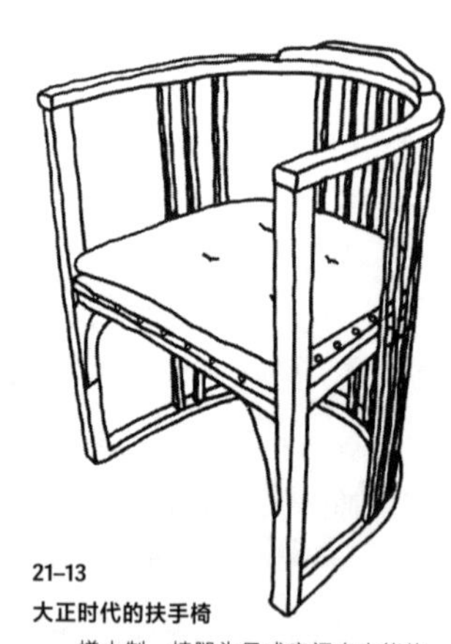

21–13

大正时代的扶手椅

楢木制。椅腿为日式房间中也能使用的榻榻米椅腿。具有分离派维也纳工坊的风格。

到了明治时代后期，也就是1900年前后，新艺术风格的样式传入日本。新艺术原本就受到日本文化的影响，因此日本人较容易接受。当时日本兴建了几栋新艺术风格的建筑，室内也放置了风格相符的椅子等家具。到了昭和时代，装饰艺术风格也被引入日本。从法国归来的皇室成员在建造自宅（现为东京都庭园美术馆）时也参考了装饰艺术风格，并在住宅内放置了装饰艺术风格的家具。

（8）森谷延雄和木芽舍

日本现代设计的先驱森谷延雄的功绩

尽管很多人对森谷延雄并不熟悉，但他是日本家具、室内装饰设计师的先驱，为日本的近代家具设计带来深远影响。虽然他33岁便英年早逝，但在短暂的一生中留下了诸多伟大的成就。

即便在家具设计制造业内，也有很多人不知道森谷延雄，不过近年日本两次举办介绍森谷延雄的展览（*11），使他的知名度逐渐被打开。

***11**
森谷延雄相关展览
2007年，“去世后80年 森谷延雄展览会”（佐仓市立美术馆）。2010年，“梦想家具 森谷延雄的世界”（INAX画廊）。

森谷延雄
(1893—1927)

出生于千叶县印旛郡佐仓町（现为佐仓市）。他从东京高等工业学校（现为东京工业大学）的工业图案系毕业后，进入清水组（现为清水建设）从事设计工作。1922—1924年，他留学欧美。归国后，他在东京高等工艺学校（现为千叶大学工学部）执教，同时在博览会中展出自己设计的家具。1926年，他成立“木芽舍”。1927年去世。

下面简单总结森谷延雄的多重身份。

① 站在使用者的立场思考实际用途的家具设计师

在大正时代中期，森谷延雄25岁左右时，日本正在推进“生活改善运动”。在家具方面，日本提倡“在住宅中逐渐使用椅子”，但普通家庭中并没有开始使用西式家具。

*12

工艺美术运动（参见第 97 页）

在推进机械化量产的运动中，莫里斯提出手工艺的重要性。森谷对将艺术和生活相结合的莫里斯的想法很有兴趣，据说在英国时还曾拜访莫里斯的墓地，并留下了自己的名片。

在这样的时代背景下，森谷延雄站在使用者的立场，为推动椅子的普及提出以下主张：“用买坐垫的价钱买小椅子，用买寝具的价钱买床。”为了降低成本，他又提出“在不影响美观的基础上，使用机械制作”。他赞同英国的威廉·莫里斯提出的工艺美术运动（*12），但也有非常现实主义的一面。

② 家具制作工坊木芽舍的领导者

日本关东大地震后，森谷担心粗制滥造的家具大量流入市场，便尝试开展符合日本人性情和生活的椅子等家具的普及活动。他成立了家具制作工坊木芽舍（*13），以制作普通民众也能买得起的性价比较高的家具为理念。令人遗憾的是，在举办第一届木芽舍展览会之前他就离开了人世。虽然木芽舍的活动因森谷去世而终止，但其意志却被型而工坊继承下来。

*13

木芽舍

大正十五年（1926 年）秋成立，成员有森谷延雄、森谷猪三郎（延雄的弟弟）、加藤真次郎、林喜代松八人。计划书中曾提到了这样的想法：“各位，家具是和我们关系最密切的应用艺术品，它不仅要将美和生活结合到一起，更要让摆放家具的室内能够吟唱美丽的诗篇。”

③ 创造出充满艺术氛围的空间，有梦想的制作人

在森谷的活动中，最为有名的是在“睡美人的卧室”“鸟的书斋”“朱之食堂”这三个展演空间中展现的童话风格的家具和室内装饰，这些设计呈现出奇特且色彩丰富的幻想世界。

这和①② 中介绍的用现实且合理的想法制作家具截然不同。

④ 反复进行实测、素描的西方家具史研究者

在森谷的功绩中，西方家具史研究占有很重要的地位。27 岁时，他因日本文部省发起的木材工艺研究项目去往英国、法国、美国，开始了为期一年零八个月的留学生涯。他积极参观各地的博物馆，进行细致的素描和实测。《西方美术史·古代家具篇》（*14）便收录了他的成果。

*14

《西方美术史·古代家具篇》

1926 年 3 月，由太阳堂书店发行。这本书详细介绍了古埃及、古希腊、古罗马的历史、文化、家具，带有素描插图。书末介绍了森谷延雄拍摄的椅子和工艺品的照片，是相当重要的资料。

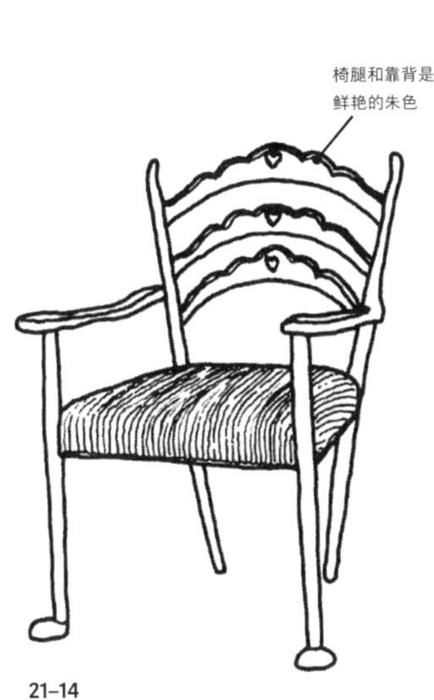

21–14
“朱之房间”的扶手椅

制作于1925年，在日本国民美术协会第11届展览会装饰美术部展出的“以家具为主的食堂书斋和卧室”中的“朱之房间”里放置的椅子。

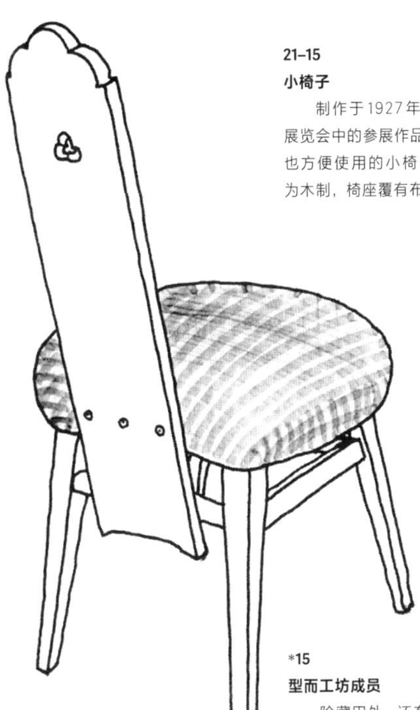

21–15
小椅子

制作于1927年。在木芽舍首届展览会中的参展作品。在日式房屋中也方便使用的小椅子。椅腿、椅背为木制，椅座覆有布面。

*15
型而工坊成员

除藏田外，还有丰口克平和松本政雄等东京高等工艺学校的藏田的学生们。活动的场所是位于同润会代官山公寓的藏田家。

“型而”并非形而上学的“形而”，而使用了“型”字。虽然在一些书籍和网站的检索信息中多使用“形而”二字，但“型而”才是正确的。“工坊”或许是参考了维也纳工坊。

（9）型而工坊

引入合理主义和功能主义设计，制作能够量产的标准家具

在木芽舍举办第一届展览会的次年（1928年），森谷延雄的友人藏田周忠（1895—1966）等人成立了型而工坊。该工坊的成员主要为年轻的建筑家和设计师（*15），在家具和室内工艺方面引入合理主义和功能主义的设计，尤其致力于能够量产的标准家具的制作，以让普通民众用购买成品服装一样的心情享受使用椅子的生活为目标。在椅子相关作品中，有木制扶手椅、金属管制悬臂椅等作品。作为领导者的藏田在1930年留学德国，接触了包豪斯等现代主义作品。

虽然型而工坊在1939年停止活动，但和木芽舍一同在第二次世界大战后的日本家具和室内设计领域掀起了一股潮流。

21–16
型而工坊的标准家具（客厅组合）

使用楢木制作的伍平材。2厘米×5厘米的方形，也被称为英寸材。因为是出口用建筑材料，所以价格低廉，能够节约成本。椅背和椅座为藤编。为了符合日本住宅的特色，设有榻榻米椅腿。

(10)设计师们的名椅

日本设计师的椅子受到世界认可

第二次世界大战之后，美国文化迅速渗透日本，新建住宅多为洋房，椅子也在人们的生活中不断普及。家具设计师陆续发表适合日本人的各类椅子。其实早在战前，这样的趋势便已出现。例如，木芽舍和型而工坊的活动、商工省工艺指导所的成立、布鲁诺·陶特(*16)和夏洛特·贝里安的访日，以及在柯布西耶门下学习的坂仓准三等人在战前去往欧洲等。丰口克平为型而工坊的成员之一，长大作在坂仓准三的建筑事务所从事设计工作，剑持勇在工艺指导所和丰口等人一同工作。柳宗理是独创派系，但在贝里安访日时曾和其一同前往全国考察，受到很大影响。渡边力也在陶特和贝里安处学习了用近代眼光重新审视日本、从传统中孕育新事物的思考方式。将设计具体呈现并制成商品的家具厂商（天童木工等）也功不可没。

***16**
布鲁诺·陶特（Bruno Taut，1880—1938）

出生于德国柯尼斯堡（现为俄罗斯加里宁格勒）。建筑师。为逃离纳粹政权，1933—1936年在日本生活，并重新评价桂离宫和伊势神宫的传统之美。受日本商工省工艺指导所委托，对丰口克平和剑持勇等所员影响深远。1938年于土耳其伊斯坦布尔去世。

20世纪50年代后期，日本的椅子陆续在国外的比赛中获奖，并被纽约现代艺术博物馆永久收藏。20世纪60年代后期，多位年轻设计师远赴意大利，在知名设计师的事务所中积累经验。其中出现了不少闻名世界的室内设计师，吉冈德仁（1967— ）等新锐设计师的活动尤为瞩目。

除设计师外，日本还诞生了许多木工工匠。黑田辰秋为木工工匠的先驱，被认定为重要无形文化财（人间国宝）。他将传统工艺的技巧用于椅子制作，电影导演黑泽明别墅的家具组合便是由黑田用楢木制作的。

20世纪70年代前期，小岛伸吾（1947— ）和谷进一郎（1947— ）等团块世代的手工制作者成立了自己的工坊。他们发挥创意，制作出和以往不同的椅子等家具。直到现在，年轻的木工工匠仍然不断出现。

丰口克平
(1905—1991)

出生于秋田县。他毕业于东京高等工艺学校木材工艺图案系，是型而工坊的创始成员。他曾在日本商工省工艺指导所（后来的产业工艺试验所）工作，之后担任武藏野美术大学教授。除椅子外，他也参与了众多工业设计，最有名的作品便是公共电话时期的红色和黄色的公共电话机。

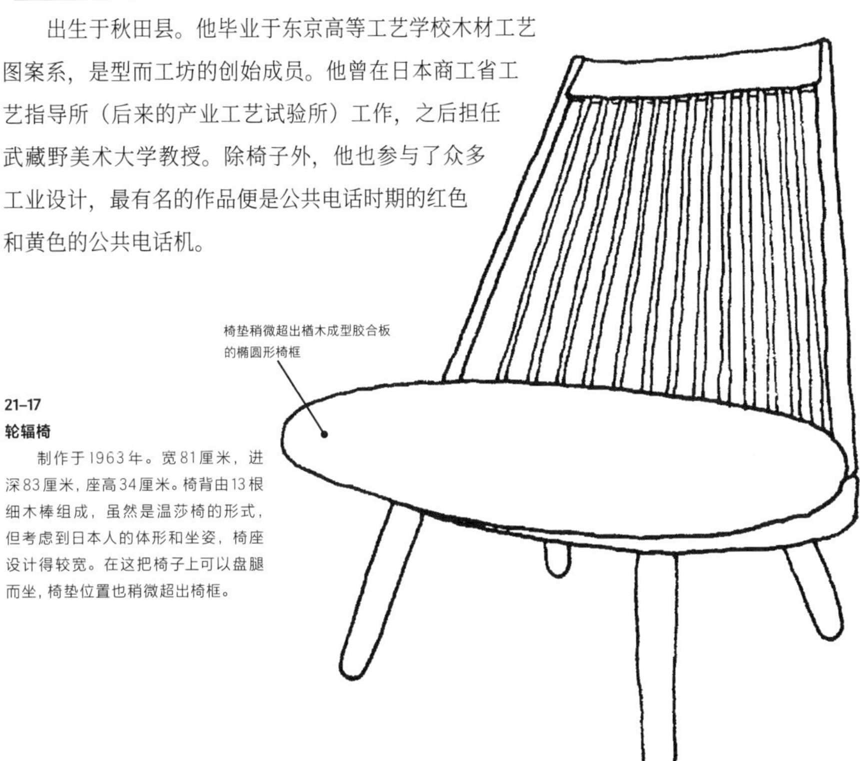

21–17
轮辐椅

制作于1963年。宽81厘米，进深83厘米，座高34厘米。椅背由13根细木棒组成，虽然是温莎椅的形式，但考虑到日本人的体形和坐姿，椅座设计得较宽。在这把椅子上可以盘腿而坐，椅垫位置也稍微超出椅框。

"看到轮辐椅时我很吃惊"

设计师村泽一晃的故事

因为我的坐姿不是很好，坐在椅子上时经常会屈起一条腿……从学生时代，我就对人体工学总是以让人能够挺直背部坐下为前提抱有疑问，我觉得这样的坐姿不适合自己的天性。

就在那时，我去天童木工的展示厅参观，第一次看到轮辐椅，试坐后忍不住赞叹"这样的椅子真好啊"，感觉它十分适合我。椅座很宽大，我可以随意地坐在上面，还能够盘腿坐。虽然这把椅子的比例不是很好，形状也不规整，但十分有分量，令人无法忽视。

我设计的椅子大多十分宽大且椅座较低。在设计时，我会坐在上面，寻找需要调整之处，因此最后就会设计出能够适应一些不良坐姿的椅子。我也很在意日本人使用椅子时的舒适度。我会有这种想法，或许在无意识中受到了丰口先生设计的轮辐椅的影响吧。

*** 村泽一晃**

1965年出生。曾在垂见健三的设计事务所工作，之后留学意大利。1994年成立村泽事务所。以"设计蕴藏在生活和行动中"为信条，探访了日本国内外100多家工厂，是现实主义的行动派室内、家具设计师。

***17**

绳椅

1952年问世。当时日本物资短缺，因此使用出口的楢木制成椅座和椅背，并用打包行李用的棉绳包裹。成品以压低成本为考量，促进了20世纪50年代后椅子在日本的普及。

渡边力
(1911—2013)

出生于东京。1936年，他毕业于东京高等工艺学校木材工艺系。在校期间，他参观了曾在包豪斯学习的山胁道子的展览会，深受感动。他反对柳宗悦的民艺运动，据说年轻时曾去柳宗悦的宅邸抗议。1943年，他修完东京帝国大学农学部林学系的专业课程。第二次世界大战后，他成立设计事务所。1956年，他和松村胜男等人成立Q DESIGNERS。1957年，他设计的藤制“鸟居凳”（21-18）和圆桌在米兰三年展上获得金奖，让全世界知晓了日本的设计。他曾参与许多家具和工业设计，以及酒店的室内设计。“绳椅”（*17）也是他的代表作之一。

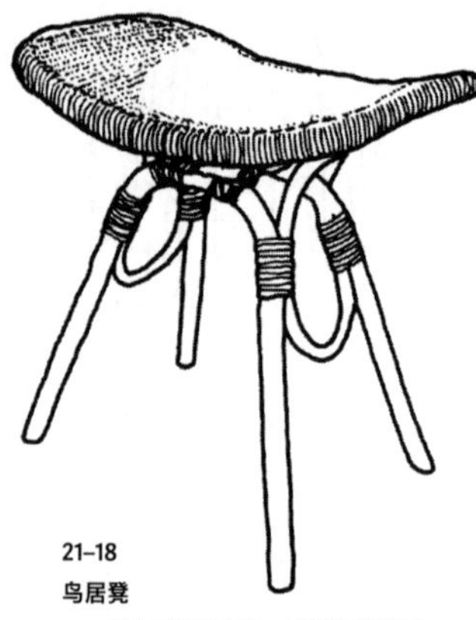

21-18

鸟居凳

制作于1956年。所有材料皆为藤。椅座和椅腿接合时，尽量避免椅腿过度张开。从正面看状似鸟居，因此得名。1957年，在米兰三年展上获得金奖，这也是日本首次获得该奖项。

从侧面看也形似鸟居。

剑持勇
(1912—1971)

出生于东京。1929年，他进入东京高等工艺学校工艺系学习。1932年，他进入商工省工艺指导所，受到布鲁诺·陶特的指导。1952年，他赴美进行设计研究考察，见到查尔斯·伊姆斯、密斯·凡·德·罗等人，增长见识后，积极传播美国的设计动向。1955年，他成立自己的设计事务所。他从1964年开始在多摩美术大学担任教授。他的作品多为室内设计和产品

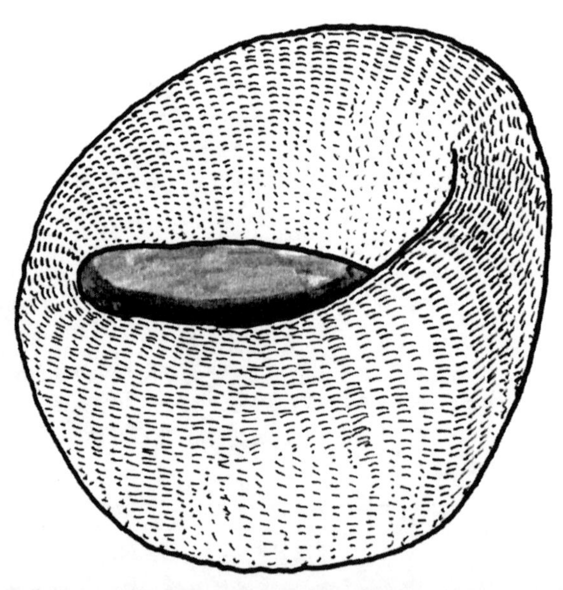

21-19

休闲椅

制作于1960年。藤编。椅座为织物。原本为因火灾而废弃的新日本酒店（东京赤坂）的大厅设计的椅子。山川藤家具制作所的工匠们先加热、弯曲藤制成整体框架，再编织成椅子，全程手工制作。在试做阶段，剑持勇就前往制作所和工匠们积极沟通。1964年被纽约现代艺术博物馆永久收藏。

设计，其中最为有名的是养乐多的塑料瓶。在椅子设计方面，则有使用杉木根材制成的“柏户椅”（献给柏户横纲的椅子）等独特的作品。

柳宗理
(1915—2011)

出生于东京。父亲是民艺运动的创始人柳宗悦。他毕业于东京美术学校西洋画专业。1940年，他担任社团法人日本输出工艺联合会专员。他为了阅读勒·柯布西耶的《光辉城市》（*La Ville Radieuse*）而自学法语，因法语能力受到认可，获得陪同1941年赴日进行工艺考察和指导的贝里安的机会。1942年，他进入坂仓准三建筑研究所（至1945年）。他从1943年开始作为日本陆军宣传部宣传员前往菲律宾，1946年开始研究工业设计，1950年成立设计事务所。1977—2006年，他担任日本民艺馆馆长。

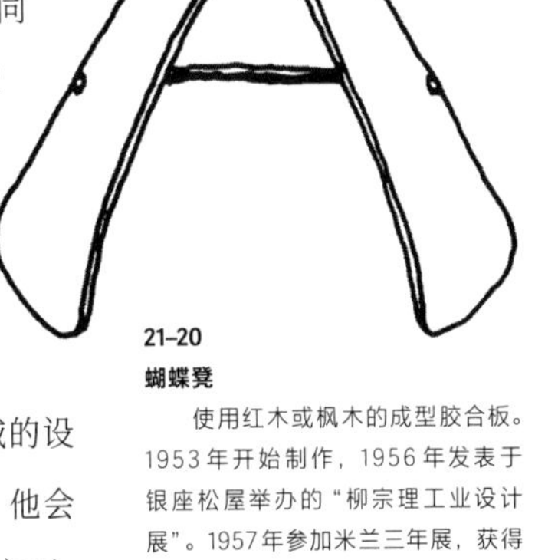

21-20
蝴蝶凳

使用红木或枫木的成型胶合板。1953年开始制作，1956年发表于银座松屋举办的“柳宗理工业设计展”。1957年参加米兰三年展，获得金罗盘奖。1958年成为纽约现代艺术博物馆永久藏品，是获得全世界认可的名椅，由天童木工制成商品。

相同形状的成型胶合板以左右对称的形式接合。上半部分用两根螺丝固定，下半部分用一根铜棒固定。椅腿有四个点接触地面，十分稳定，只是坐上去不是十分舒适。外观让人联想到蝴蝶，因此得名。

他参与了餐具、文具、家具、公共建筑等诸多领域的设计，是日本具有代表性的家具、工业设计师。设计时，他会在画素描和平面图之前便开始制作模型。在椅子设计方面，他受到伊姆斯的影响，设计了用成型胶合板制作的“蝴蝶凳”(21-20)、用FRP制作的“大象凳”等知名作品。柳宗理和伊姆斯也曾有过一面之缘。

柳宗理回忆起当时开发蝴蝶凳的情形，这样说道：“我原本不知道应该制作些什么。于是，我加热并弯曲塑料板，制作出各种形状。但我并没有想过要做椅子，只是不断尝试弯曲板材，看看能够制作出什么。持续了两三年，我还是不知道是否能够制作出椅子。但就在这个过程中，我逐渐发现自己还是要向椅子的方向前进。于是，我的脑海中逐渐浮现出蝴蝶凳的形象。”（*18）

***18**
摘自《柳宗理逸事》（平凡社）。

21-21
实用、轻便、舒适、平价，
享誉世界的日本名椅

NY 椅

制作于1970年。折叠椅。椅腿为钢管。扶手为木制，一体成型的椅背和椅座材料为帆布。由六种部件组成，结构虽然简单，却具备椅子最重要的功能。舒适、轻便、结实，折叠后便于收纳搬运，设计上也十分出色。

被纽约现代艺术博物馆永久收藏。问世以来，在全世界贩售。

椅子是由岛崎信（现为武藏野美术大学名誉教授）命名的。他说："丹麦语NY有新的意思，将其与新居（Nii）的名字结合，命名为NY椅。"新居猛很喜欢这个名字。

新居猛
(1920—2007)

出生于德岛县。他从旧制德岛中学毕业后继承家业（剑道武具店）。第二次世界大战结束后，驻日盟军总司令（GHQ）禁止剑道，新居猛为了生计，来到德岛县的职业辅导所学习木工技术。他从1947年开始制作建筑用品和家具。正如他生前所说的"想要制作舒适、结实、价格低廉，像咖喱饭一样的椅子"，他毕生致力于制作不浪费钱且舒适的椅子，而将其信念具体化的作品就是"NY椅"（21-21）。

"这把椅子（NY椅）的构思来源于我对导演椅功能性的迷恋。但是导演椅的椅座和床几一样，是平的，并不适合当休息椅。于是，我将椅座向后倾斜，并且在榫接扶手和椅腿钢管处使用前所未见的扇形孔，最终以最简洁的要素完成功能性最高的折叠椅。"（*19）

——新居猛

*19
摘自《我们爱椅子》（诚文堂新光社）。

水之江忠臣
(1921—1977)

出生于大分县。他毕业于日本大学专门部建筑系。1942

年，他进入前川国男建筑事务所工作，因服兵役，于1953年停职；1963年独立。1964年，他成为赫曼米勒公司的咨询顾问。他的作品较少，但创作时会不断尝试，完成之前绝不妥协。他在名作“单人椅T-0507N”（21-22）商品化后，仍不断重新设计，是一位专注制作椅子的名匠。

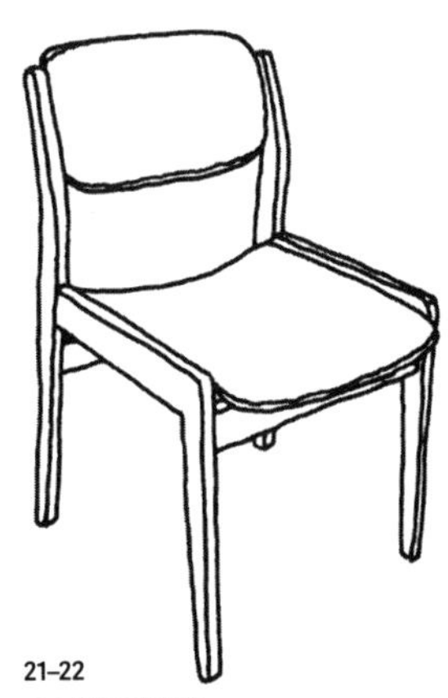

21-22
单人椅 T-0507N

制作于1955年。神奈川县立图书馆用椅。椅座和椅背为成型胶合板。框架的材料最初为柚木，后来改用山毛榉和楢木。虽然看起来没有特色，十分简朴，但贴合人休曲线的稍稍弯曲的线条与框架的原木完美结合，孕育出不同寻常的美感，是天童木工的长销商品。没有多余的设计，或许也是它受人喜爱的原因之一。

长大作
(1921—2014)

出生于中国东北。他毕业于东京美术学校建筑系。1947年，他进入坂仓准三建筑研究所工作（至1971年），参与了多项建筑设计和家具设计。他开始设计家具的契机是喜欢曾在勒·柯布西耶工作室学习的坂仓准三的家具。1960年，他在第12届米兰三年展上展出“低座椅”（21-23）。1972年，他成立长大作建筑设计室。1973—1991年，他以建筑设计的工作为中心，未从事家具设计。1989年起，他担任爱知县立艺术大学美术学部的客座教授（至1992年，1993年起为非常驻讲师）。1991年，他制作“足袋椅”，再次开始设计椅子等家具。

“我的设计一直都在改进中，从来没有到完成的状态。特别是在设计椅子时，为追求舒适度而不断改良。因此，对于我来说，重新设计只不过是改良设计的过程之一。”（*20）

——长大作

*20

摘自《长大作：84岁现役设计师》（Rutles出版）。

21-23
低座椅

成型胶合板制，覆有布面。1960年第12届米兰三年展参展作品，第二年由天童木工制成商品。原本为坂仓准三设计的“竹笼低座椅子”（1948年于纽约现代艺术博物馆主办的“低成本家具展”参展）。后来重新设计成放置在第八代松本幸四郎（白鹦）府和室中的“低座椅子”。再后来重新设计成椅背和椅座使用3D成型胶合板、椅座由悬臂支撑的结构。在米兰三年展上展出的便是这类作品。

为了避免损伤和室的榻榻米，椅腿的接地面较大，椅座和椅背也十分宽大舒适。据说是为了满足幸四郎夫人“想要一把能在和室中舒服地看电视的椅子”而制作的。与丰口克平的“轮辐椅”或松村胜男的“蒲椅”一样，都是配合日本人生活习惯的椅子。除此之外，藤森健次（1919—1993）、垂水健三（1933—　）等人也设计出许多名椅。

松村胜男
(1923—1991)

出生于东京。1944年，他毕业于东京美术学校附属文部省工艺技术讲习所。第二次世界大战后，他在吉村顺三事务所工作。1958年，他成立松村胜男设计室，致力于量产家具的设计开发，以及脱脂落叶松木材的有效使用。据说他17岁时，因参观了夏洛特·贝里安的展览“传统、选择、创造”，决定走上家具设计师之路。

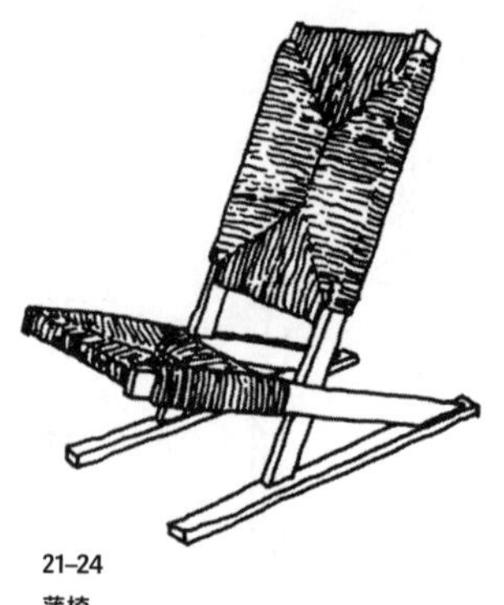

21–24
蒲椅

制作于1972年。使用长野县工艺指导所开发的脱脂落叶松木材。这是该指导所获得城北木材加工的协助后发表的家具系列的椅子。椅背和椅座为薹草（蒲的同科，但不同属）的手工编织物。因薹草的编织技术很难掌握，后改为绳编，但仍旧停产。

虽然用于家具的优质阔叶木十分缺乏，但或许可以利用资源丰富的人工针叶林落叶松，数十年前发表的“蒲椅”便是很好的先例。

仓俣史朗
(1934—1991)

出生于东京。他于桑泽设计研究所住宅设计系毕业后，在三爱（股份有限公司）宣传科工作。1965年，他成立仓俣设计事务所。1981年，他受意大利设计师索特萨斯邀请，加入后现代主义团体“孟菲斯”（参见第195页）。1990年，他获得法国文化部艺术文化勋章。2011年，他在“21_21 DESIGN SIGHT”（东京六本木）举办“仓俣史朗和索特萨斯展”。

21–25
布兰奇小姐
(Miss Blanche)

制作于1988年。亚克力树脂制的扶手椅（椅腿为铝管）。玫瑰花仿佛在透明的亚克力中飞舞一般。因制作困难和成本高昂，只有56把。名字取自田纳西·威廉斯的戏剧作品《欲望号街车》中的主人公。制作公司为石丸股份有限公司，制造销售为国誉股份有限公司。

***21**
跳起比根舞
(Begin the Beguine)

制作于1985年。向奥地利设计师——成立维也纳工坊的约瑟夫·霍夫曼致敬的椅子。在霍夫曼的椅子上缠绕钢丝并点燃，最后只留有钢丝。据传，点燃椅子时，仓俣曾默默地双手合十。

***22**
月亮有多高
(How High the Moon)

制作于1986年。使用镀镍金属网做成传统扶手沙发的框架。宽95厘米，进深85厘米。以“脱离重力”为主题，采用中空设计，可以看见椅子的内部。椅子的名字取自爵士乐大师爱德华·肯尼迪·艾灵顿的经典曲目。

***23**

摘自“21_21 DESIGN SIGHT”展览会手册“仓俣史朗和索特萨斯展”（ADP股份有限公司）。

他是受到世界瞩目的室内设计师，以独特的感性设计出许多商业设施、家具、照明器具等。56岁逝世后，他仍深深影响着许多年轻设计师。在椅子设计方面，他有“跳起比根舞”（*21）、“月亮有多高”（*22），以及“布兰奇小姐”（21-25）等话题作品。

“这把椅子没有细节。不，应该说整体都是细节。”（*23）

——仓俣史朗

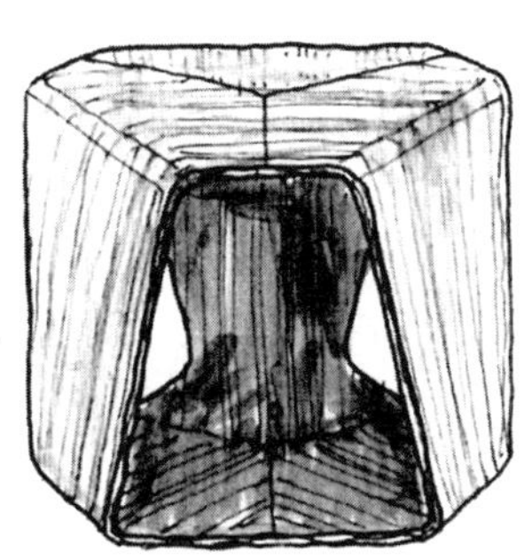

21-26

Murai stool

1961年第一届天童木工家具大赛获奖作品，之后成为商品。1967年被纽约现代艺术博物馆永久收藏。以旧姓村井（Murai）为椅子命名。以槽沟接合方式组合三块形状相同的成型胶合板。基本结构为梯形，造型简洁，却十分有创意。

田边丽子

（1934— ）

出生于东京。她从女子美术大学美术学部毕业后，在设计事务所从事室内设计工作。1962—1999年，她在女子美术大学执教，为该大学名誉教授，代表作为“Murai stool”（21-26）。

“对于只设计过定制家具的我来说，Murai stool是作为产品设计完成的简洁作品。而且虽然已经过了半个世纪，却没有任何瑕疵，连我自己都觉得惊讶。这张凳子也可以放入‘茶豚’点蚊香，还可以拿来和孩子玩耍，用途很多。”（*19）

——田边丽子

*24

NT

制作于1977年。框架为2D成型胶合板，椅座和椅背为棉带。简洁和沉着的设计感使其成为长销商品。

川上元美

（1940— ）

出生于兵库县。他毕业于东京艺术大学大学院美术研究系。1966—1969年，他在安杰罗·曼贾罗蒂（Angelo Mangiarotti）的工作室（米兰）工作。1971年，他成立川上设计工作室，着手进行家具、工业、空间、景观等诸多领域的设计。

椅子的代表作主要有客厅和书斋兼用的“NT”（*24），以及折叠椅“BLITZ”（21-27）等。

21-27

BLITZ

制作于1976年。材料为有弹性的SKF（一种聚氨酯泡沫）和钢管。这款折叠椅设计优美，受到很多人喜爱。舒适度极高且折叠后的造型也很优美，并且能整齐叠放。1977年，在AIA（美国建筑师协会）主办的“国际座椅设计大赛”上获得大奖。1981年，由意大利的Skipper公司制成商品，但因该公司倒闭，现在由卡西纳公司以TUNE为名出售。

梅田正德
(1941—)

出生于神奈川县。他毕业于桑泽设计研究所。1967年，他前往意大利，就职于阿切勒·卡斯蒂格利奥尼事务所。1970—1979年，他担任奥利维蒂公司的咨询设计师，与索特萨斯合作。1979年，他回到日本，成立设计事务所。1981年，他参加索特萨斯主导的"孟菲斯"的活动。

作为日本具有代表性的室内设计师之一，梅田正德设计了很多以梅花或玫瑰等花为主题的椅子，"月苑"（21-28）便是其中的代表作。

21-28
月苑（GETSUEN）

制作于1990年。展现了月光下小庭院的角落中一朵花静静开放的情景。话虽如此，但椅子的造型可以说是相当有视觉冲击力，坐上去也十分舒适。接触地面的部分带有滑轮。制造商为意大利的沙发厂商EDRA。被维也纳国家应用美术馆永久收藏。

喜多俊之
(1942—)

出生于大阪市。他毕业于浪速短期大学设计美术系。他从1969年开始在意大利和日本进行创作，是一位活跃于世界舞台的环境产品设计师。从欧洲到日本，其设计领域包括家具、家电、日用品、机器人等。最为知名的作品为液晶电视"AQUOS"等。椅子作品"温克"（*25）在1981年被纽约现代艺术博物馆永久收藏，"空海的椅子"（12-29）也是其代表作。

***25**
温克（Wink）

椅背、脚踏垫、头部靠垫的"大耳朵"均可调整多个角度的可变式椅子。外部包有色彩丰富的椅套。

***26**

摘自《别册商店建筑78 日本的木制椅子》（商店建筑社出版）。

21-29
空海的椅子

制作于1989年。材料为榉木。德国索耐特公司100周年纪念椅，仅有一把，以"木制椅子"为主题，非商品。

以空海画作中的椅子为原型，并由此命名。"我重新思考了东方椅子的起源，也就是说除了适合西方人的坐姿，我还希望做出可以盘腿而坐的椅子。"（喜多俊之，*26）椅座宽74厘米，进深59厘米，在坐面上能够盘腿而坐。椅背的横木配合人体背部曲线，带有细微的弯曲。

人间国宝黑田辰秋作

“拭漆楢雕花纹椅子”

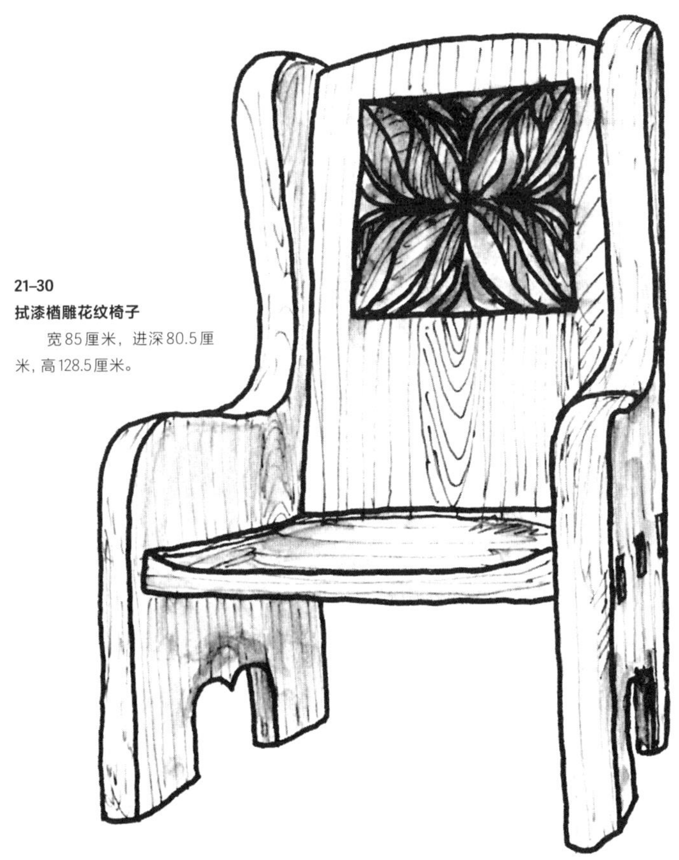

21–30

拭漆楢雕花纹椅子

宽85厘米，进深80.5厘米，高128.5厘米。

这把椅子看起来十分气派。虽然庄重华丽，威严十足，却没有压迫感，让人感到安稳。使用厚重的楢木制成，纹理优美的木材经过拭漆后，看起来更加艳丽。精雕细琢的椅背花纹也让人印象深刻。

这是1964年（东京奥林匹克举办之年）为电影导演黑泽明在御殿场的别墅制作的家具组合之一。60岁的黑田辰秋在岐阜县付知町（现为中津川市）居住时制作完成，材料为付知产的楢木。

黑田称这把椅子为“国王椅”，使用过它的人都表示感动，觉得这并非一把普通的椅子。例如，人们对它的评价有“靠在（椅背的）椅翼中，感觉好像被树抱紧了一样”“生出被树守护的安心感”“这或许是通过椅子这种形式与树之魂接触的装置”等。

住在付知的木工工匠早川谦之辅（1938—2005），曾现场看过黑田制作家具，他在椅子制作完成后立刻坐在了上面。当时的情景都记载在他的著作中。

> 身着白色T恤和白色裤子的老师先是浅坐，然后将身体移向椅子深处，跷起腿后，我以为他会完全靠在椅子上，但他却立刻站起来对我说：“你坐下看看。”
>
> 我努力隐藏跃跃欲试的激动，嘀咕道“比黑泽导演先使用椅子，十分抱歉”，然后坐了下去。
>
> 国王椅将我紧紧包住。一瞬间，周围的声音仿佛消失一般，我沉浸在寂静的空间里。(*27)

*27
摘自《黑田辰秋：向木工先驱学习》(早川谦之辅，新潮社)。

所有试坐过这把椅了的人都会感受到被包裹的安心感，为其存在感和包容力所倾倒。楢木特有的强韧和光滑木纹，以及黑田的技术和感性等要素互相结合，造就了这样的名作。

黑田辰秋
(1904—1982)

木漆工艺家。出生于京都（父亲为漆匠）。1918年，他成为莳绘师的入室弟子，但两个月后便回家了，此后开始自学木漆工艺。1924年，他与河井宽次郎和柳宗悦等民艺运动相关人士结识。1935年，他首次举办个展(大阪中村屋)。1956年，他成为日本工艺协会正式会员。1970年，他被日本政府认定为重要无形文化财保持者（人间国宝)。

黑田也指导了很多后辈。其弟子皆继承了他的技艺和思考方式，活跃于木工艺领域（例如人间国宝村山明等人)。徒孙也越来越多。

向东京国立近代美术馆工艺室长提问

就日本的椅子而言，具有划时代意义的是哪一把？

诸山正则＊的回答：

木芽舍（森谷延雄）的椅子
伊姆斯的椅子
仓俣史朗的“布兰奇小姐”

“布兰奇小姐”是日本人引以为傲的椅子

日本最早出现的现代主义风格的椅子应该是木芽舍的椅子。在大正时代到昭和时代初期，还没有“设计”这个名词，当时使用的是“图案”和“构思”，并且，此时刚开始以来自欧洲的资讯为基础制作新式家具。

不过，真正让日本的椅子产生革命性变化的是第二次世界大战后传入日本的伊姆斯的椅子，可以说是极大程度地改变了日本人对椅子的认知，尤其是对于家具制造商和设计师而言。而对于木工工匠来说，乔治·中岛的圆锥椅或许更具冲击性。

伊姆斯的椅子，无论材料是成型胶合板、钢管，还是塑料，都是基于合理的想法。以成型胶合板而言，它也影响了柳宗理的蝴蝶凳。其实与民艺相关人士也会和伊姆斯会面。滨田庄司在第二次世界大战后去往美国时，在纽约看到伊姆斯的椅子后称赞“真是精美”，好像还经商店的员工介绍，拜访过伊姆斯。柳宗理也见过伊姆斯。伊姆斯的椅子不仅具有震撼力，也很符合日本人的审美，因此在日本接受度较高。

仓俣史朗的玫瑰椅“布兰奇小姐”在日本艺术家设计的椅子中，应该是世界范围中最为知名的作品。我认为这是值得日本人引以为傲的椅子之一。它的重点并非是否舒适，而是包含了椅子的所有要素，包括象征性、外形，以及作为艺术家的感性。并且，这件作品在视觉上十分前卫大胆，还使用了新材料丙烯树脂，效果十分出色。这是一把各种意义上都十分有趣的椅子，而且也不落伍，即使和当代最前沿的设计师的椅子摆在一起，也毫不突兀。

＊诸山正则

1956年出生。工艺史家、前东京国立近代美术馆工艺馆工艺室长，在日本传统工艺展中担任“木竹工”“漆艺”等项目的监察委员。

向椅子设计师提问

可以在名椅中选出“舒适度最高的前十名”吗？

井上升*的回答

1 铝制组合椅（查尔斯·伊姆斯）
2 中国椅（汉斯·瓦格纳）
3 贝壳扶手椅(DAR、LAR)(查尔斯·伊姆斯)
4 钻石椅（哈里·贝尔托亚）
5 GF40/4椅（戴维·罗兰德）
6 412号马鞍椅（马里奥·贝里尼）
7 子宫椅（埃罗·沙里宁）
8 成型胶合板椅子（DCW、LCW）（查尔斯·伊姆斯）
9 瓦西里椅（马塞尔·布劳耶）
10 串联椅（查尔斯·伊姆斯）

舒适椅子的标准便是坐下时背部能够伸展

从结果来看，伊姆斯有四把椅子入选。伊姆斯的椅子，无论在人体工学层面还是造型层面都设计完美。瓦格纳的椅子也是如此。这类椅子十分罕见。论椅子作品舒适度高的设计师，工业设计体系下为伊姆斯，木制椅子类则非瓦格纳莫属，两人并驾齐驱，不分高下。不过，伊姆斯的作品往往能够让人感受到诗一般的氛围，又像是在安静的环境中散发出优雅的美感。

第一名的铝制组合椅是一款造型出众的转椅。坐下时椅座上薄薄的软垫下陷得刚刚好，让人感到舒适。椅背的弯曲也恰到好处。椅背舒适度高可以说是伊姆斯所有椅子的共同点。欧洲的会议厅等处经常使用这款椅子，它比较贴合体格较大的欧洲人的身材。

第二名是中国椅。腰部靠着的曲线最为出众。椅座为织带制成，因此十分柔软。瓦格纳的杰作“椅”椅在设计层面十分出色，但尺寸较大，或许不适合日本人。

第三名是贝壳扶手椅。外形和人体工学的设计都很完美。椅座和椅背的支撑力足够，长时间使用也不会感到劳累。

第四名是钻石椅。贝尔托亚是雕刻家，而这把椅子可以称得上是坐起来很舒适的一款雕刻作品：不仅外形很有艺术性，而且坐起来十分舒适。材料虽为金属钢丝，但曲面会柔和地支撑身体，使背部得以伸展。

第五名是GF40/4椅。椅座和椅背的线条弯曲度适中，是一把十分舒适的椅子。横向摆放时椅子间能相互勾住固定，数量较多时可以叠放，功能性也很出众。

第六名是马鞍椅。金属管框架，覆有皮革。椅座和椅背采用了优质的皮革，坐下去的时候备感舒适。意大利的日常生活中经常使用皮革，这正是意大利特有的椅子。贝里尼的椅子绝不会出错，设计性佳，也有很出色的沙发。

第七名是子宫椅。正如其名，这是一张坐起来仿佛在母亲子宫中般那样放松的椅子。

第八名是成型胶合板椅子。椅座和椅背柱间有硬质橡胶，坐下时能够随着身体的移动而移动，让人感到舒适。设计偏向雕刻风格。

第九名是瓦西里椅。椅背和皮革坐垫都是最高等级。坐下时比想象中更加舒适。

第十名是串联椅。在约翰·肯尼迪机场等世界各地的机场中使用。椅座和软垫椅的设计理念相同，既不会太硬也不会过于柔软。材料则为有色铝，看起来十分美观。从机场的椅子角度而言，应该是评价最高的椅子。

可以在名椅中选出“舒适度最低的前五名”吗？

井上升*的回答

1 Z字椅（托马斯·里特维尔德）
2 希尔住宅高背椅（查尔斯·马金托什）
3 巴塞罗那椅（密斯·凡·德·罗）
4 超轻椅（吉奥·庞蒂）
5 扶手椅810A号（理查德·迈耶）

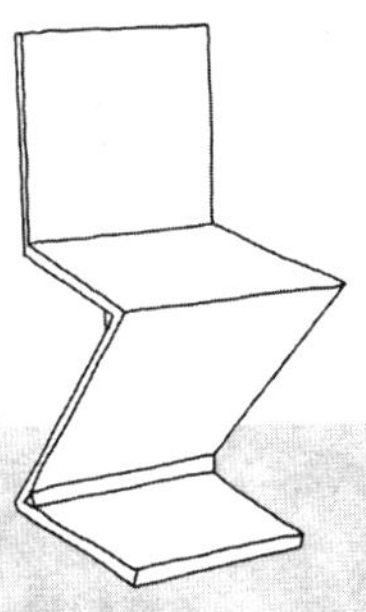

椅座平坦、椅背垂直的椅子，无法长时间使用

第一名是Z字椅。虽然外观夺人眼球，但是坐下去会感到腰痛，原因是椅座过于平坦。其结构也导致椅背的角度无法调整，坐起来很不舒服。

第二名是建筑家马金托什为希尔住宅卧室设计的高背椅。设计上非常完美，以“观赏性椅子”的角度来看，是顶尖作品。但是，从实用角度来看，椅座较小，椅背又直又高，无法将头部后仰，有很多不符合人体工学之处。

第三名的巴塞罗那椅看起来十分舒适，有厚重感，造型出众，但最大的缺点是椅背如驼背。织带制成的椅座坐下去会过于凹陷。虽然对椅座尚能忍耐，但无法忍受后背的不适感。长时间使用十分难受。

第四名的超轻椅线条优美，在轻便度上也是具有历史意义的椅子。不过由于看起来十分纤薄，会让人担忧是否结实，而且也无法称得上是舒适的椅子。

第五名迈耶的扶手椅810A号是建筑师设计的很有吸引力的椅子。涂漆光亮，曲线优美，会让人毫无理由地爱上。但是椅背垂直是一大问题，只要坐上十分钟便会感到痛苦。

＊井上升
1944年出生。椅子设计师。辞去冈村制作所开发部的工作后，担任井上联合公司的董事长。他设计过东京都厅的办公用椅、AWAZA系列等诸多椅子。1999年开始主办“椅子塾”。著有《椅子：人体工学、制图、设计专利》。

美容理发名椅

椅子的基本定义为“能够坐的工具”。人类为应对各种需要坐下的状况，创造了各种专门用于特定场合的椅子，例如轮椅、交通工具椅、牙科看诊用椅……

现在，理发店和美容院使用的椅子具备旋转、升降、椅背后仰等标准配置。而能够有今日这般景象，都是前人不断努力的结果。

日本开始普及理发用椅是在明治时代中期以后，在大正时代初期以前都是使用四根椅腿的普通木制椅子（*1）。到了大正时代中期，理发用椅开始添加搁脚台，并利用摇杆让椅背向后仰。大正时代后期到昭和时代，出现了能够旋转的椅子，第二次世界大战之后，油压式升降椅逐渐普及。

理发用椅的顶级制造商——宝贝蒙（Takara Belmont）股份有限公司从1931年开始制作理发用椅。90多年来，该公司在开发技术的同时不断制作新的产品。其中，具有划时代意义的椅子是1962年发售的“808号”。这是世界上第一把使用电动油压泵控制升降的理发用椅。相信有很多人看到照片就能回忆起这把椅子。

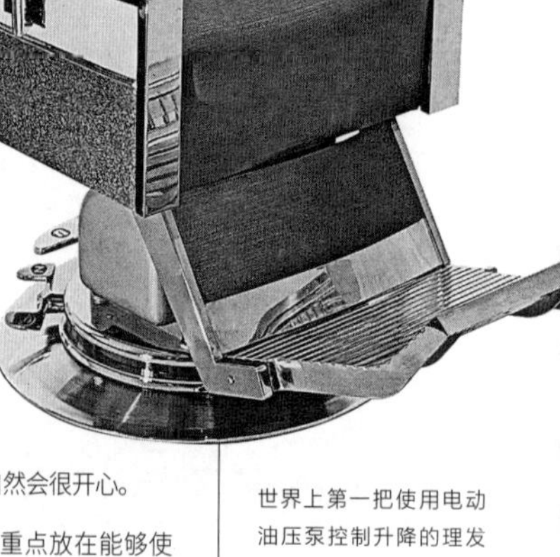

世界上第一把使用电动油压泵控制升降的理发用椅——“808号”

在开发这款椅子之前，理发师需要手动控制摇杆升降椅子。这把椅子实现了电动升降，受到理发界的欢迎。理发师使用剪刀和剃刀的双手可以说是从业工具，如果能够减轻手的负担，他们自然会很开心。

开发“808号”时，不同于美国产的美容理发椅，该公司将重点放在能够使用机械制造上。在设计层面，该公司是将当时令人憧憬的进口车（现在是十分令人怀念的词语）的形态运用到椅子的样式上。这把椅子无论是技术层面还是设计层面都给后来的理发用椅带去很大的影响。

此外，该公司也和剑持勇的设计事务所共同开发了理发用椅。2000年，喜多俊之发表了可调座椅“KITA系列”。这些理发用椅的开发，其实是和日本许多具有代表性的家具、产品设计师一同完成的。

*1
第一把日本产的理发专用椅是1900年横滨元町的西洋家具店松浦商店制造、销售的椅子。

●X 形凳

1-12
简单的折叠式X形凳
（古埃及）

1-11
折叠式X形凳
（古埃及）

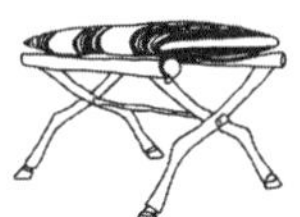
2-8
地夫罗斯 · 奥克拉
地阿斯凳（古希腊）

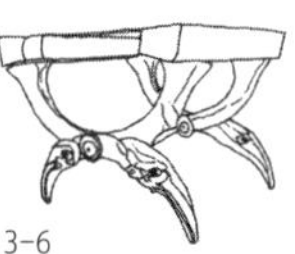
3-6
古罗马折叠凳

3-7
古罗马折叠凳

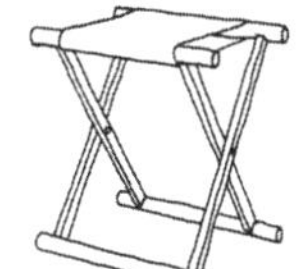
21-10
床几（中国东汉时期、
日本奈良时代）

4-9
罗达 · 德 · 伊萨贝纳大
教堂的折叠凳（12世纪）

6-5
法式折叠凳（17世纪）

14-6
巴塞罗那椅（1929）

15-9
折叠凳（柯林特，1933）

各类椅子一览

按照主要类别，列出本书介绍的从古到今的椅子。

（上方的数字为插图编号）

15-17
埃及凳（万斯切尔，1960）

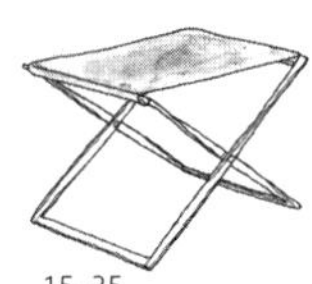
15-35
折叠凳PK91（克耶
霍尔姆，1961）

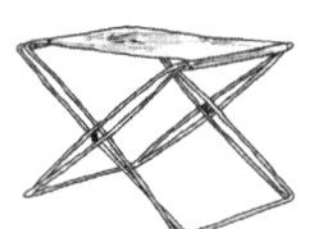
15-39
折叠凳（加梅尔加德，
1970）

15 - 40
折叠凳（加梅尔加德，
1970）

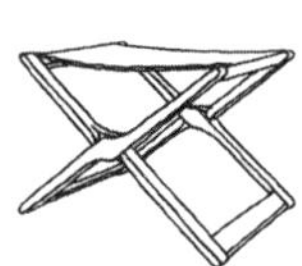
本书未记载
Pause stool（冈村孝）

●四脚凳

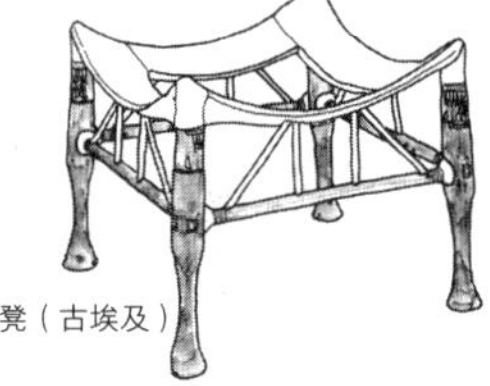
1-9
皮制四脚凳（古埃及）

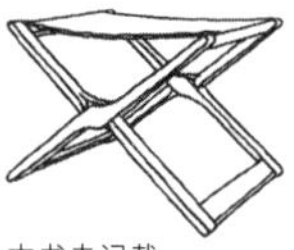

1-13
狮头木凳（古埃及）

2-7
地夫罗斯凳（古希腊）

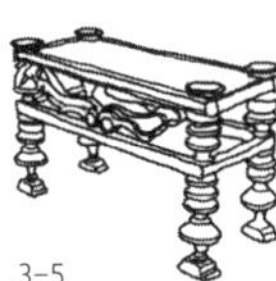
3-5
比赛利凳（古罗马）

21-8
兀子（平安时代）

5-12
榫接凳（1600年左右）

6-6
低矮凳（17世纪）

9-6
凳子（夏克尔式，
20世纪上半叶）

13-18
邮政储蓄银行的凳子
（瓦格纳，1904）

14-14
凳子（装饰艺术风格，
鲁尔曼，1923）

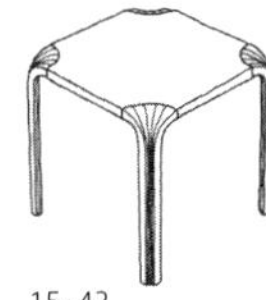
15-43
Stool X601（阿尔托，
1954）

15-48
桑拿凳
（诺米纳米，1952）

21-18
鸟居凳
（渡边力，1956）

●三脚凳

1-1
约5000年前的木制三脚凳（古埃及）

1-10
法老专用的三脚凳
（古埃及）

8-8
三脚凳（温莎椅式，1860年左右）

14-18
T形凳
（夏洛，1927）

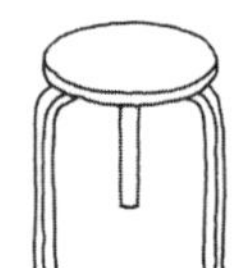
15-42
Stool 60
（阿尔托，1932）

●板脚凳

21-1
登吕遗址的凳子
（弥生时代）

4-19
厚板椅
（15世纪）

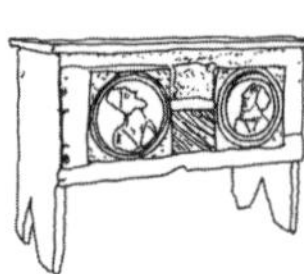
4-18
箱式座凳
（16世纪前半叶）

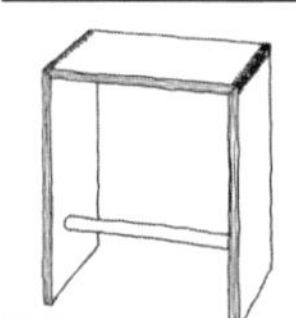
18-3
乌尔姆凳
（马克斯·比尔，1954）

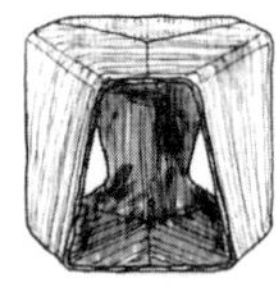
21-26
Murai stool
（田边丽子，1961）

●非洲凳

20-7
凳子（多贡族）

16-8
胡桃木凳
（伊姆斯，1960）

20-9
女像柱凳子

19-5
地精凳
（斯塔克，1999）

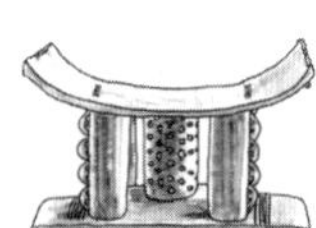
20-8
凳子（阿桑特族）

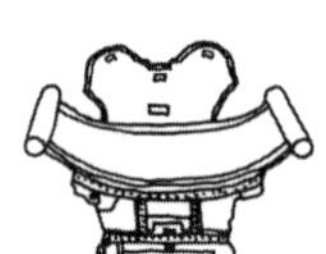

21-2
带有靠背的凳子（“赤堀茶臼山古坟”出土，5世纪）

●温莎椅、梳背椅

8-1
梳背形扶手椅
（18世纪初）

8-2
梳子式小提琴形背板椅
（18世纪）

8-4
弓背扶手椅
（1800年左右）

8-6
板条椅背的扶手椅
（1890年左右）

8-10
美式梳背扶手椅

8-11
连续扶手椅

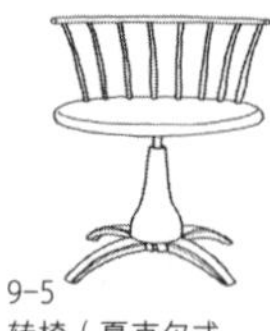
9-5
转椅（夏克尔式，19世纪后期）

16-17
锥形椅
（乔治·中岛，1960）

21-17
轮辐椅
（丰口克平，1963）

第71页
村上富朗的儿童用椅
（2006年）

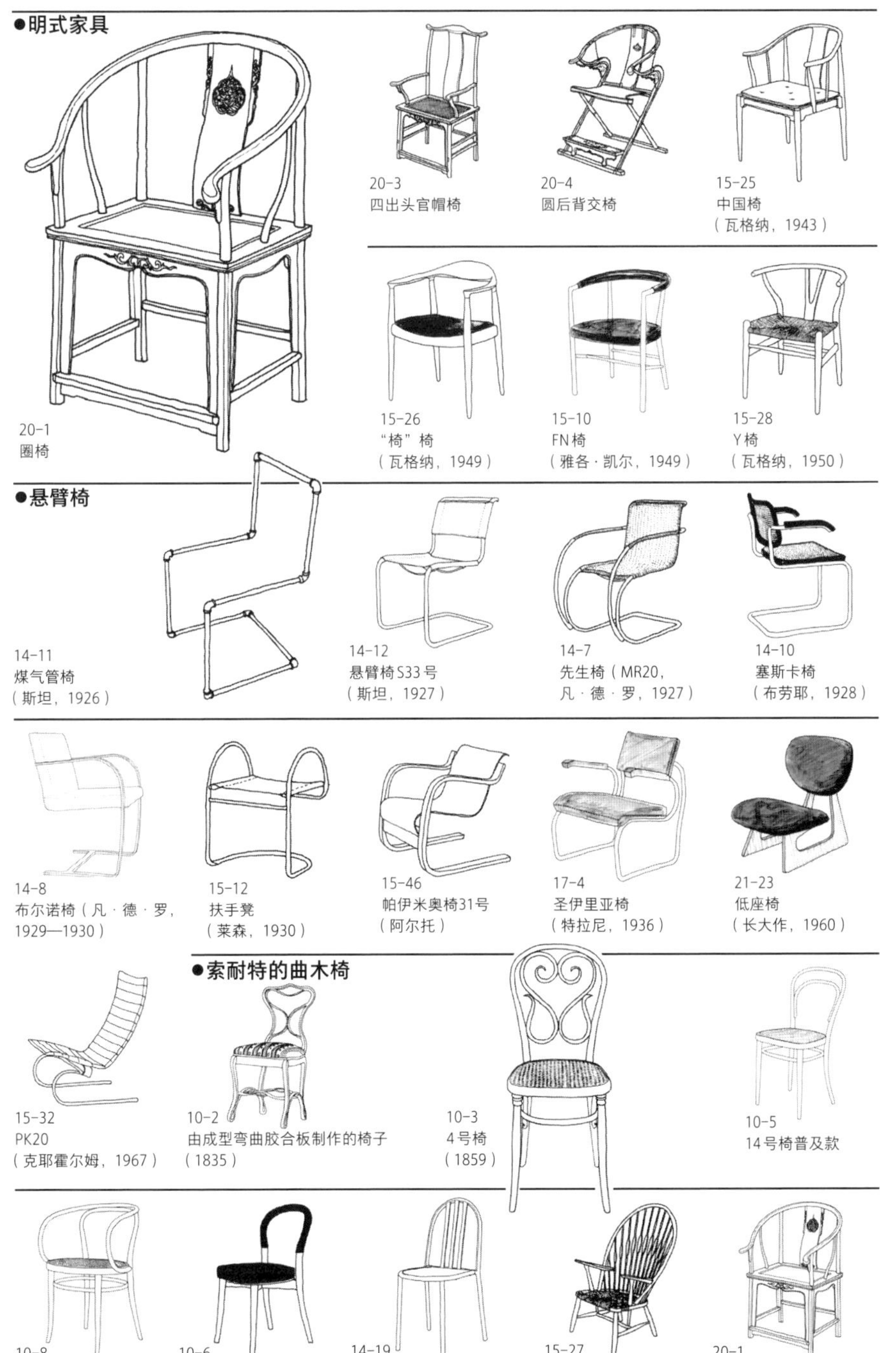

●明式家具

20-1
圈椅

20-3
四出头官帽椅

20-4
圆后背交椅

15-25
中国椅
（瓦格纳，1943）

15-26
“椅”椅
（瓦格纳，1949）

15-10
FN椅
（雅各·凯尔，1949）

15-28
Y椅
（瓦格纳，1950）

●悬臂椅

14-11
煤气管椅
（斯坦，1926）

14-12
悬臂椅S33号
（斯坦，1927）

14-7
先生椅（MR20，
凡·德·罗，1927）

14-10
塞斯卡椅
（布劳耶，1928）

14-8
布尔诺椅（凡·德·罗，
1929—1930）

15-12
扶手凳
（莱森，1930）

15-46
帕伊米奥椅31号
（阿尔托）

17-4
圣伊里亚椅
（特拉尼，1936）

21-23
低座椅
（长大作，1960）

15-32
PK20
（克耶霍尔姆，1967）

●索耐特的曲木椅

10-2
由成型弯曲胶合板制作的椅子
（1835）

10-3
4号椅
（1859）

10-5
14号椅普及款

10-8
维也纳椅
（1872）

10-6
哥德堡椅
（阿斯普伦德，1934）

14-19
无扶手椅（堆叠椅，
史蒂文斯）

15-27
孔雀椅
（瓦格纳，1947）

20-1
圈椅
（明式家具，15—16世纪）

●躺椅

2-10
克里奈躺椅
（古希腊）

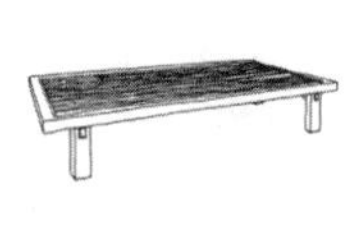
3-8
躺椅和脚踏
（古罗马）

21-7
御床
（奈良时代、平安时代）

20-10
半躺椅（非洲）

18-1
Siesta Medizinal
（卢克哈特兄弟，1936）

15-34
吊床椅 PK24
（克耶霍尔姆，1965）

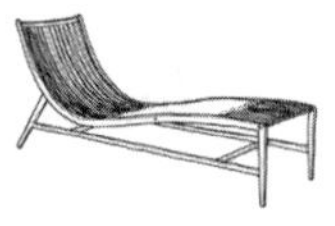
19-13
阿加莎梦想椅
（皮耶，1995）

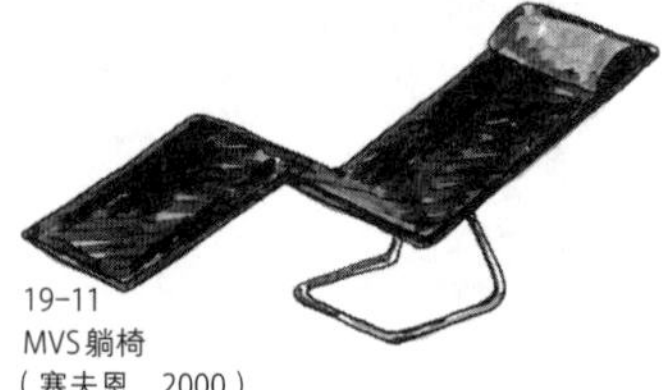
19-11
MVS 躺椅
（塞夫恩，2000）

●克里莫斯系列

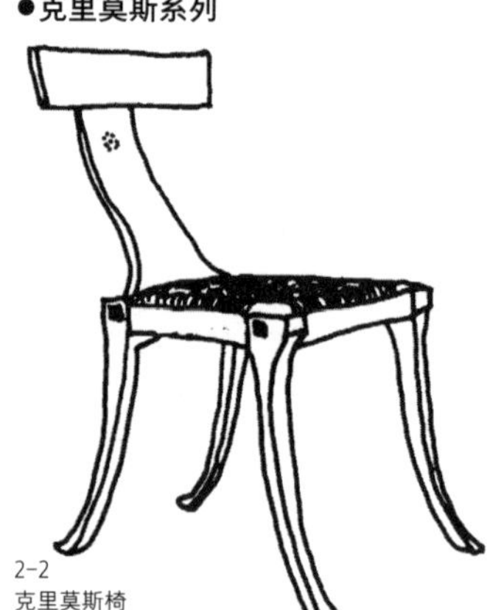
2-2
克里莫斯椅
（古希腊）

3-1
主教椅
（古罗马）

11-9
特拉法加椅
（19 世纪前半期）

11-10
以克里莫斯椅为原型的扶手椅（19 世纪）

11-1
执政内阁时期风格的扶手椅
（19 世纪前期）

15-6
福堡椅
（柯林特，1914）

15-2
克里莫斯 B300
（约瑟夫·弗兰克，1948）

●折叠椅

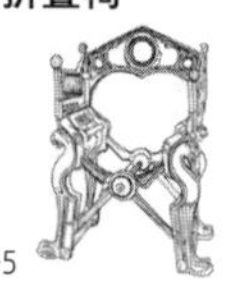
4-5
达戈贝尔特一世的椅子
（7 世纪前期至中期，12 世纪）

20-4
圆后背交椅

21-11
曲录
（镰仓时代）

5-2
萨伏那罗拉椅
（文艺复兴时期）

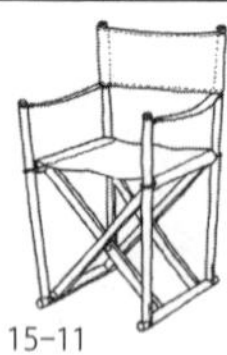
15-11
MK 椅
（库奇，1932）

17-21
April 折叠椅
（奥兰蒂，1964）

17-27
Plia 椅
（皮雷蒂，1969）

21-21
NY 椅
（新居猛，1970）

21-27
BLITZ
（川上元美，1976）

●成型胶合板椅

15-45
帕伊米奥椅 41 号
（阿尔托，1930—1931）

15-44
66号椅
（阿尔托，1933）

15-4
Eva
（马松，1934）

15-5
马松椅
（马松，1941）

15-55
跪椅
（奥普斯维克，1979）

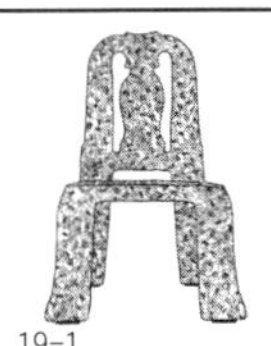
19-1
安妮女王
（文丘里，1984）

●3D曲面成型胶合板

16-1
DCW
（伊姆斯，1945）

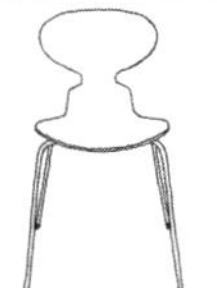
16-2
DCM
（伊姆斯，1946)

15-13
蚁椅
（雅各布森，1952）

15-14
7号椅
（雅各布森，1955）

14-23
贝里安椅
（贝里安，1955）

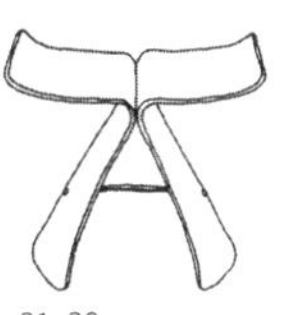
21-20
蝴蝶凳
（柳宗理，1956）

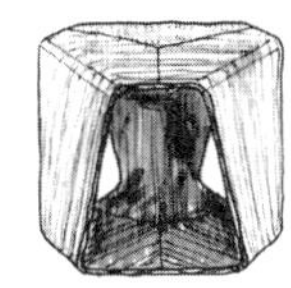
21-26
Murai stool
（田边丽子，1961）

●FRP材料的椅子

16-3
云朵椅
（伊姆斯，1948）

16-9
子宫椅
（埃罗·沙里宁，1948）

16-4
DSS
（伊姆斯，1950）

16-10
郁金香椅
（埃罗·沙里宁，
1955—1956）

16-12
型锻腿椅
（乔治·尼尔森，1958）

●FRP一体成型椅

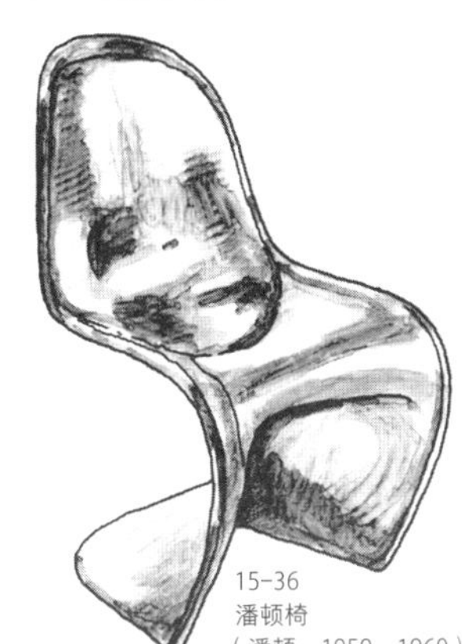
15-36
潘顿椅
（潘顿，1959—1960）

17-22
哥伦布椅
（哥伦布，1965—1967）

17-26
对白椅
（斯卡帕夫妇，1966）

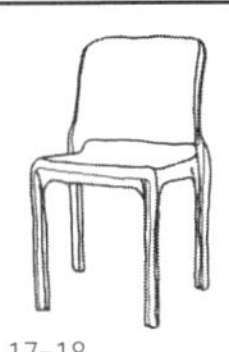
17-18
月神椅
（马吉斯特拉蒂，
1966—1969）

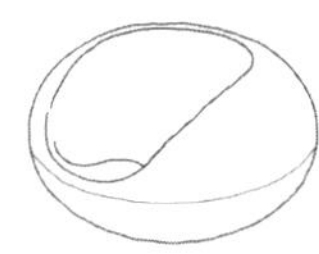
15-49
糖果椅
（阿尼奥，1967—1968）

17-19
高迪椅
（马吉斯特拉蒂，1970）

椅子的系统

——椅子之间是如何互相影响、发展的?

从几千年前到现在，诞生了许多椅子，但这些椅子并不是突然出现的，而是受到既有椅子的设计、结构、材料、功能等方面的影响后创造出的。很多情况是设计师参考特定的椅子，找出该椅子的问题后再重新设计。

以18世纪英国的代表性设计师齐彭代尔为例，他是受到欧洲风格家具和东方风格的影响，才确立了自己的风格，并由此开创了英国家具的新潮流，继而影响了北欧的设计师。

从下页开始，我会介绍被视为近代椅子原点的椅子(温莎椅、夏克尔椅、索耐特椅、明式家具)的结构、材料、设计师等十个要点，以系统图的方式呈现它们是如何相互影响并不断发展的。

* 椅子名称上方的数字为插图编号。未带编号的椅子则是本书未提及的。

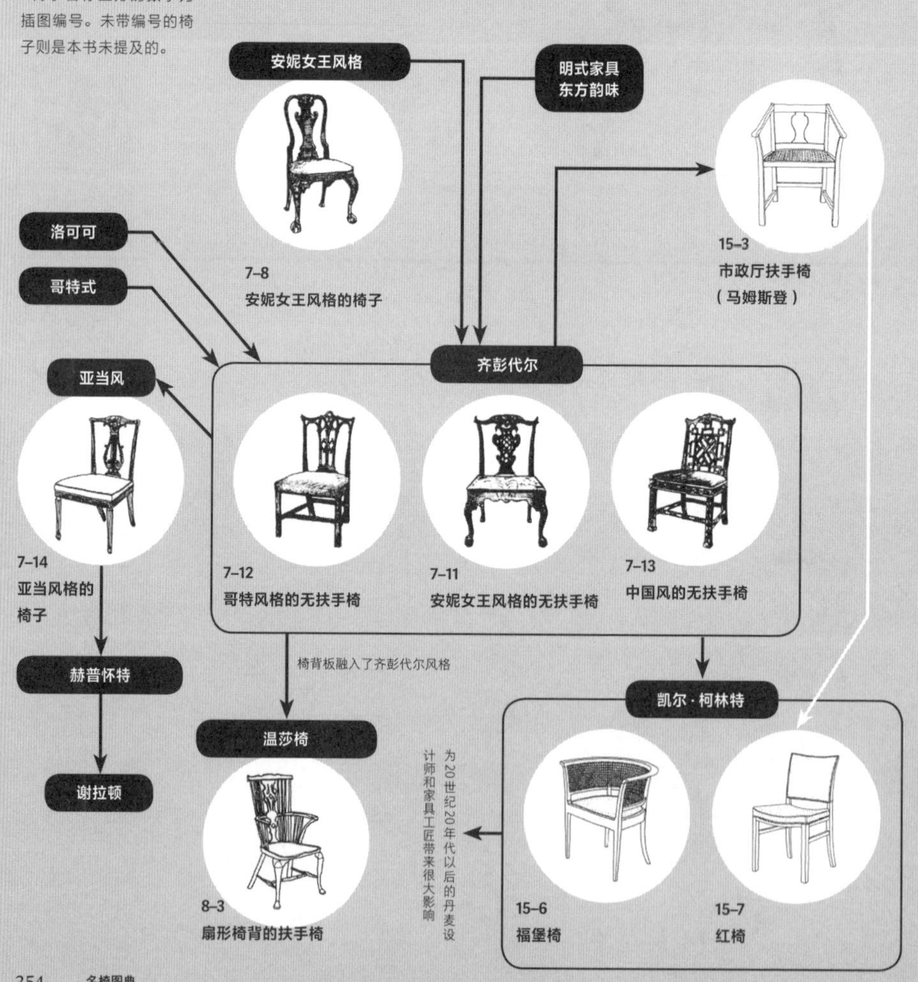

●古希腊、古罗马

古希腊、古罗马

2–2
克里莫斯椅
（古希腊）

3–1
主教椅
（古罗马）

回归古希腊、古罗马的风格

执政内阁时期风格

11–1
扶手椅
（1800 年左右）

重新设计

摄政时期风格

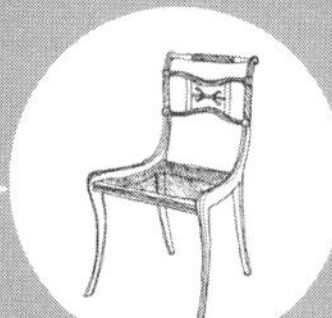

11–9
特拉法加椅
（19 世纪前期）

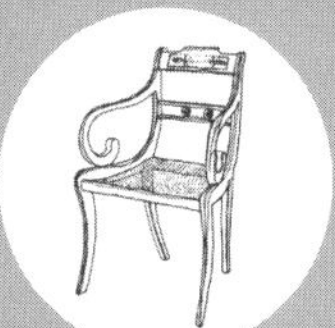

11–10
以克里莫斯椅为原型的扶手椅
（19 世纪前期）

帝政风格

11–4
法式安乐椅
（扶手椅，19 世纪初期）

毕德麦雅风格

15–6
福堡椅
（柯林特，1914）

15–2
克里莫斯 B300
（约瑟夫 · 弗兰克，1948）

*卡伊 · 哥特罗波（丹麦）也重新设计过克里莫斯椅（1922 年）

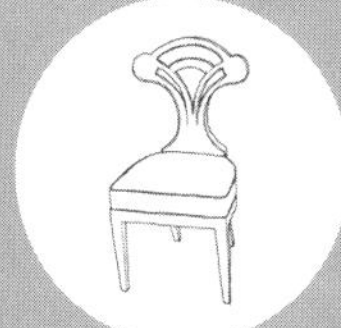

11–8
丹豪瑟的无扶手椅
（19 世纪前期）

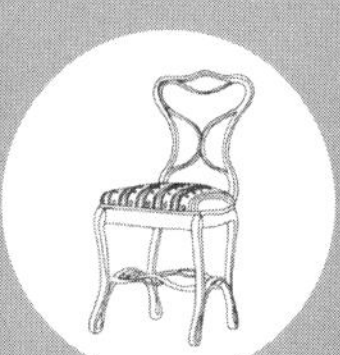

10–2
由成型弯曲胶合板制作的椅子
（1835）

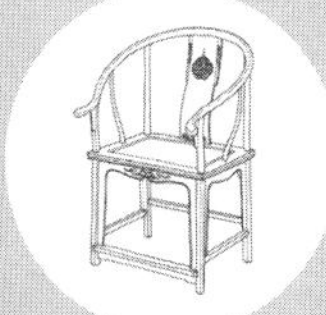

20–1
圈椅
（明式家具）

迈克尔 · 索耐特原本为毕德麦雅风格的家具工匠

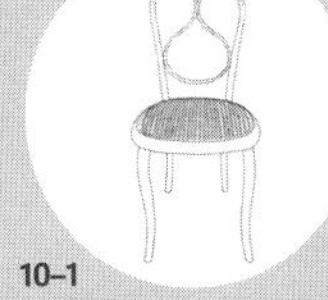

10–1
索耐特的曲木椅 1 号原型
（1850 年左右）

●温莎椅

英式温莎椅

8–1
梳背形扶手椅
（17 世纪后期—18 世纪后期）

8–5
带有背板的弓背扶手椅
（18 世纪前期— ）

金匠椅
（18 世纪中期— ）

8–6
板条椅背的扶手椅
（19 世纪中期— ）

因移民的带入，在美国形成独特风格

美式温莎椅

8–10
美式梳背扶手椅
（18 世纪前期— ）

8–11
连续扶手椅
（18 世纪后期— ）

8–12
波士顿摇椅
（19 世纪中期— ）

部分夏克尔椅受到温莎椅的影响

夏克尔式

9–4 苹果分拣椅

许多北欧和日本的设计师重新设计了温莎椅

北欧设计师

弓背椅
（阿尔托，1925）

斯托尔 2025
（stol 2025）
（约瑟夫·弗兰克，1925）

CALM 椅
（古纳·阿斯普伦德，1939）

小奥兰餐椅
（卡尔·马姆斯登，1940）

温莎椅
（莫根森，1944）

15–27
孔雀椅
（瓦格纳，1947）

日本设计师

21–17
轮辐椅
（丰口克平，1963）

力温莎椅
（渡边力，1984）

●夏克尔椅、超轻椅

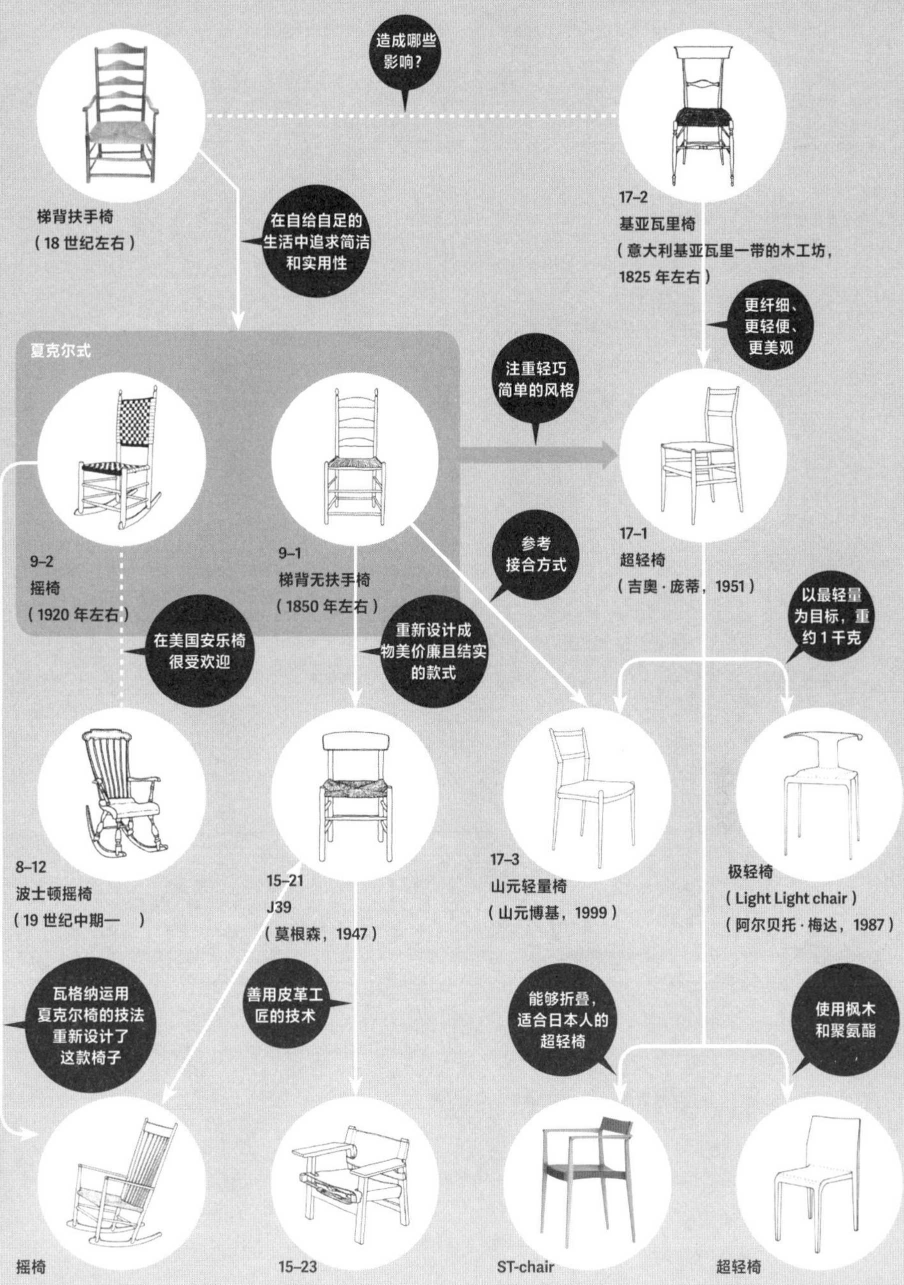
梯背扶手椅
（18 世纪左右）
造成哪些影响？
在自给自足的生活中追求简洁和实用性
17–2
基亚瓦里椅
（意大利基亚瓦里一带的木工坊，1825 年左右）
更纤细、更轻便、更美观
夏克尔式
注重轻巧简单的风格
9–2
摇椅
（1920 年左右）
9–1
梯背无扶手椅
（1850 年左右）
参考接合方式
17–1
超轻椅
（吉奥·庞蒂，1951）
以最轻量为目标，重约 1 千克
在美国安乐椅很受欢迎
重新设计成物美价廉且结实的款式
8–12
波士顿摇椅
（19 世纪中期— ）
15–21
J39
（莫根森，1947）
17–3
山元轻量椅
（山元博基，1999）
极轻椅
（Light Light chair）
（阿尔贝托·梅达，1987）
瓦格纳运用夏克尔椅的技法重新设计了这款椅子
善用皮革工匠的技术
能够折叠，适合日本人的超轻椅
使用枫木和聚氨酯
摇椅
（瓦格纳，1944）
15–23
西班牙椅
（莫根森，1959）
ST-chair
（迎山直树，2014）
超轻椅
（里卡多·布鲁梅尔，1993）

●索耐特的曲木椅

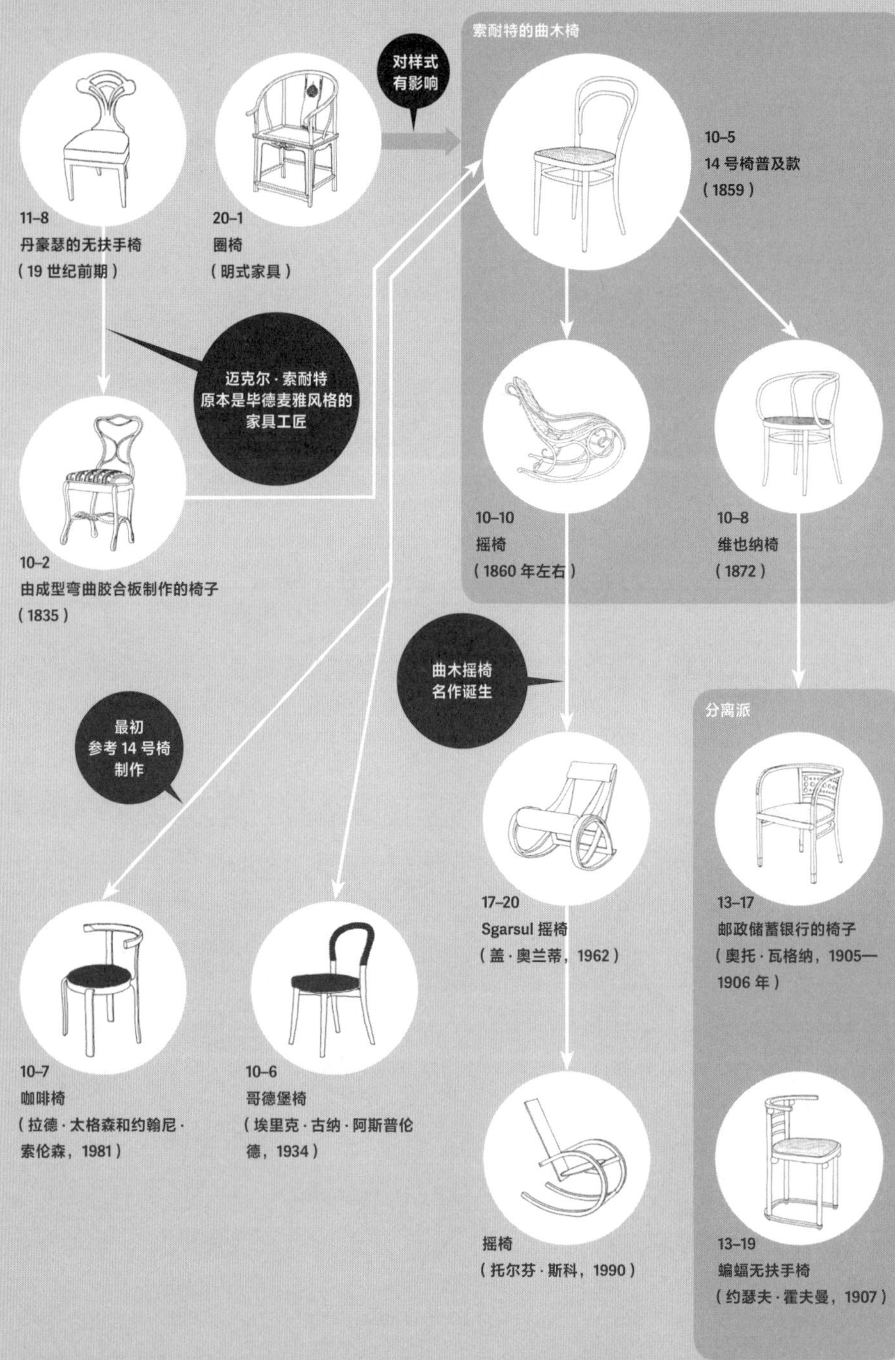

索耐特的曲木椅
对样式
有影响
11–8
丹豪瑟的无扶手椅
（19 世纪前期）
20–1
圈椅
（明式家具）
10–5
14 号椅普及款
（1859）
迈克尔·索耐特
原本是毕德麦雅风格的
家具工匠
10–10
摇椅
（1860 年左右）
10–8
维也纳椅
（1872）
10–2
由成型弯曲胶合板制作的椅子
（1835）
曲木摇椅
名作诞生
分离派
最初
参考 14 号椅
制作
17–20
Sgarsul 摇椅
（盖·奥兰蒂，1962）
13–17
邮政储蓄银行的椅子
（奥托·瓦格纳，1905—
1906 年）
10–7
咖啡椅
（拉德·太格森和约翰尼·
索伦森，1981）
10–6
哥德堡椅
（埃里克·古纳·阿斯普伦
德，1934）
摇椅
（托尔芬·斯科，1990）
13–19
蝙蝠无扶手椅
（约瑟夫·霍夫曼，1907）

●明式家具

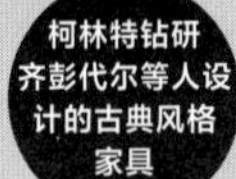

索耐特的曲木椅

明式家具

2–2
克里莫斯椅
（古希腊）

20–1
圈椅

7–8
安妮女王风格的椅子
（18 世纪初期）

15–6
福堡椅
（柯林特，1914）

20–3
四出头官帽椅

20–2
南官帽椅

7–11
安妮女王风格的无扶手椅
（18 世纪中期）

看到圈椅的照片获得灵感

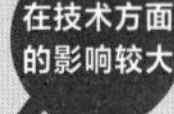

15–25
中国椅
（1943）

15–10
FN 椅
（雅各·凯尔，1949）

15–3
市政厅扶手椅
（马姆斯登，1916）

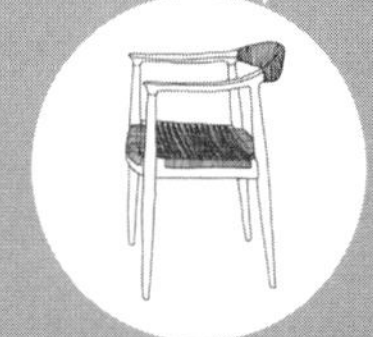

15–26—❶
“椅”椅
（1949）

15–28
Y 椅
（1950）

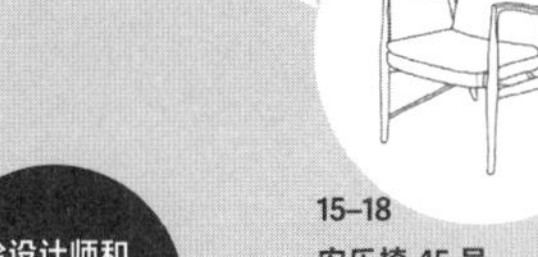

15–18
安乐椅 45 号
（芬·居尔，1945）

●悬臂椅

悬臂型

包豪斯

弯曲钢管制作椅子，具划时代的意义

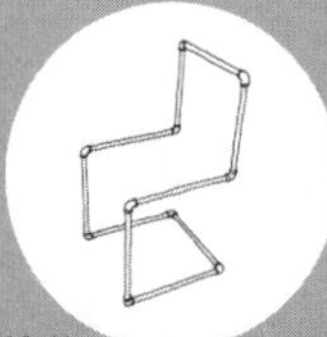

14–11
使用金属制接头连接煤气管制成的试验品煤气管椅
（斯坦，1926）

14–12
悬臂椅 S33 号
（斯坦，1927）

14–7
先生椅
（MR20，密斯·凡·德·罗，1927）

14–9
瓦西里椅
（布劳耶，1925）

使用扁条钢材

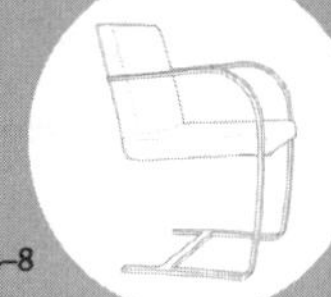

14–8
布尔诺椅
（密斯·凡·德·罗，1929—1930）

14–6
巴塞罗那椅
（密斯·凡·德·罗，1929）

斯坦和布劳耶因争夺悬臂结构的椅子设计的著作权而上了法庭

并非完整的悬臂结构

14–3
安乐椅
（里特维尔德，1927）

14–10
塞斯卡椅
（布劳耶，1928）

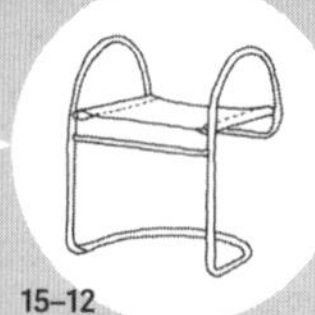

15–12
扶手凳（莱森，1930）

17–11
佃农椅
（卡斯蒂格利奥尼兄弟，1957）

15–46
帕伊米奥椅 31 号
（阿尔托，1930—1931）

21–23
低座椅
（长大作，1960）

15–55
跪椅
（奥普斯维克，1979）

17–4
圣伊里亚椅
（特拉尼，1936）

15–32
PK20
（克耶霍尔姆，1967）

●X形折叠凳

古埃及、古希腊、古罗马

古埃及的折叠凳

1–12
简单的折叠式 X 形凳

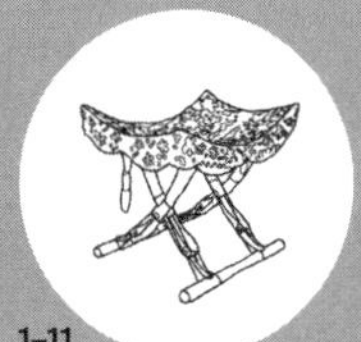

1–11
折叠式 X 形凳

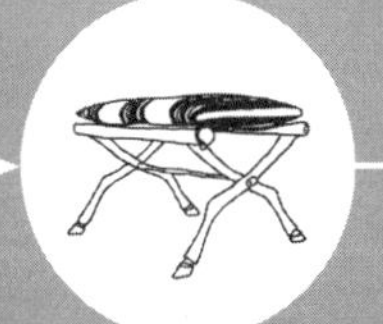

2–8
地夫罗斯·奥克拉地阿斯凳
（古希腊）

3–6
古罗马折叠椅

近代设计师

14–6
虽不是折叠式，但参考了
X 形凳的样式
巴塞罗那椅
（密斯·凡·德·罗，1929）

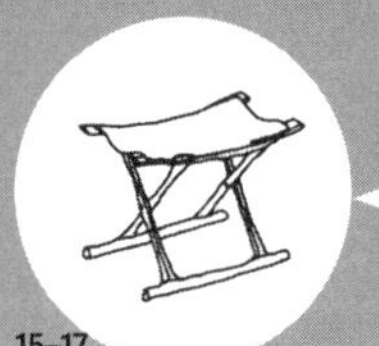

15–17
从造诣颇深的古典家具
获得灵感
埃及凳
（万斯切尔，1960）

中世纪至 18 世纪的欧洲

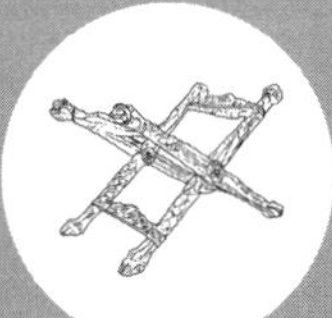

4–9
罗达·德·伊萨贝纳大教
堂的折叠凳
（12 世纪）

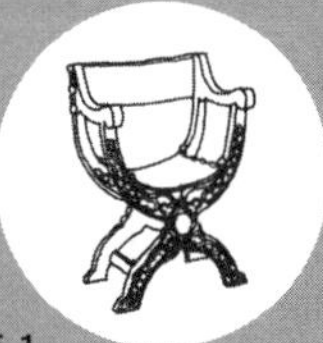

5–1
但丁椅
（14—16 世纪）

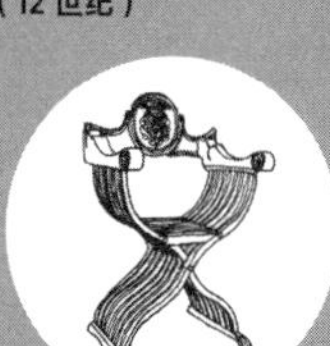

5–2
萨伏那罗拉椅
（14—16 世纪）

6–5
法式折叠凳
（17 世纪）

中国、日本

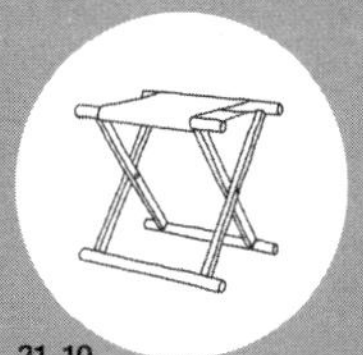

21–10
床几

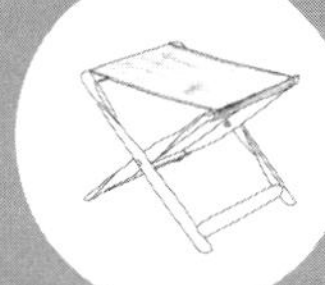

15–9
折叠凳
（柯林特，1933）

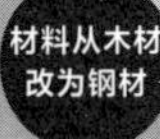

15–35
折叠凳 PK91
（克耶霍尔姆，1961）

15–39
折叠凳
（加梅尔加德，1970）

使用木材和
羊皮纸

15–40
折叠凳（Folding stool，
加梅尔加德，1970）

●躺椅

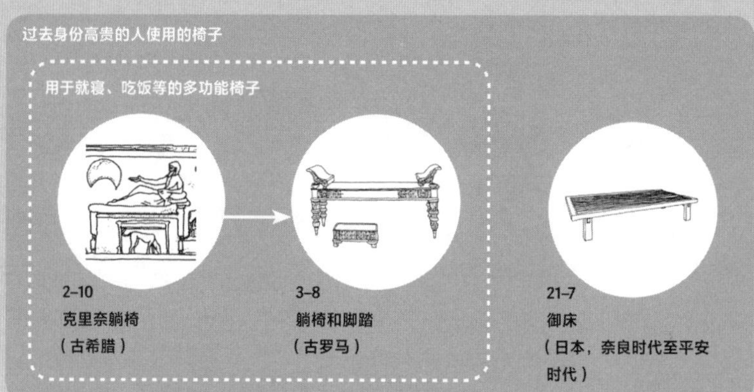
过去身份高贵的人使用的椅子
用于就寝、吃饭等的多功能椅子
2–10
克里奈躺椅
（古希腊）
3–8
躺椅和脚踏
（古罗马）
21–7
御床
（日本，奈良时代至平安时代）

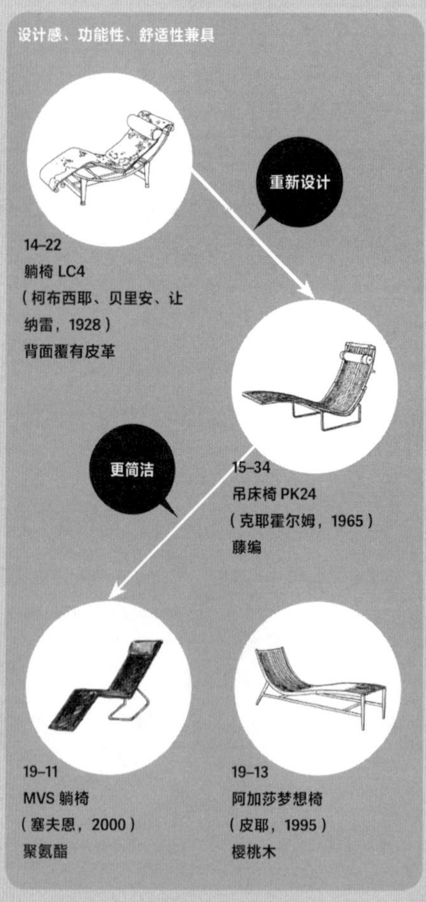
设计感、功能性、舒适性兼具
14–22
躺椅 LC4
（柯布西耶、贝里安、让纳雷，1928）
背面覆有皮革
重新设计
15–34
吊床椅 PK24
（克耶霍尔姆，1965）
藤编
更简洁
19–11
MVS 躺椅
（塞夫恩，2000）
聚氨酯
19–13
阿加莎梦想椅
（皮耶，1995）
樱桃木

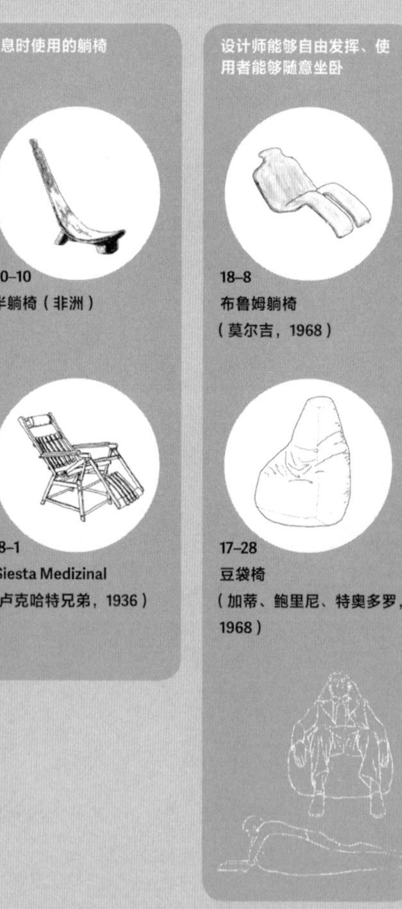
休息时使用的躺椅
20–10
半躺椅（非洲）
18–1
Siesta Medizinal
（卢克哈特兄弟，1936）
设计师能够自由发挥、使用者能够随意坐卧
18–8
布鲁姆躺椅
（莫尔吉，1968）
17–28
豆袋椅
（加蒂、鲍里尼、特奥多罗，1968）

●钢条、钢丝

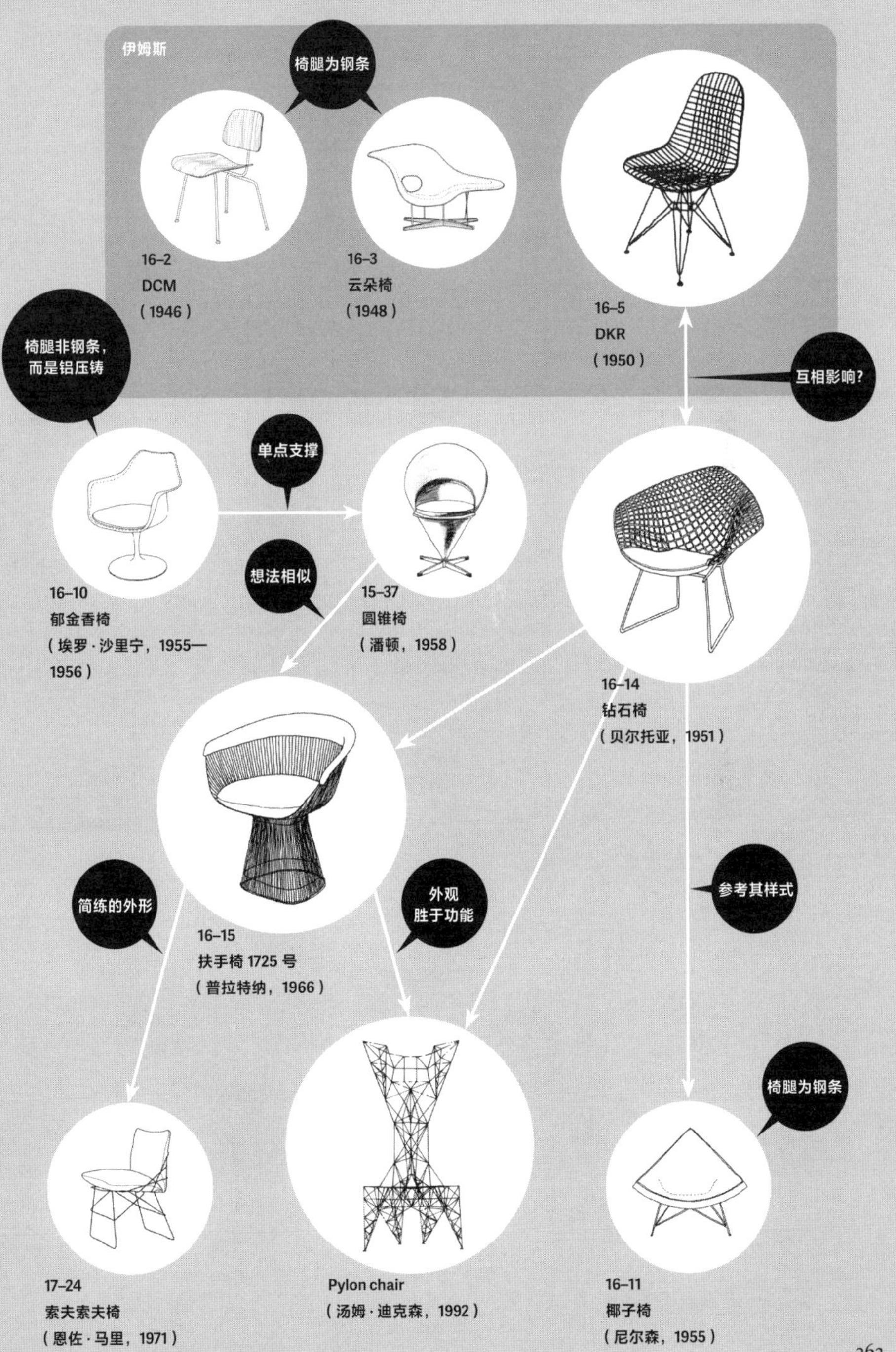
伊姆斯
椅腿为钢条
16–2
DCM
（1946）
16–3
云朵椅
（1948）
16–5
DKR
（1950）
椅腿非钢条，
而是铝压铸
互相影响？
单点支撑
想法相似
16–10
郁金香椅
（埃罗·沙里宁，1955—
1956）
15–37
圆锥椅
（潘顿，1958）
16–14
钻石椅
（贝尔托亚，1951）
16–15
扶手椅 1725 号
（普拉特纳，1966）
简练的外形
外观
胜于功能
参考其样式
椅腿为钢条
17–24
索夫索夫椅
（恩佐·马里，1971）
Pylon chair
（汤姆·迪克森，1992）
16–11
椰子椅
（尼尔森，1955）

● 马金托什、里特维尔德

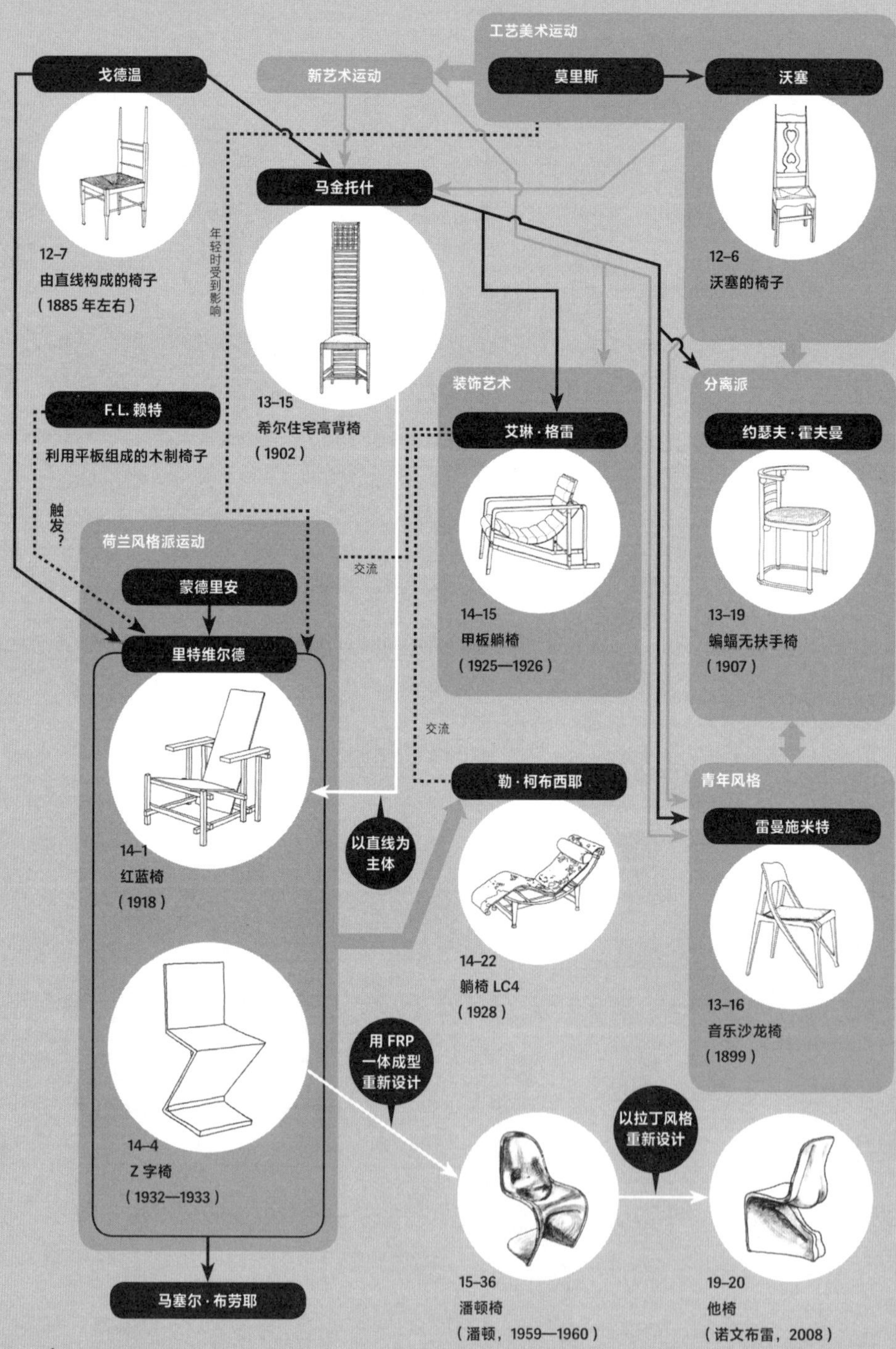

工艺美术运动
戈德温
新艺术运动
莫里斯
沃塞
马金托什
年轻时受到影响
12-7
由直线构成的椅子
（1885 年左右）
13-15
希尔住宅高背椅
（1902）
12-6
沃塞的椅子
装饰艺术
分离派
F.L. 赖特
利用平板组成的木制椅子
艾琳·格雷
约瑟夫·霍夫曼
触发？
荷兰风格派运动
交流
蒙德里安
里特维尔德
14-15
甲板躺椅
（1925—1926）
13-19
蝙蝠无扶手椅
（1907）
交流
青年风格
勒·柯布西耶
雷曼施米特
14-1
红蓝椅
（1918）
以直线为主体
14-22
躺椅 LC4
（1928）
13-16
音乐沙龙椅
（1899）
14-4
Z 字椅
（1932—1933）
用 FRP 一体成型重新设计
以拉丁风格重新设计
马塞尔·布劳耶
15-36
潘顿椅
（潘顿，1959—1960）
19-20
他椅
（诺文布雷，2008）

根据原使用场所分类的椅子一览

后来被称为“名椅”的椅子，

原本是为特定的场所或用途而制作的。

这里列出一部分，并按使用场所进行分类。

	椅子名称	设计师、设计年份	场所
酒店	索尔维公馆的椅子	霍塔（1895—1900）	索尔维公馆（布鲁塞尔）
	东京帝国饭店的椅子	赖特（1920—1930 年）	东京帝国饭店（日本）
	桑拿凳	诺米纳米（1952）	赫尔辛基皇宫宾馆桑拿室
	蛋椅	雅各布森（1958）	丽笙皇家酒店（哥本哈根）
	天鹅椅	雅各布森（1958）	丽笙皇家酒店（哥本哈根）
	休闲椅	剑持勇（1960）	新日本酒店（东京）
	柏户椅	剑持勇（1961）	热海花园酒店（静冈热海）
咖啡、餐饮店	阿盖尔街茶室椅子	马金托什（1897）	阿盖尔街茶室（格拉斯哥）
	蝙蝠无扶手椅	约瑟夫 · 霍夫曼（1907）	蝙蝠歌厅（维也纳）
	Spluga 椅	阿切勒 · 卡斯蒂格利奥尼（1960）	Splugen 啤酒屋（米兰）
	考斯特斯椅	斯塔克（1982）	考斯特斯咖啡馆（巴黎）
图书馆、学校、公共设施、大厦等	邮政储蓄银行的凳子	奥托 · 瓦格纳（1904）	维也纳邮政储蓄银行
	邮政储蓄银行的椅子	奥托 · 瓦格纳（1905—1906）	维也纳邮政储蓄银行
	法古斯公司大厅的扶手椅	格罗皮乌斯（1911）	法古斯公司（德国皮鞋厂商）
	福堡椅	柯林特（1914）	福堡美术馆（丹麦）
	市政厅扶手椅	马姆斯登（1916）	斯德哥尔摩市政厅
	66 号椅	阿尔托（1933）	维堡图书馆（芬兰）
	圣伊里亚椅	特拉尼（1936）	法西斯党部大楼（意大利法西斯党科摩分部大楼）
	FN 椅	雅各 · 凯尔（1949）	联合国总部（纽约）
	蚁椅	雅各布森（1952）	诺华制药公司员工食堂（丹麦）
	乌尔姆凳	马克斯 · 比尔（1954）	乌尔姆设计学院（德国）
	单人椅 T-0507N	水之江忠臣（1955）	神奈川县立图书馆
	胡桃木凳	蕾 · 伊姆斯与查尔斯 · 伊姆斯（1960）	时代生活大厦（纽约）
疗养院	帕伊米奥椅	阿尔托（1930—1931）	帕伊米奥疗养院（芬兰）
	普克斯多夫疗养院的扶手椅	莫塞（1903）	普克斯多夫疗养院（维也纳郊外）
	机器座椅	约瑟夫 · 霍夫曼（1905）	普克斯多夫疗养院（维也纳郊外）

年表

时代、样式	历史性事件、椅子等家具的相关事项

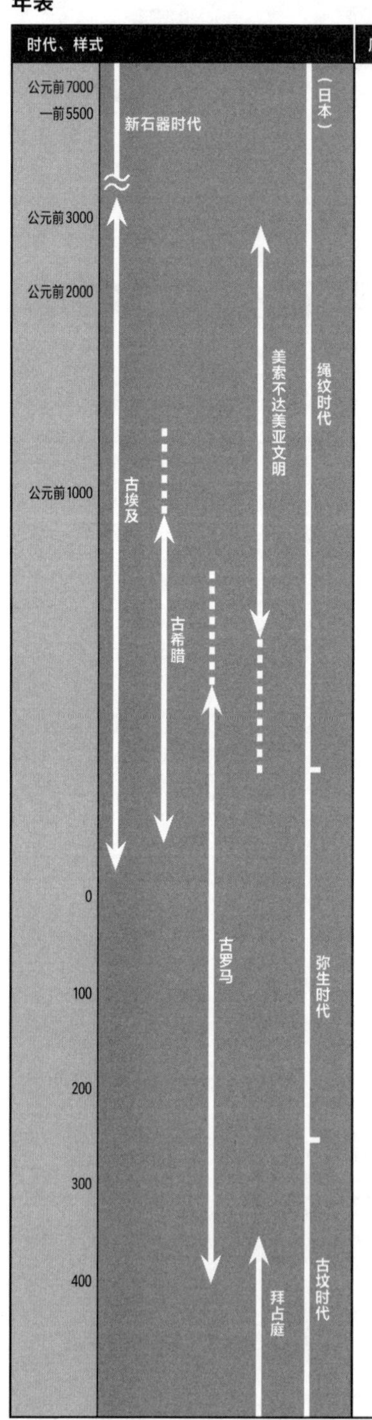

约公元前7000—前5500　土耳其安纳托利亚高原南部的加泰土丘，居民从事农耕。从当地出土的坐在椅子上的大地女神像可以推测当时已经开始使用椅子。

约公元前3100　埃及建立由法老统治的统一王朝。

约公元前2600　古埃及第四王朝，斯尼夫鲁法老在位。王妃赫特弗瑞丝一世的椅子以几乎完整的形态留存至今，是目前世界上最古老的椅子。

约公元前1700　汉谟拉比王时代，迎来了美索不达美亚文明鼎盛期，因受到埃及的影响开始使用家具。上层阶级在就寝和用餐时使用躺椅。

约公元前16—前11世纪　中国商朝。

公元前14世纪　古埃及第十八王朝，图坦卡蒙法老在位。从其墓室中出土了各类椅子。

约公元前800　希腊建立城邦。

公元前551—前479　中国儒家始祖孔子生卒年。

约公元前500—前400　日本处于绳纹时代，此时已经开始使用小型木制凳子（1992年，从日本德岛市的庄 · 藏本遗址中出土了日本最古老的椅凳）。

约公元前5世纪　以雅典为中心确立了民主制度，迈向雅典全盛时期，也是希腊古文明的黄金期。平民也会使用克里莫斯椅等椅子。

公元前469—前399　古希腊哲学家苏格拉底坐在“王座”上讨论哲学。

公元前272　罗马城邦统一半岛。

公元前102—前44　罗马军事统帅恺撒生卒年。

公元前30　克利奥帕特拉自杀。埃及王朝灭亡。

25—220　中国东汉时期，开始使用折叠凳胡床。

50—230　这一时期的木制凳子（榫卯结构）出土于日本登吕遗址。

100左右　罗马帝国的全盛时期。罗马人将躺椅作为睡床和餐桌使用。

200左右　邪马台国女王卑弥呼在位。

3世纪后期至6世纪后期　日本古坟时代，现已发现这一时期的坐在凳子和椅子上的土偶（从日本各地的遗址中出土）。

313　罗马的君士坦丁一世发布《米兰敕令》，承认基督教。基督教不断扩张的同时，主教和罗马教皇开始在弥撒时坐在庄严的椅子上。

375左右　日耳曼民族开始大迁徙。

395　罗马帝国东西分裂。

476　西罗马帝国灭亡。

481　法兰克王国建立。

椅子名称

1　加泰土丘遗址出土的大地女神像/约公元前7000—前5500

古埃及

2　赫特弗瑞丝的椅子/约公元前2600
3　石灰岩浮雕上的王座（椅腿以狮腿为原型）/约公元前1990—前1780（第十二王朝）
4　图坦卡蒙法老墓出土的王座
5　椅背呈三角结构的椅子/约公元前14世纪
6　皮制四脚凳/约公元前16世纪—前14世纪（第十八王朝）
7　折叠式X形凳（坐面可拆卸）/约公元前14世纪
8　狮头木凳（坐面为皮革编织）/约公元前600

古希腊

9　克里莫斯椅（优雅的四腿无扶手椅）
10　王座（带椅背的椅子）
11　地夫罗斯凳
12　地夫罗斯·奥克拉地阿斯凳（折叠凳）
13　克里奈躺椅

古罗马

14　主教椅（四腿单人椅，受到克里莫斯椅的影响）
15　罗马高背椅（带椅背的椅子）
16　比赛利凳
17　古罗马折叠凳
18　列克塔斯

日本

19　日本最古老的椅凳/公元前500—前400
20　登吕遗址的凳子/50—230
21　带有靠背的凳子（赤堀茶臼山古坟出土）/5世纪

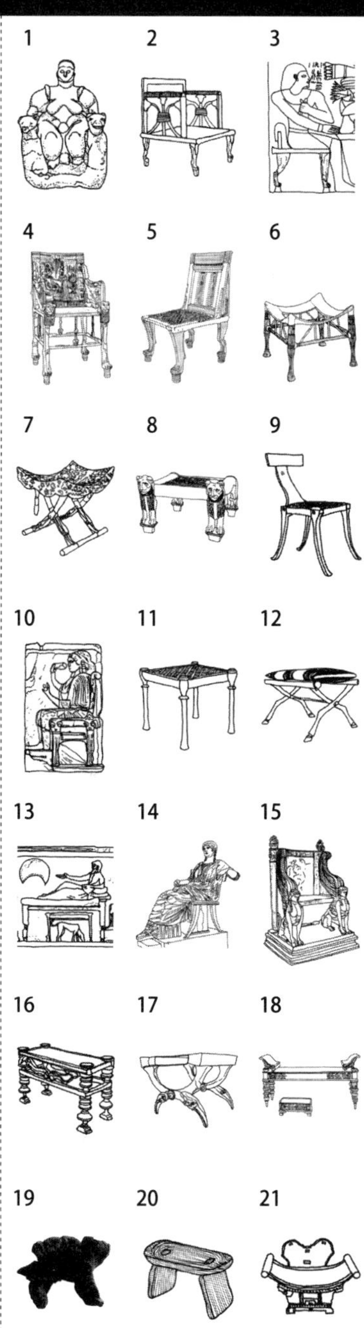

时代、样式	历史性事件、椅子等家具的相关事项

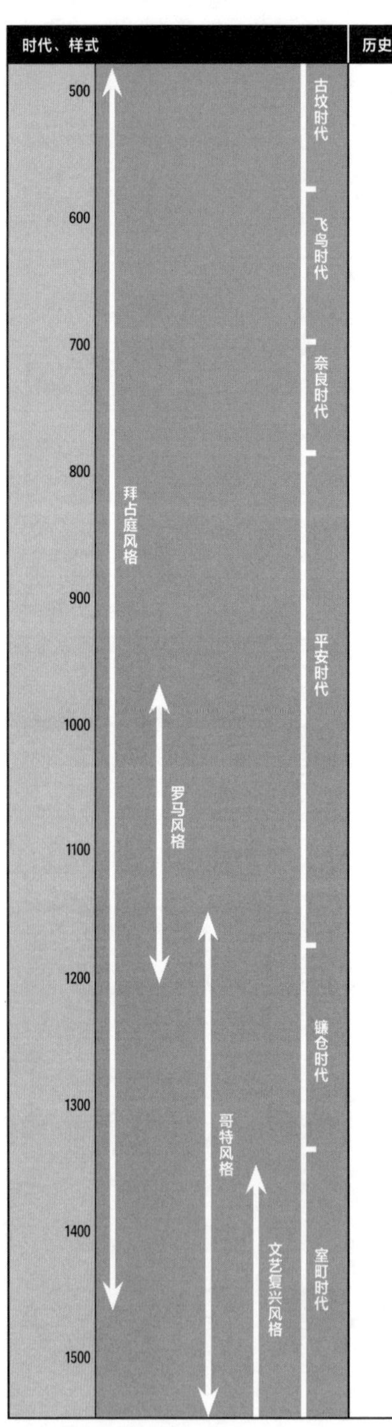

527　东罗马帝国（拜占庭帝国，首都为君士坦丁堡），查士丁尼一世即位。

约607　日本建造法隆寺。

623　法兰克王国的达戈贝尔特一世即位。曾使用青铜制折叠椅。

约700　日本筑造高松塚古坟。壁画上绘有手拿折叠凳的人。

710　日本迁都平城京。

756　光明皇后将圣武天皇的遗物捐给东大寺，后来收藏于正仓院。“赤漆槻木胡床”和御床也收藏于此。

794　日本迁都平安京。

800左右　维京人（诺曼人）从斯堪的纳维亚半岛入侵欧洲各地（约200年间）。

800　法兰克王国的查理大帝成为西罗马帝国皇帝。

829　英格兰各国统一（盎格鲁-撒克逊王国成立）。

1000—1200　欧洲采用罗马时代的建筑技术（圆柱法等），给椅子等家具设计带来影响。

1066　英国建立诺曼底王朝（诺曼底征服英格兰）。

1096　第一次十字军东征（1096—1099）。

1192　源赖朝任征夷大将军。从镰仓时代到室町时代，禅宗高僧使用曲录。

1200—1300　欧洲出现框架板装技术。中世纪欧洲农民将箱子当凳子用，只有宫廷和教会才使用真正的椅子。

1206　成吉思汗登基称帝。

1307　爱德华二世登基为英国国王。举行加冕仪式时坐在加冕椅上，那把椅子至今仍作为“加冕椅”使用。

1321　但丁（1265—1321）完成《神曲》。但丁椅据说为但丁喜爱的椅子，并由此得名。

1338　足利尊氏任夷大将军。日本进入室町时代。

1339　英法百年战争开始（1339—1453）。

1368　中国进入明朝（1368—1644）。当时从海外引进了黑檀木等上等木材，家具木工技术也很发达，明朝的家具被称为“明式家具”。

1429　百年战争中，圣女贞德夺回奥尔良。

1452—1519　莱昂纳多·达·芬奇生卒年。

1453　东罗马帝国（拜占庭帝国）灭亡。

1492　哥伦布到达美洲（圣萨尔瓦多岛）。

1498　多明我会修士吉罗拉莫·萨伏那罗拉在梵蒂冈被施以火刑。X形折叠凳“萨伏那罗拉椅”为其爱用之物，由此得名。

椅子名称

拜占庭风格

1 马克西米安的主教椅 /6 世纪中期
2 达戈贝尔特一世的椅子（青铜制折叠椅）/7 世纪前期—中期
3 圣彼得大教堂（梵蒂冈）的主教椅 /9 世纪中期

罗马风格

4 罗达 · 德 · 伊萨贝纳教堂（西班牙）的折叠凳 / 约 12 世纪
5 罗马风格的斯堪的纳维亚半岛的椅子、长椅等 / 约 12 世纪

哥特风格

6 英国国王即位时使用的“加冕椅”/13 世纪末—14 世纪初
7 阿拉贡国王马丁的王座 /14 世纪中期
8 胡桃木椅 /15 世纪

文艺复兴风格

9 但丁椅
10 萨伏那罗拉椅
11 意式单人椅 /15 世纪初期—
12 penchetto/15 世纪后期—
13 箱式长椅 /15 世纪中期—16 世纪

日本

14 赤漆槻木胡床（正仓所藏）
15 御床
16 床几
17 曲录

中国明式家具

18 圈椅
19 四出头官帽椅
20 南官帽椅

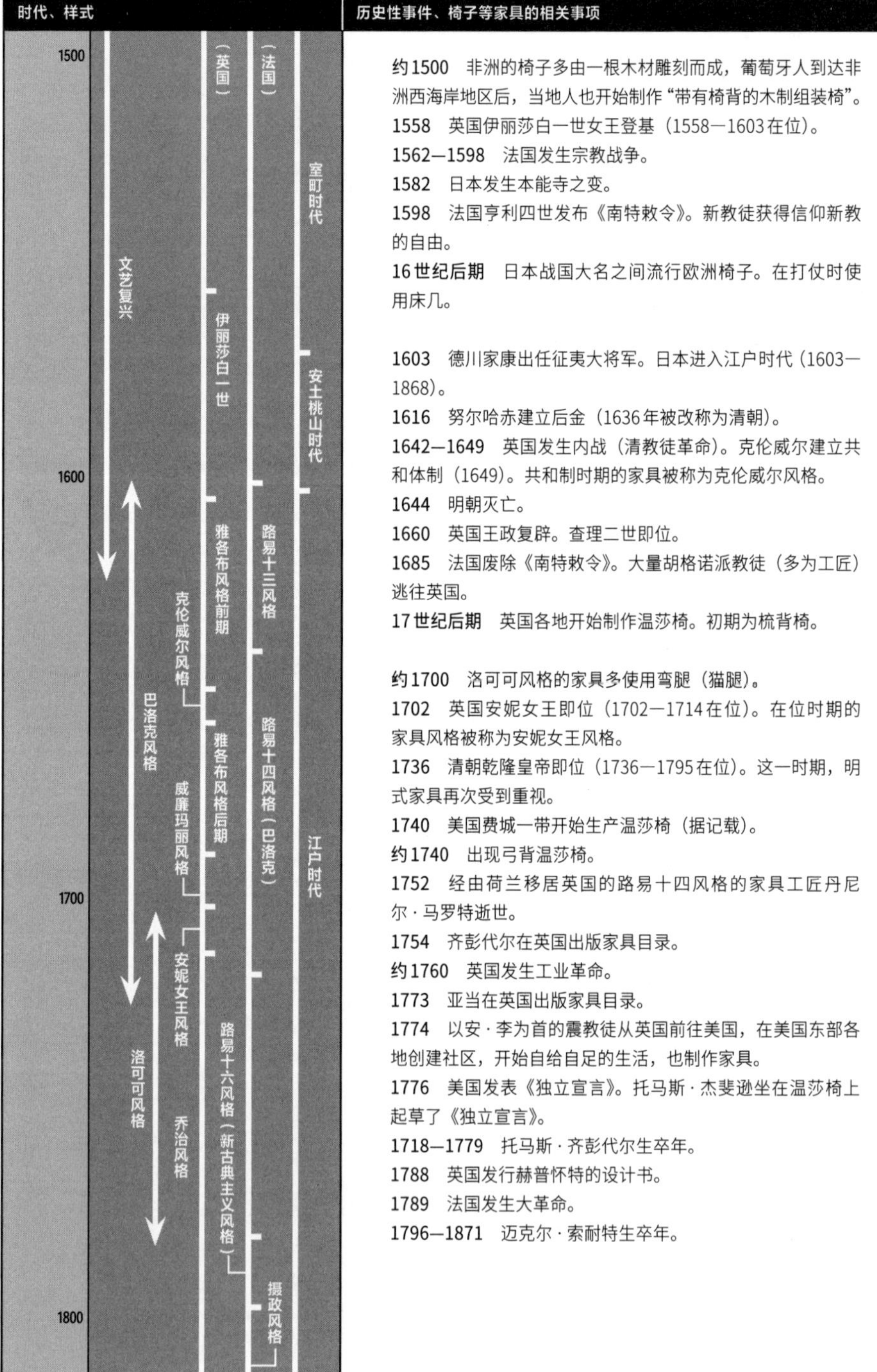

历史性事件、椅子等家具的相关事项

约1500 非洲的椅子多由一根木材雕刻而成，葡萄牙人到达非洲西海岸地区后，当地人也开始制作“带有椅背的木制组装椅”。

1558 英国伊丽莎白一世女王登基（1558—1603在位）。

1562—1598 法国发生宗教战争。

1582 日本发生本能寺之变。

1598 法国亨利四世发布《南特敕令》。新教徒获得信仰新教的自由。

16世纪后期 日本战国大名之间流行欧洲椅子。在打仗时使用床几。

1603 德川家康出任征夷大将军。日本进入江户时代（1603—1868）。

1616 努尔哈赤建立后金（1636年被改称为清朝）。

1642—1649 英国发生内战（清教徒革命）。克伦威尔建立共和体制（1649）。共和制时期的家具被称为克伦威尔风格。

1644 明朝灭亡。

1660 英国王政复辟。查理二世即位。

1685 法国废除《南特敕令》。大量胡格诺派教徒（多为工匠）逃往英国。

17世纪后期 英国各地开始制作温莎椅。初期为梳背椅。

约1700 洛可可风格的家具多使用弯腿（猫腿）。

1702 英国安妮女王即位（1702—1714在位）。在位时期的家具风格被称为安妮女王风格。

1736 清朝乾隆皇帝即位（1736—1795在位）。这一时期，明式家具再次受到重视。

1740 美国费城一带开始生产温莎椅（据记载）。

约1740 出现弓背温莎椅。

1752 经由荷兰移居英国的路易十四风格的家具工匠丹尼尔·马罗特逝世。

1754 齐彭代尔在英国出版家具目录。

约1760 英国发生工业革命。

1773 亚当在英国出版家具目录。

1774 以安·李为首的震教徒从英国前往美国，在美国东部各地创建社区，开始自给自足的生活，也制作家具。

1776 美国发表《独立宣言》。托马斯·杰斐逊坐在温莎椅上起草了《独立宣言》。

1718—1779 托马斯·齐彭代尔生卒年。

1788 英国发行赫普怀特的设计书。

1789 法国发生大革命。

1796—1871 迈克尔·索耐特生卒年。

椅子名称

文艺复兴风格

1 卡克托瑞椅（法国，穿着宽摆裙的宫廷贵妇聊天时使用的扶手椅）/16世纪中期
2 靠凳椅（法国，穿着宽摆裙的宫廷贵妇聊天时使用的椅子）/16世纪后期
3 扶手椅（意大利）/16世纪
4 扶手椅（法国）/16世纪
▶ 扶手椅（西班牙）/16世纪
5 榫接凳（英国）/约16世纪中期

巴洛克风格

6 布卢斯特伦的扶手椅（意大利）
7 意大利17世纪的扶手椅
8 法式折叠凳（法国，宫廷贵妇使用的折叠凳）
9 低矮凳（法国，凳腿固定的凳子）
10 法式安乐椅（法国，扶手椅）
11 耳翼式安乐椅（法国，翼椅）

英国，雅各布风格等，17世纪

12 壁板椅（带有背板的扶手椅）/17世纪
13 克伦威尔椅/17世纪中期
14 雅各布风格后期的胡桃木扶手椅/17世纪后期

英国，威廉玛丽风格

15 胡桃木椅（多采用曲线）/18世纪前期

法国，洛可可风格（路易十五风格）

16 法式安乐椅
17 法式翼遮扶手椅（扶手和椅背一体型的布面椅子）

法国，新古典主义风格（路易十六风格）

18 法式低座位椅（观看游戏时用的椅子）
19 法式翼遮扶手椅（使用直线造型，而非猫腿造型）
▶ 玛丽·安托瓦内特的椅子（乔治·雅各布）

英国，安妮女王风格，18世纪初期

20 安妮女王风格的椅子

英国，乔治风格，18世纪中期—19世纪初期

21 托马斯·齐彭代尔
22 罗伯特·亚当
23 乔治·赫普怀特
24 托马斯·谢拉顿

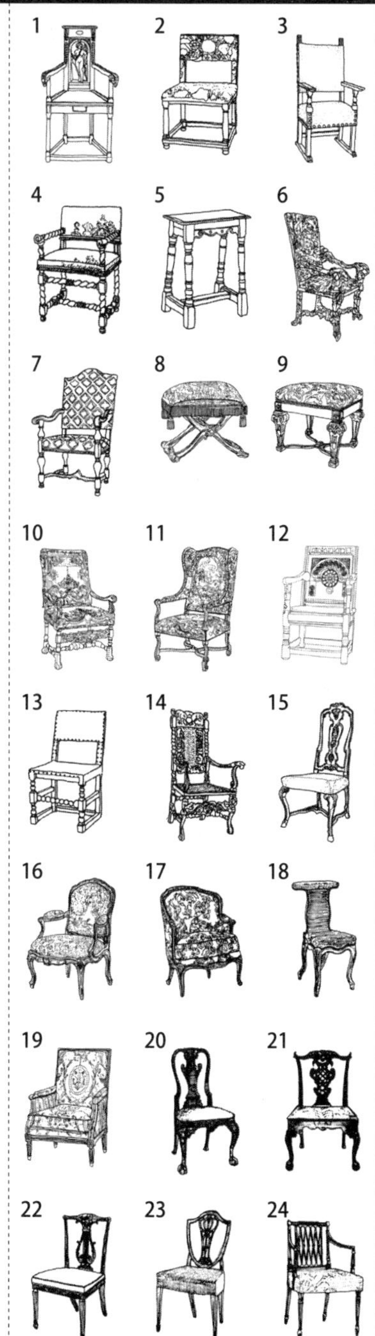

时代、样式	历史性事件、椅子等家具的相关事项

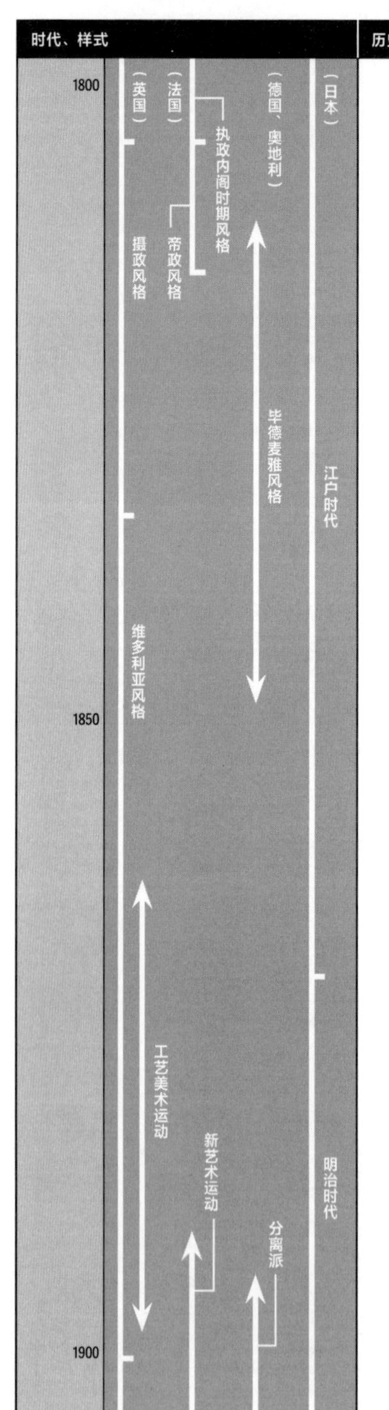

1804 拿破仑登基（1804—1814在位）。拿破仑一世风格（帝政风格）开始流行。

1805 特拉法加海战。因领导英国海军取得胜利，纳尔逊中将人气高涨，以锚和绳索为原型的设计元素在英国流行。

约1807 意大利北部港口城市基亚瓦里的木工坊开始制作基亚瓦里椅（吉奥·庞蒂的超轻椅便重新设计自基亚瓦里椅）。

1814 维也纳会议（1814—1815）。会议厅使用的毕德麦雅风格的椅子推广至欧洲各国。

1815—1848 德国流行毕德麦雅风格。

1835 普金在英国出版哥特风格的设计书。

1837 维多利亚女王即位。女王在位时期的家具设计被称为维多利亚风格。

1851 伦敦世界博览会开幕。以此为契机建立维多利亚和阿尔伯特博物馆（伦敦，椅子藏品较多）。

1853 佩里来到日本浦贺。克里米亚战争（1853—1856）爆发。索耐特兄弟公司成立。

1859 索耐特的曲木椅14号面世，成为长期热销商品。

约1860 日本人开始制作西方风格的椅子（据传当时的英国代理公使亨利·休斯肯请东京高轮的木匠制作椅子）。

1861 林肯就任美国总统。工艺美术运动的领导者威廉·莫里斯成立“莫里斯商会”。

约1863 日本横滨开始有人制作西式家具。

1868 日本开始明治维新。

1871 德意志帝国成立（1871—1918）。

1872 日本官厅开始使用椅子。

1873 日本政府参加维也纳世界博览会（也是首次参加世界博览会，从这一时期开始，日式风格开始渗入欧洲）。

1875 英国海威科姆一天生产4700多把椅子。

1876 美国独立100周年纪念博览会在费城举办。参展的夏克尔家具受到好评。夏克尔椅的产量达到巅峰。

1883 东京的社交场所——鹿鸣馆建成（乔赛亚·康德设计），使用了俗称“达摩椅”的气球形靠背椅。

1893 英国杂志*STUDIO*创刊。

1894 中日甲午战争爆发（1894—1895）。

1895 巴黎，美术商萨缪尔·宾格开设商店，店名正是新艺术运动的名称来源，并逐渐普及。

1896 威廉·莫里斯逝世。杂志*Jugend*在慕尼黑创刊。

1897 奥托·瓦格纳等人成立维也纳分离派。

椅子名称

1　基亚瓦里椅（意大利）/1825年左右

英式温莎椅

2　梳背形扶手椅

3　带有背板的弓背扶手椅

4　金匠椅

5　烟枪椅

6　板条椅背的扶手椅

美式温莎椅

7　美式梳背扶手椅

▶　袋背椅

8　连续扶手椅

9　波士顿摇椅

夏克尔椅

10　梯背无扶手椅

11　摇椅

12　凳子

索耐特

13　14号椅（超级畅销品）/1859

14　摇椅/1860

15　维也纳椅（扶手椅6009号）/1872

16　执政内阁时期风格的扶手椅（法国）/1795—1804

17　拿破仑一世的王座（法国，帝政风格）/1804—1815

18　毕德麦雅风格的椅子（德国、奥地利）/19世纪前期

19　特拉法加椅（英国，摄政风格）/1800—1830

20　气球椅（英国，维多利亚风格）/1830—1900

▶　莫里斯椅（英国，莫里斯商会）/1866

21　苏塞克斯椅（英国，莫里斯商会）/1870

　　达摩椅“莺图莳绘小椅子”（日本，用于鹿鸣馆）/约1880年

22　加雷的椅子（法国，新艺术运动）/19世纪90年代

▶　凡·德·威尔德住宅的椅子（威尔德，比利时新艺术运动）/1895年左右

23　音乐沙龙椅（理查德·雷曼施米特，德国青年风格）/1899

24　卡尔维特之家扶手椅（安东尼·高迪，西班牙现代风格）/1900年左右

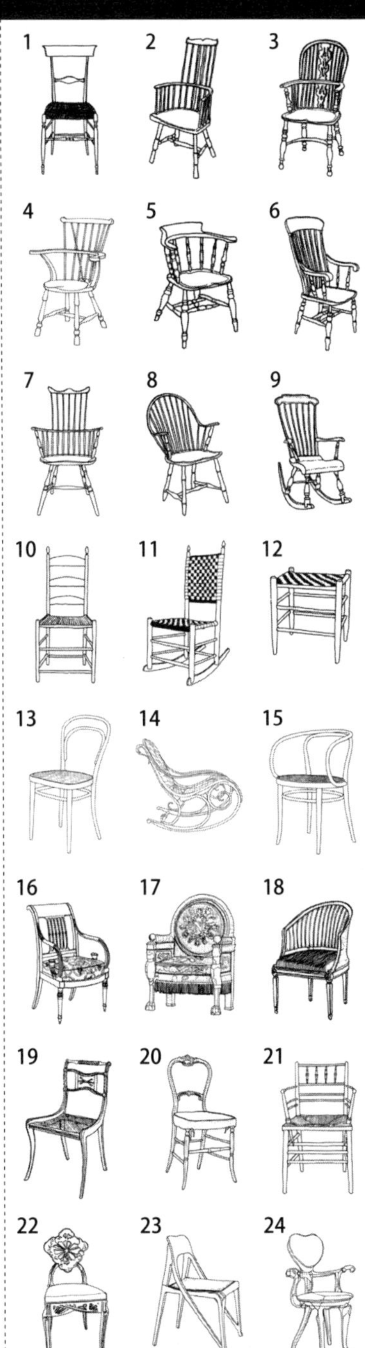

时代、样式	历史性事件、椅子等家具的相关事项

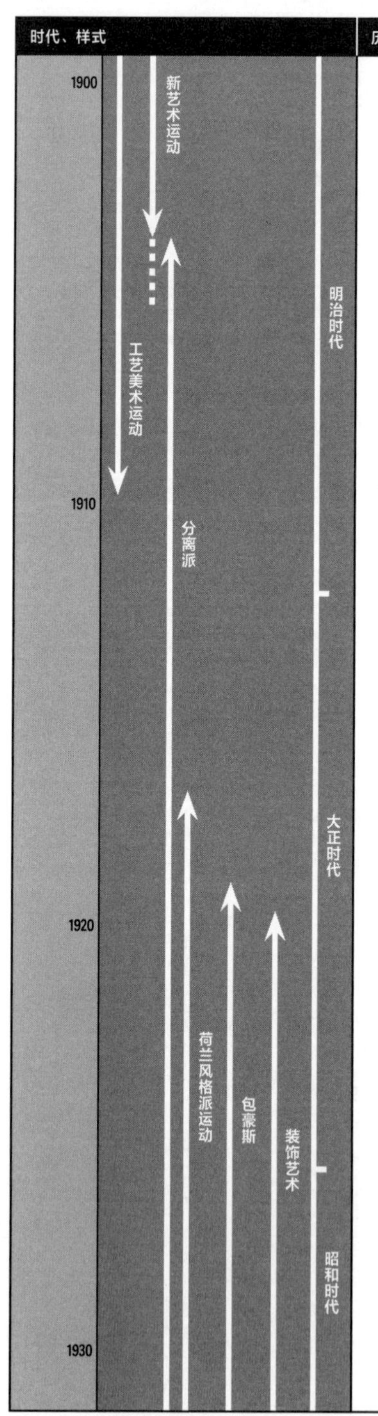

1901 日本政府引进索耐特的曲木椅，鼓励民间制作椅子。

1902 日英结盟。马金托什设计希尔住宅（同时设计了家具）。凡·德·威尔德在德国魏玛成立工艺讨论会（造就了后来的包豪斯）。

1903 约瑟夫·霍夫曼成立“维也纳工坊”。

1904 日俄战争（1904—1905）。

1905 弗兰克·劳埃德·赖特首次访日。赫曼米勒公司（美国）的前身Star家具公司成立（1923年被改为现在的名称）。

1907 德意志工作同盟（DWB）成立（理查德·雷曼施米特和约瑟夫·霍夫曼等人共同创办）。

约1910 新艺术运动流行。

1912 日本进入大正时代。清朝灭亡，中华民国建立。

1914 第一次世界大战爆发（1914—1918）。林二郎开始制作民间艺术的椅子。

1917 俄国革命。美术杂志《风格》（1917—1928）创立于荷兰莱顿。

1919 德国采用《魏玛宪法》。包豪斯学院（1919—1933）在魏玛创立。美国进入禁酒时期。

1920 国际联盟成立。装饰艺术风格从这个时期（1920—1930年）开始普及。《新精神》杂志（1920—1925）在法国创刊。Ercol家具公司（英国）创立。日本中央木工（现为飞弹产业）成立。

1921 弗兰克·劳埃德·赖特设计自由学园明日馆（现指定为日本国家重要文化财）。

1922 意大利建立法西斯政权。苏维埃联邦成立。

1923 日本发生关东大地震。帝国饭店新馆（弗兰克·劳埃德·赖特设计）完工。

1924 荷兰的里特维尔德设计“施罗德住宅”（2000年登记为世界遗产）。丹麦皇家艺术学院建筑系设立家具专业（由柯林特执教）。

1925 巴黎举办现代工业和装饰艺术博览会。包豪斯的校址由魏玛迁至迪索。这一时期正在进行钢管椅的开发。

1926 日本进入昭和时代。森谷延雄成立“木芽舍”（1927年因森谷延雄逝世而终止活动）。出版《西方美术史：古代家具篇》。柳宗悦成立日本民艺协会。马特·斯坦提出悬臂构造的椅子的概念。

1928 日本商工省工艺指导所（初代所长为国井喜太郎）在仙台成立。藏田周忠等人成立“型而工坊”（1928—1939）。吉奥·庞蒂创办建筑设计杂志*Domus*。特拉尼等人成立“七人组”（意大利）。通过法国装饰美术展（纽约），装饰艺术风格在美国迅速流行。

1929 全球爆发经济危机。举办巴塞罗那世界博览会（巴塞罗那椅为放置在德国馆中的椅子）。法国由柯布西耶等人参展，成立UAM（现代艺术家联盟）。Thonet-Mundus公司举办以曲木为主轴的国际大赛（评委有柯布西耶等人，但并未出现优秀作品，一等奖空缺）。

椅子名称

▶ 弗里德曼住宅的无扶手椅（约瑟夫·马利亚·奥尔布里希）/1900年左右
1 希尔住宅高背椅（查尔斯·马金托什）/1902
2 眼镜蛇椅（卡罗·布加迪，意大利自由风格）/1902
3 邮政储蓄银行的凳子（奥托·瓦格纳）/1904
4 蝙蝠无扶手椅（约瑟夫·霍夫曼）/1905
5 机器座椅（约瑟夫·霍夫曼）/1905
6 邮政储蓄银行的椅子（奥托·瓦格纳）/1905—1906
▶ 白椅（埃利尔·沙里宁）/1910年
▶ 法古斯工厂大厅的扶手椅（瓦尔特·格罗皮乌斯）/1911
7 福堡椅（柯林特）/1914
8 市政厅扶手椅（卡尔·马姆斯登）/1916
9 红蓝椅（格里特·托马斯·里特维尔德）/1918
10 东京帝国饭店的椅子（赖特）/1920—1930
▶ 柏林椅（赖特）/1928
11 “朱之房间”的扶手椅（森谷延雄）/1925
▶ 塞纳椅（埃里克·古纳·阿斯普伦德）/1925
12 瓦西里椅（马塞尔·布劳耶）/1925
13 甲板躺椅（艾琳·格雷）/1925—1926
▶ 煤气管椅（马特·斯坦）/1926
14 悬臂椅S33号（马特·斯坦）/1927
15 先生椅（密斯·凡·德·罗）/1927
▶ T形凳（皮埃尔·夏洛）/1927
▶ 红椅（柯林特）/1927
▶ “木芽舍”首次展出的小椅子（森谷延雄）/1927
▶ 文化椅子组合（日本乐器）/1928
16 塞斯卡椅（马塞尔·布劳耶）/1928
17 巴斯库兰椅（布劳耶、贝里安、让纳雷）/1928
18 舒适沙发LC2（布劳耶、贝里安、让纳雷）/1928
19 躺椅LC4（布劳耶、贝里安、让纳雷）/1928
20 橡胶躺椅（勒内·赫布斯特）/1928—1929
21 Grand Repos椅D80（简·普鲁威）/1928—1930
22 巴塞罗那椅（密斯·凡·德·罗）/1929
23 必比登椅（艾琳·格雷）/1929
24 布尔诺椅（密斯·凡·德·罗）/1929—1930

设计师、建筑师生卒年

1930

欧仁·盖拉德
（1862—1933）

埃米尔 - 雅克·鲁尔曼
（1879—1933）

雅克·格鲁伯
（1870—1936）

布鲁诺·陶特
（1880—1938）

卡罗·布加迪
（1856—1940）

1940

古纳·阿斯普伦德
（1885—1940）

查尔斯·弗朗西斯·安妮斯利·沃塞
（1857—1941）

埃克多·基马
（1867—1942）

朱塞佩·特拉尼
（1904—1943）

木桧恕一
（1881—1943）

罗伯特·马莱-史蒂文斯
（1886—1945）

维克多·霍塔
（1861—1947）

梶田惠
（1890—1948）

1950

历史性事件、椅子等家具的相关事项

1930 滨田庄司和柳宗悦等人展示并出售在英国收集的手工艺品和温莎椅等（东京日本桥白木屋）。

1931 “九一八”事变。勒·柯布西耶设计其住宅代表作“萨伏伊别墅”。瓦格纳获得家具师匠资格。

1932 日本“五一五”事件。《工艺News》创刊。包豪斯学院关闭（虽然曾在柏林再次开办，但于1933年关闭）。维也纳工坊关闭。万斯切尔出版*MOBEL TYPER*（这本书介绍的明式家具圈椅给瓦格纳带去了影响）。

1933 希特勒成为德国总理。布鲁诺·陶特访日，在工艺指导所进行设计指导。工艺指导所的西川友武在“铝制椅子设计国际大赛”（巴黎）中获得金奖。

1934 乔治·中岛进入东京的安东尼·雷蒙德建筑事务所工作。Vitra公司（德国）成立。

1935 阿尔托等人成立Artek公司。米兰三年展开始。生产夏克尔椅的主力工厂（芒特莱巴嫩）停止生产。

1936 日本“二二六”事件。日本民艺馆开馆（东京驹场）。

1937 在巴黎世界博览会中，毕加索以作品《格尔尼卡》参展，坂仓准三设计日本馆，河井宽次郎获得金奖。瓦尔特·格罗皮乌斯等与包豪斯相关人士因厌恶纳粹政权移居美国。

1938 诺尔公司（美国）成立。

1939 第二次世界大战爆发。

1940 贝里安作为商工省技术顾问访日。在纽约现代艺术博物馆主办的“自然家具设计大赛”中，查尔斯·伊姆斯和沙里宁共同展出了成型胶合板制的椅子。天童木工家具建具工业工会成立（现为天童木工）。

1941 太平洋战争爆发。举办贝里安展（高岛屋）。

1943 瓦格纳发表圈椅（后被改名为“椅”椅）。宜家创立（瑞典）。

1944 池田三四郎成立中央构材工业（现为松本民艺家具）。英国成立工业设计协会（COID），美国成立工业设计者协会（SID）。此时，伊姆斯正在研发医用成型胶合板，用于固定腿部骨折伤患的伤处。

1945 第二次世界大战结束，太平洋战争结束。

1946 日本制定并发布宪法。柳宗理等人开始研究工业设计。工艺指导所开始设计制作军用家具。查尔斯·伊姆斯开始运用在“二战”中开发的成型胶合板技术制作椅子。

1947 莫根森设计“J39”，并由FDB（丹麦消费者合作社）制造销售。刈谷木材工业（现为刈谷家具）成立。

1949 中华人民共和国成立。芬·居尔在哥本哈根家具工匠工会比赛中展出“酋长椅”。日本制定工业规格（JIS）。

椅子名称

1 型而工坊的标准家具（藏田周忠等）/约1930
▶ 桶背椅（赖特）/20世纪30年代
2 标准椅（简·普鲁威）/1930
3 帕伊米奥椅41号（阿尔托）/1930—1931
4 Stool 60椅（阿尔托）/1932
5 MK椅（穆根斯·库奇）/1932
6 Z字椅（里特维尔德）/1932—1933
7 折叠凳（柯林特）/1933
8 Eva（布鲁诺·马松）/1934
9 哥德堡椅（埃里克·古纳·阿斯普伦德）/1934
▶ A椅（沙维尔·帕奥查德，Tolix公司）/1934
10 圣伊里亚椅（特拉尼）/1936
11 Siesta Medizinal（卢克哈特兄弟）/1936
▶ 灯芯草凳（柳宗悦）/1936
▶ 竹节椅（城所右文次）/1937
▶ 竹节椅（商工省工艺指导所）/1937
12 兰迪椅（汉斯·科雷）/1938
13 鹈鹕椅（芬·居尔）/1940
14 马松椅（布鲁诺·马松）/1941
▶ 诗人沙发（芬·居尔）/1941
15 中国椅（瓦格纳）/1941
▶ 彼得椅（瓦格纳）/1943
▶ 海军椅（Emeco）/1944
▶ 摇椅（重新设计的夏克尔椅，瓦格纳）/1944
▶ 椅翼椅（瓦格纳）/1945
16 安乐椅45号（芬·居尔）/1945
17 DCW（伊姆斯）/1945
18 DCM（伊姆斯）/1946
▶ 多姆斯椅（伊玛里·塔佩瓦拉）/1946
▶ 折叠椅（秋冈芳夫）/1946
19 孔雀椅（瓦格纳）/1947
20 J39（莫根森）/1947
21 云朵椅（伊姆斯）/1948
22 子宫椅（沙里宁）/1948
▶ 贝壳椅（瓦格纳）/1948
▶ 扶手椅48号（芬·居尔）/1948
▶ 竹笼低座椅子（坂仓准三）/1948
▶ PJ-149（殖民椅）（万斯切尔）/1949
▶ 埃及椅（芬·居尔）/1949
23 酋长椅（芬·居尔）/1949
24 “椅”椅（瓦格纳）/1949

设计师、建筑师生卒年	历史性事件、椅子等家具的相关事项
1950 皮埃尔·夏洛(1883—1950) 杰克·古德柴尔德(1895—1950)	**1950** 瓦格纳的躺椅登上了杂志《室内设计》的封面，从这时起，便被称为“椅”椅。制作英式温莎椅的知名工匠古德柴尔德逝世。
	1951 签订《旧金山对日和平条约》。ARFlex公司（意大利）成立。
	1952 日本成立工业设计师协会。工艺指导所更名为产业工艺试验所。山川藤艺制作所成立。
	1953 马克斯·比尔创办乌尔姆设计学院（1955年正式招生，1968年关闭）。PP Møbler公司（丹麦）成立。
凯尔·柯林特(1888—1954)	
	1955 杂志《木工界》(后被更名为《室内》)创刊(2006年休刊)。举办“柯布西耶、莱热、贝里安三人展”(高岛屋)。7号椅（雅各布森）设计完成，和蚁椅是同系列。
约瑟夫·霍夫曼(1870—1956)	**1956** 《日苏共同宣言》发表。约瑟夫·霍夫曼逝世。
亨利·凡·德·威尔德(1863—1957) 理查德·雷曼施米特(1868—1957)	**1957** 鸟居凳（渡边力）在米兰三年展中获得金奖。日本开设G-mark设计奖（通产省）。
	1958 东京塔竣工。蝴蝶凳（柳宗理）被纽约现代艺术博物馆永久收藏。路易斯安娜现代艺术博物馆（丹麦）开馆。
弗兰克·劳埃德·赖特(1867—1959)	
1960	**1960** 美日双方修订《美日安保条约》。雅各布森设计的哥本哈根丽笙皇家酒店开业(同时设计了天鹅椅等家具)。卡尔·马姆斯登在厄兰岛（瑞典）设立了法人学校Capellagarden。
柳宗悦(1889—1961) 埃罗·沙里宁(1910—1961)	**1961** 肯尼迪就任美国总统，在1960年的总统选举中肯尼迪和尼克森坐在“椅”椅（瓦格纳）上进行电视辩论。举办第一届米兰家具样品展（即后来的米兰国际家具展），也举办了第一届天童木工家具大赛（最佳作品为田边丽子的Murai stool）。
	1962 埃罗·沙里宁设计JFK机场（纽约）的TWA航站楼（并配置郁金香椅）。
	1963 日本成立选拔G-mark商品的家具部门。
格里特·托马斯·里特维尔德(1888—1964) 欧内斯特·瑞斯(1913—1964)	**1964** 东京举办奥林匹克运动会。东海道新干线开通。北海道民艺木工（现为飞弹产业北海道工厂）创立。在贝里安的监制下，勒·柯布西耶、让纳雷、贝里安设计的家具由卡西纳公司复刻制造。
勒·柯布西耶(1887—1965)	**1965** 震教徒最后一个社区关闭。
河井宽次郎(1890—1966) 藏田周忠(1895—1966)	**1966** 越南战况激烈。
国井喜太郎(1883—1967) 皮埃尔·让纳雷(1896—1967)	**1967** Murai stool（田边丽子）被纽约现代艺术博物馆永久收藏。
	1968 日本学运蔓延至全国。发生3亿日元抢劫案。拆除帝国饭店旧馆（赖特设计，玄关部分转移至明治村）。乔治·中岛首次在日本举办作品展(东京小田急HALC)。Interior center(现为CONDE HOUSE）成立。
瓦尔特·格罗皮乌斯(1883—1969) 密斯·凡·德·罗(1886—1969) 坂仓准三(1901—1969) 1970	**1969** 阿波罗11号登上月球。密斯·凡·德·罗逝世。

椅子名称

1 Y椅（瓦格纳）/1950
▶ 狩猎椅（莫根森）/1950
2 DSS（伊姆斯）/1950
3 钻石椅（贝尔托亚）/1951
4 超轻椅（吉奥・庞蒂）/1951
5 蚁椅（雅各布森）/1952
▶ 绳椅（渡边力）/1952
6 蝴蝶凳（柳宗理）/1953—1956
▶ 乌尔姆凳（马克斯・比尔）/1954
7 7号椅（雅各布森）/1955
8 PK22（克耶霍尔姆）/1955
9 贝里安椅（贝里安）/1955
▶ 椰子椅（乔治・尼尔森）/1955
10 郁金香椅（埃罗・沙里宁）/1955—1956
11 鸟居凳（渡边力）/1956
▶ 躺椅和脚踏（伊姆斯）/1956
▶ 棉花糖椅（乔治・尼尔森）/1956
12 佃农椅（阿切勒・卡斯蒂格利奥尼）/1957
▶ 天鹅椅、蛋椅（雅各布森）/1958
▶ 型锻腿椅（尼尔森）/1958
13 西班牙椅（莫根森）/1959
▶ 秋千椅（迪策尔夫妇）/1959
14 潘顿椅（潘顿）/1959—1960
15 低座椅（长大作）/1960
16 圈椅（剑持勇）/1960
▶ 三脚椅PK9（克耶霍尔姆）/1960
17 Murai stool（田边丽子）/1961
▶ Sgarsul摇椅（盖・奥兰蒂）/1962
▶ 球椅（艾洛・阿尼奥）/1963
▶ 拒绝坐下的椅子（冈本太郎）/1963
18 轮辐椅（丰口克平）/1963
▶ GF40/4椅（戴维・罗兰德）/1964
▶ 卡路赛利椅（约里奥・库卡波罗）/1964—1965
▶ 波洛克椅（波洛克）/1965
▶ Siesta（英格玛・雷林）/1965
19 扶手椅1725号（沃伦・普拉特纳）/1966
▶ 月神椅（维克・马吉斯特拉蒂）/1966—1969
20 PK20（克耶霍尔姆）/1967
21 充气椅（德・帕斯，杜尔比诺等人）/1967
▶ 舌椅（皮埃尔・波林）/1967
22 糖果椅（艾洛・阿尼奥）/1967—1968
23 豆袋椅（皮耶罗・加蒂、凯撒・鲍里尼、弗朗哥・特奥多罗）/1968
24 布鲁姆躺椅（莫尔吉）/1968
▶ 软垫椅（查尔斯・伊姆斯）/1969
▶ Plia椅（吉安卡罗・皮雷蒂）/1969

设计师、建筑师生卒年	历史性事件、椅子等家具的相关事项

1970 安恩 · 雅各布森（1902—1971）
剑持勇（1912—1971）
乔 · 哥伦布（1930—1971）
卡尔 · 马姆斯登（1888—1972）
布吉 · 莫根森（1914-1972）
卡罗 · 莫里诺（1905—1973）
西川友武（1904—1974）
艾琳 · 格雷（1879-1976）
安东尼 · 雷蒙德（1888-1976）
阿尔瓦 · 阿尔托（1898—1976）
佛朗哥 · 阿尔比尼（1905—1977）
水之江忠臣（1921—1977）
滨田庄司（1894—1978）
卡洛 · 斯卡帕（1906—1978）
查尔斯 · 伊姆斯（1907—1978）
哈里 · 贝尔托亚（1915—1978）
吉奥 · 庞蒂（1891—1979）
1980 保罗 · 克耶霍尔姆（1929—1980）
马塞尔 · 布劳耶（1902—1981）
勒内 · 赫布斯特（1881—1982）
黑田辰秋（1904—1982）
村野藤吾（1891—1984）
简 · 普鲁威（1901—1984）
欧尔 · 万斯切尔（1903—1985）
马特 · 斯坦（1899—1986）
乔治 · 尼尔森（1908—1986）
野口勇（1904—1988）
布鲁诺 · 马松（1907—1988）
蕾 · 伊姆斯（1912—1988）
芬 · 居尔（1912—1989）
1990

1970 举办大阪世界博览会。在博览会美国馆中，夏克尔风格的家具和室内装饰以“Heritage of American”主题展示。法国馆中的人形椅布鲁姆躺椅被称为UFO，相当受欢迎。

1971 举办“包豪斯50周年展”（东京近代美术馆）。安恩 · 雅各布森逝世。

1972 举办札幌冬季奥林匹克运动会。中日邦交正常化。发现高松塚古坟遗址（壁画上有手持折叠椅的男子形象）。“家具保存协会 · 家具历史馆”（东京晴海）开馆（1979年被更名为“家具博物馆”，2004年移至东京昭岛市）。彼得 · 奥普斯维克设计的“成长椅”成为热门商品（后来卖出300万把以上）。布吉 · 莫根森逝世。

1973 第一次石油危机。日元从固定汇率制转向浮动汇率制。

1974 NY椅（新居猛）被纽约现代艺术博物馆永久收藏。

1975 越南战争结束。

1976 日本发生洛克希德贿赂案。制造传统温莎椅的公司Stuart Linford（英国）成立。MAGIS公司（意大利）成立。由索特萨斯等人参与的前卫设计团体阿基米亚工作室（Studio Alchimia）成立。阿尔瓦 · 阿尔托逝世。

1977 川上元美凭借“BLITZ”在AIA（美国建筑家协会）主办的“国际座椅设计大赛”获得第一名。《椅子的民俗学》（键和田务，柴田书店）出版。东京国立近代美术馆工艺馆开馆。

1978 日本举办“椅子的形状——从设计到艺术”展（大阪国立国际美术馆）。查尔斯 · 伊姆斯逝世。

1979 第二次石油危机。日本举办第一届东京国际家具展（东京晴海）。吉奥 · 庞蒂逝世。

1980 意大利的后现代艺术开始获得瞩目。举办“柳宗理的工作1950—1980展”（米兰近代美术馆）。

1981 索特萨斯以米兰为据点，和众多年轻设计师成立后现代艺术团体“孟菲斯”。

1982 英阿马岛战争。黑田辰秋逝世。

1984 日本进行第一届室内装饰设计师资格考试。

1986 日本出现泡沫经济。切尔诺贝利发生核泄漏事故。奥塞美术馆（巴黎，由奥兰蒂设计改建）开馆。举办“夏克尔设计展”（惠特尼美国艺术博物馆，纽约）。贾斯珀 · 莫里森（新简单主义的代表性设计师）在伦敦成立事务所，开始设计活动。

1987 使用碳纤维和耐热绝缘材料“诺梅克斯纤维”（美国杜邦公司）制作的一体成型超轻量级椅子——极轻椅问世，因制作成本过高，只制作了50把。

1989 昭和天皇驾崩，日本进入平成时代。日本引进消费税体系（3%）。柏林墙倒塌。伦敦设计美术馆开馆。以展示椅子为主的维特拉设计博物馆（德国巴塞尔）开馆。芬 · 居尔逝世。

椅子名称

1 高迪椅（维克·玛吉斯特提）/1970
2 NY椅（新居猛）/1970
▶ 索里亚纳（托比亚和阿芙拉·斯卡帕）/1970
3 Synthesis 45（索特萨斯）/1970—1971
4 索夫索夫椅（恩佐·马里）/1971
5 OMK堆叠椅（罗德尼·金斯曼）/1971
6 猎鹰椅（西格德·雷塞尔）/1971
▶ 马伦科椅（马里奥·马伦科）/1971
7 成长椅（彼得·奥普斯维克）/1972
8 圆锥椅（乔治·中岛）/1972
▶ 娃娃沙发（马里奥·贝里尼）/1972
9 蒲椅（松村胜男）/1972
10 FLEX2000（盖德·朗格）/1973
▶ KEVI儿童椅（约根·拉斯穆森）/1974
▶ Monro（矶崎新）/1974
▶ 非洲椅（托比亚和阿芙拉·斯卡帕）/1975
▶ 博斯科椅（宫本茂纪）/1975
▶ 半片椅（奥村昭雄）/1976
11 马鞍椅（马里奥·贝里尼）/1976—1977
12 埃克斯卓姆椅（特耶·埃克斯卓姆）/1977
13 BLITZ、NT（川上元美）/1977
14 跪椅（彼得·奥普斯维克）/1979
▶ 面条椅（吉安多梅尼科·贝罗提）/1979
▶ 温克（喜多俊之）/1980
15 混凝土椅（乔纳斯·柏林）/1984
16 Seconda（马里奥·博塔）/1982
17 考斯特斯椅（菲利普·斯塔克）/1982
▶ 摇椅（约根·加梅尔加德）/1982
18 法斯特椅（米歇尔·德·卢基）/1983
▶ 力温莎椅（渡边力）/1984
▶ 儿童椅（佐佐木敏光）/1984
20 安德烈娅椅（约瑟夫·尤斯卡）/1986
21 银色巴尔巴（罗恩·阿拉德）/1986
▶ 圈椅（瓦格纳）/1986
▶ 花园椅（彼得·奥普斯维克）/1986
22 思想者椅（贾斯珀·莫里森）/1987
23 极轻椅（阿尔伯特·维达）/1987
▶ 高里诺椅（奥斯卡·T. 布兰卡）/1987
▶ 埃尔科安乐椅（保罗·图特尔）/1988
24 布兰奇小姐（仓俣史朗）/1988
▶ 折叠椅（吉村顺三、中村好文、丸谷芳正）/1988
▶ 空海的椅子（喜多俊之）/1989
▶ 大安乐椅（罗恩·阿拉德）/1989

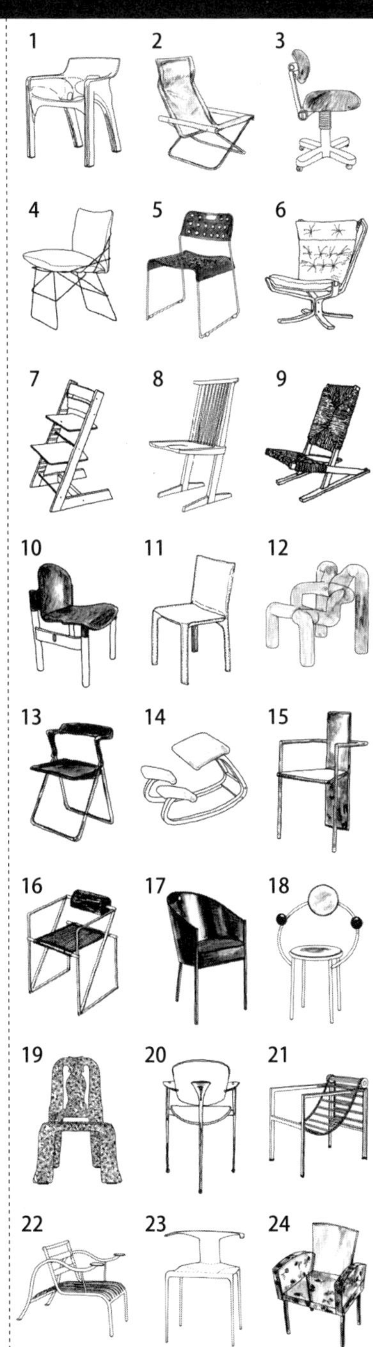

	设计师、建筑师生卒年	历史性事件、椅子等家具的相关事项
1990	乔治·中岛（1905—1990） 丰口克平（1905—1991） 汉斯·科雷（1906—1991） 松村胜男（1923—1991） 仓俣史朗（1934—1991） 约根·加梅尔加德（1938—1991） 马克斯·比尔（1908—1994） 林二郎（1895—1996） 冈本太郎（1911—1996） 吉村顺三（1908—1997） 秋冈芳夫（1920—1997） 威尔纳·潘顿（1926—1998） 宫胁檀（1936—1998） 夏洛特·贝里安（1903—1999） 池田三四郎（1909—1999） 伊玛里·塔佩瓦拉（1914—1999）	**1990** 德国统一。在日本“旭川国际家具博览会”（IFDA）第一届大赛中，南娜·迪策尔以“BENCH FOR TWO”获得金奖。乔治·中岛逝世。 **1991** 日本泡沫经济瓦解。海湾战争爆发。苏联解体。京都国立近代美术馆举办“弗兰克·劳埃德·赖特展”。 **1992** 日本最古老的木质凳子出土（德岛市的庄·藏本遗址）。比尔·斯顿夫从人体工学的角度设计的Aeron chair成为热门商品（为后期的办公用椅带来极大影响）。 **1993** 欧盟成立。海斯·贝克等人组成的楚格设计在荷兰开展设计活动（马塞尔·万德斯等人参与其中），在荷兰国际家具展中受到关注。 **1994** 日本开设Living Design Center OZONE（东京西新宿）。 **1995** 日本发生阪神大地震。 **1998** 举办第一届“生活中的木制椅子展”（朝日新闻社主办，Living Design Center OZONE等，最优秀奖为坂本茂的“堆叠椅”）。日本举办“现代椅子展”（1998—1999，宇都宫美术馆）。
2000	马可·扎努索（1916—2001） 阿切勒·卡斯蒂格利奥尼（1918—2002） 英格玛·雷林（1920—2002） 昂蒂·诺米纳米（1927—2003） 早川谦之辅（1938—2005） 佐佐木敏光（1949—2005） 马尔登·范·塞夫恩（1956—2005） 沃伦·普拉特纳（1919—2006） 维克·马吉斯特拉蒂（1920—2006） 比尔·斯顿夫（1936—2006） 汉斯·瓦格纳（1914—2007） 埃托·索特萨斯（1917—2007） 新居猛（1920—2007） 山姆·马洛夫（1916—2009） 皮埃尔·波林（1927—2009）	**2001** 乔治·沃克·布什就任美国总统，各地发生恐怖袭击。日本举办“伊姆斯设计展”（东京都美术馆）。 **2002**“安恩·雅各布森100周年诞辰回顾展”（路易斯安娜现代艺术博物馆，丹麦）。 **2003** 美国等国攻打伊拉克，萨达姆政权倒台。日本举办“现代木工家具展”（东京国立近代美术馆工艺馆，早川谦之辅等九名木工师参展）。 **2007** 汉斯·瓦格纳、埃托·索特萨斯逝世。 **2008** 在与芬·居尔住宅相邻的奥德罗普格博物馆（哥本哈根，住宅后来赠予美术馆）举办“芬·居尔展”。举办第六届“生活中的木制椅子展”（Living Design Center OZONE等，为该展览的最后一届）。“优美的木制椅子展”（长野县信浓美术馆）。开始举办木工大师Week NAGOYA（每年举办）。 **2009** 奥巴马担任美国总统。索耐特14号椅诞生150周年，以此为契机发行复制品。日本举办名为“西方家具之美——以18世纪的英国为中心”的展览（日本民艺馆）。木工大师山姆·马洛夫逝世。
2010	罗宾·戴（1915—2010） 柳宗理（1915—2011） 村上富朗（1949—2011） 盖·奥兰蒂（1927—2012） 渡边力（1911—2013） 长大作（1921—2014）	**2010** 举办“里特维尔德的宇宙展”（2010—2011，中央博物馆，荷兰·乌特勒支）。 **2011** 发生日本311大地震。举办“关西椅子现代展”（朝日啤酒大山崎山庄美术馆）、“夏洛特·贝里安和日本”（神奈川县立美术馆镰仓等）、“仓俣史朗和索特萨斯展”（21_21 DESIGN SIGHT）。 **2013**“日本木制椅子展”（横须贺美术馆）。 **2014**“乔治·尼尔森展”（目黑区美术馆）。“旭川国际家具博览会2014”（设计大赛中迎山直树的ST-chair获得金奖）。

椅子名称

▶ BENCH FOR TWO（南娜·迪策尔）/1990
1 月苑（梅田正德）/1990
2 裴隆椅（汤姆·迪克森）/1991
▶ 塞瑟琉斯椅（马兹·塞瑟琉斯）/1991
3 Aeron chair（唐.查德威克，比尔·斯顿夫）/1992
▶ Cross Check扶手椅（弗兰克·盖里）/1992
▶ 路易斯安那（维克·马吉斯特拉蒂）/1993
4 Laleggera椅（理查德·布鲁门）/1993
▶ 扇形单椅（南娜·迪策尔）/1993
▶ Modus（Wilkhahn公司）/1994
5 阿加莎梦想椅（皮耶）/1995
▶ Lord Yo椅（菲利普·斯塔克）/1995
6 结绳椅（马塞尔·万德斯）/1996
▶ Maui（维克·马吉斯特拉蒂）/1996
7 汤姆真空椅（罗恩·阿拉德）/1997
8 RL椅（BLUEBELLE）（洛斯·拉古路夫）/1997
▶ 蜘蛛椅（洛斯·拉古路夫）/1997
9 地精凳（菲利普·斯塔克）/1999
10 MVS系列（马尔登·范·塞夫恩）/2000
11 空气椅（贾斯珀·莫里森）/2000
▶ 爱迪森椅（菲利普·斯塔克）/2000
▶ 蜂巢椅（吉冈德仁）/2001
12 路易幽灵椅（菲利普·斯塔克）/2002
13 一号椅（康士坦丁·葛切奇）/2003
14 法维拉椅（坎帕纳兄弟）/2003
15 弗罗椅（帕奇希娅·奥奇拉）/2004
▶ Liberty办公座椅（尼尔斯·迪夫里恩特）/2004
▶ Meridiana Sedia 办公椅（克里斯托夫·皮耶）/2004
▶ Puppy儿童椅（艾洛·阿尼奥）/2005
▶ Bistro（维克·马吉斯特拉蒂）/2005
▶ Tufty-Time（帕奇希娅·奥奇拉）/2005
▶ Pannier椅（罗南和艾尔文·伯罗莱克兄弟）/2006
▶ Alcove Sofa（伯罗莱克兄弟）/2006
▶ Heaven486（让·玛利·玛颂）/2007
▶ Showtime（米亚·海因）/2007
16 他椅（法比奥·诺文布雷）/2008
▶ Mr.Impossible（菲利普·斯塔克）/2008
▶ Embody办公椅（比尔·斯顿夫）/2008
▶ HIROSHIMA（深泽直人，Maruni木工）/2008
▶ 维也纳椅（保罗·卢卡迪和卢卡·佩韦雷）/2009
▶ Neve座椅（皮埃尔·里梭尼）/2010
▶ DC-9（Inoda + Sveje，宫崎椅子制作所）/2010
▶ Tip Ton（爱德华·巴布尔和杰·奥斯戈比）/2011
▶ 哥本哈根椅（伯罗莱克兄弟）/2013
17 ST-chair（迎山直树）/2014

参考文献

书名	作者名	出版社名（发行年）
A GLOSSARY OF WOOD	Thomas Corkhill	Stobard Davies Limited(1979)
African Seats	Sandro Bocola	Prestel(2002)
ANTIQUE FURNITURE - AN ILLUSTRATED GUIDE TO IDENTIFYING PERIOD, DETAIL AND DESIGN	Tim Forrest	Quantum Publishing Ltd(2006)
Arne Jacobsen ABSOLUTELY MODERN		Louisiana Museum of Modern Art
CHAIRS	Judith Miller	Conran Octopus Ltd.(2009)
des Styles	Jean Bedel	HACHETTE Pratique(2004)
English Furniture	John C. Rogers	Spring Books(1967)
English Windsor Chairs	Ivan G. Sparkes	Shire Publications Ltd
Furniture/Mobilier/Mobiliar/Mobiliario/Me б e л b		L'Aventurine(2004)
LE MOBILIER FRANÇAIS - ART NOUVEAU 1900	Anne-Marie Quette	ÉDITION MASSIN(2008)
LIVING WOOD - From buying a woodland to making a chair	Mike Abbott	LIVING WOOD BOOKS(2008)
Musée de Cluny A GUIDE		(2009)
TABLEAU DES STYLES du Meuble Français à travers l'Histoire	Jacques Bertrand	
THE CABINET-MAKER AND UPHOLSTERER'S DRWAWING-BOOK	Thomas Sheraton	Dover Pulications, Inc [1972(復刻)]
THE CABINET-MAKER AND UPHOLSTERER'S GUIDE	A. Hepplewhite	Dover Pulications, Inc[1969(復刻)]
The Complete Guide to Furniture Styles	Louise Ade Boher	Waveland Prss, Inc(1997)
The Coronation Chair and the Stone of Destiny	James Wilkinson	JW Pulications(2006)
The Encyclopedia of Furniture	Joseph Aronson	Clarkson Potter / Publishers(1965)
The Gentlemen & Cabinet-Maker's Director	Thomas Chippendale	Dover Pulications, Inc[1966(復刻)]
TOUS LES STYLES: DU LOUIS XIII A L'ART DECO		Elina SOFÉDIS(2010)
WORLD FURNITURE	Helena Hayward	McGraw-Hill Book Company(1965)
200脚の椅子	織田憲嗣	ワールドフォトプレス(2006)
BRUTUS 2011/2/15号「座るブルータス」		マガジンハウス(2011)
GERRIT THOMAS RIETVELD		㈱キュレイターズ(2004)
We Love Chairs ～265人椅子への想い～	島崎信編著	誠文堂新光社(2005)
アーティストの言葉		ピエ・ブックス(2009)
イームズ入門	イームズ・デミトリオス(助川晃自訳)	日本文教出版(2004)
イギリスの家具	ジョン・フライ(小泉和子訳)	西村書店(1993)
椅子と日本人のからだ	矢田部英正	晶文社(2004)
椅子の研究 No.1～3		ワールドフォトプレス(2001—2003)
椅子の世界	光藤俊夫	グラフィック社(1977)
椅子のデザイン小史	大廣保行	鹿島出版会(1986)
椅子のフォークロア	鍵和田務	柴田書店(1977)
椅子の文化図鑑	フローレンス・ド・ダンピエール	東洋書林(2009)
椅子の物語　名作を考える	島崎信	NHK出版(1995)
イタリアデザインの巨匠—アキッレ・カスティリオーニ		リビングデザインセンター(1998)
一脚の椅子・その背景	島崎信	建築資料研究社(2002)
イラストレーテッド　名作椅子大全	織田憲嗣	新潮社(2007)
インテリア・家具辞典	Martin M. Pegler (光藤俊夫監訳)	丸善(1990)
インテリアと家具の歴史　西洋篇、近代篇	山本祐弘	相模書房(1968、1972)
ウィリアム・モリス	クリスチーン・ポールソン(小野悦子訳)	美術出版社(1992)
美しい椅子　1～5	島崎信＋東京・生活デザインミュージアム	枻出版社(2003～2005)
カーサ　ブルータス　超・椅子大全		マガジンハウス(2009)
家具のモダンデザイン	柏木博	淡交社(2002)
家具の歴史＜西洋＞	鍵和田務	近藤出版社(1969)
カンチレバーの椅子物語	石村眞一	角川学芸出版(2010)
樹のあるくらし—道具にみる知恵とこころ—		静岡市立登呂博物館(1996)

书名	作者名	出版社名（发行年）
木のこころ[木匠回想記]	ジョージ・ナカシマ（神代雄一郎・佐藤由己子訳）	鹿島出版会（1983）
近代椅子学事始	島崎信、野呂彰勇、織田憲嗣	ワールドフォトプレス（2002）
倉俣史朗とエットレ・ソットサス		株式会社ADP（2010）
グレート・デザイン物語	Jay Dobilin（金子至・岡田朋二・松村英男訳）	丸善（1985）
黒田辰秋　木工の先達に学ぶ	早川謙之輔	新潮社（2000）
現代アメリカ★デザイン史	A.J.プーロス（永田喬訳）	岩崎美術社（1988）
現代家具の歴史	カール・マング	A.D.A.EDITA（1979）
建築家の椅子111脚		鹿島出版会（1997）
建築家の名言		㈱エクスナレッジ（2011）
古代エジプト人　その愛と知恵の生活	L.コットレル（酒井傳六訳）	法政大学出版局（1976）
シェーカー家具―デザインとディテール	John Kassay（藤門弘訳）	理工学社（1996）
室内と家具の歴史	小泉和子	中央公論新社（2005）
ジョージ・ネルソン	マイケル・ウェブ（青山南訳）	フレックス・ファーム（2003）
図解木工の継手と仕口　増補版	鳥海義之助	理工学社（1980）
図でみる　洋家具の歴史と様式	中林幸夫	理工学社（1999）
SD 第224号　特集＝トーネット		鹿島出版会（1983）
西洋家具集成	鍵和田務　編集・執筆	講談社（1980）
西洋家具文化史	崎山直、崎山小夜子	雄山閣（1975）
西洋工芸史	若宮信晴	文化出版局（1987）
西洋美術史　古代家具篇	森谷延雄	太陽堂書店（1926）
世界史年表・地図	亀井高孝、三上次男、林健太郎、堀米庸三	吉川弘文館（2010）
世界の椅子絵典	光藤俊夫	彰国社（1987）
世界の名作椅子100		ワールドフォトプレス（2004）
続　職人衆昔ばなし	斎藤隆介	文藝春秋（1968）
チャールズ・レニー・マッキントッシュ	フィオナ＆アイラ・ハクニー（和気佐保子訳）	美術出版社（1991）
中世ヨーロッパの生活	ジュヌヴィエーヴ・ドークール（大島誠訳）	白水社（1975）
中世ヨーロッパの農村の生活	ジョゼフ・ギース/フランシス・ギース（青島淑子訳）	講談社（2008）
長　大作　84歳　現役デザイナー	長大作	株式会社ラトルズ（2006）
デザイナーズ・チェア・コレクションズ 320の椅子デザイン	大廣保行	鹿島出版会（2005）
手づくり木工大図鑑	田中一幸・山中晴夫監修	講談社（2008）
デンマーク　デザインの国	島崎信	学芸出版社（2003）
デンマークの椅子	織田憲嗣	ワールドフォトプレス（2006）
トーネットとウィーンデザイン1859-1930		光琳社出版（1996）
トーネット曲木家具	K.マンク（宿輪吉之典訳）	鹿島出版会（1985）
とことん、イームズ！	こんな家に住みたい編集部　編	枻出版社（2002）
登呂の椅子　古代文化を求めて	森豊	新人物往来社（1973）
日本の椅子	島崎信	誠文堂新光社（2006）
日本の木の椅子		商店建築社（1996）
日本の美術　No.3「調度」		至文堂（1966）
日本の美術　No.193「正倉院の木工芸」		至文堂（1982）
人間国宝シリーズ－32　黒田辰秋　木工芸		講談社（1977）
ノルウェーのデザイン	島崎信	誠文堂新光社（2007）
バウハウス	マグダレーナ・ドロステ	TASCHEN（1998）
ハンス・ウェグナーの椅子100	織田憲嗣	平凡社（2002）
ヤン・ライケン　西洋職人図集	小林頼子訳著（池田みゆき訳）	八坂書房（2001）
洋家具とインテリアの様式	嶋佐知子	婦女界出版社（1987）
物語　北欧の歴史	武田龍夫	中央公論新社（1993）
木材工芸用語辞典	成田壽一郎	理工学社（1976）
柳　宗理　エッセイ	柳宗理	平凡社（2011）
ハンス・J・ウェグナー完全読本		枻出版社（2009）
ビクトリア王室博物館（世界の博物館7）		講談社（1979）
没後80年　森谷延雄展		佐倉市立美術館（2007）
夢見る家具　森谷延雄の世界		INAX出版（2010）
ル・コルビュジエ　建築とアート、その創造の軌跡		リミックスポイント（2007）
渡辺力　リビング・デザインの革新		東京国立近代美術館（2006）

＊除此以外，也参考了许多杂志、辞典、网站上的资料，在此一并致谢。

索引

人名索引

B

C

D

E

F

G

H

椅子名索引

M

N

O

P

Q

R

S

T

W

X

Y

Z

后记

回顾椅子数千年的历史，我们会发现各种各样的椅子的数量庞大如天文数字。但是，无论怎样看，椅子的基本结构在古埃及时期就已经定型了。从当时的基本构造开始不断发展演变，至今已经有许多名椅通过众多巧手制作出来。

这些名椅的出现并非一蹴而就。像本书介绍的那样，它们几乎都是在不断学习前人作品的基础上打造出来的。例如，设计师看到做好的名椅，在无意识中获得了灵感；或者在“将那把椅子制成更舒适、更轻便的椅子”的想法驱使下，利用新材料不断进行尝试改良，最终创造出新样式的椅子。其实，不限于椅子，我们从原点和历史中学习，就能够在创作新的作品方面获得帮助。

我进行木工和家具相关的采访工作已经十几年了。在此期间，我走访了各地的工坊，听数不清的木工艺术家和工匠们讲述自己的故事，并请他们让我参观制作现场。

我的采访对象并非独立的工匠，而是家具公司的工厂负责人、设计师、美术大学和职业训练学校负责人、策展人、美术馆负责人、博物馆负责人、室内装饰店负责人、木材公司负责人等，甚至也曾去往欧洲的家具公司和工作坊。在这些地方，我可以获取有关椅子的技术、设计，甚至是开发方面的秘密。当然，我也会坐在那些椅子上，确认它们的舒适度。

在这些经验的基础上，我撰写了本书。虽然只是大概的介绍，但这次追溯让我有机会整理椅子经过怎样的变迁才演变为现今的样貌。因此，对于学习设计、家具和建筑的学生，家具公司和家居用品店铺的相关人士，以及对椅子感兴趣的人而言，如果这本书能够帮助大家了解椅子的历史变迁和背景，我将不胜荣幸。

此外，虽然还有很多想介绍的椅子及其产地，但因篇幅有限，不得不做出一些取舍，希望大家能够理解。

在撰写本书之际，我获得了许多人的帮助。特别是织田宪嗣（东海大学艺术工学院客座教授）、键和田务（生活文化研究所负责人）、川上元美（设计师）、岛崎信（武藏野美术大学名誉教授）、村泽一晃（设计师）、诸山正则（东京国立博物馆工艺馆工艺室长），在繁忙的工作中给予我诸多建议和意见，在此不胜感激。

衷心感谢插画师坂口和歌子、设计师望月昭秀，以及提供各类信息的相关人士。

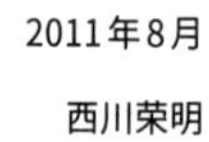

2011年8月

西川荣明

后记（增订版）

2011年本书初次发行后，已经过三年时间。此次出版增补了年表和系统图等内容，并作为增订版发行。

在编辑的过程中，我又一次次深刻认识到椅子的深奥之处。在整理系统图时，我再次了解到在各种各样的要素互相影响下，椅子才得以不断演变；在制作年表的过程中，我则感受到椅子文化从数千年前开始就在不断传承。此外，感谢椅子设计师井上升的帮助，他无私地分享了名椅舒适度的前十名和后五名。和井上先生讨论椅子十分开心，如有机会，希望能够再次交谈。

由衷感谢在制作系统图和年表时给予极大帮助的NILSON的设计师们，以及提供相关信息的人士。

2014年12月

西川荣明

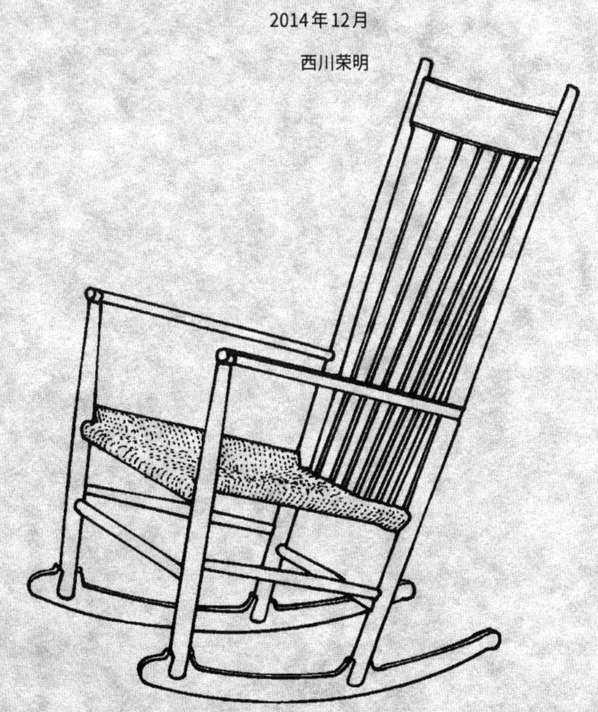

图书在版编目（CIP）数据

名椅图典 / (日) 西川荣明著 ; 张春艳译 . -- 上海 : 上海人民美术出版社, 2024.4

ISBN 978-7-5586-2853-5

Ⅰ. ①名… Ⅱ. ①西… ②张… Ⅲ. ①椅－设计 Ⅳ. ①TS665.4

中国国家版本馆CIP数据核字(2023)第242137号

名椅图典

著　　者: [日] 西川荣明　　　译　　者: 张春艳
项目统筹: 王　頔　　　责任编辑: 张琳海
特约编辑: 余椹婷　　　装帧设计: 柒拾叁号 13810257834
出版发行: 上海人民美术出版社
(上海市号景路 159 弄 A 座 7 楼)
邮编: 201101　电话: 021-53201888
印　　刷: 嘉业印刷（天津）有限公司
开　　本: 880mm×1230mm　1/32
字　　数: 431千字　　　印　　张: 9.5
版　　次: 2024年4月第1版　　　印　　次: 2024年4月第1次
书　　号: 978-7-5586-2853-5　　　定　　价: 60.00元

读者服务: reader@hinabook.com 188-1142-1266
投稿服务: onebook@hinabook.com 133-6631-2326
直销服务: buy@hinabook.com 133-6657-3072
网上订购: https://hinabook.tmall.com/(天猫官方直营店)